普通高等教育"十一五"国家级规划教材（修订版）

机械工业出版社精品教材

工程材料及成形工艺基础

第4版

主　编　杨慧智　吴海宏
副主编　屈少敏　蔡刚毅
参　编　邓鹏辉　张世兴　江　跃
主　审　赵红亮

机械工业出版社

本书共分 13 章。第 1 章为材料的力学行为和性能，介绍材料的主要力学性能指标及其意义。第 2 章、第 3 章为工程材料的基础理论，主要包括材料的结构、凝固与二元合金相图。第 4 章主要介绍材料的强化、改性及表面处理技术。第 5~7 章介绍常用的各类工程材料及其应用，并结合工程实例进行分析。第 8 章介绍了新型材料（功能材料和纳米材料）。第 9~12 章介绍工程材料常用的成形方法及其工艺特点，包括金属的铸造、压力加工、焊接与粘接，以及非金属材料成型。第 13 章介绍机械零件用材料及成形工艺选择的方法和典型零件的选材分析。本书以"大工程材料"为视角，突出材料及成形工艺的应用，适度增加新材料、新工艺及其应用内容，以适应教学改革和人才培养的要求。本书贯彻执行了最新国家标准。

本书可作为高职高专机械类各专业或专业方向的教材，也可供有关工程技术人员参考。

本书配有电子课件，凡使用本书作为教材的教师可登录机械工业出版社教育服务网 www.cmpedu.com 下载。咨询邮箱：cmpgaozhi@ sina.com。咨询电话：010-88399375。

图书在版编目（CIP）数据

工程材料及成形工艺基础/杨慧智　吴海宏主编 . —4 版 . —北京：机械工业出版社，2015.8（2025.2 重印）

普通高等教育"十一五"国家级规划教材

ISBN 978-7-111-51010-9

Ⅰ. ①工⋯　Ⅱ. ①杨⋯②吴⋯　Ⅲ. ①工程材料-成型-工艺-高等学校-教材　Ⅳ. ①TB3

中国版本图书馆 CIP 数据核字（2015）第 174049 号

机械工业出版社(北京市百万庄大街 22 号　邮政编码 100037)
策划编辑：王海峰　责任编辑：王海峰　杨　璇
版式设计：霍永明　责任校对：张　薇
封面设计：鞠　杨　责任印制：张　博
北京建宏印刷有限公司印刷
2025 年 2 月第 4 版第 7 次印刷
184mm×260mm · 21.5 印张 · 532 千字
标准书号：ISBN 978-7-111-51010-9
定价：52.00 元

电话服务　　　　　　　　　　　网络服务
客服电话：010-88361066　　　机 工 官 网：www.cmpbook.com
　　　　　010-88379833　　　机 工 官 博：weibo.com/cmp1952
　　　　　010-68326294　　　金 书 网：www.golden-book.com
封底无防伪标均为盗版　　　机工教育服务网：www.cmpedu.com

第4版前言

本书是在第 3 版的基础上修订改编而成。本次修订主要基于以下考虑。

第一，随着我国社会主义市场经济的迅速发展，我国已经成为世界第二大经济体，要在全球化趋势日益强化的世界产业链中占据更加有利的地位，变中国制造为中国创造，培养大量实务型的技术工程师和工艺工程师就成为高职高专院校必然的历史选择。而教材作为人才培养的重要的基础性资源，也需要主动适应经济社会的发展要求。

第二，"双证融通"是现代高职高专教育人才培养的重要模式之一，是充分提高人才技术应用能力的有效培养途径，更是高等职业教育的特色所在。"双证制"的实施要求学生不仅要获得学历证书，而且要取得相应的专业技术技能等级证书，即要求学生在具有必备的基础理论和专业知识的基础上，重点掌握所从事专业领域内工作的高新技术和基本技能。将教学内容与人力资源和社会保障部门颁发的职业资格证书所对应的职业技能鉴定标准有效衔接是对教材提出的新要求。

第三，科学技术的迅猛发展，使得本专业领域中新材料、新技术、新方法和新工艺不断涌现，建立与现代制造技术相适应的教材体系，优化、补充与之相适应的教学内容，是科学技术发展对高职教育的要求。

此外，几年来本教材作者在结合教学内容改革所进行的教学方法和教学手段改革过程中，积累了丰富的经验，特别是通过对现代教育技术、手段的研究和应用，运用现代教育技术改进教学方法，加快计算机辅助教学软件的研究开发和推广使用，在教学中获得了丰富的成果。及时将这些成果引入教材中，对于提高教学效果，加深相关内容理解，强化工程应用能力培养有着重要的促进作用。

基于上述，编者对第 3 版教材进行了认真修订改编。编者按照培养高素质技术技能型人才的要求，有选择地进行教材内容和体系的改革，优化、重组了教材结构，删除了部分较深的理论内容和部分过时的内容；遵循突出应用性，以必需、够用为度，以讲清概念、强化应用为教学重点的原则，重点章节精选了综合应用实例；从纷繁的新材料、新技术、新方法和新工艺之中，精挑细选，去粗取精，适度介绍了新材料、新工艺的应用及其最新发展；充分吸收了兄弟院校多年来在培养"双证制""技术应用型"人才教学改革中的成功经验以及高职高专课程改革的研究与实践成果。本次修订采用了最新的国家标准。编者重新制作了与本教材配套的高水平多媒体课件，与文字教材结合使用可相得益彰，为提高整体教学水平提供了良好的保障。编者力求本教材能够满足高职高专应用型人才培养的要求。

参加本书修订的人员有：杨慧智（绪论、第 1 章），吴海宏（第 2 章），屈少敏（第 11、12 章）、蔡刚毅（第 3、4、5、8 章），邓鹏辉（第 6 章），张世兴（第 7 章），江跃（第 9、10、13 章）。全书由杨慧智、吴海宏教授担任主编，屈少敏副教授、蔡刚毅副教授担任副主编，郑州大学赵红亮教授担任主审。本书从初版到本次修订，包含了几任编者的辛勤劳动与智慧，在此一并表示感谢！

本次修订得到了同仁和出版社的肯定和热情鼓励，在此我们表示衷心的感谢。由于高职高专教育教学改革在继续探索和不断深化中，加之我们水平有限，书中问题在所难免，仍需在使用过程中不断完善，恳请广大读者继续给予关心和批评指正。

编　者

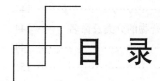

目 录

绪 论

一、工程材料与成形工艺的技术经济地位

材料是人类生产和社会发展的重要物质基础，也是我们日常生活中不可分割的一个组成部分，并与食物、居住空间、能源和信息共同组成人类生存与社会发展的基本资源。材料与人类文明的关系如此密切，以至于在人类文明史上曾作为时代的标志，如石器时代、青铜器时代、铁器时代等。材料对现代社会、经济、技术的影响如此巨大，所以自20世纪70年代以来，人们又把材料与能源、信息并列为现代技术和现代文明的三大支柱。

材料的作用是与材料的加工和使用紧密联系在一起的。材料只有经过各种加工形成产品，才能体现其功能和价值。加工工艺技术的突破往往成为新产品能否问世，新技术能否产生的关键。新材料、新工艺、新技术常常是一体的。

为了便于读者更好地理解材料及其成形工艺的有关概念，对其加以概括地介绍是必要的。

所谓材料，是指那些能够用于制造结构、器件或其他有用产品的物质，例如金属、陶瓷、聚合物、半导体、超导体、介电材料、木材、沙石、复合材料等。由于它们多用于工业、工程领域，故也称工程材料。广义地讲，食物、药物、生物物质、肥料、矿物燃料、水、空气等都是材料，然而由于它们是以消耗自身而完成其功能的，故人们习惯把它们列入生物、生命、农业等领域。

工程材料根据其组成与结构特点，可分为金属材料、无机非金属材料、有机高分子材料和复合材料；根据材料的性能特征，可分为结构材料和功能材料；还可以根据材料的用途分为建筑材料、能源材料、机械工程材料、电子工程材料等。结构材料是以力学性能为主的工程材料的统称，主要用于制造工程建筑中的构件，机械装备中的支撑件、连接件、运动件、传动件、紧固件、弹性件及工具、模具等。这些结构零件都是在受力状态下工作的，因此力学性能（强度、硬度、塑性、韧性等）是其主要的性能指标。功能材料是指以物理性能为主的工程材料的统称，即指在电、磁、声、光、热等方面有特殊性能或在其作用下表现出特殊性能的工程材料，例如磁性材料、电子材料、信息记录材料、敏感材料、能源材料、生物技术材料等。与结构材料不同，功能材料常用于制造各种设备中具有特殊功能的核心部件，起着十分重要的作用，特别是在高新技术领域中占有十分重要的地位。

材料的加工主要指材料的成形加工及强化、改性和表面技术的应用等。材料的成形加工，包括铸造、压力加工、焊接与粘接、粉末冶金、烧结成形、切削加工等各类将材料（或原料）加工成具有一定形状和尺寸制品的工艺方法。它们是材料加工最基本的工艺方法。材料的强化和改性是挖掘材料性能潜力和充分发挥材料效能的主要手段，也常成为改善产品质量的关键，因而其应用越来越广泛。同时材料的强化和改性技术也就成为材料使用与加工领域非常引人注目和具有活力的科学技术课题。所谓表面技术，是指通过施加覆盖层或改变表面形貌、化学组分、相组成、微观结构、缺陷状态，达到提高材料抵御环境作用能力

或赋予材料表面某种功能特性的材料工艺技术。由于表面技术可以在不改变材料基本组成和工艺的前提下，用较少的经费大幅度地提高材料的性能，取得显著的经济效益，因此，它在国民经济中的地位越来越重要，发展十分迅速。

其实，工程材料及其加工技术的地位和作用，早已超出了技术经济的范畴，而与整个人类社会有着密不可分的关系。高新技术的发展，资源和能源的有效利用，通信技术的进步，工业产品质量和环境保护的改善，人民生活水平的提高等，都与材料及其加工密切相关。从材料的设计、制备、加工、检测到器件（零件、部件、装备）的制造、使用，直到回收利用，已经形成了一个巨大的社会大循环。这一循环的概念揭示了材料、能源和环境之间的强烈相互作用。这种作用之所以显得越来越重要，是因为人类在关注经济发展的同时，也不得不面对材料和能源的短缺，以及人类生存环境的破坏和恶化。因此，把自然资源和人类需要、社会发展和人类生存联系在一起的材料循环，必然引起全社会的高度重视。

在材料的生产和使用方面，我们中华民族有过辉煌的成就，为人类文明做出了巨大的贡献。直到 17 世纪，我国在这方面一直处于世界领先地位。我们的祖先在原始社会末期就开始使用和制作陶器，之后又发展为使用和制作瓷器，对世界文明的发展产生了很大的影响。早在 4000 年以前，我们的祖先已开始生产和使用铜器，到商代已经有了高度发达的青铜冶炼和铸造技术，从河南安阳商代遗址出土的司母戊鼎提供了有力的证明。我国春秋战国时期关于青铜"六齐"的叙述，反映出我们的祖先对青铜的性能和成分之间的关系有了较科学的认识和总结。我国从春秋战国时期开始大量使用铁器，比欧洲早 1800 多年。明代科学家宋应星所著《天工开物》是世界上最早的有关金属加工工艺的科学著作之一。新中国成立之后，特别是改革开放以来的 30 多年，我国在国民经济的各个领域都取得了令人瞩目的成就，其中有很多成就与工程材料及其加工技术的发展有着密切的关系。

二、本教材的内容体系及特点

本书是作为"工程材料及成形工艺基础"课程（或类似课程）的配套教材来编写的。教材主要是为课程教学服务的。所以，教材是课程教学内容、教学思维方式乃至教学改革方案的载体之一。据此，本教材的内容体系及特点与课程教学的改革和要求密切相关，与我们后面谈到的本课程在专业人才培养中的作用密切相关。

本教材的内容体系结构主要分为三大部分：一是工程材料知识部分，包括材料的性能、成分、相图以及强化、改性与表面技术和工程常用材料种类等；二是材料成形知识部分，包括铸造、塑性成形、焊接与粘接以及非金属材料的成型；三是机械零件用材料及成形工艺选择部分。本教材的内容体系是建立在材料科学基础之上，紧紧围绕材料的使用和加工这一主线构建和展开的。当然，基于培养目标和课程教学任务的要求，该内容体系中涉及的材料科学基础是以必需、够用为度的，突出了结构工程材料的选择、使用和加工等工程技术应用的内容。

材料是早已存在的名词，但"材料科学"的提出只是 20 世纪 60 年代的事。材料科学体系的建立，把材料的整体视为自然科学的一个分支，对材料的发展可以说是一次质变。它是科学技术发展的结果，是在人们对材料的制备、成分、结构、性能以及它们之间的关系越来越深入研究的基础上建立的。它使在此前已经形成的金属材料、高分子材料、陶瓷材料各自的学科体系交叉融合，相互借鉴，加速了材料和材料科学的发展，克服了相互分割、自成体系的障碍，也促成了复合材料的发展。材料科学与工程技术的关系非常密切，所以人们往往把材料科学和工程联系在一起，称之为"材料科学与工程"，又称之为"材料科学技术"。可以说，材料科学技术就是有关材料成分、组织结构与加工工艺对材料性能与应用的影响规律的知识和技术。

本教材的特点之一，就是将各类工程材料作为一个整体，力图清晰地阐述材料的如下关系：成分、组分↔制造、使用↔组织、结构↔性能、行为。

材料的强化及其改性与表面技术是挖掘材料潜力、发挥材料潜能的重要技术措施，其应用的成功与否成为改善产品质量、提升产品功能的关键，其技术、经济上的意义是不言而喻的。所以，我们把这一部分内容作为材料科学技术的一个重要组成部分而在教材中予以加强，所包含的内容也不仅限于热处理。可以说，这是本教材的第二个明显的特点。

本教材中的成形工艺主要指金属的铸造、材料的压力加工以及材料的焊接和粘接。基于培养目标和课程分工的要求，本教材没有把切削加工包括在成形工艺中。

事实上，在很多情况下，材料的成形加工不仅是结构、零件或毛坯的制造工艺方法，也是最终获得具有一定组织结构和性能的材料的制取方法，例如通过热塑性成形的热固性塑料制件，通过粉末冶金生产的粉末冶金制品，通过烧结成形的陶瓷制品，乃至通过铸造生产的金属铸件等。焊接结构的局部也是在焊接生产后具有一定的组织和性能的。所以，在这部分内容的处理上，我们一是注意贯穿材料科学的主线，二是注意吸纳新工艺、新技术的教学内容。成形工艺的新技术、新工艺的内容构成本教材的第三个特点。

工程材料及其成形工艺的选择是一个非常复杂的问题，却又是我们培养工程技术人员所必须解决的一个问题。所以，使学生得到这方面的训练是本课程的主要任务之一，也是本教材一个重要的落脚点。我们着重充实和加强了这部分的内容，并努力使学生在对前面各部分知识融会贯通的基础上，能够在综合分析和统筹考虑材料及成形工艺选择的问题上理清思路，掌握基本原则和方法。长期以来，将材料的选择与成形工艺的选择割裂开来的做法显然是不科学的，也不利于对学生工程技术应用能力的培养。因此，这部分内容也就成为本教材又一个非常重要的特点。

三、本课程在机械类专业人才培养中的作用和教学目标

本课程是机械类专业一门重要的技术基础课程。

在机械工程领域，作为一名工程技术人员，无论其工作是侧重设计还是制造、运行、调试、维护等，都必然要面对工程材料的选择、加工、使用等问题。

就设计而言，其任务包括确定产品及各种零件的结构、候选材料和可能的制造方法等，并在预先确定的范围内对不同的方案进行比较从而确定一种最优方案。由于每一种结构都要把一定的要求置于对材料的依赖上，即这些材料应具有一定的性能来满足这些要求。但材料的性能不是一成不变的，它取决于材料的组织结构。凡改变组织结构的加工，也必然改变材料的性能。各种加工工艺方法对不同的材料和结构有不同的适应性；反之，不同的结构和材料的零件又对不同的加工方法有不同的适应性。所以结构的设计、材料的选择、加工工艺方法的选择是相互关联的综合性技术问题，不可能把它们割裂开来，孤立地一个个加以解决。

就产品加工制造而言，其过程是复杂的和漫长的，常常要经过成形、连接、切削加工、特种加工、装配、检测、调试等不同的环节，其间又可能穿插不同的强化、改性处理和表面

技术应用等加工工序。合理选择加工工艺方法并安排好工艺路线，是使产品最终达到技术经济指标要求的重要因素之一。其中，工程材料的成形工艺，包括金属的铸造、材料的压力加工、材料的焊接与粘接等通常是零件制造过程中最基本的，并且对材料性能影响最大的加工工艺。

一名工程技术人员要对遇到的种种问题进行科学分析，并予以全面解决，就应该具备本门课程中涉及的相关知识和技能。当然要获得这些知识和技能，绝非靠一门课程能够实现的，很多相关知识的获得和能力的培养还需要通过其他课程的学习来共同完成。

综上所述，本课程的作用和教学目标可以归纳为以下几点。

1）使学习者掌握必需的材料科学及有关成形技术的理论基础；在重点建立对材料成分、组织结构、加工使用、性能行为之间关系及规律的认识的同时，也为以后进一步学习各种新材料提供一定的基础。

2）使学习者熟悉各类常用结构工程材料，包括金属材料、高分子材料、陶瓷材料和复合材料的成分、结构、性能、应用特点及牌号表示方法；了解新型材料的发展和应用；了解各类结构工程材料的强化、改性及表面技术的知识。

3）使学习者熟悉常用成形工艺方法的工艺特点及应用范围；了解成形新技术、新工艺的发展动态及应用；基本掌握机械设计中对零件结构工艺性的要求。

4）使学习者掌握选择零件材料及成形工艺的基本原则和方法步骤，了解失效分析方法及其应用，综合应用本课程和相关课程的知识，强化综合训练，初步具备合理选择材料、成形工艺（毛坯类型）及强化（或改性、表面技术应用等）方法并正确安排工艺路线（工序位置）的能力。

本课程在理论与实践紧密结合方面具有突出特点，特别是实践性、应用性很强，一般应在基本工艺操作实习以后进行学习，并在学习过程中穿插必要的工厂参观、实习。为强化综合训练，在学习过程中安排相应的课程设计及大型作业等也是必要的。

第1章 材料的力学行为和性能

导读：本章介绍了材料在载荷下的力学行为，即弹性变形、塑性变形与断裂；介绍了材料的静态力学性能，即强度、塑性与硬度；介绍了材料的动态力学性能，即冲击韧性、疲劳强度与断裂韧性；介绍了材料的高、低温力学性能，即蠕变极限、持久强度极限、高温韧性与高温疲劳极限等。

本章重点：弹性变形、塑性变形与断裂等概念；静拉伸应力－应变曲线；弹性模量、屈服强度、抗拉强度、断后伸长率和断面收缩率的含义；布氏硬度与洛氏硬度测试方法及应用范围。

材料的性能包括使用性能和工艺性能。使用性能又分为物理性能、化学性能和力学性能。物理性能包括材料的密度、熔点、热膨胀性、导电性、导热性及磁性等；化学性能是指材料在不同条件下抵抗各种化学作用的性能，如化学稳定性、抗氧化性、耐蚀性等；力学性能是指材料在力的作用下表现出来的各种性能，主要是弹性、塑性、韧性和强度。工艺性能是指材料对某种加工工艺的适应性，包括铸造性能、压力加工性能、焊接性能、热处理工艺性和切削加工性等。

工程构件、机械零件在使用过程中的主要功能是传递各种力和能，承受各种力的作用。因此，在进行构件、零件的设计、选材和工艺评定时，还要关心的是材料在受力时的行为，其主要判据是材料的力学性能。材料的力学性能是本章讨论的主要内容。至于材料的工艺性能，将在有关强化和成形工艺等章节中讨论。

1.1 材料在载荷作用下的力学行为

1.1.1 弹性变形、塑性变形和断裂的普遍性

材料在载荷（外力）作用下的表现（反应），人们习惯称之为力学行为。当固体材料受外力作用时，随外力增加，固体材料会逐渐改变其原始形状和尺寸而发生变形，外力增加到一定数值后，物体发生断裂而被破坏。所以，变形和断裂是固体材料承受外力作用时随外力增加所必然产生的普遍现象。

当材料所受外力不大而变形处于开始阶段时，若去除外力，材料发生的变形会完全消失，并恢复到原始状态，这种变形称为弹性变形。弹性变形的物理本质是晶体材料（如金属）中的原子（或离子）在外力的作用下偏离其平衡位置，但去除外力后又立即回到原来的平衡位置，因而宏观变形消失。

当外力增加到一定数值后，材料将进入塑性变形阶段，此时若去除外力，材料发生的变形不能完全消失而部分被保留下来，所保留的变形称为塑性变形或残余变形。

当塑性变形进行到一定程度时，材料内部出现裂纹。在外力作用下裂纹会以某种形式扩展，最终会导致断裂。断裂前出现明显宏观塑性变形的断裂称为韧性断裂，在断裂前没有明显宏观塑性变形的断裂称为脆性断裂。

综上所述，对所有工程材料而言，在外力作用下随外力增加而产生变形和断裂是普遍规律。而对金属材料而言，该过程总是由弹性变形、塑性变形和断裂三个阶段组成的。

1.1.2 材料的服役条件及应力与应变的概念

工程材料制成的零件或构件，总是在一定的服役条件下工作，并表现出一定的力学行为。所谓服役条件，是指零件在工作过程中承受的载荷作用方式、温度、介质环境和加载速率等。

多数零部件是在常温下工作的。若是在高温、低温下工作，就需要认真考虑材料在高温、低温下的特殊力学行为，即材料的高温、低温性能。至于介质环境的影响，除特殊情况下涉及电场、磁场和辐射等影响因素外，工程上主要关心的是腐蚀介质对材料力学行为的影响，即外力和腐蚀的共同作用。由于零部件在使用的过程中主要承担传递力和能的功能，所以在服役条件中载荷更加引人注目，需要给予更多的分析讨论。

载荷按其性质可分为静载荷和动载荷。静载荷是指加载方式不影响材料的变形行为，加载速率较为缓慢的载荷；动载荷则是指突加的、冲击性的及大小、方向随时间而变化的载荷。动载荷主要有冲击载荷和交变载荷两种类型。载荷作用方式，即加载方式，主要有拉伸、压缩、弯曲、扭转、剪切等几种。在这些不同的加载方式下，材料会产生不同的力学行为，即不同的变形和断裂过程与方式。实际零、构件的受载方式往往是复杂的，不像用试样进行测试时仅仅是拉伸、压缩和扭转等，而常常是几种加载方式的复合。

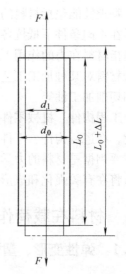

材料在外力的作用下，其内部将产生相应的作用力以抵抗变形，并在整体上与外力达到平衡。这种内部的作用力称为内力。实践证明，材料抵抗变形和破坏的能力与材料内部单位面积上分布的内力有密切的关系。这些分布在单位面积上的内力称为应力。

下面以对一等径圆轴杆件施加轴向拉伸载荷的情况为例，来说明应力的概念并引入应变的概念。

如图 1-1 所示，在一长度为 L_0，直径为 d_0 的杆件两端沿轴向施加大小相等、方向相反的外力 F。杆件在外力 F 的作用下产生轴向伸长，伸长量为 ΔL。

图 1-1　杆件轴向拉伸示意图

杆件在拉伸时，由于横截面积不断减小，因此，杆件中的应力应用杆件瞬时直径 d_1 所对应的横截面积 S_1 来计算，即

$$\sigma = F/S_1 \tag{1-1}$$

式中　σ——真应力。

在工程中常用杆件的原始横截面积 S_0 来计算应力，这种应力称为工程应力，即

$$\sigma = F/S_0 \tag{1-2}$$

杆件在外力 F 作用下产生的伸长量不仅与外力 F 的大小有关，还与杆件原始长度 L_0 有关。为了说明材料在拉伸过程中的变形程度，常用单位长度的伸长量来表示，这种单位长度的伸长量称为应变，即

$$\varepsilon = \Delta L/L_0 \tag{1-3}$$

由于上述是用杆件的原始长度 L_0 来计算的应变，故也称工程应变。

按国际单位，应力的单位常用 MPa（兆帕）表示，$1\text{MPa} = 1\text{MN/m}^2 = 1\text{N/mm}^2$。

1.2　材料的静态力学性能

材料的力学性能需依据国家标准通过力学性能试验来测定。在材料力学性能的测试过程中，随着力学参量的增加，当达到某一临界值或规定值时，材料的力学行为将发生突变（如屈服、断裂）。人们常常将表征材料力学行为的力学参量的临界值作为材料的力学性能指标。

1.2.1　静拉伸试验及材料的强度与塑性

如不加特别说明，静拉伸试验是指在室温大气环境中对光滑试样在静载荷作用下测定材料力学性能的方法。静拉伸试验是应用最为广泛的、最基本的力学性能试验方法，可以测定材料的弹性、强度、塑性等许多重要力学性能指标，并可以通过这些力学性能指标预测材料的其他力学性能，如抗疲劳和抗断裂的性能等。

按 GB/T 228.1—2010 的规定，标准拉伸试样可制成圆形试样和矩形试样，如图 1-2 所示。原材料为板材或带材时一般应采用矩形试样；其他情况下，由于圆形试样夹紧时易于对中，故应优先使用。圆形试样有长试样和

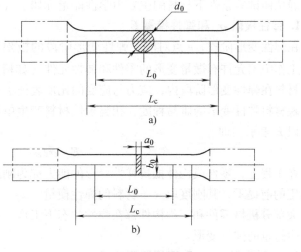

图 1-2　标准拉伸试样
a）圆形　b）矩形

短试样两种。长试样 $L_0 = 10d_0$，短试样 $L_0 = 5d_0$（L_0 为试样原始标距，d_0 为试样原始直径）。

在拉伸试验过程中，通过自动记录或绘图装置得到的表示试样所受载荷 F 和伸长量 ΔL 的关系曲线称为力-伸长曲线，又称拉伸曲线；若经数学计算，可得到表示试样所受应力和应变的关系曲线，则称为应力-应变曲线。图 1-3a、b 所示分别为低碳钢试样的力-伸长曲线和应力-应变曲线。

由图 1-3 可知，在载荷较小的 Oe 段，试样的伸长量随载荷增加而增加，外力去除后试样恢复原状，故 Oe 段为材料的弹性变形阶段。超过 e 点后，试样进入弹性-塑性变形阶段，在这一阶段若去除外力，试样不能完全恢复原状。当载荷增加到 F_s 时，力-伸长曲线在 s 点后出现近于水平阶段，表示载荷不变时，试样仍明显继续伸长，这种现象称为屈服，标志着材料宏观塑性变形的开始。屈服现象之后，试样又随载荷的增加而伸长，产生比较均匀的塑性变形，称为均匀塑性变形阶段；由于较大的塑性变形伴随着形变强化现象，故又称为材料的强化阶段。当载荷增加到 F_b 时，试样出现局部变细的缩颈现象。之后，所需载荷逐渐

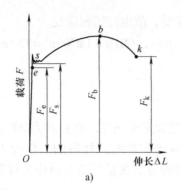 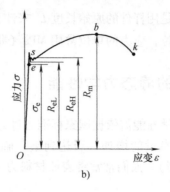

图 1-3　低碳钢试样的力 – 伸长曲线和应力 – 应变曲线
a）力 – 伸长曲线　b）应力 – 应变曲线

减小（实际上由于缩颈处直径明显减小，因而真应力是增加的），变形主要集中于缩颈处。当载荷达到 F_k 时，试样在缩颈处断裂。

静拉伸试验条件下材料的主要力学性能指标如下（见图 1-3）。

1. 弹性极限 σ_e 和弹性模量 E

在弹性变形阶段，e 点对应了弹性变形阶段的极限值，称为弹性极限，以 σ_e 表示。对一些工作中不允许有微量变形的零件和弹性元件（如精密弹簧等），σ_e 是主要的性能指标。

材料在弹性变形阶段内，应力与应变的比值表征了材料抵抗弹性变形的能力，其数值大小反映材料弹性变形的难易程度，相当于使材料产生单位弹性应变所需的应力，称为弹性模量，以 E 表示，即

$$E = \sigma / \varepsilon \tag{1-4}$$

在工程上，零件或构件抵抗弹性变形的能力称为刚度。显而易见，在零件的结构、尺寸已确定的前提下，其刚度取决于材料的弹性模量。

大部分机械零件和工程构件都在弹性状态下工作，对刚度有一定的要求，即工作时不允许产生过量的弹性变形。

2. 上屈服强度 R_{eH} 和下屈服强度 R_{eL}

在屈服阶段，材料产生屈服现象时的应力称为屈服强度，以 R_{eH} 和 R_{eL}（旧用 σ_s）表示。R_{eH} 为上屈服强度，R_{eL} 为下屈服强度。屈服强度标志着材料对起始塑性变形的抗力，是工程技术上最重要的力学性能指标之一。一般机械零件或工程构件在使用中不允许产生过量的塑性变形，因而在设计和选材时常以屈服强度为依据。

很多材料在拉伸过程中没有明显的屈服现象，按照 GB/T 228.1—2010 中的工程定义，在工程上常采用"规定塑性延伸强度 R_p"来表征材料对微量塑性变形的抗力指标。例如，规定塑性延伸率为 0.2% 时的应力以 $R_{p0.2}$（旧用 $\sigma_{0.2}$）表示该材料的屈服强度。

3. 抗拉强度 R_m

在塑性变形阶段中，曲线的最高点 b 所对应的应力 R_m，标志着材料在断裂前所能承受的最大应力，称为抗拉强度。R_m（旧用 σ_b）在工程技术上也是一个重要的力学性能指标，可用于零件的设计和选材。

4. 断后伸长率 A 和断面收缩率 Z

试样拉断后，标距的伸长与原始标距的百分比称为断后伸长率，以 A（旧用 δ）表示。A

是材料的一种塑性指标，反映材料断裂前发生塑性变形的能力。伸长率越高，材料塑性越好。

试样拉断后，缩颈处横截面积的最大缩减量与原始横截面积的百分比称为断面收缩率，以 Z（旧用 ψ）表示。Z 也是材料塑性指标之一。Z 越高，材料的塑性越好。

$$A = \left[(L_u - L_0)/L_0 \right] \times 100\% \tag{1-5}$$

$$Z = \left[(S_0 - S_u)/S_0 \right] \times 100\% \tag{1-6}$$

式中　L_0——试样的原始标距；

　　　L_u——试样拉断后标距；

　　　S_0——试样原始横截面积；

　　　S_u——试样断后最小横截面积。

塑性指标在工程技术中具有重要的意义。良好的塑性可使材料顺利地实现成形，还可在一定程度下保证零件或构件的安全性，一般 A 达 5%、Z 达 10% 即可满足绝大多数零件或构件的使用要求。

很多零件或构件是在扭矩、弯矩或轴向压力的作用下服役的。此时零件或构件的力学状态是与静拉伸条件不同的，特别是对高碳钢、铸造合金及结构陶瓷等脆性较高的材料，若不充分考虑服役条件、力学状态等因素，简单地采用静拉伸条件下测定的力学性能指标来评价和使用材料，很有可能造成零、构件的早期失效。因此，需通过扭转试验、弯曲试验、剪切试验等方法来测定材料在扭转、弯曲、压缩等其他静载荷条件下的力学性能。对此，本教材不再介绍。

1.2.2 硬度

硬度是指材料的软硬程度，它表征了材料抵抗表面局部变形（特别是塑性变形）及破坏的能力，即抵抗硬物压入或划伤的能力。由于硬度测试简便，造成表面损伤小，基本上属于无损检测的范围，可直接用于零件的测定。而且，硬度与其他性能指标之间有一定的经验关系，因而得到了广泛的应用。

测定硬度的方法很多，主要有压入法、刻划法、回跳法等。在机械制造中主要采用压入法。

常用的硬度测试方法有布氏硬度（HB）、洛氏硬度（HR）和维氏硬度（HV）等，均属压入法，即用一定的压力将压头压入材料表层，然后根据压力的大小、压痕面积或压痕深度确定其硬度值的大小。

1. 布氏硬度（HB）

布氏硬度试验是用一定直径的硬质合金球，以相应的试验力压入试样表面，经规定保持时间后，卸除试验力，测量试样表面的压痕直径，如图 1-4 所示。

布氏硬度值是试验力除以压痕球形表面积所得的商。计算公式如下

$$HBW = F/S = 2F/\left[\pi D(D - \sqrt{D^2 - d^2}) \right] \tag{1-7}$$

式中　D——压头的直径，单位为 mm；

　　　d——压痕的直径，单位为 mm；

　　　F——试验力，单位为 kgf$^\ominus$。

$\ominus$　力的单位应是牛顿（N），千克力（kgf）为非法定计量单位，这里因沿用了以前的试验条件和标准，故作了保留。

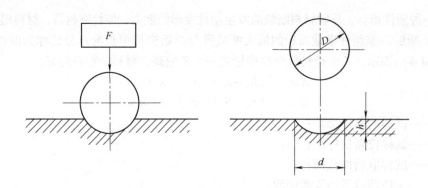

图1-4　布氏硬度测量原理示意图

当试验力 F 单位用牛顿（N）时，计算公式应修正为

$$\text{HBW} = 0.102 \times F/S = 0.102 \times 2F/\left[\pi D\left(D - \sqrt{D^2 - d^2}\right)\right] \qquad (1\text{-}8)$$

很显然，这是由于 $1\text{N} = 0.102\text{kgf}$。

采用硬质合金压头进行布氏硬度值的测定，最高可测 650HBW 的材料。符号 HBW 之前为硬度值，符号后面按以下顺序用数值表示试验条件。

1）球体直径。

2）试验力。

3）试验力保持时间（10~15s 不标注）。

例如，120HBW10/1000/30 表示用直径 10mm 的硬质合金球在 1000kgf/（9800N）试验力作用下保持 30s 测得的硬度值。

在布氏硬度试验时，只要 F/D^2（F 以 kgf 为单位）相同，所得结果就有可比性。在GB/T 231.1—2009 中规定了 30、15、10、5、2.5 和 1 共六种 $0.102 \times F/D^2$ 值，以满足对不同硬度的材料测试的需要。对 $0.102 \times F/D^2$ 值的选择见表 1-1。

表1-1　不同材料的试验力－压头球直径平方的比率

材　　料	布氏硬度 HBW	试验力－球直径平方的比率 $0.102 \times F/D^2/$（N/mm^2）
钢、镍基合金、钛合金		30
铸铁[1]	<140	10
	≥140	30
铜和铜合金	<35	5
	35~200	10
	>200	30
轻金属及其合金	<35	2.5
	35~80	5
		10
		15
	>80	10
		15
铅、锡		1

[1]对于铸铁试验，压头的名义直径应为 2.5mm、5mm 或 10mm。

布氏硬度试验测量压痕面积较大，受测量不均匀度影响较小，故测量误差较小，结果较真实、准确，因而具有代表性和重复性，适合于测量组织粗大且不均匀的金属材料的硬度，如铸铁、铸钢、非铁金属及合金、各种经退火、正火或调质处理后的钢材。但由于测试比较繁琐，不宜用于大批量的生产检验；测量太硬材料时，压头可能产生变形，故不宜采用布氏硬度；另外，由于布氏硬度测试留下较大的压痕，对于成品，特别是有较高精度要求的配合面的零件及小件也不宜采用此方法。

2. 洛氏硬度（HR）

洛氏硬度是在初始试验力及总试验力的先后作用下，将压头（金刚石圆锥体或钢球）压入试样表面，经规定保持时间后，卸除主试验力，用测量的残余压痕深度增量计算硬度值，如图 1-5 所示。

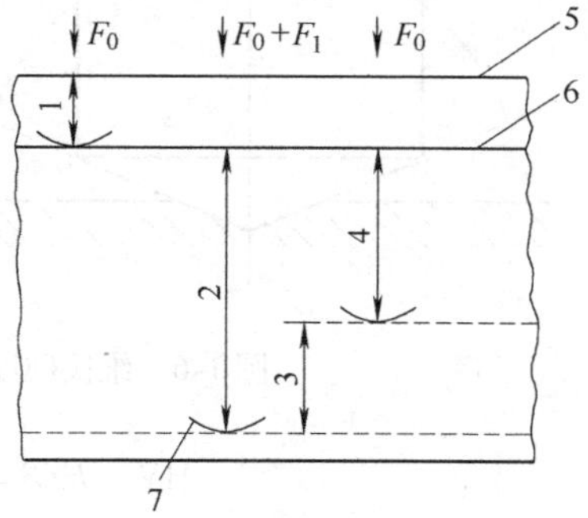

洛氏硬度用符号 HR 表示，HR 前面为硬度数值，HR 后面为使用的标尺。

洛氏硬度有 15 种标尺。每一

图 1-5 洛氏硬度测量原理示意图
1—在初始试验力 F_0 下的压入深度 2—由主试验力 F_1
引起的压入深度 3—卸除主试验力 F_1 后的弹性回复深度
4—残余压入深度 h 5—试样表面 6—测量基准面 7—压头位置

种标尺均为一种试验载荷和压头类型的组合，可根据被测材料的硬度和厚度等条件选用不同的标尺。标尺用一个规定的字母附在洛氏硬度符号后面加以注明，最常用的是 HRA、HRB、HRC 三种。其洛氏硬度值可在洛氏硬度计的表盘上直接读出。表 1-2 给出了常用洛氏硬度的主要试验条件及应用实例。

表 1-2 常用洛氏硬度的主要试验条件及应用举例

标　　尺	压头类型	总载荷/N（kgf）	硬度测试范围	应用举例
A	金刚石圆锥	558.4（60）	20～85 HRA	高硬度零件、表面硬化层和硬质合金等
B	淬火钢球	980.7（100）	20～100 HRB	退火钢、铸铁、铜合金和铝合金等
C	金刚石圆锥	1471（150）	20～70 HRC	淬火钢和调质钢等

不同标尺测得的硬度值不能直接比较材料的硬度高低。

洛氏硬度测试操作简便迅速，可直接读出硬度值，压痕小，在批量的成品或半成品质量检验中广泛使用。但由于压痕过小，测量误差较大，代表性、重复性差，分散度也大。

3. 维氏硬度（HV）

维氏硬度的测量原理基本与布氏硬度相同，不同的是所加载荷较小，压头是顶角为 136° 的正四棱锥金刚石压头，在被测材料的表面得到的是四方锥形压痕，如图 1-6 所示。

维氏硬度值的计算为

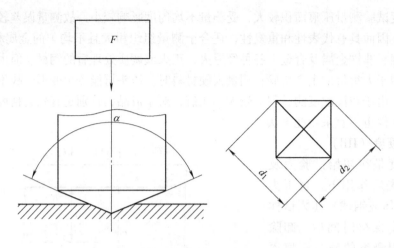

图 1-6   维氏硬度的测试原理示意图

$$HV = F/S = 1.8544F/d^2 \tag{1-9}$$

式中 F——试验力，单位为 kgf；

   d——压痕的直径，$d = \dfrac{d_1 + d_2}{2}$，单位为 mm。

当试验力 F 的单位为 N 时，计算公式应修正为

$$HV = F/S = 0.1891F/d^2 \tag{1-10}$$

测量时，可根据被测材料的硬度和厚度选择不同的载荷。不同载荷下测量的维氏硬度值可以直接相互比较（由于压入角恒定不变）。维氏硬度测量精度高，测量范围广（最高可达 1300HV），应用广泛，特别适用于工件的硬化层及薄片、小件成品的测量。但由于操作复杂，不宜用于大批量检测。另外由于压痕很小，致使所测硬度重复性差，分散度大。

维氏硬度用符号 HV 表示，HV 前面为硬度值，HV 后面的数值分别表示试验力和试验力保持时间（10～15s 不标注）。例如，640HV30/20 表示用 30kgf（294.2N）试验力保持20s 测定的维氏硬度值为 640。

1.3   材料的动态力学性能

1.3.1   冲击韧性

材料在使用过程中除要求有足够的强度和塑性外，还要求有足够的韧性。所谓韧性，是指材料在断裂前吸收变形能量的能力。韧性好的材料在使用过程中不至于产生突然的脆性断裂，从而保证机械或构件的安全性。

材料韧性在静载荷的作用下反映不明显。材料韧性除取决于材料的本身因素外、还与外界条件，特别是加载速率、应力状态及温度、介质的影响有很大的关系。

冲击载荷是动载荷的一种主要类型，很多零部件在冲击载荷下工作，如变速齿轮和飞机起落架等。在冲击载荷作用下，材料的韧性显得尤为重要。通常采用带缺口的试样，使之在冲击载荷的作用下折断，以试样在断裂前所吸收的能量来表示材料的韧性，称之为冲击

韧性。

由于材料的冲击韧性和温度有很大的关系，所以我国制定了在常温、低温和高温下进行冲击韧性试验的不同的国家标准。在这里，我们重点介绍常温下（10～35℃）的冲击韧性试验。有关低温和高温下的冲击韧性将在本章1.5节中涉及。

最常应用的冲击试验方法（夏比冲击试验）是将具有规定形状和尺寸的试样放在冲击试验机的支座上，使之处于简支梁的状态，然后使事先调整到规定高度的摆锤下落，产生冲击载荷使试样折断，如图1-7所示。

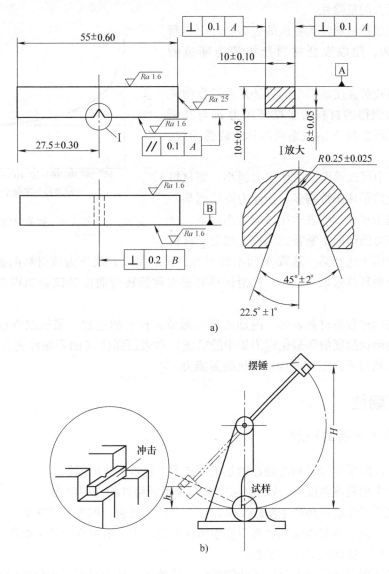

图1-7 冲击试验
a) 标准试样 b) 试验原理

冲击试验的实质是通过能量转换过程，测定试样在冲击载荷的作用下折断时所吸收的功 A_K，A_K 即为表征材料冲击韧性的指标，称为冲击吸收功，单位为 J。

另外，多年来我国还使用冲击韧度 a_K 这一指标，即以冲击吸收功 A_K 除以试样缺口横截面积 S_0（cm^2）所得的商 $[a_K = A_K / S_0, \, J/cm^2]$ 来表征材料的冲击韧性。由于 a_K 并没有确切的物理意义，因此 a_K 与 A_K 之间只能理解为一种数学关系。

1.3.2 疲劳强度

材料在循环载荷的作用下，即使所受应力低于屈服强度也常发生断裂，这种现象称为疲劳断裂。疲劳断裂，尤其是高强度材料在断裂之前一般没有明显的塑性变形，难以检测和预防，所以有很大的危险性。

疲劳强度是指材料经无数次的应力循环仍不断裂的最大应力，用以表征材料抵抗疲劳断裂的能力。

测试材料疲劳强度最简单的方法是旋转弯曲疲劳试验。试验测得的材料所受循环应力 σ 与其断裂前的应力循环次数 N 的关系曲线称为疲劳曲线，如图 1-8 所示。

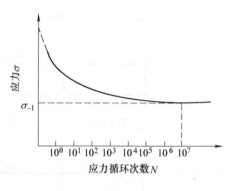

图 1-8　疲劳曲线

由图 1-8 中可以看出，循环应力越小，则材料断裂前所承受的循环次数越多。当应力降低到某一值时，曲线趋于水平，即表示在该应力作用下，材料经无数次应力循环而不断裂。工程上规定，材料在循环应力作用下达到某一基数 N 而不断裂时，其最大应力就作为该材料的疲劳极限。一般钢铁材料的循环基数取 10^7 次。光滑试样通过对称旋转弯曲疲劳试验测得的疲劳极限用 σ_{-1} 表示。

疲劳断裂的过程是材料表面、内部的裂纹形成、长大的过程。采取改进设计（如避免尖角和降低表面粗糙度值等避免应力集中的措施）和表面强化（如表面淬火、化学热处理、喷丸和滚压）均可提高零件或构件的抗疲劳能力。

1.4　断裂韧性

1.4.1　低应力脆断的概念

机件的脆性断裂和材料脆性的检测是工程技术上较难解决的问题。

工程设计常用屈服强度 R_{eL} 或屈服强度 $R_{p0.2}$ 来确定构件的许用应力 $[\sigma]$。一般认为材料在许用应力之下工作就不会产生塑性变形，更不会产生断裂。但事实并非如此，高强度材料的机件常常在远低于屈服强度的状态下发生脆性断裂；中、低强度的重型机件、大型结构件也有类似的实例，这就是低应力脆断。

低应力脆断现象是传统力学所无法解释的。传统力学认为材料是均匀连续的、无缺陷的物体，而大量的研究及试验证明，低应力脆断总是与材料内部的裂纹及裂纹的扩展有关。为了研究低应力脆断的机理和规律，在承认材料内部存在裂纹的基础上形成了一门新的学科，即断裂力学。断裂力学提出了新的强度、韧性指标，断裂韧性是其中重要的一项，它是材料强度和塑性的综合表现。对于一般机械零件，当断面尺寸不是太大，破坏形式主要是韧性断裂时，仍采用传统的五大力学性能指标。

1.4.2　断裂韧性的概念

1. 平面应力与平面应变

一个存在缺口或裂纹的试件拉伸时，在缺口或裂纹的尖端由于应力集中和形变约束，将呈现复杂的应力状态。

如图 1-9 所示，若试样是一块平板，厚度很小，则裂纹尖端 o 处的应力状态为：沿 z 轴方向的变形基本不受约束，可以自由变形，这时 $\sigma_z = 0$，应变 $\varepsilon_z \neq 0$，即 o 处仅在板长和板宽方向受 σ_x 和 σ_y 的作用，故称平面应力状态。若试件是一块厚板，则裂纹尖端处除表面部位外，在板的内部由于 z 轴方向也受形变约束，$\sigma_z \neq 0$ 但应变 $\varepsilon_z = 0$，即应力状态是三维的，而应变是二维的，故称平面应变状态。

裂纹尖端的应力状态不同，则裂纹扩展的过程和机件抗断裂的能力也不同。同一材

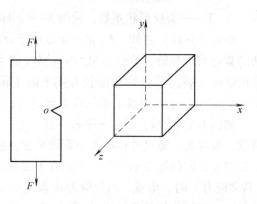

图 1-9　带缺口平板试件应力状态示意图

料，在平面应力状态下的裂纹扩展抗力较高，而在平面应变状态下的裂纹扩展抗力较小，易发生脆断。大断面的试件较小断面的试件更易发生脆性断裂。

2. 裂纹扩展的基本形式

根据外加应力与裂纹扩展的取向关系，裂纹扩展有三种基本形式，如图 1-10 所示。

（1）张开型（Ⅰ型）如图 1-10a 所示，正应力垂直作用于裂纹扩展面，裂纹沿正应力方向展开，沿裂纹面扩展。

（2）滑开型（Ⅱ型）如图 1-10b 所示，切应力平行作用于裂纹面而且与裂纹线垂直，裂纹沿裂纹面平行滑开扩展。

（3）撕开型（Ⅲ型）如图 1-10c 所示，切应力平行作用于裂纹面，且与裂纹线平行，裂纹沿裂纹面撕开扩展。

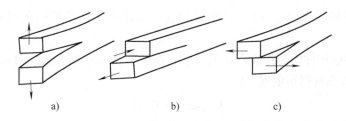

a)　　　　　　　　　　b)　　　　　　　　　　c)

图 1-10　裂纹扩展的三种基本形式示意图
a）Ⅰ型　b）Ⅱ型　c）Ⅲ型

实际裂纹的扩展常常是它们的组合。其中Ⅰ型裂纹最危险，是人们最关注的一种形式。

3. 断裂韧度

断裂力学的研究证明，具有裂纹的构件受力时，裂纹尖端附近某点处的实际应力值与施

加的应力 σ（称为名义应力）、裂纹长度 $2a$ 及距裂纹尖端的距离有关，即施加的应力在裂纹尖端附近形成了一个应力场。为表述该应力场的强度，引入了应力场强度因子的概念，即

$$K_{\mathrm{I}} = Y\sigma\sqrt{a} \tag{1-11}$$

式中　K_{I}——应力场强度因子，I 表示为张开型裂纹；

　　　σ——名义应力；

　　　a——裂纹长度的一半；

　　　Y——裂纹形状系数，量纲为一（旧称无量纲），一般 $Y = 1 \sim 2$。

由式（1-11）可知，K_{I} 是一个取决于 σ、a 和裂纹形状的复合力学参数，单位为 $\mathrm{MPa \cdot m^{1/2}}$（或 $\mathrm{MN \cdot m^{-3/2}}$）。常用试样（裂纹形状）和加载方式下的 Y 值可查有关手册。K_{I} 越大，表示裂纹尖端的应力场越大；反之越小。

如图 1-11 所示，设有一平板，其上有一长度为 $2a$ 的裂纹，板的长、宽尺寸远远大于裂纹长度；板厚已足以造成沿厚度方向收缩变形困难，在垂直于裂纹面施加拉应力（名义应力）时，形成三向拉应力状态（平面应变状态）。此时，在裂纹尖端的延长线（x 轴）上，裂纹尖端附近某点处的实际应力值为 σ_y。当该构件所受应力增加或裂纹扩展使 a 增大时，裂纹尖端的应力场强度因子 K_{I} 也随之增大，从而使 σ_y 增大。当 K_{I} 增大到某一个临界值时，σ_y 则增大到足以使材料断裂，即裂纹迅速扩展，造成脆断。

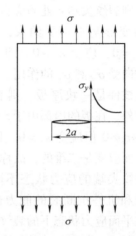

图 1-11　在 σ 作用下裂纹尖端附近形成应力场示意图

这个应力场强度因子的临界值就是材料的断裂韧度，以 K_{IC} 表示。它表征了含裂纹的材料抵抗裂纹失稳扩展而断裂的能力，是衡量材料断裂韧性的重要性能指标之一。

K_{IC} 为材料本身的一种力学特性，只和材料的成分、组织结构有关。当 $K_{\mathrm{I}} > K_{\mathrm{IC}}$ 时，裂纹失稳扩展导致材料发生低应力脆断。

1.4.3　断裂韧度的应用

根据应力场强度因子 K_{I} 和材料断裂韧度的相对大小，可以建立裂纹因失稳扩展而产生低应力脆断的 K 判据，即 $K_{\mathrm{I}} > K_{\mathrm{IC}}$，断裂韧度的实际意义在于可以利用 K 判据解决以下问题。

1）根据零件或构件的工作应力 σ 及可能存在的裂纹尺寸 $2a$，确定对材料所要求的断裂韧度 K_{IC}，为设计选材提供依据，即

$$K_{\mathrm{IC}} \geq n_k \times Y\sigma\sqrt{a} \tag{1-12}$$

式中　n_k——设计时所取安全系数（$n_k = K_{\mathrm{IC}}/K_{\mathrm{I}}$）。

2）可利用材料的断裂韧度 K_{IC} 及零件或构件的工作应力 σ，估算断裂时的临界裂纹长度 $2a_c$，作为裂纹探伤的依据，即

$$a_c = (K_{\mathrm{IC}}/Y\sigma)^2 \tag{1-13}$$

3）根据使用材料的断裂韧度 K_{IC} 及零件或构件内已存在的裂纹长度 $2a$，确定构件断裂时的临界应力 σ_c，即

$$\sigma_c = K_{1C}/Y\sqrt{a} \tag{1-14}$$

4）根据材料的断裂韧度 K_{1C} 及零件或构件工作时的状态（名义应力 σ，裂纹形状及尺寸所决定的 Y、a 等）判定零件或构件的安全性，即

$$K_1 < K_{1C} \tag{1-15}$$

1.5 材料的高、低温力学性能

温度是影响材料性能的重要外界因素之一，无论是金属材料、高分子材料、陶瓷材料、复合材料都是如此，只是受影响的程度有所不同。另外，由于成分和结构的不同，不同类型材料的力学性能受温度的影响规律也不同。对在高温或低温条件下工作的零件或构件，需认真考虑材料在高低温条件下的力学性能指标能否满足服役条件下的要求。

1.5.1 材料的高温力学性能

对高压锅炉、汽轮机、燃气轮机、柴油机、化工炼油设备、核动力等设备而言，很多零件或构件长期在高温下工作。对金属材料而言，所谓高温是指其工作温度超过其再结晶温度。材料的高温力学性能主要有蠕变极限、持久强度极限、高温韧性和高温疲劳极限等指标。

1. 蠕变极限

蠕变是材料长时间在一定的温度和应力作用下，即使应力小于 $R_{p0.2}$，也会缓慢产生塑性变形的现象。蠕变所导致的断裂称为蠕变断裂。蠕变是在高温下金属材料力学行为的重要特点。碳钢在超过 300℃，合金钢在超过 400℃ 的条件下工作，必须考虑蠕变的影响。对于聚合物而言，即使在室温下，也常常会观察到明显的蠕变现象。

蠕变极限是指在规定温度下，引起试样在规定时间内的蠕变伸长率（总伸长率或塑性伸长率）或恒定蠕变速度不超过某规定值的最大应力，有以下两种表示方法：

1）在规定时间内达到规定变形量的蠕变极限，以 $\sigma^t_{\delta/\tau}$ 表示，单位为 MPa。其中 t 为温度（℃），δ 为变形量（%），τ 为持续时间（h）。如 $\sigma^{800}_{0.2/1000} = 60\text{MPa}$，表示试件在 800℃ 的工作、试验条件下，经过 1000h，产生 0.2% 的变形量的应力为 60MPa。这种蠕变极限的表示方法一般用于需要提供总蠕变变形量的构件设计。

2）恒定蠕变速度达到规定值时的蠕变极限，以 σ^t_v 表示，单位为 MPa。其中 t 为温度（℃），v 为恒定蠕变速度，也是蠕变速度最小的阶段，即稳态蠕变阶段的蠕变速度（%/h）。如 $\sigma^{600}_{1\times10^{-5}} = 60\text{MPa}$，表示试件在 600℃ 条件下，恒定蠕变速度为 1×10^{-5} %/h 时的蠕变应力为 60MPa。这种蠕变极限一般用于受蠕变变形控制的运行时间较长的构件设计。

2. 持久强度极限

持久强度极限是指试样在恒定温度下，达到规定的持续时间而不断裂的最大应力。表示方法为 σ^t_τ。如 $\sigma^{700}_{1000} = 30\text{MPa}$，表示材料在 700℃ 温度下工作 1000h 不断裂，可承受的最大应力为 30MPa。持久强度极限常用于在高温运转过程中不考虑变形大小，只考虑在规定应力作用下寿命的零件或构件的设计。规定时间 t 是以机组的设计寿命为依据的。

3. 高温韧性

材料的高温韧性一般通过高温冲击试验来测定。高温冲击试验与常温、低温冲击试验的

本质是一样的，只不过是将试样加热，在高温下进行冲击试验。

在规定的温度下测定的高温冲击韧性指标，称为高温冲击吸收功和高温冲击韧度，分别以 A_K^t 和 a_K^t 表示，其中 t 为试验温度（℃）。

高温韧性是判定材料高温脆化倾向的重要指标。

4. 高温疲劳极限

材料在高温下的疲劳往往是疲劳和蠕变同时作用的结果，所以也称为蠕变范围内的疲劳。如当金属材料的温度超过 $0.5T_M$（T_M 为熔点）时，其疲劳极限会急剧下降。

材料在高温下抵抗疲劳破坏的能力，即高温疲劳极限，以 σ_R^t 表示。其中 t 为试验温度（℃），R 为应力比。如 $\sigma_{-1}^{650} = 40MPa$，表示材料在650℃试验条件下，经无数次的对称循环应力的作用而不断裂的最大应力值为40MPa。

1.5.2 材料的低温力学性能

随着温度的下降，多数材料会出现脆性增加的现象，易产生脆断，对在低温条件工作的零件或构件造成严重的危害。

测定材料低温下力学性能的方法很多，其中最常用的是低温冲击试验。这是由于材料的冲击韧性对温度最敏感，冲击试验方法又比较简单。

低温冲击试验是将试样放在规定温度的冷却介质中冷却，然后进行冲击试验，测定其冲击吸收功和冲击韧度值。在一系列不同的低温温度下进行冲击试验，得到不同温度下的冲击韧度，从而绘出冲击韧度随温度变化的曲线，从曲线中确定材料由韧性转变为脆性的韧脆转变温度 ETT_n，对比较材料的低温力学性能具有重要的意义。

本 章 小 结

1）零件或构件总是在一定的服役条件下工作，其载荷性质可分为静载荷和动载荷。材料抵抗变形和破坏的能力与材料内部单位面积上分布的内力有密切关系。分布在单位面积上的内力称为应力；单位长度的伸长量称为应变。对所有工程材料而言，在外力作用下随外力增加而变形和断裂是普遍规律，其中变形有弹性变形和塑性变形。对金属材料而言，该过程总是由弹性变形、塑性变形和断裂三个阶段组成。

2）静拉伸试验是工业中应用最广泛的材料力学性能试验方法之一。通过拉伸试验可以测定出材料最基本的静态力学性能指标，如弹性极限、屈服强度、抗拉强度、断后伸长率和断面收缩率等。硬度表示材料抵抗表面局部变形的能力。硬度的测试方法主要有压入法和刻划法等。硬度主要包括布氏硬度、洛氏硬度和维氏硬度等。

3）许多机器零件在工作中受到冲击载荷作用。工程上常用摆锤冲击试验来测定材料抵抗冲击载荷的能力。常用冲击吸收功 A_K 和冲击韧度 a_K 表征材料在冲击载荷作用下抵抗变形和断裂的能力。材料在循环载荷作用下，即使所受应力低于屈服强度也常发生断裂，即疲劳断裂。材料经无数次的应力循环仍不断裂的最大应力称为疲劳强度，可以通过对称旋转弯曲疲劳试验测得，用 σ_{-1} 表示。断裂力学是在承认材料内部存在裂纹的基础上形成的，应力场强度因子 K_I 大小取决于应力 σ、裂纹长度和形状；断裂韧度 K_{IC} 是反映材料抵抗裂纹失稳扩展而断裂的能力的一个力学性能指标，只和材料的成分、组织结构有关。当 K_I 大于 K_{IC} 时，裂纹失稳扩展导致材料发生低应力脆断。

4）温度是影响材料性能的重要外界因素之一。对于在高低温条件下工作的零件或构件，需要考虑其蠕变极限、持久强度极限、高温韧性、高温疲劳极限和低温脆性等。

思 考 题

1. 解释下列力学性能指标。

①R_m；②R_{eL}；③σ_{-1}；④A；⑤A_K；⑥HB；⑦HRC；⑧HV。

2. 解释下列名词。

①蠕变；②低应力脆断；③疲劳断裂；④断裂韧度。

3. 下列工件应采用何种硬度试验方法来测定其硬度？

①锉刀；②黄铜轴套；③供应状态的各种碳钢钢材；

④硬质合金刀片；⑤耐磨工件的表面硬化层。

4. 下列硬度表示方法是否正确，为什么？

①HBW250～300；②5～10HRC；③HRC70～75；④HV800～850；⑤800～850HV。

5. 比较铸铁与低碳钢拉伸应力－应变曲线的不同，并分析其原因。

6. 甲、乙、丙、丁四种材料的硬度分别为45HRC、90HRB、800HV、240HBW，试比较这四种材料硬度的高低。

第2章 材料的结构

导读: 本章介绍了四种结合键,即离子键、共价键、金属键与分子键;材料的晶体结构的基本概念,即晶格、晶胞和晶格常数;常见三种晶体结构类型(体心立方、面心立方和密排六方晶格);晶体中的点缺陷、线缺陷与面缺陷;金属、陶瓷和高分子材料的结构特点;材料的同素异构与同分异构现象。

本章重点: 结合键的本质及组成材料的性能特点;三种常见晶体结构及其基本概念;晶体中缺陷的类型;三种工程材料的结构特点。

工程材料的各种性能(力学性能、物理性能和化学性能等)取决于两大因素:一是其组成原子或分子的本性;二是这些原子或分子在空间的结合与排列方式。原子或分子的本性在工程环境和加工使用过程中通常是不变的,主要取决于原子的电子结构,并决定了材料的种类和基本属性。但原子或分子的空间结合与排列方式却可以通过外界条件加以改变,这种改变可以很大程度地改变材料的许多性能。例如,石墨是由碳原子组成的非常软的物质,而当碳原子在一定条件下改变其空间结合与排列方式时,则可形成极硬的金刚石。

从研究结构–性能之间的关系的角度来说,材料的结构主要指构成材料的原子的电子结构(决定了结合键的类型)、分子的化学结构及聚集状态结构(决定了材料的基本类型及材料组成相的结构)以及材料的显微组织结构(组成材料的各相的形态、大小、多少和分布,这些对材料性能有很大影响)。学习材料结构的知识,将为我们学习和掌握材料的性能以及如何控制这些性能提供基础。

2.1 结合键

固体物质内部原子(或分子)都排列在能量较低的位置,彼此之间存在一种约束力使其牢固地结合在一起,这种约束力即为结合键。通常结合键有四种类型,即离子键、共价键、金属键和分子键。

2.1.1 离子键

电负性差别较大的两种原子,通过电子失、得,变成正、负离子,从而靠正、负离子间的库仑力相互作用而形成的结合键称为离子键。图 2-1 所示为离子键的模型。

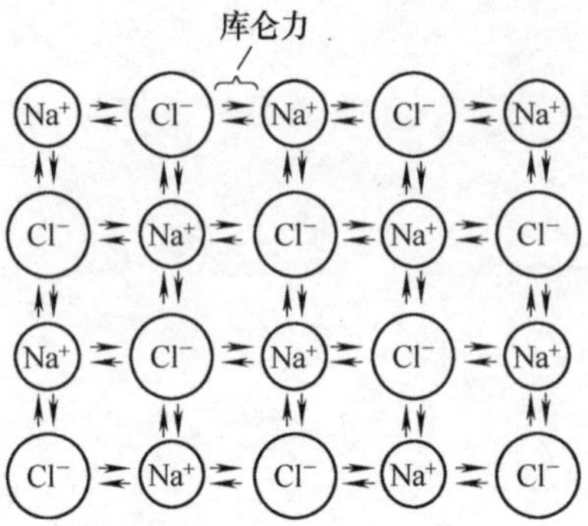

离子键有较强的结合力,因此离子化合物或离子晶体的熔点、沸点、硬度均很高,热膨胀系数小,但相对脆性较大。

大部分盐类、碱类和金属氧化物均以离子键方式结

图 2-1 离子键的模型

合。部分陶瓷材料（如 MgO、Al_2O_3、ZrO_2 等）及钢中的非金属夹杂物也以此方式结合。

2.1.2 共价键

得失电子能力相近的原子在相互靠近时，依靠共用电子对产生的结合力而结合在一起的结合键称为共价键。

共价键属于强键，原子间结合牢固，所以靠共价键结合的共价晶体往往硬度高，熔点高。例如，金刚石由碳原子组成，每个碳原子与其近邻的四个碳原子形成共价键结合，并按一定角度和方向规则排列，如图2-2所示。金刚石的熔点达3570℃，而且是自然界中最坚硬的物质。

另外，高分子化合物的大分子链内部也是靠共价键结合的。一部分陶瓷材料中的陶瓷晶体也是靠共价键（或有共价键参与）而结合的。

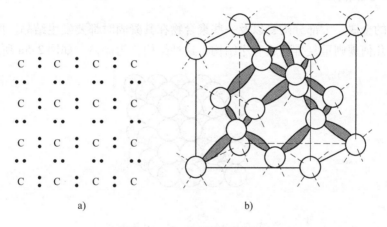

a)   b)

图2-2 金刚石晶体示意图

a) 二维表示 b) 三维表示，其中阴影表示电子几率较高的区域

2.1.3 金属键

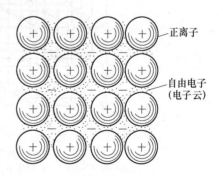

图2-3 金属键的模型

由于金属原子对最外层的价电子束缚较弱，当原子靠近而形成固态金属时，每个金属原子都失去外层的价电子而为晶体中所有原子共有。金属晶体的结合主要靠这些共有的负电子云与正离子之间的库仑力作用，这种结合键称为金属键。图2-3所示为金属键的模型。

金属键不具有方向性，在结构上要求尽量密集排列，使之势能最低，结合最稳定。由于金属晶体靠金属键结合，所以金属具有良好的导电性、导热性、可塑性、正的电阻温度系数和金属光泽。

2.1.4 分子键（范德瓦尔斯键）

具有稳固电子结构的原子或分子靠瞬时电偶极矩的作用产生结合力而结合在一起的结合键称为分子键或范德瓦尔斯键，如图2-4所示。氢键是范德瓦尔斯键的一种特殊形式。

由于分子键不是通过改变原子电子结构而形成的，因而分子键很弱。例如，具有稳定电子结构的惰性气体，分子态的 H_2、N_2、O_2、CO_2 等在低温时均可结合成液态或固态，就是靠分子键的作用。在固态下靠分子键的作用而形成的晶体称为分子晶体。分子晶体具有低熔点、低沸点、低硬度等性能特点。

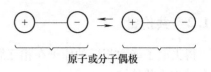

原子或分子偶极

图 2-4　分子键的模型

石墨的各原子层间的结合是分子键结合，高分子材料中大分子链之间的结合通常也是分子键结合。

2.2　材料的晶体结构与非晶体结构

2.2.1　晶体与非晶体

几乎所有的金属、大部分陶瓷以及一些聚合物在其凝固时都要发生结晶。原子本身沿三维空间按一定几何规则重复排列成有序结构，这种结构称为晶体，如图 2-5a 所示。

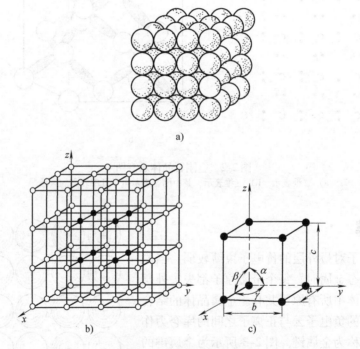

图 2-5　晶体结构示意图
a) 晶体中原子的排列　b) 晶格　c) 晶胞

某些工程上常用的材料，如玻璃、绝大多数的塑料和少数从液态快速冷却下来的金属以及人们所熟悉的松香、沥青等，其内部原子无规则地堆垛在一起，或视为三维方向的无序状态，这种结构为非晶体。

晶体具有固定熔点、规则的几何外形和各向异性的特性；非晶体没有固定熔点，且各向同性。

2.2.2 晶体结构

1. 晶体结构的基本概念

（1）晶格、晶胞和晶格常数

1）晶格。为了便于理解和描述晶体中原子排列的情况，人为地将原子看作一个质点，并用一些假想的几何线条将晶体中各原子中心连接起来，便构成一个空间格架。这种抽象的、用于描述原子在晶体中排列形式的几何空间格架称为晶格，晶格中直线的交点称为结点，如图 2-5b 所示。

2）晶胞。晶体中原子排列具有周期性的特点。为便于研究，从晶格中选取一个能够完全反映晶格特征的最小几何单元来分析晶体中原子排列的规律性，这个最小几何单元称为晶胞，如图 2-5c 所示。整个晶格就是由许多大小、形状和位向相同的晶胞在空间重复堆积而成的。

3）晶格常数。晶胞的大小用晶胞各棱边长度 a、b、c 和棱边夹角 α、β、γ 来表示。其中 a、b、c 称为晶格常数，其单位为 Å（注：埃为非法定计量单位，$1\text{Å} = 10^{-8}\text{cm}$）。

当 $a = b = c$、$\alpha = \beta = \gamma = 90°$ 时，若仅有 8 个顶点分布着原子（或离子等），这种晶胞称为简单立方晶胞。由简单立方晶胞组成的晶格称为简单立方晶格。

（2）晶胞的致密度　晶胞的致密度是指晶胞中原子所占的体积与晶胞总体积的比值。它表示原子在晶胞中排列的紧密程度，用 K 表示。

2. 常见晶体结构类型

根据晶体中原子（或分子、分子团）在三维空间的排布规律，自然界中共有 7 种可能的晶系和 14 种晶体结构类型。晶体材料中常见的、典型的晶体结构类型有属于对称性较高的立方晶系（$a = b = c$、$\alpha = \beta = \gamma = 90°$）的体心立方、面心立方结构，属于六方晶系的密排六方结构。

（1）体心立方晶格　体心立方晶格的晶胞如图 2-6 所示，其晶胞为一个立方体，所以只需用一个晶格常数表示即可。在晶胞的中心和八个角上各有一个原子（见图 2-6a）。由图 2-6b 可见，晶胞角上的原子为相邻的八个晶胞所共有，每个晶胞实际只占 1/8 个原子，中心的原子为该晶胞所独有，故晶胞中实际原子数为

$$8 \times 1/8 + 1 = 2$$

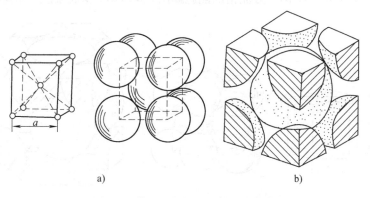

a)　　　　　　　　　　　　b)

图 2-6　体心立方晶格的晶胞示意图

由图 2-6a 可知，原子半径 r 与晶格常数 a 的关系为 $r = \sqrt{3}a/4$。故体心立方晶胞的致密

度为

$$K = \frac{2 \text{个原子体积}}{\text{晶胞体积}} = \frac{2 \times 4\pi r^3/3}{a^3} = 0.68$$

这表明体心立方晶胞中有68%的体积被原子所占有，其余为空隙。

属于这类晶格类型的金属有 α – Fe、Cr、W、Mo 等。

（2）面心立方晶格　面心立方晶格的晶胞如图2-7所示，其晶胞也是一个立方体，晶格常数用 a 表示。在晶胞的八个角上和晶胞的六个面的中心各有一个原子，如图2-7a所示。由图2-7b可见，每个晶胞角上的原子为其相邻的八个晶胞所共有，每个晶胞实际占有该原子的1/8，而位于六个面中心的原子为相邻的两个晶胞所共有，所以每个晶胞占有面心原子的1/2，因此面心立方晶胞中的原子数为

$$8 \times 1/8 + 6 \times 1/2 = 4$$

通过计算可知，面心立方晶胞的致密度为0.74。

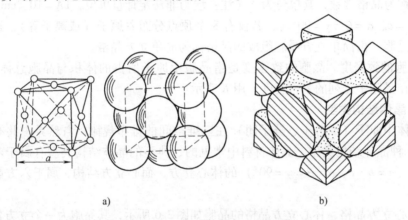

a)　　　　　　　　　　　　　　　　b)

图2-7　面心立方晶格的晶胞示意图

属于这类晶格类型的金属有 γ – Fe、Cu、Ni、Al 等。部分陶瓷晶体（如 MgO）也属于面心立方晶格。

（3）密排六方晶格　密排六方晶格的晶胞如图2-8所示，其晶胞为一正六方柱体，因此

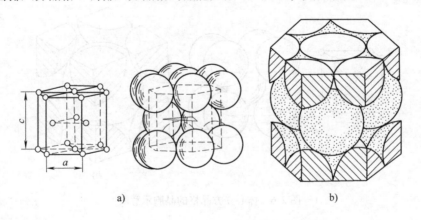

a)　　　　　　　　　　　　　　　　b)

图2-8　密排六方晶格的晶胞示意图

要用两个晶格常数表示，一个是柱体的高度 c，另一个是六边形的边长 a。在晶胞的每个角上和上下底的中心各有一个原子，晶胞内有三个原子（见图2-8a）。由图2-8b可见，晶胞中的原子数为

$$12 \times 1/6 + 2 \times 1/2 + 3 = 6$$

密排六方晶胞的致密度与面心立方晶胞相同，即

$$K = 0.74$$

具有密排六方晶格的金属有 Zn、Mg、Be、Cd 等。部分陶瓷晶体（如 Al_2O_3）的结构也为密排六方晶格。

3. 晶体中的缺陷

工程材料中的实际晶体是存在大量缺陷的，即在晶体内部及边界都存在原子排列的不完整性，称为晶体缺陷。晶体缺陷对材料性能有很大的影响。

（1）点缺陷 点缺陷是指三维尺度上都很小的、不超过几个原子直径的缺陷。点缺陷主要有空位和间隙原子，如图2-9所示。

在空位或间隙原子的周围，由于原子间作用力的平衡被破坏，使其周围的原子偏离原来的平衡位置，导致晶格畸变。晶格畸变将使晶体性能发生改变，如强度、硬度和电阻增加。

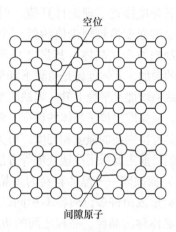

图2-9 晶体中的空位和间隙原子示意图

此外，晶体中的空位和间隙原子都是处在不断地运动和变化之中。空位和间隙原子的运动，是晶体中原子扩散的主要方式之一，这对金属的热处理过程是极其重要的。

（2）线缺陷 线缺陷是指二维尺度很小而第三维尺度很大的缺陷。位错是金属和陶瓷晶体中常见的线缺陷。

位错是晶体中某处一列或若干列原子发生有规则的错排现象。图2-10所示为简单立方晶格中刃型位错原子排列模型。由图2-10可见，在晶体的 ABC 平面以上，多出一个垂直半原子面，这个多余半原子面像刀刃一样垂直切入

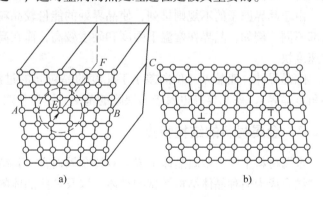

图2-10 简单立方晶格中刃型位错原子排列模型
a）立体 b）平面

晶体，使晶体中刃部周围上下的原子产生了错排现象，称之为刃型位错。多余半原子面底边（EF 线）称为位错线。在位错线上方的邻近原子受到压应力，而其下方的邻近原子受到拉应力。距位错线越远，晶格畸变越小，应力也越小，原子排列越趋于正常。

晶体中位错的量，常以单位体积内所包含的位错线总长度来表示，也称为位错密度，用 ρ 表示。

$$\rho = L/V$$

式中　　V——晶体的体积；

　　　　L——体积为 V 的晶体中位错线的总长度。

晶体中位错密度的变化及位错的运动，对金属的性能、塑性变形及组织转变都有着极为重要的影响。图 2-11 示出金属强度与位错密度的关系。图 2-11 中的理论强度是根据原子结合力计算出来的理想晶体强度值。晶须是试验室采用一些特殊方法制造出的几乎不含位错的结构完整的小晶体，其强度接近于理论计算值。而实际测出的一般金属的强度值较理论值约低二个数量级。所以没有缺陷的金属晶体，其强度是很高的。但随着缺陷的增加，其强度先是急骤下降至最低点，然后随着缺陷增加又平稳上升。当缺陷增至趋近百分之百时，金属即失掉了晶体的特征，而成为非晶态

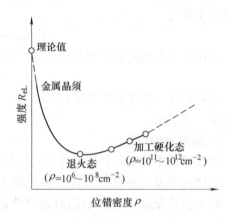

图 2-11　金属强度与位错密度的关系

金属，其有特别高的强度和韧度。可见，增加位错密度或降低位错密度都能有效地提高金属的强度。但目前主要采用冷塑变形等方法使金属中的位错密度大大增加来提高金属强度。

（3）面缺陷——晶体材料的多晶体结构　在诸如金属和陶瓷这样的晶体材料的结晶过程中，会形成由许多位向各不相同的小晶体（称为单晶体）组成的多晶体。构成多晶体的每个小晶体称为晶粒，晶粒之间的边界称为晶界。晶界是晶体中主要的面缺陷。

面缺陷指二维尺寸很大而第三维尺寸很小的缺陷，如上面谈到的晶界。由于各晶粒间的晶界同时受相邻不同位向晶粒的影响，要适应两个晶粒的位向，必须形成一个从一种位向过渡到另一种位向的过渡层（即晶界），因而晶界上的原子处于无规则的状态。

由于晶界原子的不规则排列，使晶界处的能量较晶粒内部要高，因此晶界的性能与晶粒内部不同。例如，晶界在常温下强度和硬度较高，而在高温下则较低；晶界易腐蚀，原子扩散速度快。

除晶界外，亚晶界（位向差小于几度的晶粒间的过渡区，一般由位错列构成，又称为小角度晶界）、孪晶界等也属于面缺陷的范畴，这里从略。

2.2.3　金属材料的结构特点

金属材料主要由金属晶体组成。对纯金属而言，其结构主要是指由何种金属原子依靠金属键结合成为何种晶体结构类型的晶体，以及这些晶体的显微组织结构和缺陷状态，包括晶粒形状和大小、晶格的畸变、位错密度等。

在工程中应用最广泛的是各种合金。对合金而言，影响其结构及性能的因素更为复杂。下面以合金中的基本相为重点介绍合金的结构。

组成合金的最基本的独立单元称为组元。组元可以是金属元素、非金属元素和稳定的化合物。由两个组元组成的具有金属特性的合金就称为二元合金。由一系列相同组元组成的不同成分的合金称为合金系。根据组元数的多少，合金可分为二元合金、三元合金等。

相是指合金系统中具有相同的化学成分、相同的晶体结构和相同的物理或化学性能并与该系统的其余部分以界面分开的部分。

用金相观察方法，在金属及合金内部看到的组成相的大小、方向、形状、分布及相间结合状态称为组织。只有一种相组成的组织为单相组织；由两种或两种以上相组成的组织为多相组织。

合金的基本相结构可分为固溶体和金属化合物两大类。

1. 固溶体

合金在固态下由组元间相互溶解而形成的相称为固溶体，即在某一组元的晶格中包含其他组元的原子，被保留晶格的组元称为溶剂，其他组元称为溶质。

根据溶质原子在溶剂晶格中占据的位置不同，可将固溶体分为置换固溶体和间隙固溶体。

（1）置换固溶体 由溶质原子代替一部分溶剂原子而占据溶剂晶格中某些结点位置而形成的固溶体称为置换固溶体，如图2-12a所示。

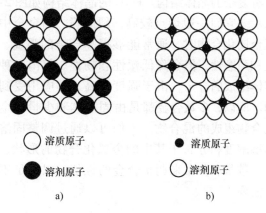

○ 溶质原子 ● 溶质原子
● 溶剂原子 ○ 溶剂原子
a)　　　　　b)

图2-12 固溶体的类型
a) 置换固溶体 b) 间隙固溶体

形成置换固溶体时，溶质原子在溶剂晶格中的最高含量（溶解度）主要取决于两者的晶格类型、原子直径差及它们在周期表中的位置。晶格类型相同，原子直径差越小，在周期表中的位置越靠近，则溶解度越大，甚至能以任何比例溶解而形成无限固溶体；反之，若不能满足上述条件，则溶质在溶剂中的溶解度是有限的，这种固溶体称为有限固溶体。

（2）间隙固溶体 由溶质原子嵌入溶剂晶格各结点间的空隙中而形成的固溶体称为间隙固溶体，如图2-12b所示。

由于溶剂晶格的空隙有一定限度，故间隙固溶体的溶解度都是有限的。

（3）固溶体的晶格畸变及其对性能的影响 在固溶体中，由于溶质原子的溶入，导致晶格畸变，如图2-13所示。溶质原子与溶剂原子的直径差越大，溶入的溶质原子越多，晶格畸变就越严重。

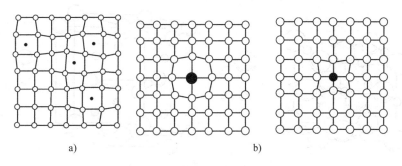

a)　　　　　　　　　b)

图2-13 固溶体中晶格畸变示意图

晶格畸变使晶体变形的抗力增大，材料的强度、硬度提高，这种现象称为固溶强化。

2. 金属化合物

金属化合物是金属与金属或金属与类金属、非金属之间形成的具有金属特性的化合物相。金属化合物是很多金属材料中的一种基本组成相，如钢中的渗碳体（Fe_3C），黄铜中的 β（CuZn）相。

金属化合物一般都能用化学式表示其组成，具有复杂的晶体结构。Fe_3C 的晶体结构如图 2-14 所示。它们一般熔点较高，硬而脆。当合金中出现金属化合物时，通常能够提高合金的强度、硬度和耐磨性，但会降低塑性和韧性。仅由一种固溶体组成的合金，由于强度不高，其应用受到限制。所以，多数合金都是由固溶体和少量的金属化合物组成的混合物。人们可以通过调整固溶体的溶解度和分布于其中的金属化合物的形状、大小、数量和分布来调整合金的性能，以满足不同的需要。

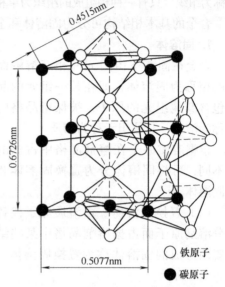

图 2-14 Fe_3C 的晶体结构

2.2.4 陶瓷材料的结构特点

和金属等各类工程材料一样，陶瓷材料的性能也是由其化学组成和结构所决定的。相对于金属材料而言，陶瓷材料的组成结构更复杂，一般由晶体相、玻璃相和气相组成。各相的组成、结构、数量、形状及分布状况等都会影响陶瓷材料的性能。

1. 晶体相

晶体相是陶瓷的主要组成相，对其性能起决定性作用。陶瓷中的晶体比金属晶体结构要复杂得多，主要是由金属元素与非金属元素通过离子键或兼有部分共价键结合而形成的化合物晶体。在陶瓷的晶体相结构中，最重要的有氧化物结构和硅酸盐结构两类。

（1）氧化物结构 大多数氧化物结构是由氧离子排列成简单立方、面心立方或密排六方的晶体结构，而金属阳离子则位于其间隙之中，主要是以离子键结合。图 2-15 所示为 MgO 和 Al_2O_3 的晶体结构。

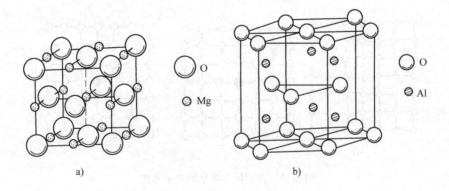

图 2-15 MgO 和 Al_2O_3 的晶体结构

（2）硅酸盐结构 硅酸盐是传统陶瓷的主要原料，也是陶瓷材料中的重要晶体相，是由硅氧四面体 [SiO_4] 为基本结构单元所组成。硅酸盐的结合键是以离子键为主，兼有共价键的混合键。硅氧四面体的结构如图 2-16 所示。

硅氧四面体是可以独立存在的结构，但由于其四个顶点分布着氧离子（为负离子），还可与别的阳离子结合，形成不同连接方式的硅酸盐结构，如链状、环状和层状等，其模型如图 2-17 所示。

2. 玻璃相

玻璃相是一种非晶态的低熔点固体相，在陶瓷中常见的是 SiO_2、B_2O_3 等。玻璃相的作用：①将晶体相粘接起来，填充晶体相间空隙，提高材料的致密度；②降低烧成温

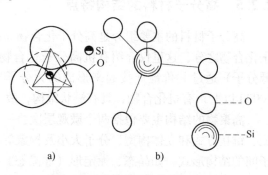

图 2-16 硅氧四面体结构示意图
a) 示意图 b) 模型

度，加快烧结过程；③阻止晶体的转变，抑制晶体长大；④获得一定程度的玻璃特点，如透光性等。但玻璃相对陶瓷的机械强度、介电性能、耐热性等不利，所以玻璃相在陶瓷材料中的体积分数不高，一般为20% ~40% 。

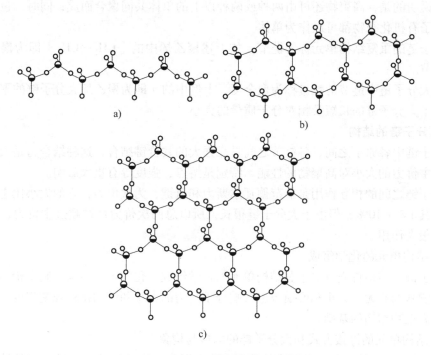

图 2-17 硅氧四面体的部分连接模型
a) 单链 b) 双链 c) 层状

3. 气相

气相是指陶瓷组织内部残留下来的孔洞。根据气孔情况，陶瓷分致密陶瓷、无开孔陶瓷和多孔陶瓷。除了多孔陶瓷外，气孔都是不利的。它降低了陶瓷的强度，还常常是造成裂纹的根源，气体还可降低陶瓷的透明度，所以应尽量减少或避免气孔的存在。一般普通陶瓷的气孔率为5% ~10%；特种陶瓷的在5%以下；金属陶瓷则要求低于0.5% 。

2.2.5 高分子材料的结构特点

高分子材料的主要组分是高分子化合物。高分子化合物有无机高分子化合物和有机高分子化合物之分，这里仅介绍有机高分子化合物。有机高分子化合物是由许多小分子（或称低分子）通过共价键连接起来形成的大分子（含几千至几十万个原子，相对分子质量达10000以上）有机化合物，具有链状结构，故又称为聚合物或高聚物。

高聚物的结构主要包括两个微观层次：一个是大分子链结构，包括其结构单元的化学组成、键接方式和立体构型、分子大小及构象等；另一个是大分子的聚集态结构，即高聚物分子间的结构形式，如晶态、无定形（非晶态）等。

高聚物是由小分子化合物聚合而成的。凡是可以聚合生成大分子链的小分子化合物称为单体。例如：聚乙烯是由乙烯聚合而成的，乙烯就是聚乙烯的单体，其聚合反应式为

$$n\left(CH_2{=\!=\!=}CH_2\right) \rightarrow +CH_2-CH_2 +_n$$

所以，单体是人工合成高聚物的原料。

需要说明的是，高聚物还可由两种或两种以上的单体共同聚合而成；同时，也不是任何一种小分子有机化合物都可以作为单体。

大分子链的重复结构单元称为链节，如上述聚乙烯中的$+CH_2-CH_2+$即为聚乙烯大分子链的链节。

一个大分子链中链节的数量称为聚合度，上例中的 n 即为聚乙烯大分子链的聚合度。聚合度反映了大分子链的长短及相对分子质量的大小。

1. 大分子链的结构

大分子链中各原子之间、各链节之间是靠强大的共价键结合，这种结合力是大分子内的主价力。主价力的大小对高聚物的性能，特别是熔点、强度等有重大影响。

大分子链之间的相互作用是靠范德瓦尔斯力和氢键，为次价力，它的大小比主价力小得多，只有其 $1\% \sim 10\%$，但由于大分子链很长，所以总的次价力往往超过主价力，对高聚物的强度起很大作用。

（1）结构单元的化学组成

大分子链的结构首先取决于其结构单元的化学组成。化学组成不同，则主价力不同。另外，主链侧基的有无、大小和性质等也影响分子间力的大小和链的排列规整程度。所以，化学组成是高聚物结构的基础。

（2）结构单元的键接方式和大分子链的构型与构象

1）键接方式。结构单元在链中的连接方式和顺序决定于单体和合成反应的性质，可有以下几种形式。

$$
头 - 尾连接 \quad
\begin{array}{cccc}
头 & 尾 & 头 & 尾 \\
-CH-CH_2- & & CH-CH_2- \\
| & & | \\
R & & R
\end{array}
$$

$$
头 - 头连接 \quad
\begin{array}{cccc}
尾 & 头 & 头 & 尾 \\
-CH_2- & CH- & CH- & CH_2- \\
& | & | \\
& R & R
\end{array}
$$

尾－尾连接

头　尾　尾　头
—CH—CH₂—CH₂—CH—
│　　　　　　│
R　　　　　　R

其中，头－尾连接的结构最规整，强度较高。

在两种以上单体的共聚物中，连接的方式更为多样，可以是：

无规共聚 AABABBABAABABBBA

交替共聚 ABABABABABABABAB

嵌段共聚 AAAAABBBBBBAAAABBBB

工业中较普遍存在的是无规共聚结构。它改变了主价力和次价力，并因此使共聚物的性能与由一种单体结合而成的均聚物有很大差别，这也是改进高分子材料性能的重要途径。

2）空间构型。带有不同侧基的高分子链结构在空间排列的方式称为分子链构型。对高聚物来说，大分子链上的空间排列有三种不同的方式，即全同立构型、间同立构型和无规立构型，如图2-18所示。

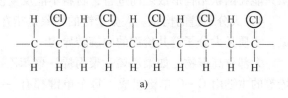

在聚合过程中，控制反应条件，使聚合物保持一定的空间结构（全同立构或间同立构）的方法称为定向聚合。使用这种方法可以合成具有优异性能的高分子化合物。例如，普通的聚苯乙烯，其软化温度在70～100℃之间，而全同立构型的聚苯乙烯软化温度高达230℃。

图 2-18　分子链空间构型示意图
a）全同立构型　b）间同立构型　c）无规立构型

3）大分子链的几何形状（支化与交联结构）。大分子链的几何形状有线型、支化型和体型（网状）三类。

线型高分子结构是整个分子呈细长线条状，通常卷曲成不规则的线团，如图2-19a所示。由于分子链间没有化学键，能相对移动，故易于加工，并具有良好的弹性和塑性。

支化型高分子结构是在大分子主链节上有一些或长或短的小支链，整个分子呈枝状，如

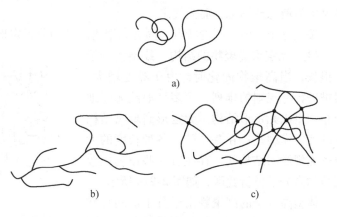

图 2-19　大分子链的几何形状示意图
a）线型　b）支化型　c）体型

图2-19b所示。具有该结构的分子间作用力较弱，其溶液的粘度、强度和耐热性都较低。所以支化一般对高聚物性能的影响是不利的，支链越复杂和支化程度越高，则影响越大。

体型高分子结构是大分子链之间通过支链或化学键连接成一体的交联结构，在空间呈网状，如图2-19c所示。整个高聚物就是一个由化学键固结起来的不规则网状分子，所以具有较好的耐热性、尺寸稳定性和机械强度，但弹性、塑性低，脆性大，不能塑性加工，成形加工只能在网状结构形成之前进行，材料不能反复使用。

4）大分子链的构象。大分子链的构象是指在热运动过程中大分子链不断变换的空间形象，实质是大分子链共价键的内旋转异构。

大部分高聚物，如聚乙烯、聚丙烯、聚苯乙烯等的主链由 C—C 单键组成。每个单键都有一定的键长和键角，并且能在保持键长和键角不变的情况下任意旋转，这就是单键的内旋。图2-20所示为 C—C 单键的内旋示意图。

原子围绕单键内旋的结果，导致原子排列方式的不断变换，即内旋转异构。大分子链很细长，含有成千上万的键，且每一单键皆可内旋，旋转的频率又很高，这样必然造成大分子的空间形态瞬息万变。

在晶区中，大分子链的排列是规整的，分子间相互作用大，主链单键的内旋受限，其构象是

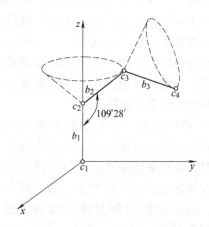

图 2-20　C—C 单键的内旋示意图

不变的。若大分子链中单键为纯 C—C 键时，内旋完全自由，其构象则容易变化。这种由组成和结构影响的内旋转能力的大小，称为大分子链的柔顺性。柔顺性好的大分子链，其构象变化频繁，呈无规线团状，可自如伸缩，对外力有很大的适应性，是柔性分子链高聚物弹性、韧性好，而强度、硬度低的根本原因。

2. 大分子的聚集态结构

一般低分子材料有气态、液态和固态三种。高聚物由于分子特别大和分子间力也大，容易聚集为液态或固态，而无气态。

按大分子几何排列的特点，固态高聚物的结构分无定形和晶态两种。

（1）无定形高聚物的结构　线型大分子链很长，当高聚物固化时，由于黏度增大，很难进行有规则的排列，而多呈混乱无序地分布，组成无定形结构。无定形高聚物结构较准确的模型是：在基本的、各种长度的大分子无规线团结构间，存在着一些排列比较规整的高分子链折叠区，如图2-21a所示。

体型高分子的高聚物由于分子链间存在大量交联，分子链不可能作有序排列，所以都具有无定形结构。

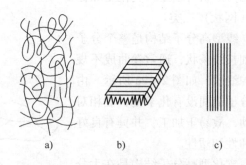

图 2-21　大分子链三种聚集态结构示意图
a）无定形　b）折叠链晶体　c）伸直链晶体

（2）晶态高聚物的结构　线型、支化型和交联少的网状高分子聚合物固化时可以结晶，

但由于分子链运动较困难，不可能进行完全的结晶，一般只有50% ~80%的结晶度，而其他部分保留为非晶态过冷液体。所以晶态高聚物实际为两相结构，如图2-22所示。其中大分子作非均匀分布，在一些区域内排列比较紧密和有规则，形成晶区；而在晶区之间分子排列比较松散和混乱，形成非晶区。晶区和非晶区的尺寸远比分子链的长度小，所以每个大分子链往往要穿过许多晶区和非晶区，并因此使晶区和非晶区紧密相连，不形成明确的分界线。晶区高聚物的分子链又可分为折叠链和伸直链两种形式，如图2-21b、c所示。

晶态高聚物的分子排列规整有序，致密度大，分子间的作用力较大，强度、硬度和刚度较高，熔点较高，耐热性和耐蚀性较好，而弹性、塑性和韧性较低。

3. 高聚物的物理、力学状态

高聚物在不同的温度下呈现出不同的物理状态，因而具有不同的性能，这对高聚物的成形加工和使用具有重要意义。图2-23所示为线型无定形高聚物的温度－变形曲线。由图2-23可见，随温度不同，线型无定形高聚物可处于玻璃态、高弹态或黏流态。

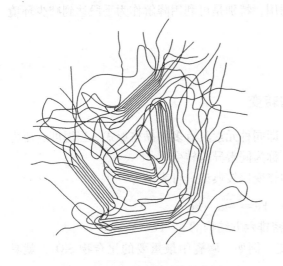

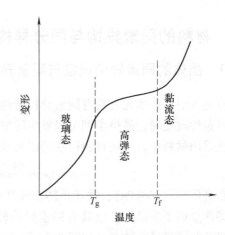

图2-22　晶态高聚物结构示意图　　　　图2-23　线型无定形高聚物的温度－变形曲线

（1）玻璃态　在温度低于T_g时，高聚物处于玻璃态，T_g称为玻璃化温度。在玻璃态时，高聚物的大分子链热运动处于冻结状态，只有链节的微小热振动及键中键长和键角的弹性变形。玻璃态下表现出的力学性能与低分子材料相似，具有一定刚度，是塑料的应用状态。作为塑料使用的高聚物，其T_g越高越好，均应高于室温。

（2）高弹态　当温度处于玻璃化温度T_g和黏流化温度T_f之间时，高聚物处于高弹态。这时高聚物的分子链动能增加，由几个或几十个链节组成的链段可进行内旋转运动，但整个分子链并没有移动。处于高弹态的高聚物在受外力作用时，原卷曲链沿受力方向伸展，产生很大的弹性变形（$A = 100\% ~1000\%$）。高弹态是橡胶的应用状态，故作为橡胶使用的高聚物，其T_g越低越好，且应低于室温。

（3）黏流态　当温度升到黏流化温度T_f时，大分子链可自由运动，高聚物成流动的黏液，这种状态称为黏流态。黏流态是高聚物的成型加工状态。

若高聚物中有部分结晶区域时，则当温度处于T_g以上和结晶体的熔点以下时，非结晶区仍保持线型无定形高聚物的高弹态，而结晶区则由于分子链无法产生内旋运动，表现出较高的刚度和硬度，两者复合组成一种既韧又硬的皮革态。部分结晶高聚物的这种特性，为通过调整、控制结晶度来改变高聚物性能提供了可能。

4. 高分子材料的老化

高分子材料在热、光、化学、生物、辐射等作用下会产生"老化"现象，使性能逐渐退化甚至丧失其使用价值，如硬化、脆化、发软和发黏等。老化现象的实质是高分子材料的主要组分——大分子链的结构通过交联或降解发生变化。

例如，许多橡胶在空气中氧的作用下（特别是当氧以臭氧 O_3 的形式存在时），会发生进一步的交联（此时连接键为氧而不是硫），会变硬、变脆而失去弹性。紫外线的照射会加速氧化的进程。

降解对高分子材料结构和性能的影响更为突出。所谓降解是指聚合物在长期储存或使用过程中，其聚合度由于热、光、氧化、水解、生物作用、力学作用等而降低的一种化学反应。降解使高分子材料软化、发黏，需耐久使用的工程塑料应尽量避免。但从另一方面看，降解可以改善加工性能而在加工过程中加以利用，特别是可利用降解作为手段达到减少环境污染的目的。

2.3　材料的同素异构与同分异构

2.3.1　晶体的同素异构现象与同素异构转变

自然界中有许多元素具有同素异构特性，即同种元素具有多种晶格形式。当温度、压力等外界条件改变时，晶格类型可以发生转变，称为同素异构转变。

在常用材料中，金属材料以铁的同素异构转变比较典型，可表示为

$$\delta - Fe \xrightleftharpoons{1394℃} \gamma - Fe \xrightleftharpoons{912℃} \alpha - Fe$$

在高压下（150kPa），铁还可转变成具有密排六方结构的 $\varepsilon - Fe$。

即使是离子型晶体，也具有同素异构转变。例如，陶瓷中最重要的化合物 SiO_2，就具有很复杂的同素异构转变，如图 2-24 所示。

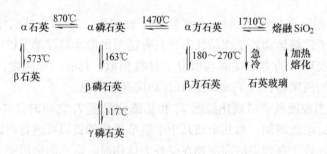

图 2-24　SiO_2 的同素异构转变图

2.3.2　有机化合物及高聚物的同分异构

有机化合物是以碳、氢、氧等原子为主，通过共价键方式联系起来的一类化合物。一般来说，有机物的结构比单质或无机化合物要复杂得多，所以，它们的同分异构现象（相同

的分子组成，不同的结构形式）更是十分普遍。例如：甲醚（CH_3OCH_3）和乙醇（CH_3CH_2OH）具有相同的分子组成，均为 C_2H_6O，但却由于结构的不同（官能团不一样）而导致性质不同。乙醇的沸点为 78.3℃（分子间能形成氢键），而甲醚的沸点仅为 -24℃（氢连在碳上，无法形成氢键）。

近代有机立体化学指明：有机物除了上述由于原子互相连接的方式和次序不同形成异构体外，还可以由于原子本身在空间的排列方式（即构型或构象）不同引起同分异构。

高分子是由低分子聚合而成，所以低分子的有机化合物的同分异构现象也将直接带入高分子聚合物中。同一种高聚物，由于条件不同，可形成几种不同的晶型。例如：聚乙烯的稳定晶型是正交晶型，但在拉伸时能形成三斜或单斜晶型；聚丙烯在不同温度下结晶时，可形成单斜、六方和菱方三种晶型；聚丁烯-1 可形成菱方、四方和正方三种晶型。这是高分子表现出来的类似单质的同"素"异构现象。

值得注意的是，不论何种材料，其性能都是由其组织结构所决定的。所以，同素异构或同分异构都将对材料的性能产生极大的影响。特别是高分子化合物的同分异构，有时甚至改变了物质的种类及属性。因此，合理地利用同素（分）异构现象，对工程而言是非常有意义的。

本 章 小 结

1）固体物质内部原子（或分子）因结合键而结合在一起。通常结合键有四种类型，即离子键、共价键、金属键和分子键。大部分盐类、碱类和金属氧化物以及部分陶瓷材料以离子键结合，其熔点高、硬度高，但相对脆性较大。高分子化合物的大分子链内部以及一部分陶瓷材料以共价键结合。金属材料以金属键为主，因而具有良好的导电性和可塑性。石墨各原子层之间、高分子材料中大分子链之间通常以分子键结合。分子晶体具有低熔点、低硬度的特点。

2）原子本身沿三维空间按一定几何规则重复排列的有序结构称为晶体；若内部原子无规则地堆垛在一起则为非晶体。常见的晶体结构有体心立方、面心立方、密排六方等。描述晶体结构的基本概念有晶格、晶胞、晶格常数、致密度等。

3）实际晶体中存在大量缺陷，按三维尺度上的大小可分为点缺陷、线缺陷（位错）、面缺陷，其中点缺陷包括空位和间隙原子，面缺陷包括晶界、亚晶界等。晶体缺陷对材料的性能有重要影响。

4）金属材料包括纯金属和合金。合金根据组元的多少，可分为二元合金、三元合金等。合金中的基本相包括固溶体和金属化合物两大类。固溶体分为置换固溶体和间隙固溶体，其晶格类型与溶剂相同。金属化合物一般能用化学式表示，具有复杂的晶体结构，一般熔点高，硬而脆。陶瓷材料由晶体相、玻璃相和气相组成。晶体相是陶瓷的主要组成相，对其性能起决定作用；玻璃相是一种非晶态的低熔点固体相，起到粘接等辅助作用；气相是指陶瓷组织内部残留下来的孔洞。高分子材料具有高分子化合物的链状结构，又称高聚物。大分子链的结构包括其结构单元的化学组成、键接方式和空间构型、分子大小以及构象等。大分子的聚集态结构有晶态和无定形两种。随温度的不同，线型无定形高聚物可处于玻璃态、高弹态或黏流态。高分子材料在热、光、化学、辐射等作用下，会产生"老化"现象，其实质是大分子链的结构通过交联或降解发生变化。

5）同种元素不同的晶格转变，称为同素异构转变。同种分子由于原子互相连接的方式、次序或空间排列方式不同引起同分异构。

思 考 题

1. 解释下列基本概念。

晶体与非晶体；同素异构转变；位错；晶界；固溶体；金属化合物。

2. 试述高分子链的结合力、分子链结构、聚集态结构对高聚物性能的影响。

3. 何为高分子材料的老化？

4. 试计算面心立方晶胞的致密度。

5. 说明结晶对高聚物性能的影响。

第3章 凝固与二元合金相图

导读：本章介绍了金属结晶的必要条件及结晶过程，铸件结构和晶粒大小的控制。本章介绍了典型的二元合金相图：匀晶相图、共晶相图和共析相图及其典型合金的结晶过程。本章介绍了铁碳合金相图：铁碳合金的基本相；相图特征分析；典型铁碳合金的结晶过程。本章介绍了合金相图的应用：相组成及其性能分析；加工工艺设计。

本章重点：典型相图的特征，典型合金的结晶过程；铁碳合金相图，包括其中的基本相，主要特性线及点的意义，典型铁碳合金的结晶过程，室温组织与相组成；铁碳合金组成相与性能的关系。

金属与合金自液态冷却转变为固态的过程，是原子由不规则排列的液体状态逐步过渡到原子作规则排列的晶体状态的过程，称之为结晶。

金属材料（除粉末冶金材料外）都需要经过熔炼和浇注，也就是说都要经历一个结晶的过程。结晶过程中形成的组织不仅影响其铸态性能，而且也影响材料随后的加工性能和力学性能。因此，研究并控制金属材料的结晶过程，对改善材料的组织和力学性能都具有重要的意义。

绝大多数工程用的金属材料都是合金，其结晶过程较纯金属要复杂得多。二元合金相图是描述合金结晶过程最重要的图解，反映不同成分合金在不同温度下的组成相及相平衡关系，是研究合金液态结晶（凝固）以及固态结晶（固态相变）过程、确定合金组织组成、推断合金性能的有力工具。

本章将简要介绍金属的凝固过程。在此基础上，将通过对二元合金相图，特别是铁碳合金相图的讨论，进一步认识工程材料的内部组织随材料的成分和温度的变化而变化的规律及其对材料性能产生的影响，为进一步深入学习金属材料及其成形工艺提供基础。

3.1 金属的结晶

金属的结晶过程是在液体中先形成许多晶核，然后再由晶核长大成晶粒，众多的晶粒组成多晶体。晶核的形成和长大都和液态金属结构有关。研究表明：液态金属，特别是其温度接近凝固点时，其原子间距离、原子间的作用力和原子的运动状态等都与固态金属比较接近。在短距离的小范围内，原子作近似于固态结构的规则排列，即存在近程有序的原子集团。所以金属由液态转变为固态的凝固过程，实质上就是原子由近程有序状态过渡为远程有序状态的过程。从这个意义上理解，金属从一种原子排列状态（晶态或非晶态）过渡为另一种原子规则排列状态（晶态）的转变均属于结晶过程。金属从液态过渡为固体晶态的转变称为一次结晶；而金属从一种固体晶态过渡为另一种固体晶态的转变称为二次结晶。

3.1.1 结晶的热力学条件

纯金属液体缓慢冷却过程的温度 – 时间曲线如图 3-1 所示。分析该冷却曲线可知，液体纯金属冷却到略低于平衡结晶温度 T_M（又称为理论结晶温度、热力学凝固温度、熔点和凝固点等）时，液体纯金属并不会立即自发地出现结晶，只有冷却到显著低于 T_M 后，固相才开始形核，而后长大，并放出大量潜热，使温度回升到略低于平衡结晶温度，而在冷却曲线上出现一个温度平台。当凝固完成后，由于没有潜热释放，因此温度又继续下降。平衡结晶温度 T_M 与实际结晶温度 T_n 之间的温度差称为过冷度，写作 ΔT，$\Delta T = T_M - T_n$。

从热力学观点来分析，任何引起系统自由能降低的过程都是自发过程。在金属结晶前后的两个状态下，金属是由两种不同的相所组成，即液相和固相。两种不同的聚集状态自然有两种不同的自由能，图 3-2 所示为同一金属材料液相和固相的自由能－温度变化曲线。图 3-2 中显示，液相自由能曲线 F_L 与固相自由能曲线 F_S 有一交点，其对应的温度即为理论结晶温度 T_M。在温度 T_M 时，液相和固相处于两相平衡状态，自由能相等，可长期共存。高于温度 T_M 时，液相比固相的自由能低，金属处于液相才是稳定的；低于温度 T_M 时，金属稳定的状态为固相。

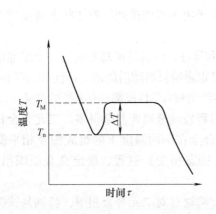

3-1 纯金属典型的温度－时间曲线

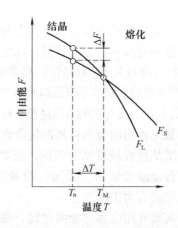

图 3-2 同一金属材料液相和固相的
自由能－温度变化曲线

因此，液态金属如果要结晶，就必须处于 T_M 温度以下。金属在液态与固态之间存在有一个自由能差（ΔF），这个能量差 ΔF 就是促使液体结晶的驱动力。结晶时要从液体中生出晶体，必须建立同液相隔开的晶体界面而消耗能量。所以，只有当液体的过冷度达到一定的大小，使结晶的驱动力 ΔF 大于建立固液界面所需要的界面能时，结晶过程才能开始进行。

3.1.2 结晶过程

液态金属结晶时，总是先在金属液中形成一些微小晶体，称之为晶核；在晶核不断长大的同时，金属液中继续形成新的晶核并长大，直到结晶完毕，如图 3-3 所示。

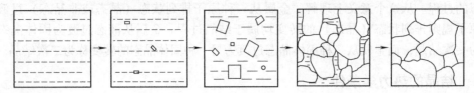

图 3-3 金属结晶过程示意图

对于每一个单独的晶粒而言，其结晶过程在时间上划分必是先形核后长大两个阶段，但对整个金属液的结晶过程而言，生核和长大在整个结晶期间是同时进行的。

1. 晶核的形成

液态金属结晶时晶核常以两种方式形成：自发形核（也称均质形核）与非自发形核（也称非均质形核）。

（1）自发形核　指只依靠液态金属本身在一定过冷度下由其内部自发长出结晶核心。温度越低，即过冷度越大时，金属由液态向固态转变的驱动力越大，所以生成的自发晶核数目就较多。但如果过冷度太大，影响了原子的扩散能力，将会阻碍晶核的形成，使形核率反而减小。

（2）非自发形核　指依附于金属液体中未溶的固态杂质表面而形成晶核。

在实际铸造条件下，金属中的杂质颗粒，甚至型壁都可能成为形成晶核时所依附的表面，所以，金属结晶过程中晶核的形成主要是以非自发形核方式为主。

2. 晶核的长大

晶核一旦形成，便开始长大，其长大方式对晶体的形状和构造以及晶体的许多特性有很大的影响。由于结晶条件的不同，一般呈现两种主要长大方式，即平面长大方式和树枝状长大方式。

平面长大方式在实际金属的结晶中极少见到，这里主要讨论树枝状长大方式。

当过冷度较大，特别是存在杂质时，金属晶体往往以树枝状的形式长大。开始时，晶核可以生长为很小的但形状规则的晶体（见图3-4a）。然后，在晶体继续长大的过程中，由于热力学、晶体结构等方面的原因，而优先沿一定方向生长出空间骨架。这种骨架形同树干，称为一次晶轴（见图3-4b）。在一次晶轴增长和变粗的同时，在其侧面生出新的枝芽，枝芽发展成枝干，此为二次晶轴。随着时间的推移，二次晶轴成长的同时又可长

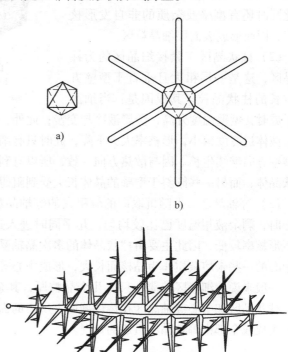

图3-4　晶体长大示意图

出三次晶轴，三次晶轴上再长出四次晶轴，如此不断成长和分枝下去，直至液体全部消失。结果结晶出一个具有树枝形状的所谓树枝晶，如图3-4c所示。

实际金属多为树枝晶结构。在结晶过程中，如果液体的供应不充分，金属最后凝固的树枝晶之间的间隙不会被填满，晶体的树枝状就很容易显露出来。例如：在许多金属的铸件表面常能直接见到树枝状的浮雕；有人在百吨重的大铸件的缩管中曾获得长达39cm的非常完

整的树枝状晶体。

3. 铸件组织

生产中，常将液体金属注入铸型型腔并在其中凝固获得铸件。金属铸件凝固时，由于表面和中心的结晶条件不同，铸件的组织结构是不均匀的。如图3-5所示，一般铸件的典型结晶组织分为三个区域。

（1）细晶区　铸件的最外层是一层很薄的细小等轴晶粒区，各晶粒随机取向。当金属液注入型腔后，表层金属液受到型壁的强烈过冷，形成大量晶核，与此同时还有型壁及杂质的非自发形核作用，因而形成表面层细晶粒区。

（2）柱状晶区　紧接细晶区的为柱状晶区，这是一层粗大且垂直于型壁方向生长的柱状晶粒。其成因是：当细晶

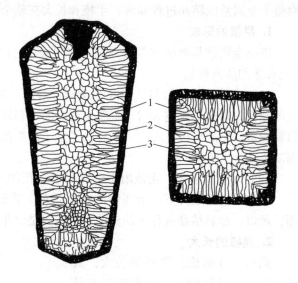

图3-5　一般铸件的典型结晶组织
1—细晶区　2—柱状晶区　3—等轴晶区

区形成时，型壁温度升高，金属液冷却变慢；此外，由于细晶区结晶潜热的释放，使细晶区前沿液体过冷度减小，形核率大大下降，此时只有细晶区与液体相接触的某些小晶粒可沿垂直型壁方向继续生长。因与散热方向一致，所以有利于生长，可长成一次晶轴垂直于型壁的柱状晶体；而另一些倾斜于型壁的晶体长大受到阻碍，不能继续生长。

（3）等轴晶区　由随机取向的较粗大的等轴晶粒组成。通常，当结晶进行到接近铸件中心时，剩余液相温度已比较均匀，几乎同时进入过冷状态。但是，由于中心区过冷度较小，形核率较低，因此主要由柱状晶体的多次晶轴受液流冲碎的小晶块或被流动的金属液带进中心的一些未熔杂质作为晶核而长大，形成中心等轴晶粒区。

一般来说，细晶区较薄，只有几个晶粒厚，其余两个区域比较厚。在不同的凝固条件下，柱状晶区和中心等轴晶区在铸件截面上所占的面积是不同的，有时甚至有全部由柱状晶区所组成或全部由等轴晶区组成的情况。

3.1.3　晶粒大小及控制

1. 晶粒形状和大小对性能的影响

金属结晶后形成多晶体结构。晶粒的大小是金属组织的重要标志，其对金属的性能产生直接影响。如前所述，铸件组织是不均匀的，一般情况下，不希望铸件得到柱状晶组织。因为相互平行的柱状晶的接触面及相邻垂直的柱状晶区的交界面较脆弱，常聚集着易熔杂质和非金属夹杂物，当铸件在热压力加工时易沿此脆弱面开裂。但是，在某些特殊情况下，要求零件沿一个方向性能优越时，如涡轮发动机叶片，则希望获得单一方向的柱状晶组织，通常采用定向凝固方法获得。

等轴晶粒组织没有上述脆弱面，相邻晶粒的枝晶彼此咬合，裂纹不易扩展，性能均匀，无方向性。尤其是均匀细小的晶粒，更显出这一优点。晶粒越细小，金属材料的强度值越

高。不仅如此，晶粒细小还可以提高材料的韧性。因此，细化晶粒对于金属材料来说是同时提高材料强度和韧性的好方法之一。所以，在生产实践中，通常采用适当方法获得细小晶粒来提高金属材料的强度。这种强化金属材料的方法就称为细晶强化。

2. 铸件晶粒大小的控制

如前所述，结晶过程是由形核和长大两个基本过程组成的，故结晶后晶粒大小必然与形核率和长大速率两个因素有关。一般来说，凡能促进形核并抑制长大的措施均能细化晶粒；反之使晶粒粗化。在实际生产中通常采用以下三种方法细化晶粒。

（1）增大过冷度 根据过冷度对形核率和生长速率的影响规律，增大过冷度可使铸件晶粒变细。在连续冷却情况下，冷却速度越大，过冷度越大。增大冷却速度可通过采取降低熔液的浇注温度、选用吸热能力和导热性较强的铸型材料等措施来达到。例如：金属型比砂型冷却速度大，故金属型铸件比砂型铸件的晶粒细。

（2）变质处理 在金属液结晶前，向金属液中加入某些物质（称为变质剂），形成大量分散的固态微粒作为非自发形核界面或起阻碍晶体长大的作用，从而获得细小晶粒。这种细化晶粒的方法，称为变质处理。如铝或铝合金中加入微量钛，钢中加入微量钛、铝等，都是变质处理的典型例子。

（3）附加振动 金属液结晶时，可采用机械振动、超声波或电磁振动等措施，增强铸型中液体金属的运动，造成枝晶破碎，碎晶块起晶核作用，从而使晶粒细化。

3.2 合金的结晶

分析合金的结晶可借助于合金相图。所谓合金相图是表明合金中各种合金相的平衡条件和相与相之间平衡关系的一种简明示图。由于合金相图能表明合金系中不同成分的合金在不同温度（或压力）下由哪些相组成以及这些相之间的平衡关系，故相图又称为平衡图或状态图。下面重点讨论的是合金的结晶及二元合金相图。

3.2.1 二元合金相图的建立及匀晶相图分析

1. 二元合金相图的建立

合金相图多是通过实验方法测定的，最常用的是热分析法。

现以 Cu-Ni 合金为例，说明用热分析法建立相图的基本步骤。

1）配置一系列不同成分的 Cu-Ni 合金。

2）测定各成分合金的冷却曲线，并找出冷却曲线上的临界点（指转折或平台）温度。

3）在温度 – 成分坐标系中标出各临界点（成分和温度）。

4）将坐标系中具有相同意义的点连接成曲线，即得到 Cu-Ni 合金相图。

相图中的每个点、线均具有一定的物理意义。人们常将这些点、线称为特性点和特性线。下面以 Cu-Ni 合金相图为例介绍合金相图的分析方法，并讨论合金的结晶过程。

2. 匀晶相图分析

两组元在液态和固态均能无限互溶时所构成的相图为匀晶相图，Cu-Ni 合金相图即属这一类。

如图 3-6 所示，在 Cu-Ni 相图中 A 点温度为纯铜的熔点，$t_A = 1083℃$，B 点温度为纯镍的熔点，$t_B = 1455℃$。ALB 为液相线，代表各种成分的合金在冷却过程中开始结晶的温度，或在加热过程中熔化终了的温度；$A\alpha B$ 为固相线，代表各种成分的 Cu-Ni 合金在冷却时结晶终了，或在加热时开始熔化的温度。这里的 A、B 就是 Cu-Ni 相图的特性点，ALB 和 $A\alpha B$ 就是 Cu-Ni 相图的特性线。需要说明的是，由于相图是代表各相之间平衡关系的图形，所以，这里所说的冷却或加热过程是极其缓慢的，以满足达到平衡状态所需要的足够的时间。

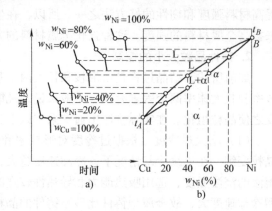

液相线和固相线把相图分成两个不同的相区。ALB 以上为液相区，合金处于液相状态，以 L 表示；$A\alpha B$ 以下为固相区，为 Cu 与 Ni 组成的不同成分的固溶体，以 α 表示；ALB 和 $A\alpha B$ 之间是液相和固相共存的区域，是结晶过程正在进行的区域，以 $L+\alpha$ 表示。

图 3-6 用热分析法测定的 Cu-Ni 合金相图

3. 合金的结晶过程

下面以图 3-7 中 Ni 的质量分数 $w_{Ni} = 40\%$ 的 Cu-Ni 合金为例说明其结晶过程。

当液态合金缓慢冷却到与液相线相交温度时开始结晶，此时温度为 t_1，但结晶出的固相成分 α_1 的含镍量（w_{Ni}）大于 40%；冷却到 t_2 时，L 的成分为 L_2，α 的成分为 α_2；当合金冷却到与固相线相交时，即温度为 t_3 时，结晶完毕，全部为固相 α，此时固相成分为 α_3，即为合金自身的成分。在整个冷却过程

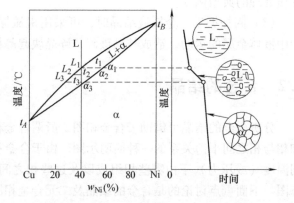

图 3-7 Cu-Ni 合金相图及结晶过程分析

中，随着温度的下降，结晶出的 α 越来越多，剩余的 L 越来越少，而且结晶出的 α 成分沿固相线变化，剩余的 L 的成分沿液相线变化。

如上所述，在结晶过程中，先结晶出的固溶体和后结晶出的固溶体的成分是不同的。在极缓慢的冷却条件下可通过原子较充分的扩散使成分均匀化。若冷却速度较快，固溶体中的原子不能充分扩散，则成分不均匀的状况保留下来，这种现象称为偏析。由于固溶体结晶一般按树枝状长大，故这种偏析也呈树枝状分布，故又称"枝晶偏析"。固溶体的显微组织与纯金属相似，常由呈多面状的晶粒组成。

3.2.2 共晶相图及共析相图

1. 共晶相图

两组元在液态完全互溶，在固态下有限溶解或互不溶解但有共晶反应发生的合金相图，称为共晶相图。图 3-8 所示为固态下两组元有限溶解的 Pb-Sb 共晶相图。

在 Pb-Sb 合金中，Pb 中溶入 Sb 原子可形成有限固溶体 α，Sb 中溶入 Pb 原子可形成有

限固溶体 β，α、β 的溶解度均随温度的降低而减小。

（1）相图分析　相图中 t_A 和 t_B 分别为纯 Pb 和纯 Sb 的熔点；AEB 为液相线，由 AE 和 BE 构成；$ACEDB$ 为固相线，由 AC、BD 和 CD 构成；CF 表示了 α 固溶体的溶解度随温度的变化，称为溶解度曲线（或固溶线）；DG 则为 β 固溶体的溶解度曲线（或固溶线）。

在这里特别关注一下 E 点和 CD 线，当然也涉及 C 点和 D 点。

首先，E 点成分的液态合金冷却到 t_E 时将同时结晶出 α 和 β 两种固溶体，α 为 Sb 原子溶入 Pb 晶格中形成的固溶体，β 为 Pb 原子

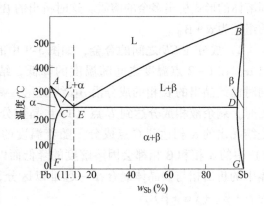

图 3-8　Pb–Sb 二元合金共晶相图

溶入 Sb 晶格中形成的固溶体。这种由液态同时结晶出两种固相的混合物的现象称为共晶转变。共晶转变是在恒温下进行的，这个温度称为共晶温度。共晶转变时液体的成分称为共晶成分。共晶转变的产物称为共晶体。因此，相图中的 E 点就称为共晶点。共晶转变可以表示为

$$L_E \xrightarrow{\ t_E\ } (\alpha_C + \beta_D)$$

通过后面的合金结晶过程分析可以得出结论，所有成分在 CD 之间的合金在结晶时都会发生共晶转变而形成共晶体，所以 CD 被称为共晶线。共晶线是固相线的一个重要组成部分。

C 点和 D 点在相图中也有特殊的意义。C 点对应的成分是 α 固溶体的最大溶解度，D 点对应的成分是 β 固溶体的最大溶解度。显而易见，F 和 G 点分别代表了 α 和 β 在 0℃ 时的溶解度。

上述各特性线把相图分为六个区域。其中 AEB 以上为液相区；ACF 左边是固溶体 α 相区；BDG 右边是固溶体 β 相区；AEC 包围的区域是 L+α 两相区；BED 所包围的区域是 L+β 两相区；$CFGD$ 所包围的区域是 α+β 两相区。

（2）典型合金的结晶过程

1）成分在 C 点以左的合金，如图 3-9 中的 I 所示，自液态缓慢冷却到 1 点温度开始结

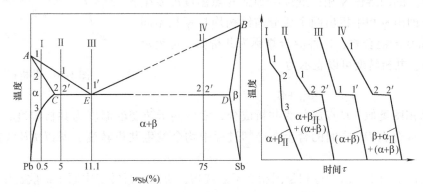

图 3-9　Pb–Sb 合金中典型合金结晶过程示意图

晶，到 2 点结晶完毕，得到单一的 α 固溶体。冷却到 3 点以下时由于 α 固溶体过饱和而以 β 固溶体的形式析出多余的溶质。这时析出的 β 固溶体以 β_{II}（二次 β）表示。到室温时合金的组织为 $\alpha + \beta_{II}$。

2）成分在 CE 之间的合金，如图 3-9 中的 II 所示，液态合金冷却到 1 点温度开始结晶出 α，在 1~2 点温度之间随温度的降低，结晶出的 α 逐渐增多，剩余的液相逐渐减少，同时已结晶出的 α 相的成分沿 AC 线变化，剩余液相的成分沿 AE 线变化。冷却到 2 点温度时，剩余液相成分达到 E 点（即共晶成分）并发生共晶转变，得到共晶体（α + β）；先结晶出的 α 相达到 C 点成分。随着温度的继续降低，先结晶出的 α 相及共晶体（α + β）中的 α 相和 β 相都会因溶解度的降低而以 α_{II} 和 β_{II} 的形式析出多余的溶质。由于共晶体中的析出相与共晶体混合在一起难以区分，故常将其忽略，故合金冷却到室温的组织为 $\alpha + \beta_{II} + (\alpha + \beta)$。

图 3-9 中的合金 III 为共晶成分的合金，其结晶过程在介绍共晶转变时已经作了介绍。合金 IV（即成分为 ED 之间的合金）可参照合金 II 的结晶过程进行分析，其室温下的组织为 $\beta + \alpha_{II} + (\alpha + \beta)$；成分在 D 点以右的合金可参照合金 I 的结晶过程进行分析，室温下组织为 $\beta + \alpha_{II}$。

需要说明的是，人们常把共晶成分的合金称为共晶合金，把成分在 CE 之间的合金称为亚共晶合金，把成分在 ED 之间的合金称为过共晶合金；把共晶转变之前（即共晶温度以上）先结晶出的固溶体 α 和 β 相称为先共晶相（或初生相）。

至此，可以进一步验证和理解前面已经谈到的结论：所有成分在 CD 之间的合金在冷却过程中结晶时都会发生共晶转变，所以 CD 被称为共晶线。

2. 共析相图

在二元合金中经常会遇到这样的情况，即在较高温度时经过液相结晶得到的单相固溶体（如通过匀晶转变得到某种单相固溶体组织），在冷却到某一温度时又发生析出两个成分、结构与母相不同的新的固相的转变，这种转变称为共析转变。具有共析转变的二元合金相图称为共析相图，如图 3-10 所示。

图 3-10 中 C 点成分的合金自液态冷却，通过匀晶结晶过程得到单一的固溶体 γ 相；继续冷却到 C 点温度即发生共析转变，即由 γ 相中析出两个成分与结构均与 γ 相不同的新相 α 和 β 的混合物，这种混合物称为共析体，可表示为（α + β）。共析转变可以表示为

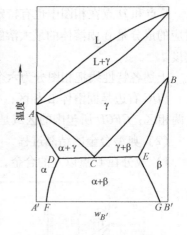

图 3-10 共析相图

$$\gamma_C \xrightarrow{t_C} \alpha_D + \beta_E$$

与共晶相图类似，C 点成分为共析成分，发生共析转变的温度为共析温度，C 点为共析点。由于成分在 DE 之间的合金在冷却过程中均会发生共析转变，所以 DE 线被称为共析线。

与共晶转变相比，由于母相是固相而不是液相，所以共析转变中原子扩散要比在液态中困难得多，比共晶转变具有更大的过冷倾向，共析体比共晶体更为细密、弥散。

3.3 铁碳合金相图

钢铁材料是工业生产和日常生活中应用最为广泛的金属材料。钢铁材料的主要组元是铁和碳,故称铁碳合金。所以,铁碳相图是应用最为广泛的二元合金相图,是研究钢铁的基础。实际应用的铁碳相图只是其中碳的质量分数 $w_c < 6.69\%$ 的部分,并且把 Fe_3C 视为一个组元,故称 Fe-Fe_3C 相图。

3.3.1 铁碳合金的基本相

铁碳合金与其他合金一样,也有两类基本相:一类是固溶体;另一类是金属化合物。

1. 铁素体(F)

碳溶于 α-Fe 中形成的间隙固溶体称为铁素体。铁素体保持了 α-Fe 的体心立方晶格结构。由于 α-Fe 的间隙很小,因而溶碳能力极差,在727℃时溶碳量最大,为 0.0218%,在室温下只有约 0.0008%。铁素体强度、硬度较低,但塑性、韧性较好。铁素体用符号 F 表示。

2. 奥氏体(A)

碳溶于 γ-Fe 中形成的间隙固溶体称为奥氏体。奥氏体保持了 γ-Fe 的面心立方晶格结构。由于 γ-Fe 间隙相对较大,故溶碳能力较大,在1148℃时可达 $w_c = 2.11\%$,在727℃时为 $w_c = 0.77\%$。奥氏体一般在高温下存在,其力学性能除和晶粒大小有关外,还和溶碳量有关,硬度一般为 170 ~ 220HBW,伸长率为 40% ~ 50%,故仍属于强度、硬度较低而塑性较好的相。奥氏体用符号 A 表示。

铁素体和奥氏体的显微组织如图 3-11 和图 3-12 所示。

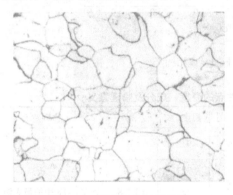

图 3-11 铁素体的显微组织

图 3-12 奥氏体的显微组织

3. 渗碳体(Fe_3C)

渗碳体为铁和碳形成的金属化合物,具有复杂的晶体结构和固定的化学成分,碳的质量分数 $w_c = 6.69\%$。渗碳体的性能特点是硬而脆,是铁碳合金的主要强化相。渗碳体用其分子式 Fe_3C 表示。

3.3.2 Fe-Fe_3C 相图分析

图 3-13 所示为经简化的 Fe-Fe_3C 相图。相图中各主要特性点的温度、成分及物理意义

见表3-1。

相图中的 *ACD* 为液相线；*AECF* 为固相线；*ECF* 为共晶线；*PSK* 线为共析线；*ES* 为奥氏体的溶解度曲线；*PQ* 为铁素体的溶解度曲线。另外，在相图中还有一条比较主要的特性线 *GS*，它是在冷却过程中由奥氏体中析出铁素体的开始温度线。

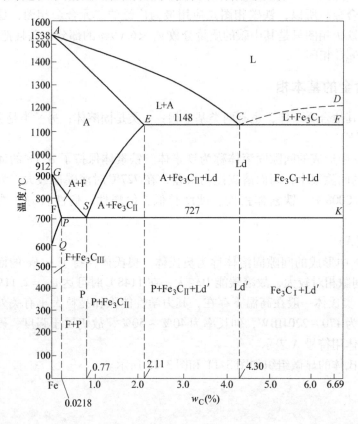

图 3-13 简化后的 Fe-Fe₃C 相图

表 3-1 Fe-Fe₃C 相图中各主要特性点的温度、成分及物理意义

符 号	温度/℃	w_C（%）	物理意义	符 号	温度/℃	w_C（%）	物理意义
A	1538	0	纯铁熔点	G	912	0	α-Fe↔γ-Fe 同素异构转变点
C	1148	4.30	共晶点	S	727	0.77	共析点
D	1227	6.69	渗碳体熔点	P	727	0.0218	碳在 α-Fe 中的最大溶解度
E	1148	2.11	碳在 γ-Fe 中的最大溶解度	Q	600	0.0057	600℃时碳在 α-Fe 中的溶解度

Fe-Fe₃C 相图中包含以下三个重要转变。

1. 共晶转变

发生于 1148℃，其反应式为

$$L_C \xrightarrow{1148℃} (A_E + Fe_3C)$$

铁碳合金共晶转变的产物（共晶体）是由奥氏体和渗碳体组成的机械混合物，即（A + Fe_3C），称为莱氏体，以 Ld 表示。下面我们还会讨论到，在继续降温的过程中，莱氏体还会发生变化。凡 $w_C > 2.11\%$ 的铁碳合金冷却到1148℃时，均会发生共晶转变。

2. 共析转变

发生于727℃，其转变式为

$$A_s \xrightarrow{727℃} (F_P + Fe_3C)$$

铁碳合金共析转变的产物（共析体）是由铁素体和渗碳体组成的机械混合物，即（F + Fe_3C），称为珠光体，以 P 表示。凡 $w_C > 0.0218\%$ 的铁碳合金在冷却到727℃时，其中的奥氏体均会发生共析转变。

3. 二次渗碳体的析出反应

随温度变化，奥氏体的溶碳量将沿 *ES* 变化。因此，凡 $w_C > 0.77\%$ 合金自1148℃冷却到727℃的过程中，都将从奥氏体中析出渗碳体，通常称为二次渗碳体，以 Fe_3C_{II} 表示。

此外，铁素体由727℃冷却的过程中其溶碳能力沿 *PQ* 线变化，将从铁素体中析出三次渗碳体（Fe_3C_{III}），由于三次渗碳体的数量极少，故常忽略不计。

3.3.3 典型合金的结晶过程

依据铁碳相图，常把铁碳合金分为工业纯铁（$w_C < 0.0218\%$）、钢（$w_C = 0.0218\% \sim 2.11\%$）和白口铸铁（$w_C > 2.11\%$）三类。在钢中，又把 $w_C = 0.77\%$ 的钢称为共析钢，把 $w_C < 0.77\%$ 的钢称为亚共析钢，把 $w_C > 0.77\%$ 的钢称为过共析钢。在白口铸铁中，把 $w_C = 4.3\%$ 的铸铁称为共晶白口铸铁，把 $w_C < 4.3\%$ 的铸铁称为亚共晶白口铸铁，把 $w_C > 4.3\%$ 的铸铁称为过共晶白口铸铁。

下面我们以几种典型合金为例，分析其结晶过程和室温下的组织，如图3-14所示。

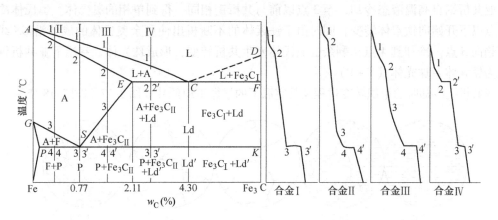

图3-14　典型合金在 Fe-Fe_3C 相图中的位置

1. 共析钢（图3-14中合金Ⅰ）

共析钢自高温液态冷却到1点开始结晶出奥氏体，至2点全部结晶为奥氏体。很显然，此时奥氏体的成分为合金的成分。奥氏体冷至3点（727℃）时发生共析转变，转变为珠光体（P）。

珠光体是铁素体和渗碳体组成的片状共析体。其中铁素体的体积分数约占88%，是共析体的基体；渗碳体的体积分数约占12%，呈层片状。

共析钢冷却时的组织转变过程及其室温下的显微组织照片如图3-15和图3-16所示。

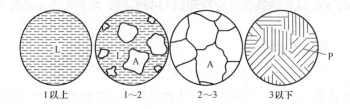

图3-15 共析钢冷却时的组织转变过程

图3-16 共析钢室温下的显微组织照片

2. 亚共析钢（图3-14中合金Ⅱ）

亚共析钢自高温液态冷却，至3点以前与共析钢相同，得到单相的奥氏体。奥氏体冷却到3点以下开始向铁素体转变，同时由于铁素体的不断析出使剩余奥氏体的成分沿 GS 线变化而趋向 S 点。冷却到4点，剩余的奥氏体发生共析转变，形成珠光体。室温下亚共析钢的组织为铁素体＋珠光体（F＋P）。

亚共析钢冷却时的组织转变过程及其室温下的显微组织照片如图3-17和图3-18所示。

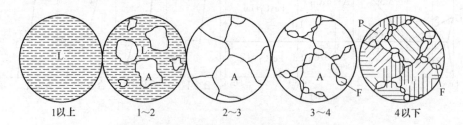

图3-17 亚共析钢冷却时的组织转变过程

3. 过共析钢（图3-14中合金Ⅲ）

过共析钢自液态冷却，至3点以前结晶过程与共析钢相同，得到单相的奥氏体。奥氏体冷至3点以下由于溶解度的下降而析出二次渗碳体。随着二次渗碳体的逐渐析出，剩余奥氏

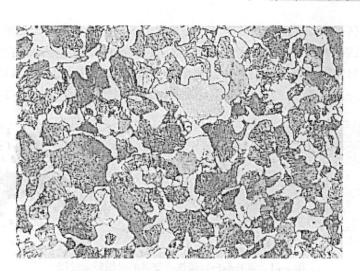

图 3-18 亚共析钢室温下的显微组织照片

体的成分沿 ES 线变化而趋向 S 点。冷至 4 点时剩余奥氏体发生共析转变，形成珠光体。室温下的组织为珠光体 + 二次渗碳体（$P + Fe_3C_{II}$）。

过共析钢冷却时的组织转变过程及其室温下的显微组织照片如图 3-19 和图 3-20 所示。

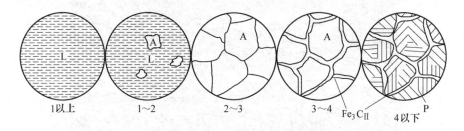

图 3-19 过共析钢冷却时的组织转变过程

4. 亚共晶白口铸铁（图 3-14 中的合金 Ⅳ）

亚共晶白口铸铁自高温液态冷却至 1 点时开始结晶出奥氏体。在 1 ~ 2 点之间冷却时，随着结晶出的奥氏体不断增多，剩余液相的成分沿着 AC 线变化而趋向于 C 点（共晶点）成分，并在 C 点温度下发生共晶转变，得到莱氏体（奥氏体 + 渗碳体）。此时合金的组织为初生奥氏体 + 莱氏体。继续冷却时，初生奥氏体和共晶奥氏体均由于奥氏体溶解度的下降而析出二次渗碳体。至 3 点，达到共析成分的奥氏体，在共析温度下发生共析转变，转变为珠光体。由于

图 3-20 过共析钢室温下的显微组织照片

共晶奥氏体析出二次渗碳体并转变为珠光体，所以，此时的莱氏体由珠光体 + 二次渗碳体 + 共晶渗碳体组成，人们称之为低温莱氏体，以 Ld' 表示，以区别于高温莱氏体（Ld）。这样，亚共晶白口铸铁的室温组织为珠光体 + 二次渗碳体 + 低温莱氏体（$P + Fe_3C_{II} + Ld'$）。

亚共晶白口铸铁冷却时的组织转变过程及其室温下的显微组织照片如图 3-21 和图 3-22 所示。至此，相信读者不难参照上述方法对共晶、过共晶白口铸铁冷却时的组织转变过程进行分析。共晶白口铸铁室温下的组织为低温莱氏体（Ld′）；过共晶白口铸铁室温下的组织为低温莱氏体＋一次渗碳体。它们室温下的显微组织分别如图 3-23 和图 3-24 所示。

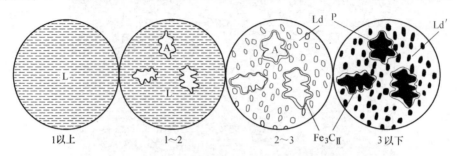

图 3-21　亚共晶白口铸铁冷却时的组织转变过程

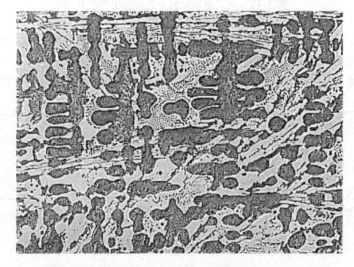

图 3-22　亚共晶白口铸铁室温下的显微组织照片

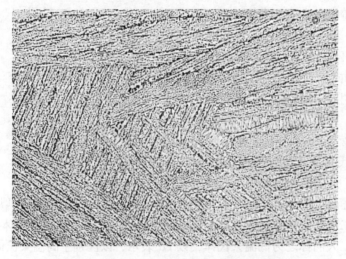

图 3-23　共晶白口铸铁室温下的显微组织照片

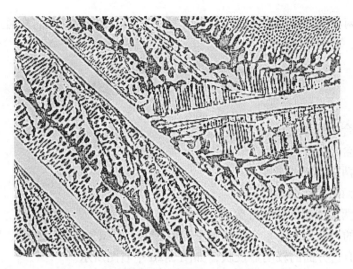

图 3-24　过共晶白口铸铁室温下的显微组织照片

3.4　合金相图的应用

3.4.1　相组成及其性能分析

由于相图表达了合金在不同温度下各相之间的平衡关系，比较清晰地反映了合金的相变过程和组织转变规律，反映了合金系的成分、外部处理条件与组织、性能之间的关系，因此它为材料的选用与加工工艺制订提供了可靠依据。

铁碳合金的成分与组织的关系是：铁碳合金的成分在碳的质量分数 w_C 逐渐增加直至达到 6.69% 区间内，其室温下的组织由于 Fe_3C 相的相对含量的逐渐增多，组织组成依次为 F（还有少量的 Fe_3C_{III}）$\rightarrow F + P \rightarrow P \rightarrow P + Fe_3C_{II} \rightarrow P + Fe_3C_{II} + Ld' \rightarrow Ld' \rightarrow Ld' + Fe_3C_I$。即，当 $w_C < 0.0218\%$ 时为工业纯铁，其组织为单相铁素体；随着 w_C 的逐渐增加，组织中开始出现珠光体，其组织为铁素体加珠光体，这时的铁碳合金为亚共析钢；当 $w_C = 0.77\%$ 时为共析钢，其组织全部为珠光体；w_C 继续增加时，组织中开始出现 Fe_3C_{II}，并逐渐形成网状，此时的铁碳合金为过共析钢；当 $w_C > 2.11\%$ 后，组织中出现莱氏体，并随 w_C 的增加而使珠光体和二次渗碳体逐渐减少，莱氏体相对量逐渐增加，此时的铁碳合金为亚共晶白口铸铁；当 $w_C = 4.3\%$ 时为共晶白口铸铁，组织全部为莱氏体；w_C 继续增加，组织中出现初生（一次）渗碳体，并随 w_C 的增加而增多，至 $w_C = 6.69\%$ 时组织为单相的渗碳体。

上述组织及相组成与碳含量的关系如图 3-25 所示。

由于合金的性能取决于合金的组织结构，所以由上述变化规律还可以进一步分析合金的性能变化规律。

合金中固溶体由于固溶强化的作用，会随着溶质量的增加，强度、硬度提高（见图 3-26），性能变化呈抛物线状；当合金为两相混合物时，合

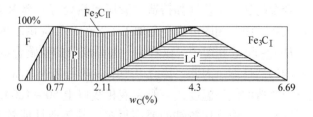

图 3-25　铁碳合金组织及相组成与碳含量的关系

金的性能大致为两相相对含量的加权平均值（见图3-26）。例如：人们常通过下式来估算两相混合物的性能，即

$$R_m = R_{m1}\varphi_1 + R_{m2}\varphi_2$$
$$HB = HB_1\varphi_1 + HB_2\varphi_2$$

式中　　　R_m——合金的强度；

　　　　　HB——合金的硬度；

　R_{m1}、R_{m2}——两组成相的强度；

　HB_1、HB_2——两组成相的硬度；

　φ_1、φ_2——两组成相的体积分数。

　　两相混合物的力学性能还与组织的细密程度有关，组织越细密，强度、硬度就越高。共晶、共析组织常有这方面的较明显反映，如图3-26中右图所示。

　　碳钢的力学性能与碳含量的关系如图3-27所示。可以看出，碳钢的强度、硬度、塑性、韧性与钢中组织的相组成、组织组成及分布有很大的关系，碳钢的硬度随 Fe_3C 相的增多而上升，塑性及韧性下降；强度随碳含量增加而不断增高，但当 w_C 超过 0.9% 后，强度反而下降，这是由于过共析钢中出现了网状 Fe_3C_{II} 的缘故。

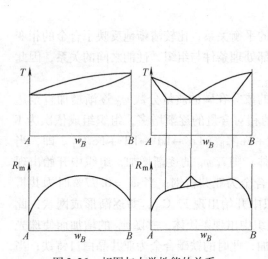

图 3-26　相图与力学性能的关系

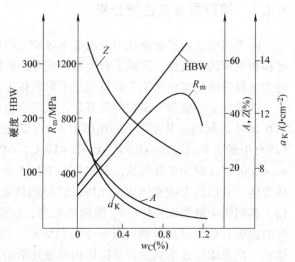

图 3-27　碳钢的力学性能与碳含量的关系

3.4.2　加工工艺设计

　　合金的加工工艺（如铸造、锻压、热处理）常和合金的结晶过程、组织结构及变化有密切关系，因此相图可为合金加工工艺的制订提供基本依据。

　　从 $Fe\text{-}Fe_3C$ 相图中可以看出，共晶成分的铁碳合金熔点最低，结晶温度范围最小，具有良好的铸造性能。因此，铸造生产中多选用接近共晶成分的铸铁。根据 $Fe\text{-}Fe_3C$ 相图可以确定合金铸造的浇注温度，一般在液相线以上 50～100℃，铸钢（$w_C = 0.15\% \sim 0.6\%$）的熔化温度和浇注温度比铸铁的要高得多，其铸造性能较差，其铸造工艺比铸铁的铸造工艺要复杂。

在锻压加工方面，由 Fe-Fe₃C 相图可知，钢在高温时处于奥氏体状态，而奥氏体的强度低、塑性好，有利于进行塑性变形。因此，钢材的锻造、轧制（热轧）等均选择在单相奥氏体的适当温度范围内进行。

在热处理方面，Fe-Fe₃C 相图对于制订热处理工艺有着特别重要的意义。热处理常用工艺如退火、正火、淬火的加热温度都是根据 Fe-Fe₃C 相图确定的。这将在下一章中详细阐述。

图 3-28 所示为铁碳合金相图在热加工中的应用。

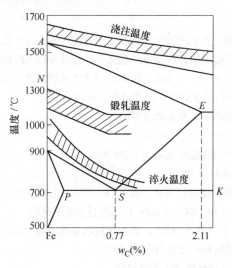

图 3-28　铁碳合金相图在热加工中的应用

本 章 小 结

1）金属原子由不规则排列的液体状态逐步过渡到规则排列的晶体状态的过程称为结晶。结晶需要一定的过冷度。液态金属结晶包括形核和长大两个过程，其中形核有自发形核与非自发形核两种方式，长大方式有平面长大方式和树枝状长大方式。一般铸件的典型结晶组织由外到内分为三个区域，即细晶区、柱状晶区、等轴晶区。采用增大过冷度、变质处理和附加振动可以细化铸件晶粒，起到细晶强化的作用。

2）常见二元合金相图有匀晶相图、共晶相图和共析相图。其中匀晶相图由液相线、固相线组成，共三个区域：液相区、液、固共存区和固相区。共晶相图水平线为共晶反应线，所有成分在共晶反应线上的合金结晶时均发生共晶转变而形成共晶体（由某一成分的液相在某一温度同时结晶出两种不同成分的固溶体）。共析相图水平线为共析反应线，共析反应为某一成分的固相在某一温度析出不同成分与结构的两个固相。

3）铁碳合金相图是应用最广泛的二元合金相图，是研究钢铁的基础，其组元为 Fe 和 Fe₃C。相图中有铁素体、奥氏体和渗碳体三个基本相。讲述了相图中各个特性点和线的含义；典型合金（共析钢、亚共析钢、过共析钢、共晶白口铸铁、亚共晶白口铸铁、过共晶白口铸铁）的结晶过程；铁碳合金成分、组织、性能之间的关系；铁碳相图的应用。

思 考 题

1. 过冷度与冷却速度有何关系？它对金属结晶过程有何影响？对铸件晶粒大小有何影响？

2. 在铸造生产中，采用哪些措施控制晶粒大小？

3. 如果其他条件相同，试比较下列铸造条件下，铸件晶粒的大小。

1）金属型浇注与砂型浇注。

2）高温浇注与低温浇注。

3）铸成薄件与铸成厚件。

4）浇注时采用振动和不振动。

4. 二元匀晶相图、共晶相图与合金的力学性能和工艺性能之间存在什么关系？

5. 画出 $Fe\text{-}Fe_3C$ 相图，指出相图中各点及线的意义，并标出各相区的相组成物和组织组成物。

6. 分析碳的质量分数分别为 0.2%、0.6%、0.8%、1.0% 的铁碳合金从液态缓冷到室温时的结晶过程和室温下得到的组织，并据此分析合金力学性能随成分、组织的变化。

7. 根据 $Fe\text{-}Fe_3C$ 相图，说明产生下列现象的原因。

1）$w_C = 1.0\%$ 的钢比 $w_C = 0.5\%$ 的钢硬度高。

2）在室温下，$w_C = 0.8\%$ 的钢的强度比 $w_C = 1.2\%$ 的高。

3）低温莱氏体的塑性比珠光体的塑性差。

4）在 1100℃，$w_C = 0.4\%$ 的钢能进行锻造，而 $w_C = 4.0\%$ 的生铁不能锻造。

5）通常把钢材加热到高温（约 1000~1250℃）下进行热轧或锻造。

6）绑扎物件一般用钢丝（镀锌低碳钢丝），而起重机吊重物用钢丝绳需用 60、65、70、75 等高碳钢。

7）钳工锯 T8、T10、T12 等材料时比锯 20、10 钢费力。

8）钢适宜于压力加工成形，而铸铁适于铸造成形。

第4章 材料的强化、改性及表面处理技术

导读：本章首先介绍了钢的热处理的基本概念及分类；介绍了钢在加热和冷却时的转变；钢的整体热处理（退火、正火、淬火及回火）工艺及应用范围；介绍了钢的表面热处理及化学热处理（钢的渗碳、渗氮及碳氮共渗）；介绍了预备热处理和最终热处理工序在零件加工过程中的位置以及热处理技术要求在零件图样上的表示方法。然后介绍了非铁合金的强化方法（包括固溶处理和时效强化）；介绍了高聚物的物理改性、化学改性；介绍了材料的复合强化；介绍了材料的表面处理技术，如原子沉积、颗粒沉积、离子注入、激光表面处理及钢铁的氧化及磷化。

本章重点：奥氏体等温转变图；奥氏体连续冷却转变图；钢的淬透性；退火、正火、淬火、回火、表面热处理和化学热处理工艺；非铁合金的固溶处理与时效强化。

材料的强化、改性及表面处理技术是材料研究与应用领域最为活跃的课题之一。它不仅可用来提高材料的力学性能，充分发挥材料的性能潜力，而且还可获得一些特殊要求的性能或功能，满足特殊条件下工作零件的使用要求。

对于不同类型的材料，可以采用不同的强化方法，如钢的热处理强化、非铁合金的时效强化、高聚物的改性强化以及复合强化等。

本章通过介绍这些材料的强化工艺特点及用途，旨在使读者了解强化材料的途径，进而为选择强化方法、正确标注技术要求、合理制订加工工艺路线奠定必要的基础。

4.1 钢的热处理

4.1.1 热处理的基本概念及分类

钢的热处理是将钢在固态下通过加热、保温、冷却以改变其组织，从而获得所需性能的一种工艺方法。

热处理的目的不仅在于消除毛坯中的缺陷，改善其工艺性能，为后续工艺过程创造条件，更重要的是热处理能够显著提高钢的力学性能，充分发挥钢材的潜力，提高零件使用寿命。因此，热处理是强化钢材的重要方法之一，在机械制造工业中占有重要的地位。例如：在机床中，有60%~70%的零件要经过热处理；在汽车、拖拉机中，有70%~80%的零件要进行热处理；而滚动轴承和各种工具、模具，几乎100%地要经过热处理。

按 GB/T 12603—2005 的规定，根据加热和冷却方法的不同，常用的热处理分类如下。

1）整体热处理。退火、正火、淬火、回火等。

2）表面热处理。表面淬火。

3）化学热处理。渗碳、碳氮共渗、渗氮等。

根据热处理在零件加工过程中的工序位置及作用不同，热处理还可分为预备热处理和最终热处理。

热处理的方法虽然很多，但任何一种热处理都是由加热、保温和冷却三个阶段构成的。因此，要了解各种热处理工艺，必须首先了解钢在加热和冷却过程中组织及性能的变化规律。

4.1.2 钢在加热和冷却时的转变

由 Fe-Fe₃C 相图可知，碳钢在缓慢加热和冷却的过程中，经过 PSK 线、GS 线和 ES 线时都要发生组织转变。因此，我们分别把 PSK 线、GS 线和 ES 线称为组织转变的临界温度线，分别记为 A_1 线、A_3 线和 A_{cm} 线。A_1、A_3 和 A_{cm} 线上的点都是新相与旧相自由能相等的平衡温度点。在实际转变过程中，由于加热和冷却速度较快，转变温度会偏离平衡临界点。加热和冷却速度越大，偏离平衡点越远。为方便起见，通常将实际加热转变点和实际冷却转变点分别加上字母 c 和 r，即 Ac_1，Ac_3、Ac_{cm} 和 Ar_1、Ar_3、Ar_{cm}。

1. 钢加热时的转变

钢加热到 Ac_1 点以上时，会发生珠光体向奥氏体的转变；加热到 Ac_3 点或 Ac_{cm} 点以上时，便全部转变为奥氏体。热处理加热最主要的目的就是为了得到奥氏体，因此这种加热转变过程称为钢的奥氏体化。

（1）钢的奥氏体化　共析钢在室温下的平衡组织为单一的珠光体，加热到 Ac_1 点以上时，由于铁原子的晶格改组和渗碳体逐步溶解而形成奥氏体，在随后的保温过程中，通过碳原子的扩散使奥氏体成分均匀化，最后得到单相均匀的奥氏体，如图 4-1 所示。亚共析钢和过共析钢的室温组织除了珠光体外，还有先共析铁素体和先共析二次渗碳体。因此，亚共析钢和过共析钢奥氏体化过程，首先是珠光体转变为奥氏体，然后先共析相向奥氏体转变或溶解，最后得到单相的奥氏体组织。

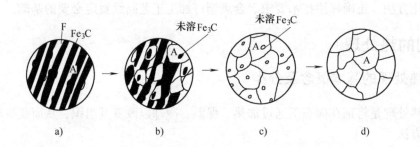

图 4-1　奥氏体的形成过程示意图
a) A 形核　b) A 长大　c) 残余 Fe₃C 溶解　d) A 均匀化

可见，亚共析钢和过共析钢都必须加热到 Ac_3 或 Ac_{cm} 以上才能全部完成奥氏体化，得到单相的奥氏体组织，这种加热称为完全奥氏体化加热。如果加热温度在 Ac_1 和 Ac_3（Ac_{cm}）之间，除了奥氏体外还有一部分未转变的先共析相，这种加热称为不完全奥氏体化加热。

（2）奥氏体晶粒的长大及其控制　奥氏体晶粒的大小对随后冷却时的转变及转变产物的性能有重要的影响。奥氏体晶粒越小，冷却转变产物的组织越细，其屈服强度、冲击韧度越高。所以在加热时，除特殊情况外，总是希望得到细小的奥氏体晶粒。奥氏体晶粒的大小是评定加热质量的指标之一。

严格控制奥氏体的晶粒度是热处理生产中的一个重要环节。凡是晶粒度超过规定的标准时就成为一种加热缺陷，称为过热，必须进行返修。重要的刀具淬火时都要对奥氏体晶粒度进行金相评级，以保证淬火后有足够的强度和韧性。

在实际生产中，常从加热温度、保温时间和加热速度几个方面来控制奥氏体的晶粒大小。加热温度越高，保温时间越长，奥氏体晶粒越大；在加热温度相同时，加热速度越快，保温时间越短，奥氏体晶粒越小。因而，在实际生产中，常利用快速加热、短时保温来获得细小的奥氏体晶粒，如表面淬火就是典型的一例。

2. 钢在冷却时的转变

冷却过程是钢的热处理的关键工序，其冷却转变温度决定了冷却后的组织和性能。实际生产中采用的冷却方式主要有连续冷却（如炉冷、空冷、水冷等）和等温冷却（如等温淬火）。

钢在铸造、锻压、焊接以后，也都要经过由高温到室温的冷却过程。它虽然不作为一个热处理工序，但实质也是一个冷却转变过程，也应正确加以控制，否则，也会形成某种组织缺陷。所以，钢在冷却时的转变规律，不仅是制订热处理工艺的基本依据，也是制订热加工后的冷却工艺的理论依据。

为了研究奥氏体的冷却转变规律，通常采用两种方法：一种是在不同的过冷度下进行等温冷却测定奥氏体的转变过程，绘出奥氏体等温转变图；另一种是在不同的冷却速度下进行连续冷却测定奥氏体的转变过程，绘出奥氏体连续冷却转变图。

（1）共析碳钢奥氏体的等温转变　奥氏体在临界点以上为稳定相，能够长期存在而不发生转变，一旦冷却到临界点以下就变成不稳定相，处于过冷状态，称为过冷奥氏体（A′）。

在不同的过冷度下，反映过冷奥氏体转变产物量与时间的关系曲线称为过冷奥氏体等温转变图。由于曲线的形状像字母 C，故又称 C 曲线。

图 4-2 所示为共析碳钢奥氏体等温转变图。

图中 A_1 线以上是奥氏体存在的稳定区域。第一条曲线为奥氏体转变开始线，第二条曲线为奥氏体转变终止线。在终止线的右侧为转变产物区，在转变开始线和转变终止线之间为过冷奥氏体和转变产物共存区。图 4-2 中水平线 M_s 为马氏体转变开始温度，M_f 为马氏体转变终止温度。A_1 线以下，M_s 线以上，奥氏体转变开始线以左为过冷奥氏体区。

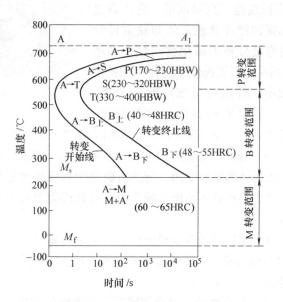

图 4-2　共析碳钢奥氏体等温转变图

1）珠光体转变（550℃以上）。共析成分的奥氏体过冷到 550℃以上并在珠光体转变区域等温停留时，将发生共析转变，形成珠光体。

珠光体因转变温度较高，Fe、C原子可充分扩散而形成F和Fe_3C的两相混合物。在一般情况下，这两相呈层片状分布。由于过冷奥氏体向珠光体转变温度不同，珠光体中F和Fe_3C片的厚度（分散度）也不同。在过冷度较小时（A_1至650℃温度范围内），片间距 > 0.4μm，就是珠光体（P）；在650~600℃范围内，片间距较小（0.4~0.2μm），称为索氏体（S）；在600~550℃范围内，由于过冷度较大片间距很小（<0.2μm），这种组织称为托氏体（T）。珠光体、索氏体和托氏体实质上属于同一类组织，可统称为珠光体或珠光体型组织。

珠光体组织的片间距越小，相界面越多，塑性变形抗力越大，强度和硬度越高；同时由于渗碳体变薄，使得塑性和韧性也有所改善。

2）贝氏体转变。共析成分的碳钢过冷到大约550~230℃的中温区内停留，便发生奥氏体向贝氏体的转变，形成贝氏体。由于过冷度较大，转变温度较低，贝氏体转变时只发生碳原子的扩散而不发生铁原子的扩散。因而，贝氏体是由含过饱和碳的铁素体和碳化物组成的两相混合物，用符号B表示。

按组织形态和转变温度，可将贝氏体组织分为上贝氏体和下贝氏体两种。

上贝氏体（$B_{上}$）是在550~350℃温度范围内形成的。由于它脆性较高，基本无实用价值，这里不予讨论。

下贝氏体（$B_{下}$）是在350℃~M_s点温度范围内形成的。它由含过饱和碳的针片状铁素体和铁素体针片内弥散分布的碳化物组成，如图4-3所示。下贝氏体中的针片状铁素体细小，碳化物呈细小弥散分布，因而，它具有较高的强度和硬度、塑性和韧性。在实际生产中常采用等温淬火来获得下贝氏体，以提高材料的强韧性。

图4-3 下贝氏体显微组织照片

（2）亚共析碳钢和过共析碳钢奥氏体的等温转变 图4-4所示为亚共析碳钢和过共析碳钢的奥氏体等温转变图。与共析碳钢的奥氏体等温转变图相比，亚共析碳钢的C曲线上多出一条先共析铁素体析出线；而在过共析碳钢的C曲线上多出一条先共析二次渗碳体的析出线。

在正常的热处理加热条件下，亚共析碳钢的C曲线随碳含量的增加而右移，过共析碳钢的C曲线随碳含量的增加而左移。故在碳钢中，共析碳钢的曲线最靠右，其过冷奥氏体最稳定。

（3）奥氏体的连续冷却转变 在实际生产中，过冷奥氏体的转变大多是在连续冷却过程中进行的。因此，奥氏体连续冷却转变图对热处理生产工艺的制订有重要的指导意义。

1）奥氏体连续冷却转变图。奥氏体连续冷却的转变规律可用连续冷却转变C曲线表示。它是工件奥氏体化后连续冷却时，过冷奥氏体开始转变及转变终止的时间、温度及转变

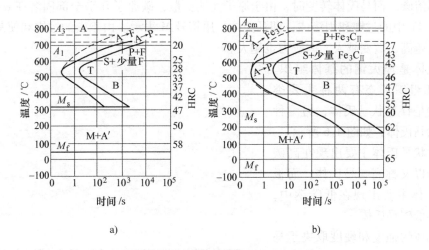

图 4-4　亚共析碳钢和过共析碳钢的奥氏体等温转变图
a）亚共析碳钢　b）过共析碳钢

产物与冷却速度之间的关系曲线图。

图 4-5 所示为用实验方法测定的共析碳钢的连续冷却转变图。由图 4-5 可见，在连续冷却转变曲线中没有奥氏体转变为贝氏体的部分，因此共析碳钢在连续冷却转变过程中，只发生珠光体和马氏体的转变，而不发生贝氏体转变。图中，珠光体转变区由三条曲线构成：P_s 线为 A→P 转变开始线；P_f 线为 A→P 转变终止线；KK' 线为 A→P 转变终止线，它表示冷却曲线碰到 KK' 线时，过冷奥氏体即停止向珠光体转变，剩余部分一直冷却到 M_s 线以下发生马氏体转变。图中与连续冷却转变曲线相切的冷却速度线，是保证奥氏体在连续冷却过程中不发生分解而全部过冷到马氏体转变区的最小冷却速度，用 v_K 表示，称为马氏体临界冷却速度。钢在淬火时的冷却速度应大于 v_K。

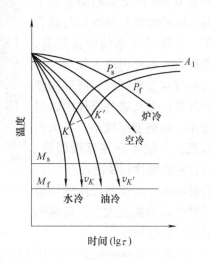

图 4-5　共析碳钢的连续冷却转变图

过共析碳钢的连续冷却转变 C 曲线与共析碳钢相比，除了多出一条先共析渗碳体的析出线以外，其他基本相似。但亚共析碳钢的连续冷却转变 C 曲线与共析碳钢却大不相同，它除了多出一条先共析铁素体析出线以外，还出现了贝氏体转变区。因此，亚共析碳钢在连续冷却后可以出现由更多产物组成的混合组织。

由于连续冷却转变图测定较为困难，到目前为止，还有许多常用钢种没有连续冷却转变图。因此，在实际生产中常用等温冷却转变图来定性地分析连续冷却转变过程。

2）马氏体转变。马氏体是过冷奥氏体冷却到 M_s 线以下的转变产物，也是奥氏体冷却转变最重要的产物。

在平衡条件下，体心立方晶格的 α-Fe 溶碳极微，在 600℃ 时溶碳为 0.0057%，在室温时几乎不溶碳。而马氏体转变时，由于原子无法扩散，碳原子几乎全部固溶在 α-Fe 中，形成碳在 α-Fe 中的过饱和固溶体，即马氏体，用符号 M 表示。由于碳的过饱和使晶格产生畸变，碳量越高，畸变越大，内应力也越大。

马氏体是淬火钢的基体组织。按其金相组织形态有两种主要类型：一种是针片状马氏体；另一种是板条状马氏体，如图4-6所示。

针片状马氏体主要出现在高碳钢中，所以又称高碳马氏体；而板条状马氏体主要出现在低碳钢中，所以又称低碳马氏体。

马氏体的强度和硬度取决于马氏体的碳含量，如图4-7所示。马氏体的强度和硬度随着碳含量的升高而显著增加，但碳含量（质量分数）超过 0.6% 时增加趋势明显下降。马氏体的塑性与韧性也与碳含量有关。高碳马氏体的碳含量高，晶格变形大，淬火内应力较高，往往存在有许多显微裂纹，所以塑性和韧性较差；而低碳马氏体中碳过饱和度小，晶格变形较小，淬火内应力较低，一般不存在显微裂纹，所以有良好的塑性和韧性。

由此可见，高碳马氏体的性能特点是硬度高而脆性大，而低碳马氏体具有高的强韧性。

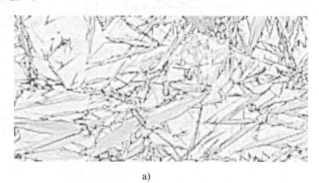

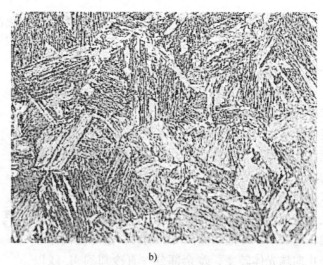

图4-6　马氏体的显微组织示意图
a) 针片状马氏体　b) 板条状马氏体

马氏体转变是在一定温度范围内进行的。随着温度的降低，马氏体的转变量不断增多，直到冷至 M_f，转变停止。但马氏体转变具有不完全性，此时并不能获得 100% 的马氏体，而是保留了一定数量的奥氏体，称为残留奥氏体，用 A_r 表示。奥氏体的碳含量越高，M_s、M_f 越低，残留奥氏体的数量越多。

残留奥氏体的存在，不仅降低了淬火钢的硬度和耐磨性，而且在工件长期使用过程中，由于残留奥氏体不稳定而发生转变，导致工件的尺寸发生变化，降低了工件的尺寸精度。因此，在生产中对一些高精度的零件（如精密量具、精

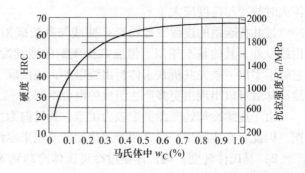

图4-7　碳含量对马氏体强度与硬度的影响

密丝杠、精密轴承等），为了保证它们在使用期间的精度，可将淬火件放到零下温度的冷却介质中，以最大限度地消除残留奥氏体，达到提高硬度、耐磨性与稳定尺寸的目的，这种处理称为"冷处理"。

由于奥氏体与马氏体的比体积相差较大，马氏体的比体积大，奥氏体的比体积小，因而，在奥氏体向马氏体转变的过程中常发生工件体积胀大，加剧了淬火件的内应力，使工件易产生变形和开裂；而残留奥氏体的增加，有利于缓解组织转变产生的内应力，有利于防止工件的变形和开裂。

4.1.3 钢的整体热处理

对工件整体进行穿透加热的热处理工艺称为整体热处理，包括退火、正火、淬火、回火、固溶处理及水韧处理等。这里主要介绍前面四种。

1. 钢的退火

将钢材或钢件加热到适当的温度，保持一定的时间，随后缓慢冷却以获得接近平衡状态组织的热处理工艺称为退火。

从物理冶金过程的特点出发，可将退火工艺分为两类。

第一类退火工艺包括均匀化退火、再结晶退火、去应力退火、预防白点退火。它是不以组织转变为目的的退火工艺方法。工艺特点是通过控制加热温度和保温时间使冶金及冷热加工过程中产生的不平衡状态（如成分偏析、形变强化、内应力等）过渡到平衡状态。

第二类退火工艺包括完全退火、不完全退火、等温退火、球化退火等。它是以改变组织和性能为目的的退火工艺方法。工艺特点是通过控制加热温度、保温时间以及冷却速度等工艺参数，来改变钢中的珠光体、铁素体和碳化物等组织形态及分布，从而改变其性能，如降低硬度、提高塑性、改善可加工性能等。

两类退火工艺的特点、主要目的及应用范围见表4-1。

2. 钢的正火

钢材或钢件加热到 Ac_3（Ac_{cm}）以上，保温适当的时间后，在空气中冷却的热处理工艺称为正火。

正火的主要应用范围如下。

1）对过共析成分碳钢及合金钢，通过正火消除网状的渗碳体，细化片状的珠光体组织，有利于在球化退火中获得细小均匀的球状渗碳体，以改善钢的组织和性能。

2）对于某些低碳钢和低合金钢，由于退火组织中铁素体量过多，硬度偏低，在切削加工时易产生粘刀现象。采用正火处理，冷速较快，可得到量多且细小的珠光体组织，提高硬度以改善可加工性能。

3）由于正火组织较细，所以比退火状态有较好的综合力学性能，而且工艺过程较为简单，因此，对于某些要求不很高的结构件或大型件，正火可作为最终热处理而直接使用。

4）对某些大型或形状复杂的零件，当淬火有开裂危险时，可用正火代替淬火、回火处理。

3. 钢的淬火

将钢件加热到 Ac_1 或 Ac_3 点以上某一温度，保温一定的时间，然后以大于临界冷却速度冷却以获得马氏体和（或）下贝氏体组织的热处理工艺称为淬火。

表 4-1　两类退火工艺的特点、主要目的及应用范围

类　别	工艺名称	工艺特点	主要目的	应用范围
第一类退火	均匀化退火	加热至 $Ac_3 + (150 \sim 200)$℃，长时间保温后缓冷	成分和组织均匀化	铸件及具有成分偏析的锻轧件等
	再结晶退火	加热至再结晶温度 $T_z + (100 \sim 250)$℃，保温后缓冷	消除变形强化	冷变形钢材和钢件
	预防白点退火	热变形加工后的钢件直接冷至 C 曲线鼻尖附近等温	消除钢中的氢	钢中含氢量较多的大型锻件
	去应力退火	加热至 $Ac_1 - (100 \sim 200)$℃，保温后缓冷	消除内应力	铸件、焊接件及锻轧件等
第二类退火	完全退火	加热至 $Ac_3 + (30 \sim 50)$℃，保温后缓冷	细化组织，降低硬度	中碳钢及中碳合金钢，铸、焊、锻、轧制件等
	不完全退火	加热至 $Ac_1 + (30 \sim 50)$℃，保温后缓冷	细化组织，降低硬度	晶粒未粗化的锻轧件等
	等温退火	加热至 $Ac_3 + (30 \sim 50)$℃（亚共析钢）或 $Ac_1 + (20 \sim 40)$℃（共析钢和过共析钢），保温后等温冷却（稍低于 Ar_1 等温）	细化组织，降低硬度	大型铸锻件及冲压件等（组织与硬度较为均匀）
	球化退火	加热至 $Ac_1 + (10 \sim 20)$℃ 或 $Ac_1 - (20 \sim 30)$℃，保温后等温冷却或缓冷	碳化物球状化，降低硬度，提高塑性	共析钢、过共析钢锻轧件，结构钢冷挤压件

多数淬火的目的主要是为了获得马氏体，以提高钢的硬度和耐磨性。它是强化钢材最重要的工艺方法。

（1）淬火工艺　淬火加热温度的经验公式如下。

亚共析钢：　　　　　　　　　$t = Ac_3 + (30 \sim 50)$℃

共析、过共析钢：　　　　　　$t = Ac_1 + (30 \sim 70)$℃

亚共析钢必须加热到 Ac_3 以上进行完全淬火。这是因为，亚共析钢如果在 $Ac_1 \sim Ac_3$ 之间加热必然有一部分铁素体淬火时保留在淬火组织中，粗大的铁素体分布在强硬的马氏体中间，严重降低了钢的强度和硬度，所以是不允许的。而过共析钢通常在 $Ac_1 \sim Ac_{cm}$ 之间加热进行不完全淬火，使淬火组织中保留一定数量的细小弥散的碳化物颗粒，以提高耐磨性。

冷却是淬火工艺的关键工序，关系到淬火质量的好坏。一般钢淬火时都需要快速冷却，以防止奥氏体在 M_s 点以上发生任何分解，保证得到所需的马氏体组织。根据连续冷却转变 C 曲线可知，过冷奥氏体在大约 650 ~ 400℃ 之间分解速度最快，因此，在这一温度区间必须以大于 v_K 的速度快冷，而在这以下和以上的温度区内，并不要求快冷，特别是在 M_s 点以下冷却缓慢一些，有利于防止淬火件的变形和开裂。

在实际生产中，通过调整冷却介质、淬火方法可以控制淬火件的冷却速度。

水和油是最常用的冷却介质。水是最廉价的冷却介质，冷却能力较大，使用安全，不污染环境，淬火工件不需要清洗。因此，形状简单、截面较大的碳钢零件大多采用水冷。在水中加入一些添加剂，以改善水的冷却能力和冷却特性，从而形成一系列水质淬火冷却介质，如食盐水溶液、碱水溶液等。

油是又一种常用的冷却介质，主要采用矿物油。油的冷却特性较好，冷速较水低，多用于合金钢淬火。

工业中常用的淬火方法有单液淬火、双液淬火、马氏体分级淬火和贝氏体等温淬火等。其中马氏体分级淬火能有效减小应力，降低工件的变形和开裂倾向，适用于尺寸较小的工件；贝氏体等温淬火可大大降低工件的内应力，适用于处理形状复杂和精度要求较高的小型工件，如螺栓、小型齿轮等，此外还可用于高合金钢较大截面工件的淬火。

（2）钢的淬透性

1）淬透性的概念。钢的淬透性是指在规定条件下，决定钢材有效淬硬深度和硬度分布的特性。它是钢材本身固有的属性，也是钢热处理的主要工艺性能。用不同的钢制造形状尺寸相同的工件，在同样条件下淬火，淬硬层较深的淬透性较好；淬硬层薄的，则淬透性较差。

淬火时，同一工件表面和心部的冷却速度是不相同的。表面的冷却速度最大，越到中心，冷却速度越小。如果工件的截面尺寸较小，其心部的冷却速度大于马氏体的临界冷却速度，则在整个截面上都能够获得马氏体，获得均匀的力学性能，表明此时工件已经淬透；如果工件的尺寸较大，工件距表面某一深度的冷却速度小于马氏体的临界冷却速度，便会出现非马氏体组织，此时工件的力学性能沿截面分布是不均匀的，如图4-8所示。由此可见，钢的淬透性对钢热处理后的性能有直接的影响。

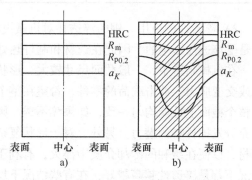

图4-8　淬透性不同的钢调质后力学性能对比
a）淬透的轴　b）未淬透的轴

钢的淬透性主要决定于马氏体临界冷却速度。过冷奥氏体越稳定，马氏体临界冷却速度越小，钢的淬透性越好。因此，凡能够增加过冷奥氏体稳定性的因素，或者说凡使 C 曲线位置右移，减小马氏体临界冷却速度的因素，都能提高钢的淬透性。

按道理淬透层深度应该是全淬成马氏体的深度。但实际上，当钢的淬火组织中有少量的非马氏体（如托氏体）时，硬度值变化并不明显，金相检验也难以分辨，因此一般规定，从表面到半马氏体区（即马氏体和非马氏体组织各占一半）的距离为有效淬硬深度。如果工件的中心在淬火后获得50%以上的马氏体，则它可被认为已淬透。

在这里应当注意两个区别。

① 要把钢的淬透性和淬硬性区别开。淬硬性是指钢在淬火后能够达到的最高硬度，反映钢的硬化能力，主要取决于钢的碳含量。

② 要把钢的淬透性与具体淬火条件下工件的淬透层深度区别开。同一钢种在同一奥氏体化条件下，其淬透性是相同的，但是，水淬比油淬的淬透层深，小件比大件的淬透层深。这并不意味着，同一种钢水淬比油淬的淬透性大。

测定淬透性的方法很多，结构钢末端淬透性实验法是最常用的方法。根据国家标准规定，钢的淬透性值用 $JHRC/d$ 表示，其中 J 表示末端淬透性，d 表示距末端的距离，HRC 为该处测得的硬度值。而直观衡量淬透性的方法是用临界直径，其是指钢在某种淬火冷却介质中冷却后，心部能得到半马氏体组织的最大直径，用 D_c 表示。表4-2给出了常用钢的临界直径。

表4-2　常用钢的临界直径

牌　号	临界直径 D_c/mm		牌　号	临界直径 D_c/mm	
	水淬	油淬		水淬	油淬
45	13 ~ 16.5	5 ~ 9.5	35CrMo	36 ~ 42	20 ~ 28
60	11 ~ 17	6 ~ 12	60Si2Mn	55 ~ 62	32 ~ 46
T10	10 ~ 15	<8	50CrVA	55 ~ 62	32 ~ 40
65Mn	25 ~ 30	17 ~ 25	38CrMoAlA	100	80
20Cr	12 ~ 19	6 ~ 12	20CrMnTi	22 ~ 35	15 ~ 24
40Cr	30 ~ 38	19 ~ 28	30CrMnSi	40 ~ 50	32 ~ 40
35SiMn	40 ~ 46	25 ~ 34	40MnB	50 ~ 55	28 ~ 40

2）淬透性的应用。钢的淬透性对机械设计很重要。这是因为钢的力学性能沿截面的分布是受淬透性影响的。因此在选材和制订热处理工艺时，必须充分考虑淬透性的影响。

在机械制造中，一般截面尺寸较大、形状较复杂的重要零件以及承受轴向拉伸、压缩应力或交变应力、冲击载荷的零件，希望在整个截面上性能均匀一致。如果工件能淬透，便能使整个截面上性能均匀一致；如果淬不透，则只有淬透层性能较高而其他部位性能较低，不能充分发挥材料的潜力。另外，对于形状复杂、要求变形较小的工件，常采用淬透性较高的钢材，以便在缓和的冷却介质中淬火，有利于防止工件的变形、开裂。但是，并不是在任何情况下都是淬透性越高越好，在有些情况下反而希望淬透性低些。例如：表面淬火零件就常采用低淬透性钢，淬火时只淬透表面一层而心部仍保持韧性状态；焊接用钢也希望淬透性低，这样焊缝及热影响区就不会自行淬火，可以防止变形或开裂。

因此，在机械设计的过程中，需根据零件的工作条件、形状、尺寸以及性能要求，在选材时综合考虑淬透性的影响，合理地利用材料并能够最大限度地发挥材料的潜力。

（3）淬火缺陷及其防止　淬火工艺往往会给工件带来一些缺陷，如变形和开裂、氧化和脱碳等。

1）变形与开裂。在淬火冷却过程中，由于工件内外温差而导致热胀冷缩不一致，由此而产生的应力称为热应力。除此之外，在组织转变过程中，由比体积的变化而产生的内应力称为组织应力。热应力和组织应力是工件形成淬火内应力的根源。

当工件淬火内应力大于材料的屈服强度时，就会造成工件的塑性变形；当淬火内应力超过材料的强度极限时，在应力集中处就会造成工件开裂。变形不大的工件，可在淬火和回火后进行矫直；变形较大或出现裂纹的工件只好报废。在实际生产中，为减少淬火件变形，防止工件开裂，需注意正确选择材料和合理设计工件结构。对于形状复杂、截面变化较大的工件，应选用淬透性好的钢，选用冷却速度较为缓慢的冷却介质以减小淬火应力。在进行工件形状设计时尽量减少不对称性，避免截面尺寸相差悬殊和尖角等，以减少应力集中。此外，还要制订出合理的锻造工艺和热处理工艺。通过锻造，消除或改善材料内部存在的组织缺陷，并使碳化物细小弥散分布，可明显减少淬火应力和变形。同时，采用合适的热处理工艺，正确选择淬火加热温度、加热方式、淬火冷却介质和冷却方式以及淬火后及时回火都是消除应力、减少变形的有利措施。

2）硬度不足。硬度不足是指工件上较大区域内的硬度达不到技术要求。形成此缺陷的原因很多，主要是：淬火冷却介质冷却能力不足；淬火加热温度过低或保温时间短，淬火组织中存在珠光体或铁素体；表面脱碳降低了钢的淬硬性。对于硬度不足的工件可以重新淬火（即返修），但在重新淬火前，应对工件进行一次退火、正火或高温回火以消除淬火应力，防止在重新淬火的过程中产生更大的变形甚至开裂。

3）氧化与脱碳。钢在加热时，铁和合金元素与氧化性介质作用在工件表面生成氧化物的现象称为氧化。脱碳是指钢在加热时，钢表层中的碳与周围介质中氧、二氧化碳等发生化学反应，生成含碳气体逸出钢外，使钢表层碳含量下降。氧化会使工件尺寸减小，表面粗糙度增加。脱碳会降低钢的表面硬度、耐磨性和抗疲劳能力。氧化和脱碳还会增加淬火开裂倾向。为了防止工件在加热时氧化和脱碳，生产中常采用脱氧良好的盐浴加热、保护气氛加热、真空加热、高温短时加热等工艺方法。

4. 淬火钢的回火

工件在淬火后通常得到马氏体加残留奥氏体，这种组织不稳定，存在很大的内应力，因此必须回火。所谓回火，就是将淬硬后的钢再加热到 Ac_1 点以下的某一温度，保温一定时间后冷却到室温的热处理过程。回火是紧接淬火的一道工序，也是很关键的工序。淬火与回火适当配合，不仅能消除内应力，稳定工件尺寸，而且能获得良好的性能。

钢在回火时，随着温度的增加，其组织、性能将发生变化，通常是强度、硬度降低，而塑性、韧性有所提高，如图4-9所示。

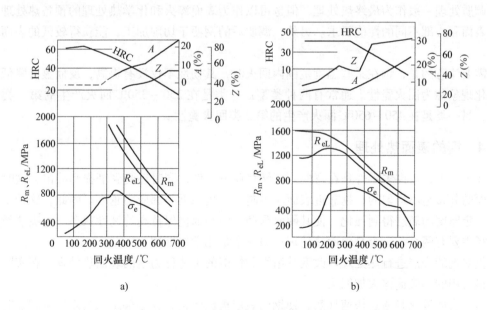

图4-9 钢在回火后性能的变化

a）$w_C = 0.82\%$ 的钢　b）$w_C = 0.2\%$ 的钢

按回火温度的高低，回火可以分为三类，一般可得到三种组织。这些组织具有不同的力学性能，从而可以满足不同工件的使用要求。

（1）低温回火（150～250℃）　回火得到的组织为回火马氏体，硬度一般为58～64HRC。在低温回火过程中，马氏体中过饱和的碳原子以碳化物的形式部分析出，细小弥散地分布在含碳过饱和的α-Fe基体上，这种组织即为回火马氏体。与钢的其他组织相比，回火马氏体具有较高的强度、硬度和耐磨性。经回火后，淬火内应力也大大降低，韧性较淬火马氏体提高。因而，对于许多要求硬而耐磨的零件（如刀具、量具、轴承、精密偶件、摩擦件等）一般采用高碳钢制造，并进行淬火加低温回火处理。

（2）中温回火（350～500℃）　回火得到的组织为回火托氏体，硬度一般为35～45HRC。回火托氏体由铁素体基体和基体内弥散分布的碳化物颗粒组成，但铁素体仍保留马氏体的针状特征。回火托氏体具有很高的弹性极限，具有较高的强度、中等的硬度和韧性，主要用于处理各种弹簧、部分模具以及承受小能量、多次冲击载荷的零件。

（3）高温回火（500～650℃）　回火得到的组织为回火索氏体，硬度一般为25～35HRC。回火索氏体由铁素体和粒状碳化物组成，铁素体基体在高温回火时得到充分回复和再结晶。这种组织可使钢的强度和塑性得到最佳配合，具有优良的综合力学性能，因此广泛用于汽车、拖拉机、机床等的重要结构件，特别是受冲击载荷、交变载荷作用的零件，如连杆、齿轮、机床主轴等的热处理。

习惯上将淬火加高温回火称为调质处理。应当指出，钢经正火后与调质处理后的硬度值很相近，调质处理后的组织为回火索氏体，其中渗碳体呈颗粒状，而正火得到的索氏体中渗碳体呈片状，因此钢经调质处理后不仅强度高，而且塑性与韧性也显著超过了正火状态。因此，重要的结构零件都要进行调质处理。

调质处理一般作为最终热处理，但也可以作为表面淬火和化学热处理的预备热处理，以保证表面和心部不同的性能要求。另外，调质后的钢便于切削加工，能获得较低的表面粗糙度值。

需要注意的是，钢在某些温度范围内回火时，其韧性不仅没有提高，反而显著降低，这种脆化现象称为回火脆性。通常有两种类型：一类是在250～350℃回火产生的第一类回火脆性；另一类是在450～650℃回火产生的第二类回火脆性。

4.1.4　钢的表面热处理

在生产中，有许多零件是在弯曲、扭转载荷下工作，同时还受到磨损和冲击，这时应力沿截面的分布是不均匀的，越靠近表面应力越大，越靠近心部应力越小。因此，这种工件只需要一定厚度的表层得到强化，使其硬而耐磨，而心部仍保持高的韧性状态。解决这类问题的途径主要有两个：一个是表面热处理；另一个是化学热处理。

仅对钢的表层进行热处理以改变其组织和性能的工艺称为钢的表面热处理。在实际生产中，最常用的是表面淬火加回火。

钢的表面淬火是通过快速加热，使钢的表层奥氏体化，在心部组织尚未发生相变时立即予以淬火冷却，使表层获得硬而耐磨的马氏体组织，而心部仍保持原来的塑性和韧性较好的退火、正火或调质状态的组织。

表面淬火加热可采用感应加热、火焰加热、激光加热等不同的加热方法。目前生产中常用的是感应加热。

感应加热表面淬火原理示意图如图4-10所示。利用电磁感应原理和交流电的趋肤效应，工件在交变磁场的作用下，因产生涡流而自身成为发热体，使工件表面局部加热。交流电的频率越高，表面加热层越薄。感应加热频率可分为高频（50～300kHz）、中频（1～10kHz）和工频（50Hz）。对于要求淬硬层较薄的中、小型零件，常采用高频加热，有效淬硬深度一般为0.2～2mm；如淬硬深度在2～10mm时常采用中频加热，主要用于处理淬硬层要求较深的零件，如直径较大的轴类和模数较大的齿轮等；工频加热用于穿透加热，例如棒材及管材的正火、调质及大截面钢件的加热。

为了保证表面淬火后工件的力学性能，在表面淬火前需要进行预备热处理，最好是进行调质处理。在表面淬火后需进行低温回火，以降低内应力。

表面淬火一般用于中碳钢和中碳低合金钢，如45、40Cr、40MnB等。这类钢经预备热处理（调质或正火）后进行表面淬火，心部可获得较高的综合力学性能，而表面具有较高的硬度和耐磨性。高碳钢也可以表面淬火，主要用于受较小冲击和交变载荷的工具、量具等。另外，

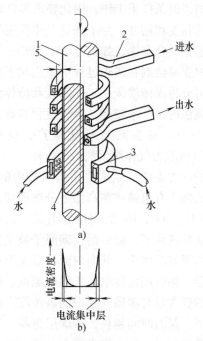

图4-10 感应加热表面淬火原理示意图
1—工件 2—加热感应圈 3—淬火喷水套
4—加热淬硬层 5—间隙

近些年发展起来的低淬透性钢（如55Ti、60Ti等）也常用于表面淬火零件。

与普通淬火相比，感应加热表面淬火有如下优点：①加热速度快、时间短，表面氧化、脱碳较小，生产率较高；②表层局部加热，工件变形很小；③淬火组织为细隐晶马氏体，表面硬度较高，比一般淬火高而且脆性较低；④表层获得马氏体后，由于体积膨胀，在工件表层造成较大的残留压应力，显著提高工件的疲劳强度；⑤感应加热设备可放到生产流水线上进行程序自动控制，工艺质量稳定。

4.1.5 钢的化学热处理

把钢制工件放在含欲渗元素的活性介质中加热到预定的温度，保温一定的时间，使该元素渗入到工件的表面层中，从而改变表面层的成分、组织和性能，这种工艺过程称为钢的化学热处理。

化学热处理和表面淬火都是对工件的表面进行热处理，但是表面淬火只改变工件表面的组织，化学热处理则能同时改变工件表面层的成分和组织，因而能更有效地提高表面层的性能，并能获得许多新的性能。在许多情况下，廉价的碳钢或低合金钢经过化学热处理可以代替昂贵的高合金钢，所以，化学热处理成为目前发展最快的一种热处理工艺。

化学热处理的种类很多，一般都以渗入的元素来命名，如渗碳、渗氮、碳氮共渗等。

1. 钢的渗碳

为了增加钢件表层的碳含量和获得一定的碳浓度梯度，将钢件在渗碳介质中加热并保温，使碳原子渗入到钢件表层的化学热处理工艺称为渗碳。

在机器制造工业中，有许多重要机器零件是在循环载荷、冲击载荷、很大的接触应力和严重磨损的条件下工作，因此要求零件表面具有高的硬度、耐磨性和疲劳极限，而心部具有较高的强度和韧性。为了满足上述性能的要求，在工业生产中往往选用 $w_C = 0.15\% \sim 0.2\%$ 的碳素钢及合金钢，如15、20、20Cr、20CrMnTi、20SiMnVB、18Cr2Ni4WA 等。

根据渗碳剂在渗碳过程中聚集状态的不同，渗碳方法可分为固体渗碳、气体渗碳和液体渗碳三种。气体渗碳法的生产率较高，渗碳过程容易控制，渗碳层质量较好，易实现自动化生产，应用最为广泛。图4-11所示为气体渗碳法的示意图。

炉内的渗碳气氛主要由滴入炉内的煤油、甲醇、醋酸乙酯等有机液体在高温下分解而成。渗碳气氛主要由 CO、CO_2、H_2 及 CH_4 等组成。它们在高温下分解出活性碳原子，随后活性碳原子被工件表面吸收而溶入高温奥氏体中，并向内部扩散而形成一定深度的渗碳层。渗碳层深度取决于渗碳温度、保温时间，渗碳层的碳含量与渗碳气氛中的碳浓度。在一定的渗碳温度下，保温时间越长，渗碳层越厚。为了满足渗碳件的性能要求，渗碳层必须有合适的碳含量、碳浓度梯度、深度以及合适的金相组织。

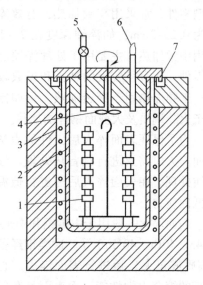

图 4-11　气体渗碳法示意图
1—渗碳工件　2—耐热罐　3—加热元件
4—风扇　5—液体渗碳剂（煤油等）
6—废气　7—砂封

大量的研究和生产实践证明，渗碳层表面碳含量（质量分数）在 0.8% ~ 1.1% 之间为好，尤其在 0.85% ~ 1.05% 之间最好。表面碳含量低，则不耐磨且疲劳强度也较低；反之，碳含量过高，则渗碳层变脆，易出现压碎剥落现象。

关于渗碳层深度 δ，可根据下列因素来决定。

(1) 渗碳部位的断面尺寸

对于轴类：$\delta = (0.1 \sim 0.2) R$；$R$ 为半径，单位为 mm；

对于齿轮：$\delta = (0.2 \sim 0.3) m$；$m$ 为模数，单位为 mm；

对于薄片工件：$\delta = (0.2 \sim 0.3) t$；$t$ 为厚度，单位为 mm。

(2) 工作条件　磨损轻的 δ 可取小一些；磨损重的 δ 取大些；接触应力小的 δ 取小些；接触应力大的 δ 取大些。

通常渗碳层深度都在 0.5 ~ 2mm 之间，波动范围不应大于 0.5mm。当渗碳层深度小于 0.5mm 时，一般用中碳钢高频感应加热淬火来代替渗碳。

渗碳后缓冷到室温的组织接近于铁碳合金相图所反映的平衡组织。最外层是过共析层，中间是共析层，里边是亚共析的过渡层，最后是心部的原始组织。由此可见，工件渗碳后必须进行淬火加低温回火，才能有效地发挥渗碳层的作用，达到硬而耐磨的要求。

钢经渗碳淬火、低温回火后表面硬度可达 58 ~ 64HRC，耐磨性好，心部韧性好。工件在渗碳淬火、回火后表面形成残留压应力，使工件的疲劳强度有所提高，因此渗碳是应用最为广泛的一种化学热处理工艺，特别适用于在重载、磨损、冲击条件下工作的零件。

为了保证渗碳件的性能，设计图样一般要标明渗碳深度、渗碳层碳含量、渗碳层和心部

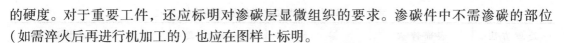

的硬度。对于重要工件,还应标明对渗碳层显微组织的要求。渗碳件中不需渗碳的部位(如需淬火后再进行机加工的)也应在图样上标明。

2. 钢的渗氮

在一定温度下(一般在 Ac_1 温度以下)使活性氮原子渗入工件表面的化学热处理工艺称为渗氮(也称氮化)。

渗氮的目的在于更大地提高钢件表面的硬度、耐磨性、疲劳强度和耐蚀性。

目前广泛应用的是气体渗氮。这种方法是利用氨在加热过程中分解出活性氮原子,氮原子被钢吸收并溶入表面,在保温的过程中向内扩散,形成渗氮层。

气体渗氮与气体渗碳相比,其特点是:

1)渗氮温度低,一般为 $500 \sim 600℃$,零件心部不发生相变,因此,零件的变形小。

2)钢件渗氮后,具有很高的硬度(1000~1100HV),且可保持到 $600 \sim 650℃$,所以有很高的耐磨性和热硬性。钢渗氮后,渗氮层体积增大,造成表面压应力,可使疲劳强度大大提高,表面形成的 Fe_2N 化学稳定性较高,所以渗氮层耐蚀性好,在水中、过热蒸汽和碱性溶液中均很稳定。

3)工件渗氮以后,一般不再进行热处理,只进行磨削和抛光。因此,为保证工件的力学性能,在渗氮前工件须经调质处理。对于形状复杂或精度要求高的工件,在渗氮前精加工后,还要进行去应力退火,以减少渗氮时的变形。

4)渗氮时间长,工艺较复杂,渗氮层薄,一般为 $0.4 \sim 0.6mm$。

碳钢渗氮时形成的氮化物不稳定,加热时易分解并聚集粗化,使硬度很快下降。为了克服这个缺点,渗氮钢中常加入 Al、Cr、Mo 等合金元素,它们的氮化物 AlN、CrN、MoN 等都很稳定,并在钢中均匀分布,使钢的硬度提高,且在 $600 \sim 650℃$ 也不降低。因而,常用的氮化钢有 35CrAlA、38CrMoAl、38CrWVAlA 等。

由于渗氮工艺复杂、时间长、成本高,氮化层很薄、较脆,所以只用于冲击较轻、耐磨性和精度要求较高的工件,或要求抗热、抗磨的耐磨件,如排气阀、精密机床丝杠、镗床主轴、汽轮机阀门等。随着新工艺的发展(如氮碳共渗、离子渗氮),渗氮处理得到了越来越广泛的应用。

3. 碳氮共渗

碳氮共渗就是同时向工件表面渗入碳和氮的化学热处理工艺,旧称氰化。在生产中主要采用气体碳氮共渗。低温气体碳氮共渗以渗氮为主,实质上就是氮碳共渗。

高温碳氮共渗与渗碳一样,将工件放入密封炉内,加热到共渗温度,向炉内滴入煤油,同时通以氨气,经保温后工件表面获得一定深度的共渗层。高温碳氮共渗主要是渗碳,但氮的渗入使碳浓度提高很快,从而使共渗温度降低,时间缩短。碳氮共渗温度为 $830 \sim 850℃$,保温 $1 \sim 2h$ 后,共渗层可达 $0.2 \sim 0.5mm$。

碳氮共渗后进行淬火加低温回火。共渗淬火后得到含氮马氏体,耐磨性比渗碳更好。共渗层比渗碳层有较高的压应力,因而有更高的疲劳强度,耐蚀性也较好。

共渗工艺与渗碳工艺相比,具有时间短、生产效率高、表面硬度高、变形小等优点,但共渗层较薄,主要用于形状复杂、要求变形小的小型耐磨工件。表面热处理和化学热处理的比较见表4-3。

表4-3　表面热处理和化学热处理的比较

处理方法	表面淬火	渗碳	渗氮	碳氮共渗
处理工艺	表面淬火，低温回火	渗碳，淬火，低温回火	渗氮	碳氮共渗，淬火，低温回火
生产周期	很短，几秒至几分钟	长，约3~9h	很长，约30~50h	短，约1~2h
表层深度/mm	0.5~7	0.5~2	0.4~0.6	0.2~0.5
硬度HRC	58~63	58~63	65~70(1000~1100HV)	58~63
耐磨性	较好	良好	最好	良好
疲劳强度	良好	较好	最好	良好
耐蚀性	一般	一般	最好	较好
热处理变形	较小	较大	最小	较小

4.1.6　热处理工序的位置

在工件的加工过程中，工艺路线的安排，特别是热处理工序位置的安排对工件的质量和性能有直接的影响。图4-12所示为一带孔的轴，若在钻孔后进行整体热处理，孔的变形将难以控制，直接影响轴的使用。

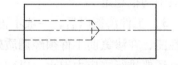

图4-12　带孔的轴

1. 预备热处理的位置

预备热处理包括退火、正火、调质等，其工序位置一般放在毛坯生产（铸、锻、焊）之后，或机械粗加工之后、精加工之前。铸、锻、焊等毛坯生产工艺的加工温度很高，生产的毛坯晶粒粗大，而且往往有较大的残留内应力，一般都需要退火或正火。对精密零件或加工硬化严重的零件，可以在切削加工之前安排退火，以消除应力或降低硬度。退火、正火零件的加工路线一般为：

毛坯生产→退火或正火→切削加工；

毛坯生产→退火或正火→切削加工→中间退火→切削加工。

调质作为预备热处理，主要是为了保证表面淬火或化学热处理（渗氮）零件心部的力学性能和为易变形零件的最终热处理作组织准备。其一般安排位置为：

锻造→正火或退火→粗加工→调质→精加工→表面热处理或渗氮。

2. 最终热处理的工序位置

最终热处理后的零件一般硬度较高，除磨削以外不宜进行其他切削加工，所以一般安排在半精加工之后，磨削加工之前。

整体淬火：锻造→退火或正火→粗加工、半精加工→淬火+回火→精加工；

表面淬火：锻造→退火或正火→粗加工→调质→半精加工→表面淬火、回火→精加工；

整体渗碳：锻造→正火→粗加工→渗碳→半精加工→淬火、回火→精加工；

局部渗碳：锻造→正火→粗加工→渗碳→去除局部渗碳层→淬火、回火→精加工；

锻造→正火→机加工→镀铜→渗碳→淬火、回火→退铜→精加工；

渗氮：锻造→退火→粗加工→调质→精加工→去应力退火→粗磨→渗氮→精磨或研磨。

实际生产中，可根据情况对热处理工序位置进行调整。

4.1.7 热处理技术要求在零件图样上的表示方法

在图样上标注热处理技术条件时，可用文字对热处理技术条件加以扼要说明（一般可注在零件图样标题栏的上方），也可采用 GB/T 12603—2005 规定的热处理工艺代号及技术条件来标注。热处理工艺代号标注规定如下：

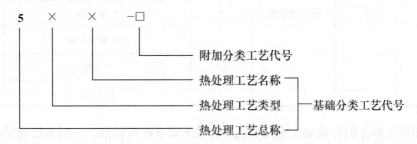

热处理工艺代号由基础分类工艺代号和附加分类工艺代号两部分组成。基础分类工艺代号由三位数组成。第一位数字"5"表示热处理的工艺代号；第二、三位数字分别表示工艺类型和工艺名称（见表4-4）。附加分类工艺代号接在基础分类工艺代号后面，包括实现工艺的加热方式及代号，退火工艺及代号，淬火冷却介质和冷却方法及代号和化学热处理中按渗入元素的分类（详见 GB/T 12603—2005）。多工序热处理代号用破折号将各工艺代号连接组成，但除第一个工艺外，后面的工艺均省略第一位数字"5"，如515—33 – 01表示调质和气体渗氮，"01"为附加分类工艺代号，表示加热介质为气体。

表 4-4 热处理工艺类型和名称及其代号（GB/T 12603—2005）

工艺总称	代 号	工艺类型	代 号	工艺名称	代 号
热处理	5	整体热处理	1	退火	1
				正火	2
				淬火	3
				淬火和回火	4
				调质	5
				稳定化处理	6
				固溶处理，水韧处理	7
				固溶处理 + 时效	8
		表面热处理	2	表面淬火和回火	1
				物理气相沉积	2
				化学气相沉积	3
				等离子体增强化学气相沉积	4
				离子注入	5

（续）

工艺总称	代　号	工艺类型	代　号	工艺名称	代　号
热处理	5	化学热处理	3	渗碳	1
				碳氮共渗	2
				渗氮	3
				氮碳共渗	4
				渗其他非金属	5
				渗金属	6
				多元共渗	7

能在图形上标注的尽量避免用文字说明；技术要求的指标值，一般采用范围表示法标出上、下限，如 $60 \sim 65$ HRC，也可用偏差表示法以技术要求的下限名义值下偏差零加上上偏差表示，如 60^{+5}_{0} HRC。在同一产品的所有零件图上，应采用统一的表达形式。

以正火、退火或淬火回火作最终热处理状态的零件一般标注硬度要求，通常以布氏硬度或洛氏硬度表示。局部热处理时，需按图 4-13 所示的形式标出热处理的部位和技术要求。

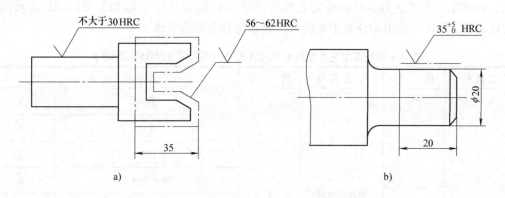

图 4-13　局部热处理零件技术要求的标注方法
a）范围表示法　b）偏差表示法

对于表面淬火回火零件，主要技术要求是表面硬度、心部硬度和有效硬化层深度。局部感应加热淬火回火时应按图 4-14 所示的方法进行标注。

渗碳后淬火回火和碳氮共渗后淬火回火零件标注的主要技术要求是表面硬度、心部硬度和有效硬化层深度。局部渗碳标注方法如图 4-15 所示。

气体渗氮或离子渗氮零件的主要技术要求是表面硬度、心部硬度和有效渗氮层深度。渗氮零件的标注方法如图 4-16 所示。

图 4-14 ～图 4-16 中，点画线表示硬化部位；虚线表示硬化与不硬化均可的过渡部位；不允许硬化的部位不必标注。

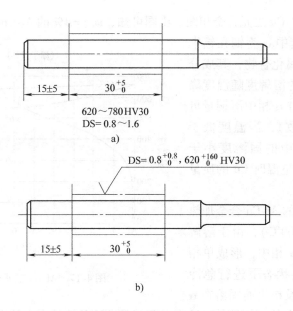

$$620 \sim 780\,HV30$$
$$DS = 0.8 \sim 1.6$$

a)

$$DS = 0.8^{+0.8}_{0},\ 620^{+160}_{0}\,HV30$$

b)

图4-14 局部感应加热淬火回火标注方法
a) 范围表示法 b) 偏差表示法

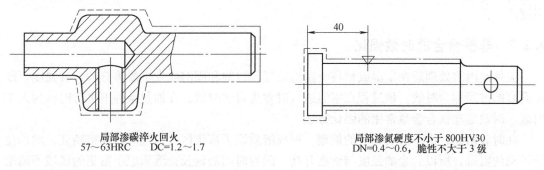

局部渗碳淬火回火
57～63HRC   DC=1.2～1.7

局部渗氮硬度不小于800HV30
DN=0.4～0.6，脆性不大于3级

局部渗碳淬火回火 57～63HRC   DC = 1.2～1.7
图4-15 局部渗碳标注方法

图4-16 渗氮零件的标注方法

4.2 非铁合金的强化

非铁合金具有铁合金所没有的许多特殊的力学、物理和化学性能，成为现代工业不可缺少的金属材料。它们的种类很多，在机械工业中，常用的有铝及其合金、铜及其合金、轴承合金等。

非铁合金因成分不同，其强化方法也有所不同。除形变强化、固溶强化外，生产中常用固溶时效处理来强化非铁合金。

4.2.1 非铁合金的固溶处理

将固溶度随温度的升高而增大的合金，加热到单相固溶体相区内的适当温度，保温适当时间，以使原组织中的脱溶（析出）相溶入固溶体，并急冷而使其保持在固溶体中的工艺过程称为固溶处理。固溶处理旨在获得过饱和固溶体，为时效作组织准备。

图 4-17 所示为 Al-Cu 二元合金相图。由图可知，$w_{Cu} = 4\%$ 的 Al-Cu 合金在平衡状态时的室温组织为 $\alpha + \theta$，其中 α 为铜在铝中的固溶体，θ 相为金属化合物，其成分为 $CuAl_2$。铜在铝中的溶解度随温度降低而减小，在 548℃ 时 α 相中溶铜量可达 5.65%（质量分数），当温度低于 200℃ 时，铜在 α 相中的固溶度小于 0.5%（质量分数），室温时 Cu 的质量分数约为 0.05%。

倘若将 $w_{Cu} = 4\%$ 的 Al-Cu 合金加热到固溶线以上（约 500℃），由于溶解度增大，$CuAl_2$ 溶入 α 相中，形成单相铝基固溶体 α。在该状态下进行急冷（水冷），$CuAl_2$ 来不及析出而固溶在 α

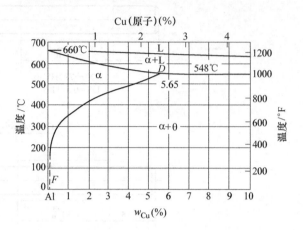

图 4-17 Al-Cu 二元合金相图

相中，因而获得过饱和的 α 固溶体。这个过程就是典型的非铁合金的固溶处理。

经过固溶处理的合金，强度较低，塑性较好。对于非铁合金，经固溶处理后一方面可利用其良好的塑性，对其进行压力加工；另一方面，利用强化相的脱溶析出可提高合金的强度。

4.2.2 非铁合金的时效强化

工件经固溶处理后在室温或稍高于室温放置，过饱和固溶体发生脱溶分解，其强度、硬度升高的过程称为时效。该过程在室温进行时称为自然时效；在加热条件下进行时称为人工时效。时效是非铁合金最常用的强化方法。

在时效初期，由于溶质原子的偏聚，形成溶质原子富集区，引起基体晶格畸变，增加位错运动的阻碍，所以合金的强度与硬度升高。随着时间的延长，溶质原子富集的区域不断增大，溶质原子和溶剂原子呈现规则排列，形成有序化，晶格畸变进一步加剧，从而对位错运动的阻碍作用也进一步增加，使合金的强度、硬度不断提高。溶质原子继续富集，形成过渡相。过渡相部分地与母相晶格脱离，因而晶格畸变减轻，对位错运动的阻碍作用减小，合金的强度、硬度开始下降。

时效过程的最后阶段，过渡相与母相完全脱离共格联系而转变成稳定相。此时，固溶体转变成稳定相，晶格畸变显著减小，合金的强化效果明显下降，合金软化，进入所谓"过时效状态"。

非铁合金经过时效处理后比固溶状态的强度更高，所以实际应用的非铁合金多是在固溶处理后借时效析出第二相的手段进行强化，即时效强化。

4.3 高聚物的改性强化

现代科学技术的发展，要求高分子材料具有很高的综合性能。例如：要求某些塑料既能耐高温，又易于成形加工；既要求强度高，又要求韧性好；既具有优良的力学性能，又具有某些特殊功能等。单一的均聚物一般难以满足这种高性能要求。随着科学技术的发展，人们采用物理和化学共混改性的方法，使不同聚合物的特性优化组合于一体，使材料的性能获得显著提高，或赋予原聚合物所不具有的崭新性能，即形成所谓聚合物合金。

高聚物改性处理的分类按其组成有：橡胶增韧塑料，即以塑料为基体，橡胶为分散相组成的两相结构体系，橡胶相对塑料相起增韧作用；塑料增强橡胶，即以塑料为分散相，橡胶为连续相组成的两相结构体系，此时塑料对橡胶起增强作用；橡胶与橡胶或塑料与塑料的共混改性，其目的主要是为了改善聚合物某些性能的不足。高聚物按改性处理的方法分为物理改性和化学改性。

4.3.1 高聚物的物理改性

物理改性主要是通过物理共混来进行的。

将不同种类的聚合物置于混合设备中，借助于溶剂或热量的作用进行物理混合的方法称为机械共混或物理共混。共混过程使聚合物间实现最大程度的分散，形成稳定的体系。物理共混法中以熔融共混使用最为普遍，即把聚合物组分置于混炼设备中加热到流动状态，在机械剪切力的作用下使物料充分混合，均匀分散。该方法使物料受到强烈的剪切作用，在高温下停留时间短，而且停留时间分布窄，因而物料在混炼过程中经历的物理、化学过程大致相同，物料的分解、降解作用可降低到最小程度，混合、分散效果最好。

目前，机械共混的高聚物产品主要有：在聚苯乙烯中混入天然橡胶制成的耐冲击改性聚苯乙烯；聚砜中混入聚四氟乙烯制得的耐磨性很好的改性聚砜；在聚碳酸酯中混入聚乙烯得到的改性聚碳酸酯等。

4.3.2 高聚物的化学改性

高聚物的化学改性是指在加工过程中使一种高聚物与另一种高聚物或单体共混并产生化学反应，从而实现化学改性的方法。化学改性共聚物主要有接枝共聚物、嵌段共聚物和交联共聚物等几种。

1. 接枝共聚物

接枝共聚物是采用化学改性方法最早实现工业化生产和应用的一类化学改性共聚物。接枝共聚的方法有多种，如主干接枝法、接入主干法等。主干接枝法是用各种方法在聚合物主链上形成支链；接入主干法是使主链上分布着活动官能团的线形大分子参加小分子单体进行的聚合反应，形成接枝共聚物。

接枝共聚改性得到的"聚合物合金"性能优于物理共混物。由于该共聚物组分之间相容性变得更好，相界面的粘结力提高，冲击抗力大大高于物理共混的产物。例如：接枝共聚后的尼龙改性酚醛树脂，其冲击韧度、强度明显提高，耐热性与阻燃性好，尺寸稳定性高，广泛用于增强塑料及其制品。

2. 嵌段共聚物

嵌段共聚物是化学改性共聚物的另一种类型，有二嵌段、三嵌段、多嵌段之分。这种共聚物嵌段的相对分子质量通常只有几千，不同嵌段的性质往往不同，最常见的是一种嵌段处于高弹态（软段），另一种嵌段处于玻璃态或结晶态（硬段）。因此可通过调整各嵌段的相对长短来得到具有不同性能的产物。各种聚氨酯产品就是这种类型的共聚物。例如：医用聚氨酯是用氨基甲酸酯、尿素与聚醚二醇形成的嵌段共聚物，具有强度高、弹性好、耐挠曲性优良、耐水解能力强等一系列性能优点，是良好的医用材料。

3. 交联共聚物

通过化学改性共聚，还可使一种聚合物（A）和另一种聚合物（B）之间发生化学交联反应而形成交联共聚物。环氧树脂、聚酰胺等高聚物的反应固化产物即属于这一类型。例如：交联改性后的聚碳酸酯不仅具有突出的力学性能，而且具有良好的耐有机溶剂的能力和抗应力龟裂性能，广泛用于仪器、仪表、汽车及机械零件中。

通过控制交联反应的过程，两种不同的聚合物还可形成全互穿网络共混物（全-IPN）和半互穿网络共混物（半-IPN）。网络互穿可进一步抑制体系的相分离，从而获得良好的弹性、韧性、稳定性以及高的抗水解能力等性能。这类方法的改性产物，如线形聚硅氧烷和交联聚硅氧烷，在医学领域，特别是矫形外科中得到了广泛的应用。

4.4 材料的复合强化

金属、高聚物、陶瓷在性能上各有优点和不足，因而各有其适用范围。近30年来，随着科学技术的不断进步，特别是高科技领域和一些特殊领域的迅猛发展，如信息、生物、航空航天、核工业等，对材料提出了越来越高、越来越多的性能和功能要求，使传统的单一材料无论从性能上还是功能上都难以完全满足使用要求。为解决这些问题，新的材料制造方法和强化方法应运而生。利用金属、高聚物、陶瓷各自的性能优点，通过材料设计和复合工艺设计使各组分的性能相互补充并彼此关联，从而获得新的优越的性能，这种方法生产的一系列新型材料就是复合材料。在复合过程中，利用高强度、高模量材料作为增强组分与基体材料进行人工复合，使材料性能大幅度提高的方法就是复合强化。

复合强化中常用的增强组分有两种，即硬质颗粒增强组分和高强度纤维增强组分。

当进行颗粒增强复合强化时，常用的增强颗粒主要有碳化硅、碳化钛、碳化硼、碳化钨、氧化铝、氮化硼、氮化硅等粒子。选用不同的增强粒子和不同的基体，可得到不同的复合强化效果，从而满足不同工件的使用要求。它是一种发展较成熟、易批量生产、加工、成形且成本较低的复合强化方法。通过粉末冶金法、铸造法和共喷射沉积法可以直接制成零件，也可以制成铸锭后进行热挤压、锻造、轧制等。例如：铁和铁合金基体与 TiC、WC、TiN 等颗粒复合强化，其制品硬度高、耐磨性好、耐蚀性高并且具有良好的热稳定性，广泛用于磨削工具材料和耐磨结构部件，我们所熟悉的硬质合金及金属陶瓷即为典型的应用实例。此外，锌基合金通过颗粒增强后，可获得高的比强度、比模量与较高的硬度和耐磨性，可用于制造各种耐磨零件、传动齿轮、导轨和塑料注射模具等。

当进行纤维增强复合强化时，常用的纤维主要有陶瓷纤维、碳纤维、硼纤维和难熔金属丝。将这些高强度纤维加入到基体材料中，可产生明显的强化效果，使材料获得高的强度和比强度、高的比弹性率及良好的耐高温性能和抗疲劳、抗磨损性能，广泛应用于航空航天、电子、汽车等工业中。所谓的玻璃钢就是采用纤维增强组分和塑料基体进行复合强化所得到的产品。此外，碳纤维与树脂基材料、铜基材料、医用高分子材料的复合强化，硼纤维与铝基材料、钛基材料的复合强化以及金属纤维强化高温合金等都得到了不同程度的应用。纤维复合强化方法已成为材料研究领域中重要的研究方向。

与材料复合强化相关的诸多内容在本书第七章中有更具体的介绍，这里从简。

4.5 材料的表面处理技术

随着现代工业的发展，改善在一些特殊条件下所使用材料的性能日趋重要，如耐不同介质腐蚀、耐磨、抗辐射以及耐高温和耐低温等。为了满足这些特殊性能要求，除了通过合金化以外，更有发展前途的是采用表面处理技术，这样不但可以解决强度与耐磨、耐蚀、抗氧化等之间的矛盾，而且从资源与经济的观点来看也是合理的。例如：在高温使用的材料，加涂层后，不但可以减少腐蚀与磨损，也可使基体部分保持在较低的温度，从而延长其使用寿命。

表面处理技术是指通过施加覆盖层或改变表面形貌、化学组分、相组成、微观结构等达到提高材料抵御环境作用能力或赋予材料表面某种功能特性的材料工艺技术。按照作用原理，表面处理技术分为四种基本类型：①原子沉积：沉积物以原子、离子、分子或粒子集团等原子尺度的粒子形态在材料表面上沉积形成外加覆盖层，如电镀、化学镀、物理气相沉积、化学气相沉积；②颗粒沉积：沉积物以宏观尺度的颗粒形态在材料表面上形成覆盖层，如热喷涂；③表面改性：如磷化、离子注入、离子渗、激光表面处理等；④整体覆盖：如包箔、热浸镀、涂刷、堆焊等。按照用途，表面处理技术还可分为表面强化以及表面防护和装饰。其实，表面热处理与化学热处理也属于表面处理技术的范畴，前面已有介绍，这里不再重复。当然，表面处理技术还有其更广泛的涵义，如表面加工技术、表面分析与检测技术等，这里也不再介绍。由于表面处理技术可以在不改变材料基本组成的前提下，用较少的经费，大幅度地提高材料的性能，取得显著的经济效益，因此在国民经济中的作用越来越重要，发展十分迅速。此外，表面处理技术在发展新型材料上也起着重要的作用。微电子工业就是以电镀、化学镀、离子注入、气相沉积等表面处理技术作为基础技术的。

1. 原子沉积

原子沉积主要包括气相沉积和电镀等工艺。

气相沉积是利用气相中发生的物理、化学过程在工件表面形成具有特殊性能的金属或化合物涂层，使工件表面性能优化的一种技术。气相沉积通常是在工件表面覆盖一层过渡元素的碳、氧、氮、硼化合物，它们大都具有较高的熔点、硬度、优异的耐磨性和良好的耐蚀性等优点，因而在表面技术中得到了广泛的应用。按照工艺过程的本质，可将气相沉积分为两大类：一类是化学气相沉积，简称 CVD 法；另一类是物理气相沉积，简称 PVD 法。

（1）化学气相沉积 化学气相沉积是利用气态物质在固态工件表面进行化学反应，生成固态沉积物的过程。它的工艺过程有三个要点：第一，涂层的形成是通过气相的化学反应完成的；第二，涂层的形核和长大是在基体的表面上进行的；第三，所有涂层的反应均为吸热反应，所需热量靠辐射或感应加热供给。图 4-18 所示为化学气相沉积 TiC 装置示意图。沉积的

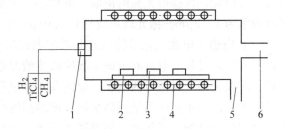

图 4-18 化学气相沉积 TiC 装置示意图
1—进气系统 2—反应器 3—工件
4—加热炉 5—工件出口 6—排气口

工艺过程是：先抽真空，使反应室内的压力低于1.33Pa，通氢气洗炉，加热工件到沉积温度（900～1000℃）后通入反应气体，反应气体在工件表面发生化学反应，并形成固态沉积层。

常见的碳化钛沉积，就是向加热到900～1000℃的反应室内通入$TiCl_4$、H_2、CH_4等气体，经数小时后，工件表面形成几微米厚的沉积层，其化学反应为

$$TiCl_4 + CH_4 + H_2 \rightarrow TiC + 4HCl + H_2$$

化学气相沉积适用于处理大批量的小零件。零件堆放在反应室里，混合气体便可以从它们上面通过。在适当的条件下，不论零件的形状如何，都能形成均匀的涂层，不需专用的夹具。它的缺点是沉积温度较高。目前主要用于形成硬质合金的涂层。

（2）物理气相沉积　物理气相沉积是用物理方法将源物质转移到气相中，在基体上形成覆盖层的方法。工件的加热温度一般都在600℃以下，这一点对于高碳钢、模具钢以及其他钢材都十分重要。

目前物理气相沉积主要有真空溅射、离子镀和离子溅射三种方法，其中离子镀是发展最快的物理气相沉积技术。图4-19所示为离子镀原理示意图。

工作时，将真空室抽至高真空度后通入氩气，并使真空度调至1～10Pa，工件基板接1～5kV负偏压，在工件的下方设蒸发源，将预镀的材料放置在蒸发源上。当接通电源产生辉光放电后，由蒸发源蒸发出来的部分镀材原子被电离成金属离子，金属离子在电场的作用下，向作为阴极的工件加速运动，能量可达数千电子伏特的金属离子轰击工件表面，并获得离子镀膜层。

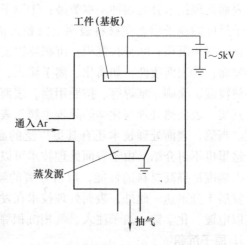

图4-19　离子镀原理示意图

物理气相沉积的优点是镀膜均匀，组织致密，与基体结合力强且沉积温度低，近年来发展较快。

物理气相沉积适用范围广泛，可用于各种材料，不仅包括铁合金，还包括非铁合金、陶瓷、聚合物、玻璃等。

气相沉积层的尺寸精度很好。由于涂层很薄，所以在涂层之后不能进行磨加工，但可进行研磨和抛光，以获得光亮的镜面。沉积层几乎没有质地不均、针孔、裂纹等缺陷，表面不平度通常为1～2μm，抛光后可以得到0.01μm的镜面。这对工、模具来说很重要。

（3）电镀　电镀工艺是将直流电通过电镀溶液（电解液）在阴极（工件）表面沉积金属镀层的工艺过程。电镀液由该金属的盐溶液及添加剂（如缓冲剂、光亮剂、去极化剂等）组成。阳极为该金属做成的电极，以便在电镀过程中通过电化学反应不断向电解质补充金属离子。电镀层的主要作用是提高金属表面的耐蚀性和耐磨性，进行表面装饰及使表面具有特殊的物理化学性能。近年来，还发展了金属与陶瓷的复合镀、塑料电镀、电刷镀等新工艺。电镀有时也可作零件的修复。

2. 颗粒沉积

将金属或其他软、硬的化合物以颗粒形态覆于基体材料上，形成表面覆盖层，从而改变材料的表面性能，以满足耐磨性及其他性能的要求。材料表面颗粒沉积方法有很多，常用的有热喷涂。

热喷涂是常用于沉积金属或非金属涂层的一类工艺的通称，有时也称之为金属涂覆。它是将喷涂材料熔融，通过高速气流、火焰流或等离子流使其雾化，喷射在基体表面上形成覆盖层。

图4-20所示为电弧喷涂示意图。它使用丝状喷涂材料。该工艺和其他热喷涂工艺的不同之处是没有像气体火焰或电感应等离子体这样的外加热源。当两根含有喷涂材料的带电导线以某种方式同时进给时，在两根导线的交接处便产生可控电弧，因而放出热量并熔化，熔融金属被压缩空气或气体雾化，并被喷射到准备好的基体上。

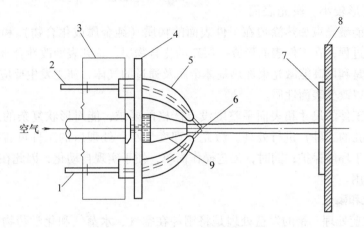

图4-20　电弧喷涂示意图
1、2—丝材　3—绝缘套　4—反射板　5—丝材导管　6—电弧接触点　7—被喷涂材料　8—基体　9—喷嘴

热喷涂工艺可采用的涂层材料和基体材料都非常广泛，如金属及其合金、塑料、陶瓷及复合材料等。该工艺适应性好，施工对象不受限制，可任意指定喷涂表面，覆盖层厚度范围较大，生产率较高。除火焰喷涂和等离子弧粉末堆焊以外，基体材料受热程度低，因而得到了广泛的应用。

3. 离子注入

离子注入是将预先选择的元素原子电离，经电场加速，获得高能量后注入工件表面的改性工艺。离子注入可以改变材料的电学、光学和力学性能，也可以改变与材料半导体行为或耐腐蚀行为有关的性能。固体物质可以是晶态、多晶态或非晶态，而且对固体的均匀性没有太多的要求。

离子注入常采用加速离子束来进行。当电压为100kV时，离子束穿透深度为 0.1～0.2μm。随着加速电压的提高，离子束穿透能力也增大。经过离子注入处理后，表面形成一个有效的合金层，使表面性能发生显著的变化。用这种方法能得到一般合金化方法得不到的特种合金。图4-21所示为离子注入用离子加速器示意图。

尽管离子注入层相当薄，但却能显著改变钢的力学性能和化学性能。例如：在大载荷工作状态下，耐磨零件的最佳离子注入表面层的深度相当小，仅为2μm，可取代用常规方式涂覆的二硫化钼。但如果需要获得更大深度的表面合金层，则需采用其他的处理方法。

4. 激光表面处理

激光表面处理包括激光表面强化、激光表面合金化及激光表面气相沉积。激光表面强化是利用高能量激光束加热工件表面，达到表面改性，提高工件表面硬度、耐磨性和耐蚀性的强化工艺。它的优点是加热速度快，冷却后形成微晶和非晶组织，性能提高较大。激光束可根据要求进行局部选择性硬化处理，强化后应力和变形较小。激光表面

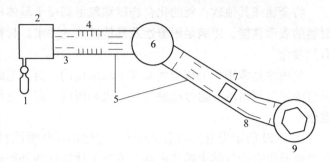

图4-21 离子注入用离子加速器示意图
1—气源 2—离子源 3—棱镜 4—加速器 5—四棱镜
6—磁体 7—发散板 8—中性储存站 9—样品容器

合金化是利用高能激光束加热涂覆在工件表面的物质（纯金属或化合物）和基体金属，使之快速发生熔凝过程，在工件表面形成一层新的化合物层，达到表面改性合金化的目的。激光表面气相沉积是利用高能激光束加热基体金属及通过的气体，使之发生反应，在金属表面形成所需的膜，以改变表面性质。

激光处理对工件的尺寸和表面平整度没有严格的要求，能对形状复杂的工件（如有拐角、沟槽、不通孔的工件）进行处理。激光处理变形小，处理后的工件可直接装配，工件表面清洁，有利于环境保护；同时，工艺操作简单，便于实现自动化，因此在机械工业中已得到了成功的应用。

5. 钢的氧化和磷化

（1）钢的发蓝处理　钢的发蓝处理是将钢件在空气、水蒸气和化学药物中加热到适当温度，使其表面形成一层蓝或黑色氧化膜，以改善的钢的耐蚀性和外观，这种工艺称为发蓝处理。氧化膜是一层致密而牢固的 Fe_3O_4 薄膜，只有 $0.5 \sim 1.5\mu m$，对钢件的尺寸精度无影响。发蓝处理后的钢件还要进行肥皂液浸渍处理和浸油处理，以提高氧化膜的防腐蚀能力和润滑性能。

钢铁工件发蓝处理工艺过程见表4-5。

发蓝处理工艺常用于仪表、工具等的表面，是金属材料防腐的有效方法之一。

（2）磷化处理　把钢件浸入到以磷酸盐为主的溶液中，使其表面沉积不溶于水的磷酸盐转化膜的过程称为磷化处理。常用的磷化处理溶液为磷酸锰铁盐和磷酸锌溶液，磷化处理后的磷化膜厚度一般为 $5 \sim 15\mu m$，其抗腐蚀能力是发蓝处理的 $2 \sim 10$ 倍。磷化膜与基体结合十分牢固，有较好的抗腐蚀能力，并在加工或使用过程中起到润滑作用。但磷化膜本身的强度、硬度较低，有一定的脆性，当钢材变形较大时容易出现小裂纹。磷化膜在 $200 \sim 300℃$时仍具有一定的抗腐蚀能力，当温度达到 $450℃$时，膜层抗腐蚀能力显著下降。磷化膜在大气、油类、苯及甲苯等介质中均有很好的抗腐蚀能力，但在酸、碱、海水及水蒸气中抗腐蚀能力较差。在磷化处理后进行表面浸漆、浸油处理，抗腐蚀能力可大大提高。磷化处理所需设备简单，操作方便，成本低，生产效率高。

磷化处理按溶液磷化温度可分为高温磷化、中温磷化和低温磷化。磷化处理工艺见表4-6。

表4-5 钢铁工件发蓝处理工艺过程

工 序	工序名称	溶 液		工 艺 条 件	
		组成	质量浓度/（g/L）	温度/℃	时间/min
1	化学除油	苛性钠	30 ~ 50	>60	10 ~ 15
		碳酸钠	30 ~ 50		
		磷酸三钠	30 ~ 40		
		水玻璃	5 ~ 10		
2	水洗				
3	酸洗	硫酸	150 ~ 200	50 ~ 60	5 ~ 10
		缓蚀剂	0.5 ~ 1		
4	水洗				
5	氧化	苛性钠	550 ~ 650	135 ~ 145	15 ~ 20
		硝酸钠	130 ~ 180		
6	水洗				
7	补充处理	重铬酸钾或肥皂	30 ~ 50	85 ~ 90	10 ~ 15
8	水洗				
9	吹干				
10	检验				

表4-6 磷化处理工艺

磷化工艺分类	溶液成分的质量浓度/（g/L）	溶液温度/℃	处理时间/min
低温磷化	磷酸锰铁盐 30 ~ 40 硝酸盐 140 ~ 160 氟化钠 2 ~ 5	室温	30 ~ 45
中温磷化	磷酸二氢锌 25 ~ 40 硝酸锌 80 ~ 100	50 ~ 70	15 ~ 20
高温磷化	磷酸锰铁盐 30 ~ 35 硝酸锌 55 ~ 65	90 ~ 98	10 ~ 15

本 章 小 结

1）钢的热处理是将钢在固态下通过加热、保温、冷却以改变其组织，从而获得所需性能的一种工艺方法。热处理加热转变过程是钢的奥氏体化；冷却过程是钢的热处理的关键工序，主要有连续冷却（炉冷、空冷、水冷等）和等温冷却（如等温淬火）。奥氏体的等温冷却曲线又称C曲线，根据过冷奥氏体转变温度的不同，转变产物可分为珠光体、贝氏体和马氏体。一般情况下，珠光体为片层状组织，珠光体转变温度的不同，导致珠光体片间距尺寸的不同，可将珠光体类组织分为珠光体、索氏体和托氏体三种。贝氏体按其转变温度和组织形态的差异，分为上贝氏体和下贝氏体。

2）马氏体是过冷奥氏体冷却到 M_s 线以下的转变产物，按其金相组织形态有两种主要类型：针片状马氏体和板条状马氏体。马氏体的强度和硬度取决于马氏体的碳含量，高碳马氏体硬而脆，而低碳马氏体具有高的强韧性。马氏体转变具有不完全性，保留了一定数量的残留奥氏体。

3）钢的退火是为了均匀成分和组织、细化晶粒、降低硬度、消除应力。常用的退火工艺有两大类：第一类是不以组织转变为目的，包括均匀化退火、再结晶退火、去应力退火和预防白点退火；第二类以改变组织和性能为目的，包括完全退火、不完全退火、等温退火和球化退火。正火与退火的目的近似。与退火相比，正火的珠光体组织比退火态的片间距小，相同成分的钢正火后力学性能较高。亚共析钢淬火温度为 Ac_3 + （30 ~ 50）℃，共析钢和过共析钢的淬火温度为 Ac_1 + （30 ~ 50）℃。最常用的淬火方法有单液淬火、双液淬火、分级淬火和等温淬火。钢的淬透性是钢材本身的固有属性，决定于马氏体转变的临界冷却速度。淬硬性是指钢淬火后能够达到的最高硬度。钢的回火能消除内应力，稳定工件尺寸。按回火温度的高低，可分为低温回火、中温回火和高温回火，所得组织分别为回火马氏体、回火托氏体和回火索氏体。

4）钢的表面热处理最常用的是表面淬火加回火，处理后工件表层得到强化，硬而耐磨，而心部仍保持高的韧性状态。表面淬火只改变工件表面层的组织而不改变成分。

5）化学热处理有渗碳、渗氮、碳氮共渗等，能同时改变工件表层的成分和组织。

6）热处理工序的位置的安排对零件的质量和性能有直接的影响。热处理有预备热处理和最终热处理。热处理技术条件可用文字加以扼要说明，也可采用国家标准规定的热处理工艺代号及技术条件来标注。

7）非铁合金主要通过固溶处理和时效处理来进行强化。高聚物改性方法有物理改性和化学改性，其中物理改性主要是通过物理共混来进行，化学改性则是在加工过程中使一种高聚物与另一种高聚物或单体共混产生化学反应。化学改性共聚物主要有接枝共聚物、嵌段共聚物和交联共聚物等。材料还可以通过复合来进行强化，常用复合强化方式有硬质颗粒增强和高强度纤维增强。

8）表面处理技术按照作用原理可分为原子沉积、颗粒沉积、表面改性和整体覆盖。

思 考 题

1. 将 ϕ5mm 的 T8 钢加热到 760℃并保温足够的时间，问采用什么样的工艺可以得到如下的组织：珠光体，索氏体，下贝氏体，托氏体 + 马氏体，马氏体 + 少量残留奥氏体。

在 C 曲线上画出工艺曲线示意图。

2. 确定下列钢件的退火方法，并指出退火目的及退火后的组织。

1）经冷轧后 35 钢板，要求降低硬度。

2）用铸钢铸造的齿轮。

3）锻造过热的 60 钢锻坯。

4）具有片状渗碳体的 T12 钢坯。

3. 指出下列零件的锻造毛坯进行正火的主要目的及正火后的显微组织。

1）20 钢齿轮。

2）45 钢小轴。

3）T12 钢锉刀。

4. 一批 45 钢试样，因其组织、晶粒大小不均匀，需采用退火处理。拟采用以下几种工艺。

1）缓慢加热到700℃，保温足够的时间，随炉冷却到室温。

2）缓慢加热到840℃，保温足够的时间，随炉冷却到室温。

3）缓慢加热到1100℃，保温足够的时间，随炉冷却到室温。

问上述三种工艺各得到何种组织？若要得到大小均匀的细小晶粒，选何种工艺最合适？

5. 淬火的目的是什么？亚共析碳钢及过共析碳钢淬火加热温度应如何选择？试从获得的组织和性能等方面加以说明。

6. 有两个 $w_c = 1.2\%$ 碳钢薄试样，分别加热到780℃和860℃并保温相同的时间，使之达到平衡状态，然后以大于临界冷却速度的冷却速度冷至室温，试问：

1）哪个温度加热淬火后马氏体晶粒较为粗大？

2）哪个温度加热淬火后马氏体碳含量较高？

3）哪个温度加热淬火后残留奥氏体的量较多？

4）哪个温度加热淬火后未溶碳化物较少？

5）你认为哪个温度淬火合适？为什么？

7. 指出下列工件淬火及回火温度，并说明其回火后的组织和大致的硬度。

1）45钢小轴，要求综合力学性能好。

2）60钢弹簧。

3）T12钢锉刀。

8. 甲、乙两厂生产同一批零件，材料均选用45钢，硬度要求220～250HBW。甲厂采用正火，乙厂采用调质，都能达到性能要求。试分析甲、乙两厂产品组织和性能上的差别。

9. 试说明表面淬火、渗碳、渗氮热处理工艺在用途、性能、应用等方面的差别。

10. 拟用T10钢制造形状简单的车刀，工艺路线为：

锻造—热处理—机加工—热处理—磨加工。

试写出各热处理工序的名称并指出其作用，写出最终热处理的工件所应达到的硬度。

11. 选择下列零件的热处理方法，并编写简明工艺路线（各零件均选用锻坯）。

1）某机床变速箱齿轮，要求齿面耐磨，心部强度和韧性要求不高，材料选用45钢。

2）某机床主轴，要求有良好的综合力学性能，轴颈部分要求耐磨（50～55HRC），材料选用45钢。

3）镗床镗杆，在重载荷下工作，精度要求极高，并在滑动轴承中运转，要求镗杆表面有极高的硬度，心部有较高的综合力学性能，材料选用38CrMoAlA。

第5章 金属材料

导读：本章介绍了金属材料的分类、钢的分类与编号、钢中常存的元素与合金元素及其作用；介绍了常用结构钢、工具钢、特殊性能钢、铸铁的成分特点、性能要求、热处理特点和常见牌号等；介绍了有色金属及其合金的成分和性能特点等。

本章重点：各类碳钢和合金钢的牌号、成分特点、热处理工艺、组织、性能以及它们的应用；铸铁的牌号、热处理工艺、组织及其应用。

金属材料是最重要的工程材料，包括金属和以金属为基的合金。周期表中的金属元素分为简单金属和过渡族金属两类。简单金属的结合键完全为金属键；过渡族金属的结合键为金属键和共价键的混合键，但以金属键为主。所以以金属为主体的工程金属材料，原子间的结合键基本上为金属键，一般为金属晶体材料。

钢铁材料在材料消费中占据了主导地位，非铁金属材料中的铝及其合金、铜及其合金、镁及其合金、钛及其合金和轴承合金同样有很重要的应用。

5.1 概述

5.1.1 金属材料分类

工业上把金属及其合金分为两大类。

黑色金属——铁和以铁为基的合金（钢、铸铁和铁合金）。

有色金属——黑色金属以外的所有金属及其合金。

铁是自然界中储藏量最多的金属元素之一，其储量仅次于铝。以铁为基的各种钢铁材料由于其不可替代的优良性能而成为工业领域中的支柱材料之一，并极大地推动了机械化、电气化工业的进程。随着近代科学技术的发展，钢铁材料也在迅猛发展，钢铁材料在可预见的未来仍将占据工程材料领域的主导地位。

5.1.2 钢中常存元素与合金元素

在钢中，除了以铁为主要元素和含量（质量分数）一般在2%以下的碳以外，还有由炼钢原料带入以及炼钢过程中产生并残留下来的常存元素。对合金钢而言，还有为改善钢的性能而特意加入的元素，称为合金元素。不论是常存元素还是合金元素，都会对钢的性能产生不同程度的影响。

1. 钢中常存元素对钢性能的影响

（1）锰（Mn） 锰是炼钢时用锰铁脱氧而残留在钢中的，也经常作为合金元素而特意加入钢中。锰的脱氧能力较好，能很大程度上减少钢中的FeO，还能与硫化合成MnS，减轻硫的有害作用。在室温下锰可以大部分溶入铁素体中形成固溶体，产生一定的强化作用。所以，锰在钢中是一种有益元素。在非合金钢中，锰作为常存元素时，其含量（质量分数）

一般规定为 <1.00% 。

（2）硅（Si） 硅是炼钢时用硅铁脱氧而残留在钢中的，也可作为合金元素特意加入钢中。硅的脱氧能力比锰强，可有效清除 FeO。硅在室温下大部分溶入铁素体，产生强化作用。硅作为常存元素时，其含量（质量分数）一般规定为 <0.50% 。

（3）硫（S） 硫是在冶炼时由矿石和燃料中带入的有害杂质，炼钢时难以除尽。硫在钢中常以 FeS 的形式存在，FeS 与 Fe 形成低熔点的共晶体，分布在奥氏体的晶界上，当钢材进行热加工时，共晶体过热甚至熔化，减弱了晶粒间联系，使钢材强度降低，韧性下降，这种现象称为热脆。在生产中常加入锰来降低硫的有害作用，因为 Mn 与 S 形成的 MnS 熔点高，并能呈粒状分布于晶粒内部，在高温下具有一定的塑性，从而可避免热脆性。

（4）磷（P） 磷是在冶炼时由矿石带入的有害杂质，炼钢时很难除尽。磷能溶于 α-Fe 中，具有固溶强化作用；但由于钢中有碳存在，磷在 α-Fe 中的溶解度急剧下降。磷的偏析倾向十分严重，即使只有千分之几的磷存在，也会在组织中析出脆性很大的化合物 Fe_3P，并且特别容易偏聚于晶界上，使钢的韧脆转化温度升高和脆性增加，即发生冷脆。

此外，在炼钢过程中，少量炉渣、耐火材料及冶炼中产生的反应物可能进入钢液，形成非金属夹杂物，如氧化物、硫化物、氮化物、硅酸盐等。它们都会降低钢的力学性能，因此在冶金过程中应加以控制。

钢在冶炼时还会吸收和溶解一部分气体，如氮、氢、氧等，给钢的性能带来有害的影响。尤其是氢，它使钢变脆（称为氢脆），也可使钢中产生微裂纹（称为白点）。

2. 钢中合金元素的作用

（1）合金元素与铁的相互作用 合金元素可以溶入铁素体中形成合金铁素体，产生固溶强化作用。合金元素溶入铁素体对其性能的影响如图 5-1 所示。

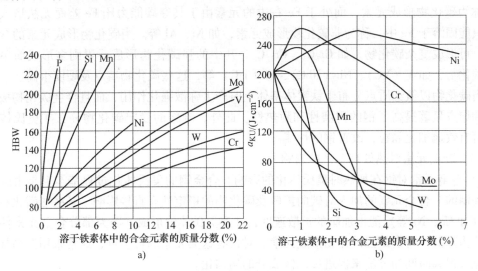

图 5-1 合金元素对铁素体力学性能的影响
a）对硬度的影响 b）对韧性的影响

不同的合金元素与铁相互作用的结果，也会对 Fe－Fe_3C 相图产生不同的影响。按照影响规律的不同，合金元素可分为两大类：一类是缩小奥氏体相区的元素，包括 Cr、Mo、W、V、Ti、Si、Al、B 等，如图 5-2a 所示；另一类是扩大奥氏体相区的元素，包括 Ni、Mn、

Co、Zn、N 等，如图 5-2b 所示。同时，大部分的合金元素还能使 Fe – Fe₃C 相图中 S、E 点左移，即降低了共析点的碳含量及碳在奥氏体中的最大溶解度，从而使碳含量相同的碳钢和合金钢具有不同的组织。

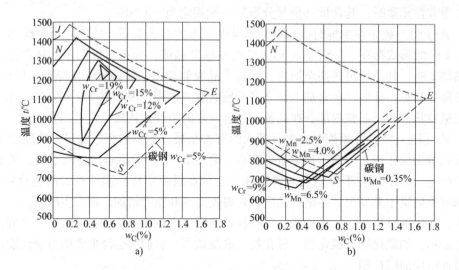

图 5-2　合金元素对奥氏体相区的影响
a) 铬的影响　b) 锰的影响

（2）合金元素与碳的相互作用　钢中的碳常与铁形成 Fe₃C，而合金元素存在于钢中时也会与碳发生反应。元素周期表中处于 Fe 左边的元素比 Fe 具有更强的亲碳能力，在钢中将优先形成碳化物，从强到弱顺序依次为：Hf→Zr→Ti→Ta→Nb→V→W→Mo→Cr→Mn→Fe，它们称为碳化物形成元素。而处于 Fe 右边的元素由于其夺碳能力比 Fe 差而无法形成碳化物，只能固溶于 Fe 中，称为非碳化物形成元素，如 Ni、Al 等。当碳化物形成元素的含量较高时，可形成复杂碳化物，如 Cr₇C₃、Cr₂₃C₆。其中的强碳化物形成元素则多形成简单而稳定的碳化物，如 V（VC）、Nb（NbC）、Ti（TiC）等，这些碳化物熔点及硬度很高。

当碳化物以微细质点分布于铁素体基体上时产生弥散强化作用，而且合金碳化物极高的硬度和熔点显著提高了钢的耐磨性和耐热性。此外，难熔的稳定碳化物分布在奥氏体晶界上，可有效地细化晶粒，改善钢的性能。

（3）合金元素对热处理工艺的影响

1）合金元素对钢在加热时奥氏体化的影响。合金钢的奥氏体化过程基本上是由碳的扩散来控制的。合金元素的加入对碳的扩散及碳化物的稳定性有直接影响。某些非碳化物形成元素（如 Co、Ni 等）能增加碳的扩散速度，加速奥氏体的形成。而大部分合金元素使碳的扩散能力降低，特别是强碳化物形成元素。对含有这类元素的合金钢，通常采用升高加热温度或延长保温时间的方法来促进奥氏体成分的均匀化。

合金元素对钢在热处理时的奥氏体晶粒度也有不同程度的影响。例如：P、Mn 等促进奥氏体晶粒长大；Ti、Nb、N 等可强烈阻止奥氏体晶粒长大；W、Mo、Cr 等对奥氏体晶粒长大起到一定的阻碍作用；Si、Co、Cu 等影响不大。

2）合金元素对钢的淬透性的影响。实践证明，除 Co、Al 外，能溶入奥氏体中的合金元素可减慢奥氏体的分解速度，使 C 曲线右移并降低 M_s（见图 5-3），因而都能提高钢的淬透性。合金元素减缓奥氏体转变速度的原因主要是由于合金元素溶入奥氏体后阻止了碳的析出和扩散的缘故。

3）合金元素对回火转变的影响。

① 提高钢的耐回火性。耐回火性是指钢对回火时发生软化过程的抵抗能力。由于合金元素能使铁、碳原子扩散速度减慢，使淬火钢回火时马氏体不易分解，析出的碳化物也不易聚集长大，保持一种较细小、分散的组织状态，从而使钢的硬度随回火温度的升高而下降的程度减弱。因此，与碳钢相比，在同一温度回火时，合金钢的硬度和强度高，这有利于提高结构钢的强度、韧性和工具钢的热硬性。

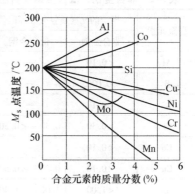

图5-3 合金元素对 M_s 点的影响

② 产生二次硬化。当含较多碳化物形成元素的高合金钢在 $500 \sim 600℃$ 温度范围回火时，其硬度并不降低，反而升高，这种现象称为二次硬化。产生二次硬化的原因是因为这类钢在该温度范围内回火时，将析出细小、弥散的特殊化合物，如 Mo_2C、W_2C、VC 等。这类碳化物硬度很高，在高温下也非常稳定，难以聚集长大，具有高温强度。例如：具有高热硬性的高速钢就是靠 W、Mo、V 的这种特性来实现的。

③ 回火脆性。合金元素对淬火钢回火后力学性能的不利影响是回火脆性。

在 $350℃$ 附近发生的脆性为第一类回火脆性，无论碳钢或合金钢都会发生这种脆性。这种脆性产生后无法消除，所以应尽量避免在此温度区间内回火。

在 $500 \sim 650℃$ 回火时，将发生第二类回火脆性，主要出现在合金结构钢（如铬钢、锰钢等）中。当出现第二类回火脆性时，可将其加热至 $500 \sim 600℃$ 经保温后快冷予以消除。

对于不能快冷的大型结构件，加入适量的 W 或 Mo 可有效地防止第二类回火脆性的发生。

5.1.3 钢的分类与编号

1. 钢的分类

钢的种类很多，按照钢的化学成分、质量、冶炼方法和用途等的不同，可对钢进行多种分类。

（1）按用途分类

1）结构钢。可分为工程构件用钢（如建筑工程用钢、桥梁工程用钢、船舶工程用钢、车辆工程用钢等）和机器零件用钢（如调质钢、渗碳钢、弹簧钢、轴承钢等）。

2）工具钢。根据用途不同可分为刃具钢、模具钢、量具钢等。

3）特殊性能钢。可分为不锈钢、耐热钢、耐磨钢等。

（2）按化学成分分类 按化学成分分为非合金钢、低合金钢和合金钢。非合金钢是指 $w_C < 2.11\%$，并含有少量 Si、Mn、S、P 等杂质元素的铁碳合金，在施行新的钢分类标准以前称为碳素钢（简称碳钢）。按其碳含量又分为低碳钢（$0.0218\% < w_C < 0.25\%$）、中碳钢（$0.25\% \leqslant w_C \leqslant 0.60\%$）和高碳钢（$w_C > 0.60\%$）。低合金钢与合金钢是指在非合金钢基础上有目的地加入了某些元素所形成的钢种，加入钢中的元素称为合金元素。

非合金钢、低合金钢、合金钢中规定的各种元素质量分数的界限值见表 5-1。

表 5-1　非合金钢、低合金钢和合金钢中规定的各种元素质量分数的界限值（GB/T 13304.1—2008）

合金元素	规定的元素质量分数界限值（%）			合金元素	规定的元素质量分数界限值（%）		
	非合金钢	低合金钢	合金钢		非合金钢	低合金钢	合金钢
Al	<0.10	—	≥0.10	Se	<0.10	—	≥0.10
B	<0.0005	—	≥0.0005	Si	<0.50	0.50～<0.90	≥0.90
Bi	<0.10	—	≥0.10	Te	<0.10	—	≥0.10
Cr	<0.30	0.30～<0.50	≥0.05	Ti	<0.05	0.50～<0.13	≥0.13
Co	<0.10	—	≥0.10	W	<0.10	—	≥0.10
Cu	<0.10	0.10～<0.50	≥0.50	V	<0.04	0.04～<0.12	≥0.12
Mn	<1.00	1.00～<1.40	≥1.40	Zr	<0.05	0.05～<0.12	≥0.12
Mo	<0.05	0.05～<0.10	≥0.10	La 系（每一种元素）	<0.02	0.02～<0.05	≥0.05
Ni	<0.30	0.30～<0.50	≥0.50	其他规定元素（S、P、C、N 除外）	<0.05		≥0.05
Nb	<0.02	0.02～<0.06	≥0.06				
Pb	<0.40	—	≥0.40				

（3）按质量分类　按钢中的有害杂质磷、硫含量来分类，可分为普通钢（w_S、w_P≤0.045%）、优质钢（w_S、w_P≤0.035%）、高级优质钢（w_S≤0.020%、w_P≤0.030%）、特级优质钢（w_S≤0.015%、w_P≤0.025%）等。

（4）按冶炼方法分类　按炉别分为平炉钢、转炉钢、电炉钢。平炉炼钢是靠燃料（煤气或重油）的燃烧来熔化炉料和提高钢液温度，靠炉气中的氧气和加入的铁矿石进行氧化反应。由于平炉炼钢消耗大量燃料，因此在我国已被淘汰。转炉炼钢是把空气或氧气吹入铁液中，使铁液中的 C、Mn、Si、P、S 等迅速氧化、靠氧化时放出的热量来升温，而不靠燃料供热的炼钢方法。转炉炼钢由于节省燃料，因而是目前主要的炼钢方法。电炉炼钢是利用电能作为热源的炼钢方法。电炉炼钢主要生产高质量的高合金钢。

（5）按金相组织分类　钢的金相组织随处理方法不同而变。按退火组织分为亚共析钢、共析钢、过共析钢。按正火组织分为珠光体钢、贝氏体钢、马氏体钢及奥氏体钢。

（6）按工艺方法（脱氧程度）分类　按脱氧程度不同分为沸腾钢、镇静钢和半镇静钢。沸腾钢是指只用锰铁（价格低、脱氧效果差）脱氧，所以钢中含氧较多，浇注时，钢中氧与碳发生反应析出大量 CO。因此钢液在钢模内呈沸腾现象，故称沸腾钢。沸腾钢成材率高，成本低，但化学成分不均匀，偏析严重，杂质多。沸腾钢牌号后加"F"。镇静钢是指除用锰铁，还用硅铁（有时用 Al）脱氧，钢中氧已很少，浇注时没有沸腾现象。镇静钢化学成分均匀，力学性能较好，但有缩孔，成本高。镇静钢牌号后加"Z"。半镇静钢的脱氧程度在镇静钢与沸腾钢之间，性能也介于它们之间，牌号后加"b"。半镇静钢应用较少。

2. 钢的编号方法

关于钢产品编号表示方法，我国现有两个推荐性国家标准，即 GB/T 221—2008《钢铁产品牌号表示方法》和 GB/T 17616—1998《钢铁及合金牌号统一数字代号体系》。前者仍采用汉语拼音、化学元素符号及阿拉伯数字相结合的原则命名钢铁牌号，后者要求凡列入国家标准和行业标准的钢铁产品，应同时列入产品牌号和统一数字代号，相互对照并列使用。

（1）国家标准（GB）中钢产品牌号的表示方法　我国钢产品牌号由化学元素符号、汉语拼音字母和阿拉伯数字三部分组成。

化学元素符号表示钢中所含合金元素的种类。

汉语拼音字母用来表示钢的种类、特殊用途、性质、特点等。具体字母对应的涵义及其在牌号中的位置见表5-2。

表5-2　钢牌号中汉语拼音字母涵义说明表

字 母	代表涵义	位置	举例	字 母	代表涵义	位置	举例
A、B、C、D、E	质量等级	牌号尾	Q235A Q345D 50MnE	HRBF	细晶粒热轧带肋钢筋	牌号头	HRBF335
b	半镇静钢	牌号尾	08b	K	矿用钢	牌号尾	20MnVK
C	高碳高速工具钢	牌号头	CW6Mo5Cr4V2	L	汽车大梁用钢	牌号尾	08TiL
CM	船用锚链钢	牌号头	CM370	L	管线用钢	牌号头	L415
CF	低焊接裂纹敏感性钢	牌号尾		LZ	车辆车轴用钢	牌号头	LZ45
CRB	冷轧带肋钢筋	牌号头	CRB550	M	煤机用钢	牌号头	M540
DR	低温压力容器用钢	牌号尾	16MnDR	ML	冷镦钢（铆螺钢）	牌号头	ML30CrMo
DT	电磁纯铁	牌号头	DT4A	NH	耐候钢	牌号尾	Q345NH
F	沸腾钢	牌号尾	15F	PSB	预应力混凝土用螺纹钢筋	牌号头	PSB830
F	非调质机械结构钢	牌号头	F45VS	Q	屈服强度	牌号头	Q235
G	轴承钢	牌号头	GCr15	Q	桥梁用钢	牌号尾	16MnQ
G	锅炉用钢（管）	牌号尾		QG	高磁导率级取向电工钢	中部	30QG110
GNH	高耐候钢	牌号尾	Q295GNH	R	锅炉和压力容器用钢	牌号尾	Q345R
GJ	高性能建筑结构用钢	牌号尾		T	碳素工具钢	牌号头	T10
H	焊接用钢	牌号头	H08MnSi	U	钢轨钢	牌号头	U70MnSi
H	保证淬透性钢	牌号尾	40CrH	W	无取向电工钢	中间	50W400
HP	焊接气瓶用钢	牌号头	HP345	Y	易切削钢	牌号头	Y45Mn
HPB	热轧光圆钢筋	牌号头	HPB235	Z	镇静钢	牌号尾	45AZ
HRB	热轧带肋钢筋	牌号头	HRB335	ZG	铸钢	牌号头	ZG310－570

注：阿拉伯数字：①表示钢中碳及合金元素的质量分数；②表示材料的力学性能数值，如强度值、伸长率等；③表示材料的分类、排列序号。

各种钢的编号如下所述。

1) 非合金钢的编号方法。

① 普通碳素结构钢。普通碳素结构钢牌号由代表屈服强度"屈"字的汉语拼音字母 (Q)、屈服强度数值、质量等级符号 (A、B、C、D) 及脱氧方法符号 (F、b、Z、TZ) 四个部分按顺序组成。例如：Q235AF，即表示屈服强度不小于235MPa、A 等级质量的沸腾钢。F、b、Z、TZ 依次表示沸腾钢、半镇静钢、镇静钢、特殊镇静钢。一般情况下符号 Z 与 TZ 在牌号表示中可省略。质量等级符号反映碳素结构钢中磷、硫含量的多少，A、B、C、D 质量等级依次增加。

② 优质碳素结构钢。优质碳素结构钢牌号用两位数字表示，两位数字表示钢中平均碳的质量分数的万倍。例如：45 钢，表示平均 $w_C = 0.45\%$；08 钢表示平均 $w_C = 0.08\%$。优质碳素结构钢按锰的质量分数不同，分为普通锰 ($w_{Mn} = 0.25\% \sim 0.80\%$) 与较高锰 ($w_{Mn} = 0.70\% \sim 1.2\%$) 两组。较高锰的优质碳素结构钢牌号数字后加"Mn"，如 65Mn。沸腾钢、半镇静钢以及专门用途的优质碳素结构钢，应在牌号后特别标出，详见表5-2。例如：08F 即指平均碳的质量分数为 0.08% 的沸腾钢；15G 即指平均碳的质量分数为 0.15% 的锅炉用钢 (管)。

③ 碳素工具钢。碳素工具钢牌号冠以"T"("T"为"碳"字的汉语拼音首位字母)，后面的数字表示平均碳的质量分数的千倍。碳素工具钢分优质和高级优质两类。若为高级优质钢，则在数字后面加"A"字。例如：T8A 钢，表示平均 $w_C = 0.8\%$ 高级优质碳素工具钢。对含较高锰 ($w_{Mn} = 0.40\% \sim 0.60\%$) 的碳素工具钢，则在数字后加"Mn"，如 T8Mn、T8MnA 等。

④ 铸造碳钢。铸造碳钢牌号用"ZG"代表铸钢二字汉语拼音字母，后面第一组数字为屈服强度数值 (单位 MPa)，第二组数字为抗拉强度数值 (单位 MPa)。例如：ZG200 – 400，表示屈服强度为 200MPa、抗拉强度为 400MPa 的铸造碳钢件。

2) 合金钢的编号方法。

① 低合金高强度结构钢。通用结构钢采用代表屈服强度的汉语拼音字母"Q"、屈服强度数值 (单位为 MPa) 和表5-2 中规定的质量等级、脱氧方法等符号，按顺序组成牌号。例如：Q345C、Q345D。低合金高强度结构钢有镇静钢和特殊镇静钢，但牌号尾部不加写表示脱氧方法的符号。

专用结构钢一般采用代表屈服强度的汉语拼音字母"Q"、屈服强度数值和表5-2 中规定的代表产品用途的符号表示。例如：锅炉和压力容器用钢牌号表示为 Q345R，耐候钢牌号表示为 Q340NH。

② 合金结构钢。合金结构钢牌号由"两位数字 + 元素符号 + 数字"三部分组成。前面两位数字代表钢中平均碳的质量分数的万倍，元素符号表示钢中所含的合金元素，元素符号后面数字表示该元素的平均质量分数的百倍。合金元素的平均质量分数 <1.5% 时，一般只标明元素而不标明数值；平均质量分数 ≥1.50% ≥2.50% ≥3.50%、…时，则在合金元素后面相应地标出 2、3、4、…。例如：40Cr，其平均碳的质量分数 $w_C = 0.40\%$，平均铬的质量分数 $w_{Cr} < 1.5\%$。如果是高级优质钢，则在牌号的末尾加"A"，如 38CrMoAlA 钢。如果是特级优质钢 ($w_S \leqslant 0.015\%$、$w_P \leqslant 0.025\%$)，在牌号尾部加符号"E"，如 30CrMnSiE。

专用合金结构钢牌号尚应在牌号头部 (或尾部) 加表5-2 中规定代表产品用途的符号。

③ 滚动轴承钢。轴承钢分为高碳铬轴承钢、渗碳轴承钢、高碳铬不锈轴承钢和高温轴承钢等四大类。其牌号表示方法如下所述。

a. 高碳铬轴承钢，在牌号头部加符号"G"，但不标明碳的质量分数。铬的质量分数以千分之几计，其他合金元素按合金结构钢的合金含量表示。例如：平均铬的质量分数为1.5%的轴承钢，其牌号表示为GCr15。

b. 渗碳轴承钢，采用合金结构钢的牌号表示方法，另在牌号头部加符号"G"，如G20CrNiMo。

高级优质渗碳轴承钢，在牌号尾部加"A"，如G20CrNiMoA。

c. 高碳铬不锈轴承钢和高温轴承钢，在牌号头部加符号"G"，采用不锈钢和耐热钢的牌号表示方法，如高碳铬不锈轴承钢G95Cr18和高温轴承钢G80Cr4Mo4V。

④ 易切削钢。易切削钢的牌号常采用标准化学元素符号、表5-2中规定的符号和阿拉伯数字表示。阿拉伯数字表示平均碳的质量分数（以万分之几计）。

a. 加硫易切削钢和加硫、磷易切削钢，在符号"Y"和阿拉伯数字后不加易切削元素符号。例如：平均碳的质量分数为0.15%的易切削钢，其牌号表示为Y15。

b. 较高含锰量的加硫或加硫、磷易切削钢，在符号"Y"和阿拉伯数字后加锰元素符号。例如：平均碳的质量分数为0.40%，锰的质量分数为1.20%～1.55%的易切削钢，其牌号表示为Y40Mn。

c. 含钙、铅等易切削元素的易切削钢，在符号"Y"和阿拉伯数字后加易切削元素符号，如Y15Pb、Y45Ca。

⑤ 合金工具钢。合金工具钢的编号方法与合金结构钢的区别仅在于：当$w_C < 1\%$时，用一位数字表示碳的质量分数的千倍；当$w_C \geqslant 1\%$时，则不予标出。例如：Cr12MoV钢，其平均碳的质量分数为$w_C = 1.45\% \sim 1.70\%$，所以不标出；Cr的平均质量分数为12%，Mo和V的质量分数都是小于1.5%。又如：9SiCr钢，其平均$w_C = 0.9\%$，平均w_{Si}、w_{Cr}均小于1.5%。低铬（平均铬的质量分数 < 1.00%）合金工具钢，在铬的质量分数（以千分之几计）前加数字"0"。例如：平均$w_{Cr} = 0.60\%$的合金工具钢，其牌号表示为Cr06。高速工具钢例外，其平均碳的质量分数无论多少均不标出。牌号前冠以"C"时，表示其平均碳的质量分数高于通用牌号的平均碳的质量分数。因为合金工具钢及高速工具钢都是高级优质钢，所以它的牌号后面也不必再标A。

⑥ 不锈钢与耐热钢。不锈钢与耐热钢的牌号常采用标准规定的合金元素符号和阿拉伯数字表示。若为易切削不锈钢和易切削耐热钢，则在牌号头部加Y。碳的质量分数没有规定下限时，采用阿拉伯数字表示碳的质量分数的上限数字。当碳的质量分数上限不大于0.10%时，以其上限的3/4表示碳的质量分数；当碳的质量分数上限大于0.10%时，以其上限的4/5表示碳的质量分数。例如：碳的质量分数上限为0.08%，碳的质量分数以06表示；碳的质量分数上限为0.2%时，碳的质量分数以16表示；碳的质量分数上限为0.15%时，碳的质量分数以12表示。规定上、下限者，以平均碳的质量分数×100表示，例如：碳的质量分数为0.16%～0.25%时，其牌号中的碳的质量分数以20表示。合金元素含量表示方法同合金结构钢。例如：平均碳的质量分数为0.20%，平均铬的质量分数为13%的不锈钢，其牌号表示为20Cr13；碳的质量分数上限为0.08%，平均铬的质量分数为19%，镍的质量分数为10%的铬镍不锈钢，其牌号表示为06Cr19Ni10；碳的质量分数上限为0.12%，

平均铬的质量分数为 17% 的加硫易切削铬不锈钢，其牌号表示为 Y10Cr17；碳的质量分数上限为 0.12%，平均铬的质量分数为 17%，钼的质量分数为 1% 的铬不锈钢，其牌号表示为 10Cr17Mo。

⑦ 铸造合金钢。铸造合金钢牌号由 "ZG（代表"铸"、"钢"的汉语拼音字母）＋数字＋元素符号＋数字"构成，第一组数字表示钢中平均碳的质量分数的万倍，元素符号表示钢中的合金元素，元素符号后的数字表示其平均质量分数的百倍。例如：ZG20Cr13，Cr表示铬元素符号，20 表示平均碳的质量分数为 0.2%，13 表示平均铬的质量分数为 13%。

（2）钢铁及合金牌号统一数字代号体系　根据钢铁及合金产品有关生产、使用、统计、设计、物资管理、信息交流和标准化等部门和单位要求，参考 ISO/T7003：1990（E）和 ASTM—1995 等国外标准，结合我国钢铁及合金生产、使用的特点，制定了 GB/T 17616—1998《钢铁及合金牌号统一数字代号体系》国家标准。

该标准与 GB/T 221—2008《钢铁产品牌号表示方法》同时使用，均有效。它统一了钢铁及合金的所有产品牌号表现形式，便于现代数据处理设备进行储存和检索，对原有符号较繁杂冗长的牌号进行简化，便于生产和使用。

1）统一数字代号的结构形式。统一数字代号的结构形式如下：

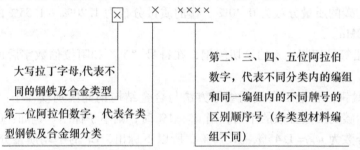

统一数字代号由固定的 6 个符号组成，左边第一位用大写拉丁字母作前缀（一般不用 I 和 O），后接 5 个阿拉伯数字。

每一个统一数字代号只适用一个产品牌号；反之，每一个产品牌号只对应于一个统一数字代号。当产品牌号取消后，一般情况下，原对应的统一数字代号不再分配给另一个产品牌号。

2）钢铁及合金的类型与统一数字代号。钢铁及合金的类型与统一数字代号见表 5-3。

表 5-3　钢铁及合金的类型与统一数字代号

钢铁及合金类型	英 文 名 称	前 缀 字 母	统一数字代号
合金结构钢	Alloy structural steel	A	A××××××
轴承钢	Bearing steel	B	B×××××
铸铁、铸钢及铸造合金	Cast iron, cast steel and cast alloy	C	C×××××
低合金钢	Low alloy steel	L	L×××××
不锈钢、耐蚀钢和耐热钢	Stainless, corrosion and heat resisting steel	S	S×××××
工具钢	Tool steel	T	T×××××
非合金钢	Unalloy steel	U	U×××××
焊接用钢及合金	Steel and alloy for welding	W	W×××××

5.2 结构钢

结构钢是品种最多、用途最广、使用量最大的一类钢。凡用于各种机器零件及各种工程结构的钢都称为结构钢。结构钢主要包括工程构件用钢和机械零件用钢等。

5.2.1 一般工程结构用钢

工程结构用钢主要指用来制造钢架、桥梁、钢轨、车架等结构件的钢种，主要包括普通碳素结构钢和低合金高强度结构钢等。该类钢冶炼简便，成本低，用量大，一般不进行热处理，大多在热轧空冷状态下使用。

1. 普通碳素结构钢

（1）主要用途 适用于一般工程用各种热轧钢板、钢带、型钢等，可供焊接、铆接、连接构件使用。

（2）性能要求 为了满足使用要求，该类钢应具有一定的强度和良好的塑性与韧性，同时具有良好的工艺性能（如焊接性和冷变形成形性）以及较小的冷脆倾向和一定的耐大气腐蚀性。

（3）化学成分和热处理特点 普通碳素结构钢的S、P含量较高，平均碳的质量分数为0.06%~0.38%。该类钢一般在供应状态（热轧）下使用，不再进行热处理，但也可根据需要在使用前对其进行热加工或热处理，以调整其力学性能。

（4）常用钢种 常用普通碳素结构钢的牌号、化学成分、力学性能及应用举例见表5-4。

表5-4 常用普通碳素结构钢的牌号、化学成分、力学性能及应用举例

牌号	等级	化学成分（%）			脱氧方法	力学性能			应用举例
		$w_C \leqslant$	$w_S \leqslant$	$w_P \leqslant$		$R_{eH}/MPa \geqslant$（厚度或直径≤16mm）	R_m/MPa	$A（\%）\geqslant$（厚度或直径≤40mm）	
Q195	—	0.12	0.040	0.035	F、Z	195	315~430	33	承受载荷不大的金属结构件、铆钉、垫圈、地脚螺栓、冲压件及焊接件
Q215	A	0.15	0.050	0.045	F、Z	215	335~450	31	
	B		0.045						
Q235	A	0.22	0.050	0.045	F、Z	235	370~500	26	金属结构件、钢板、钢筋、型钢、螺栓、螺母、短轴、心轴，Q235C、D可用作重要焊接结构件
	B	0.20	0.045						
	C	0.17	0.040	0.040	Z				
	D	0.17	0.035	0.035	TZ				
Q275	A	0.24	0.050	0.045	F、Z	275	410~540	22	键、销、转轴、拉杆、链轮、链环片等
	B	0.21	0.045	0.045	Z				
	C	0.20	0.040	0.040	Z				
	D	0.20	0.035	0.035	TZ				

2. 优质碳素结构钢

（1）主要用途　适用于制造各种机器零件。低碳优质碳素结构钢（$w_C < 0.25\%$）主要轧制成薄板、钢带、型钢及拉制成丝等供货；一般用于制造受力不大的零件，如螺栓、螺母、垫圈、小轴、销子、链等；经过渗碳处理后可用来制作表面要求耐磨、心部要求塑性、韧性好的零件。中碳优质碳素结构钢（$w_C = 0.25\% \sim 0.60\%$）多轧制成型钢供货，用于制造受力较大或受力情况较复杂的零件，如主轴、曲轴、齿轮、连杆、套筒、活塞销等。高碳优质碳素结构钢（$w_C > 0.60\%$）多以型钢供货，主要用于制造耐磨零件、弹簧和钢丝绳等，如凸轮、轧机轧辊及减振弹簧、座垫弹簧等。

（2）性能要求　优质碳素结构钢基本性能主要取决于钢中碳的质量分数。低碳优质碳素结构钢强度低，塑性、韧性好；中碳优质碳素结构钢强度较高而塑性、韧性稍低，即具有较好的综合力学性能，此外切削加工性较好，但焊接性较差。高碳优质碳素结构钢具有较高的强度、硬度、弹性和耐磨性，而塑性、韧性较低，切削加工性中等，焊接性能不佳，淬火开裂倾向较大。

（3）化学成分和热处理特点　优质碳素结构钢中硫、磷的质量分数较低（w_S、w_P 均 ≤0.035%），夹杂物也较少。使用前一般都要经过热处理。

（4）常用钢种　常用优质碳素结构钢的牌号、推荐热处理温度和力学性能见表5-5。

表5-5　常用优质碳素结构钢的牌号、推荐热处理温度和力学性能

牌　号	推荐热处理温度/℃			力学性能（≥）				
	正火	淬火	回火	R_m/MPa	R_{eL}/MPa	A_5（%）	Z（%）	A_{KV}/J
08F	930	—	—	295	175	35	60	—
08	930	—	—	325	195	33	60	—
10F	930	—	—	315	185	33	55	—
10	930	—	—	335	205	31	55	—
15F	920	—	—	355	205	29	55	—
15	920	—	—	375	225	27	55	—
20	910	—	—	410	245	25	55	—
25	900	870	600	450	275	23	50	71
30	880	860	600	490	295	21	50	63
35	870	850	600	530	315	20	45	55
40	860	840	600	570	335	19	45	47
45	850	840	600	600	355	16	40	39
50	830	830	600	630	375	14	40	31
55	820	820	600	645	380	13	35	—
60	810	—	—	675	400	12	35	—
65	810	—	—	695	410	10	30	—
70	790	—	—	715	420	9	30	—
75	—	820	480	1080	880	7	30	—
80	—	820	480	1080	930	6	30	—

（续）

牌　号	推荐热处理温度/℃			力学性能（≥）				
	正火	淬火	回火	R_m/MPa	R_{eL}/MPa	A_5（%）	Z（%）	A_{KV}/J
85	—	820	480	1130	980	6	30	—
15Mn	920	—	—	410	245	26	55	—
20Mn	910	—	—	450	275	24	50	—
45Mn	850	840	600	620	375	15	40	39
65Mn	830	—	—	735	430	9	30	—

3. 低合金高强度结构钢

（1）用途　低合金高强度结构钢是在低碳钢的基础上加入少量合金元素（合金元素总质量分数一般在3%以下）而得到的。低合金高强度结构钢主要用于制造桥梁、船舶、车辆、锅炉、高压容器、输油输气管道、大型钢结构等。

（2）性能要求

1）高强度。一般低合金高强度结构钢的屈服强度在300MPa以上，强度高才能减轻结构自重。

2）足够的塑性和韧性。因大型工程结构一旦发生断裂往往会带来灾难性的后果，尤其是在低温下工作的构件必须具有良好的韧性。

3）良好的焊接性能和冷成形性能。因大型结构多采用焊接制造，焊前往往要冷成形，而焊后又不易进行热处理，所以具有良好的焊接性能和冷成形性能是这类钢的重要性能特点。

此外，许多大型结构在大气（如桥梁、容器）、海洋（如船舶）中使用，还要求有较高的抗腐蚀能力。

（3）化学成分特点

1）低碳。碳的质量分数一般不超过0.20%，以满足韧性、焊接性和冷成形性能要求。

2）以资源丰富的锰为主要合金元素，节省贵重的Ni、Cr等元素。

3）加入铌、钛或钒等附加元素。

此外，加入少量铜（$w_{Cu} \leq 0.4\%$）和磷（$w_P = 0.1\%$左右）等，可提高抗腐蚀能力。加入少量稀土元素可以脱硫、去气。

（4）热处理特点　这类钢一般在热轧空冷状态下使用，不需要专门的热处理。若为改善焊接区性能，可进行正火。

（5）常用钢种　常用低合金高强度结构钢的牌号、力学性能及应用举例见表5-6。

较低强度级别的钢中，以Q345最具代表性，强度比碳素结构钢高约20%～30%，耐大气腐蚀性高20%～38%。用它制造工程结构时，重量可减轻20%～30%。例如：南京长江大桥、广州电视塔等，都采用了Q345来制造。

Q420是具有代表性的中等强度级别的钢种，较广泛用于制造大型桥梁、锅炉、船舶和焊接结构。

表5-6　常用低合金高强度结构钢的牌号、力学性能及应用举例（GB/T1591—2008）

牌　号	厚度或直径/mm	力学性能				旧牌号	应用举例
		R_{eL}/MPa	R_m/MPa	A（%）	A_{KV}(20℃)/J		
Q345 （A～E）	≤16 >16～40 >40～63 >63～80 >80～100	≥345 ≥335 ≥325 ≥315 ≥305	470～630	≥19～21	≥34	12MnV, 14MnNb, 16Mn, 18Nb, 16MnRE	桥梁，车辆，船舶，压力容器，建筑结构
Q390 （A～E）	≤16 >16～40 >40～63 >63～80 >80～100	≥390 ≥370 ≥350 ≥330 ≥330	490～650	≥19～20	≥34	15MnV, 15MnTi, 16MnNb	桥梁，船舶起重设备，压力容器
Q420 （A～E）	≤16 >16～40 >40～63 >63～80 >80～100	≥420 ≥400 ≥380 ≥360 ≥360	520～680	≥18～19	≥34	15MnVN 14MnVTiRE	桥梁，高压容器，大型船舶，电站设备，管道
Q460 （C、D、E）	≤16 >16～40 >40～63 >63～80 >80～100	≥460 ≥440 ≥420 ≥400 ≥400	550～720	≥16～17	≥34		中温高压容器（＜120℃），锅炉，化工、石油高压厚壁容器（＜100℃）
Q500（C、D、E）	≤16 >16～40 >40～63 >63～80 >80～100	≥500 ≥480 ≥470 ≥450 ≥440	610～770 610～770 600～760 590～750 540～730	≥17	质量等级 C：≥55 质量等级 D：≥47 质量等级 E：≥31		起重和运输设备，塑料模具，石油、化工和电站的锅炉、反应器、热交换器、球罐、油罐、气罐，核反应堆压力容器，锅炉锅筒、液化石油气罐等
Q550 （C、D、E）	≤16 >16～40 >40～63 >63～80 >80～100	≥550 ≥530 ≥520 ≥500 ≥490	670～830 670～830 620～810 600～790 590～780	≥16			
Q620 （C、D、E）	≤16 >16～40 >40～63 >63～80 >80～100	≥620 ≥600 ≥590 ≥570 —	710～880 710～880 690～880 670～860	≥15			
Q690 （C、D、E）	≤16 >16～40 >40～63 >63～80 >80～100	≥690 ≥670 ≥660 ≥640 —	770～940 770～940 750～920 730～900	≥14			

低合金高强度结构钢，由于其力学性能和加工性能良好，不需进行热处理，是近年来发展最快、最具有经济价值的合金钢之一。

目前，低合金高强度结构钢的发展趋势是：

1）通过合金化和热处理改变基体组织以提高强度，即加入多种合金元素，如 Mn、Mo、Ni、Si、B 等，通过淬火和高温回火，使钢获得低碳索氏体组织，得到良好的综合力学性能和焊接性能。这类钢发展很快，强度已达到 800MPa 级，低温韧性非常好，已用于重型车辆、桥梁及舰艇。

2）为了充分保证韧性和焊接性能，进一步降低碳含量，实行超低碳化，碳的质量分数甚至降到 0.02% ~ 0.04%，此时需采用真空冶炼或真空去气冶炼工艺。

3）把细化晶粒与合理轧制工艺结合起来，实行控制轧制。Nb、V 等在轧制温度下溶入奥氏体中，能抑制或延缓奥氏体的再结晶过程，使钢获得小于 $5\mu m$ 的超细晶粒，从而保证得到高强度和高韧性。

5.2.2 机械零件用钢

机械零件用钢主要是指用来制造各种机器结构中的轴类、齿轮、连杆、弹簧和紧固件等零件用钢种，主要包括渗碳钢、调质钢、弹簧钢及滚动轴承钢等。通常经过热处理后使用。

按热处理状态来分有四大类。

1）一般供应或正火状态下使用的钢种——碳钢和碳素易切削钢。

2）淬火加回火状态下使用，按照回火温度分：高温回火——调质钢；中温回火——弹簧钢；低温回火——滚动轴承钢和超高强度钢。

3）化学热处理后使用：渗碳钢——渗碳后淬火加低温回火；渗氮钢——调质处理后渗氮。

4）高频感应加热淬火用钢——高、中频感应加热淬火后加低温回火使用。

常用的机械零件用钢如下。

1. 铸造碳钢

铸造碳钢是冶炼后直接铸造成毛坯或零件的碳钢，适用于形状复杂且韧性、强度要求较高的零件，包括韧性、强度要求较高的大型零件。

铸造碳钢中碳的质量分数一般在 0.15% ~ 0.60% 范围内，过高则塑性差，易产生裂纹。一般工程用铸造碳钢的化学成分、力学性能和应用举例见表 5-7。

铸造碳钢的热处理有退火、正火、正火 + 回火（正火后的回火实际上是去应力退火）或淬火 + 回火。

2. 渗碳钢

（1）用途 渗碳钢通常是指经渗碳淬火、低温回火后使用的钢。它一般为低碳的优质碳素结构钢与合金结构钢。渗碳钢主要用于制造要求高耐磨性并承受动载荷的零件，如汽车、拖拉机中的变速齿轮、内燃机上的凸轮轴、活塞销等。工作中它们遭受强烈的摩擦和动载荷。

（2）性能要求

1）渗碳层高硬度。

2）渗碳件心部要有高的韧性和足够高的强度，具有一定的抗冲击能力。

表 5-7　一般工程用铸造碳钢的化学成分、力学性能和应用举例

牌号	化学元素最高含量（%）				室温下试样力学性能最小值					应用举例
	w_C	w_{Si}	w_{Mn}	w_S、w_P	R_{eH} 或 $R_{p0.2}$ /MPa	R_m /MPa	A_5 (%)	Z (%)	A_{KV}/J	
ZG200 – 400	0.20		0.80		200	400	25	40	30	机座、变速箱壳等
ZG230 – 450	0.30				230	450	22	32	25	砧座、外壳、轴承盖、底板等
ZG270 – 500	0.40	0.60		0.035	270	500	18	25	22	轧钢机机架、轴承座、连杆、箱体、曲轴、缸体等
ZG310 – 570	0.50		0.90		310	570	15	21	15	大齿轮、缸体、制动轮、辊子等
ZG340 – 640	0.60				340	640	10	18	10	起重运输机齿轮、棘轮、联轴器等重要机件

　　3）有良好的热处理工艺性能，如在渗碳温度下奥氏体晶粒长大倾向小，并且具有良好的淬透性。

　　（3）化学成分特点　根据性能要求，渗碳钢的化学成分如下。

　　1）低碳。碳的质量分数一般在 0.10% ~0.25% 之间，以保证零件心部有足够的塑性和韧性。

　　2）常加入 Cr（质量分数 <2%）、Ni（质量分数 <4%）、Mn（质量分数 <2%）等。另外加入微量硼能显著提高淬透性。

　　3）加入少量强碳化物形成元素 V（质量分数 <0.4%）、Ti（质量分数（<0.1%）、Mo（质量分数 <0.6%）、W（质量分数 <1.2%）等，可起到细化晶粒等作用。

　　（4）常用渗碳钢

　　1）碳素渗碳钢。一般用优质碳素结构钢中 15、20 钢，用于制造承受载荷较小、形状简单、不太重要但要求耐磨的小型零件。

　　2）合金渗碳钢。按淬透性大小分为三类。

　　① 低淬透性合金渗碳钢。这类钢水淬临界淬透直径为 20 ~35mm，如 20Cr、20MnV 等。渗碳时心部晶粒易长大（特别是锰钢），淬透性低，心部强度较低，只适于制造受冲击载荷较小的耐磨件，如小轴、活塞销、小齿轮等。

　　② 中淬透性合金渗碳钢。这类钢油淬临界淬透直径约 25 ~60mm，典型钢种为 20CrMnTi，有良好的力学性能和工艺性能，淬透性较高，渗碳过渡层比较均匀，热处理变形较小。因此大量用于制造承受高速中载、要求抗冲击和耐磨损的零件，特别是汽车、拖拉机上的重要齿轮。

　　③ 高淬透性合金渗碳钢。这类钢油淬临界淬透直径约为 100mm 以上，典型钢种为 18Cr2Ni4WA，含有较多的 Cr、Ni 等元素，不但淬透性高，而且具有很好的韧性，特别是低温冲击韧性。它主要用于制造大截面、高载荷的重要耐磨件，如飞机、坦克中的曲轴及重要齿轮等。

　　常用渗碳钢的牌号、化学成分、热处理力学性能及应用举例见表 5-8。

表5-8 常用渗碳钢的牌号、化学成分、热处理、力学性能及应用举例

类别	牌号	化学成分 w_i（%）							热处理/℃				力学性能（不小于）					毛坯尺寸/mm	应用举例
		C	Mn	Si	Cr	Ni	V	其他	渗碳	预备处理	淬火	回火	R_m/MPa	R_{eL}/MPa	A_5（%）	Z（%）	A_{KV}/J		
低淬透性	15	0.12~0.18	0.35~0.65	0.17~0.37					930	880~900空	770~800水	200	500	300	15	55		<30	活塞销等
	20Mn2	0.17~0.24	1.40~1.80	0.17~0.37					930	850~870	850水，油	200	785	590	10	40	47	15	小齿轮、小轴、活塞销等
	20Cr	0.18~0.24	0.50~0.80	0.17~0.37	0.70~1.00				930	880水，油	780~820水，油	200	835	540	10	40	47	15	齿轮、小轴、活塞销等
	20MnV	0.17~0.24	1.30~1.60	0.17~0.37			0.07~0.12		930		880水，油	200	785	590	10	40	55	15	齿轮、小轴、活塞销等，也用作钢炉、高压容器钢管道等
中淬透性	20CrMn	0.17~0.23	0.90~1.20	0.17~0.37	0.90~1.20				930		850油	200	930	735	10	45	47	15	齿轮、轴、蜗杆、活塞销、摩擦轮
	20CrMnTi	0.17~0.23	0.80~1.10	0.17~0.37	1.00~1.30			Ti0.04~0.10	930	880油	870油	200	1080	850	10	45	55	15	汽车、拖拉机上的变速箱齿轮
	20MnTiB	0.17~0.24	1.30~1.60	0.17~0.37				Ti0.04~0.10 B0.0005~0.0035	930		860油	200	1130	930	10	45	55	15	代替20CrMnTi
高淬透性	18Cr2Ni4WA	0.13~0.19	0.30~0.60	0.17~0.37	1.35~1.65	4.00~4.5		W0.80~1.20	930	950空	850空	200	1180	835	10	45	78	15	大型渗碳齿轮和轴类件
	20Cr2Ni4	0.17~0.23	0.30~0.60	0.17~0.37	1.25~1.65	3.25~3.6			990	880油	780油	200	1180	1080	10	45	63	15	大型渗碳齿轮和轴类件

（5）热处理特点

1）预备热处理。一般采用正火处理。对高淬透性的渗碳钢，则采用空冷淬火＋高温回火，以获得回火索氏体组织，改善可加工性能。

2）最终热处理。一般采用渗碳后直接淬火或渗碳后二次淬火加低温回火的热处理。渗碳后的钢件，经淬火和低温回火后，表层获得了高碳回火马氏体加碳化物，硬度可达58～64HRC，具有高的耐磨性。而心部组织则视钢的淬透性高低及零件尺寸的大小而定，全部淬透时可得到低碳回火马氏体组织（40～48HRC），具有较高的强度和韧性。在多数未淬透的情况下，获得托氏体、少量低碳回火马氏体及少量铁素体的混合组织，硬度可达25～40HRC，有一定的强度和良好的塑性与韧性。

（6）典型零件加工工艺路线举例

零件名称：载货汽车变速器中间轴的三档齿轮。

材料：20CrMnTi 钢。

技术要求：要求渗碳层深度为 1.2～1.6mm，表面硬度为 56～62HRC。

工艺路线：下料→锻造→正火→车削加工→加工齿形→渗碳（930℃）→预冷淬火（830℃）→低温回火（200℃）→磨削加工→磨齿→成品。

3. 调质钢

（1）用途　调质钢通常是指经调质后使用的钢，主要用于制造汽车、拖拉机、机床和其他机器上的各种重要零件，如齿轮、轴类件、连杆、高强度螺栓等。它是机械结构用钢中的主体。

（2）性能要求　调质钢大多承受较复杂的工作载荷，要求具有高的综合力学性能。

（3）化学成分特点

1）中碳。碳的质量分数一般在 0.25%～0.50% 之间，以 0.40% 居多。碳含量过低，不易淬硬，回火后硬度不足；碳含量过高，则韧性不够。合金调质钢碳含量可偏低些。

2）在合金调质钢中，主加元素为 Cr、Mn、Ni 等，常用辅加元素有 Si、B、V 等。调质件的性能与钢的淬透性密切相关。

3）加入 Mo、W 等元素以消除回火脆性。

（4）常用调质钢　常用调质钢的牌号、化学成分、热处理、力学性能及应用举例见表5-9。

1）碳素调质钢。一般是中碳优质碳素结构钢，如 35、40、45 钢或 40Mn、50Mn 等，其中以 45 钢应用最广，适宜制造载荷较低、小而简单的调质零件。

2）合金调质钢。合金调质钢按淬透性分为三类。

① 低淬透性合金调质钢。油淬临界直径为 20～40mm，最典型的钢种是 40Cr，用于制造一般尺寸的重要零件。40MnB 和 4MnVB 是为节约 Cr 而发展的代用钢，淬透性和稳定性较差，切削加工性能也差一些。

② 中淬透性合金调质钢。油淬临界直径为 40～60mm，含有较多合金元素，典型牌号有35CrMo 等，用于制造截面较大、承受较高载荷的零件，如曲轴、连杆等。

③ 高淬透性合金调质钢。油淬临界直径为 60～100mm，主要用于制造大截面、重载荷的重要零件，如汽轮机主轴、叶轮、航空发动机曲轴等。常用的牌号为 40CrNiMoA 等。

（5）热处理特点

表 5-9 常用调质钢的牌号、化学成分、热处理、力学性能及应用举例

类别	牌号	化学成分 w_i（%）								热处理/℃			力学性能（不小于）					退火状态 HBW（不大于）	应用举例
		C	Mn	Si	Cr	Ni	Mo	V	其他	淬火/℃	回火/℃	毛坯尺寸/mm	R_m/MPa	R_{eL}/MPa	A_5（%）	Z（%）	A_{KV}/J		
低淬透性钢	45	0.42~0.50	0.50~0.80	0.17~0.37						830~840 水	580~640 空	<100	600	355	16	40	39	197	主轴、曲轴、齿轮、柱塞等
	40MnB	0.37~0.44	1.10~1.40	0.17~0.37					B0.0005~0.0035	850 油	500 水、油	25	980	785	10	45	47	207	主轴、曲轴、齿轮、柱塞等
	40MnVB	0.37~0.44	1.10~1.40	0.17~0.37				0.05~0.10	B0.0005~0.0035	850 油	520 水、油	25	980	785	10	45	47	207	可代替 40Cr 及部分代替 40CrNi 制造重要零件，也可代替 38CrSi 而制造重要销钉
	40Cr	0.37~0.44	0.50~0.80	0.17~0.37	0.80~1.10		0.07~0.12			850 油	520 水、油	25	980	785	9	45	47	207	制造重要调质件，如轴类件、连杆螺栓、进气阀和重要齿轮等
	38CrSi	0.35~0.43	0.30~0.60	1.00~1.30	1.30~1.60					900 油	600 水、油	25	980	835	12	50	55	255	制造载荷大的轴类件上的重要调质件
中淬透性钢	30CrMnSi	0.27~0.34	0.80~1.10	0.90~1.20	0.80~1.10					880 油	520 水、油	25	1080	885	10	45	39	229	高强度钢，制造高速载荷砂轮轴、车辆上内外摩擦片等
	35CrMo	0.32~0.40	0.40~0.70	0.17~0.37	0.80~1.10		0.15~0.25			850 油	550 水、油	25	980	835	12	45	63	229	制造重要调质件，如曲轴、连杆及代 40CrNi 制造大截面轴类件

（续）

类别	牌号	化学成分 w_i（%）								热处理/℃			力学性能（不小于）					退火状态 HBW（不大于）	应用举例
		C	Mn	Si	Cr	Ni	Mo	V	其他	淬火/℃	回火/℃	毛坯尺寸/mm	R_m/MPa	R_{eL}/MPa	A_5（%）	Z（%）	A_{KV}/J		
高淬透性钢	38CrMoAl	0.35~0.42	0.30~0.60	0.20~0.45	1.35~1.65		0.15~0.25		Al 0.70~1.10	940水，油	640水，油	30	980	835	14	50	71	229	制造渗氮零件，如高压阀门，缸套等
	37CrNi3	0.34~0.41	0.30~0.60	0.17~0.37	1.20~1.60	3.00~3.50				820油	500水，油	25	1130	980	10	50	47	269	制造大截面并要求高强度的零件
	40CrMnMo	0.37~0.45	0.90~1.20	0.17~0.37	0.90~1.20		0.20~0.30			850油	600水，油	25	980	785	10	45	63	217	相当于40CrNiMo的高级调质钢
	25Cr2Ni4WA	0.21~0.28	0.30~0.60	0.17~0.37	1.35~1.65	4.00~4.50			W0.80~1.20	850油	550水	25	1080	930	11	45	71	369	制造力学性能要求很高的大截面零件
	40CrNiMoA	0.37~0.44	0.50~0.80	0.17~0.37	0.60~0.90	1.25~1.65	0.15~0.25			850油	600水，油	25	980	835	12	55	78	269	制造高强度零件，如航空发动机轴，在<500℃工作的喷气发动机承载零件

1）预备热处理。在切削加工前进行的预备热处理同合金渗碳钢相似，常采用正火或高温回火。

2）最终热处理。一般采用淬火后进行 500～600℃的高温回火处理，以获得回火索氏体组织。

用调质钢所制造的零件在某些部位（如轴类零件的轴颈或花键部分）要求良好的耐磨性时，可再进行表面淬火处理。带有缺口的零件调质后，可在缺口附近采用喷丸或滚压强化，提高疲劳强度。

（6）典型零件加工工艺路线举例

零件名称：捷达轿车的半轴。

材料：40Cr。

技术要求：整体调质，硬度为 28～32HRC，表面感应淬火层为 4～6mm，硬度为 50～55HRC。

工艺路线：下料→锻造→退火→粗机加工→调质处理→半精机加工→表面淬火＋低温回火→精加工→成品。

近年来，世界各国正在积极研制非调质钢，以取代需要淬火、高温回火的调质钢。非调质钢的化学成分特点是在中碳碳素钢成分的基础上添加微量（质量分数在 0.2%以下）的钒、铌或钛元素，所以俗称微合金非调质钢。这类钢通过控制轧制或锻造工艺（主要是控制终轧或终锻温度），在空冷（或风冷）条件下就可使材料（或零件）获得较满意的综合力学性能，显著降低能耗和生产成本。我国近年研制的高强度高韧性的中碳非调质钢主要有 Nb 钢（$w_C = 0.42\%$，$w_{Mn} = 1.12\%$，$w_{Si} = 0.52\%$，$w_{Nb} = 0.13\%$，$w_{Ni} = 1.06\%$）和 V－Ti 钢（$w_C = 0.34\%$，$w_{Mn} = 1.15\%$，$w_{Si} = 0.68\%$，$w_{Cr} = 0.69\%$，$w_{Ti} = 0.18\%$，$w_V = 0.17\%$）。

4. 弹簧钢

（1）用途 弹簧钢是专用结构钢，主要制造各种弹簧和弹性元件。弹簧是机器和仪表中的重要零件，主要在冲击、振动和周期性扭转、弯曲等交变应力下工作。

（2）性能要求

1）高的弹性极限 σ_e，高的屈强比 R_{eL}/R_m。

2）高的疲劳极限 σ_{-1}。

3）足够的塑性和韧性。

此外，弹簧钢还应有较好的热处理和加工工艺性。

（3）化学成分特点

1）碳素弹簧钢中一般 $w_C = 0.6\%～0.9\%$；合金弹簧钢中一般 $w_C = 0.45\%～0.70\%$，过高则导致塑性、韧性降低，疲劳抗力也下降。

2）加入以 Si、Mn 为主的合金元素以提高淬透性，同时也提高屈强比。重要用途的弹簧钢，还必须加入 Cr、V、W 等元素。

此外，弹簧钢的净化对疲劳强度有很大的影响，所以弹簧钢均为优质钢或高级优质钢。

（4）常用弹簧钢 常用弹簧钢的牌号、化学成分、热处理、力学性能、及应用举例见表 5-10。

表 5-10　常用弹簧钢的牌号、化学成分、热处理、力学性能及应用举例

牌号	化学成分 w_i（%）					热处理		力学性能				应用举例
	C	Mn	Si	Cr	其他	淬火/℃	回火/℃	R_{eL}/MPa	R_m/MPa	$A_{11.3}$（%）	Z（%）	
65	0.62~0.70	0.50~0.80	0.17~0.37	≤0.25		840（油）	500	785	980	9	35	截面<15mm的小弹簧
70	0.62~0.75	0.50~0.80	0.17~0.37	≤0.25		830（油）	480	835	1030	8	30	
85	0.82~0.90	0.50~0.80	0.17~0.37	≤0.25		820（油）	480	980	1130	6	30	
65Mn	0.62~0.70	0.90~1.20	0.17~0.37	≤0.25		830（油）	540	785	980	8	30	截面≤25mm的弹簧，如车厢缓冲卷簧
55SiMnVB	0.52~0.60	1.00~1.30	0.70~1.30	≤0.35	V0.08~0.16 B0.0005~0.0035	860（油）	460	1225	1375	5	30	
60Si2Mn	0.56~0.64	0.70~1.00	1.50~2.00	≤0.35		870（油）	480	1180	1275	5	25	截面≤30mm的重要弹簧，如小型汽车、载货车板簧，扭杆簧，低于350℃的耐热弹簧
60Si2MnA	0.56~0.64	0.70~1.00	1.60~2.00	≤0.35		870（油）	440	1375	1570	5	20	
60Si2CrA	0.56~0.64	0.40~0.70	1.40~1.80	0.70~1.00		870（油）	420	1570	1765	A6	20	
60Si2CrVA	0.56~0.64	0.40~0.70	1.40~1.80	0.90~1.20	V0.10~0.20	850（油）	410	1665	1860	A6	20	
55SiCrA	0.51~0.59	0.50~0.80	1.20~1.60	0.50~0.80		860（油）	450	1300（$R_{p0.2}$）	1450~1750	A6	25	
55CrMnA	0.52~0.60	0.65~0.95	0.17~0.37	0.65~0.95		830~860（油）	460~510	1080（$R_{p0.2}$）	1225	A9	20	
60CrMnA	0.56~0.64	0.70~1.00	0.17~0.37	0.70~1.00		830~860（油）	460~520	1080（$R_{p0.2}$）	1225	A9	20	
50CrVA	0.46~0.54	0.50~0.80	0.17~0.37	0.80~1.10	V0.10~0.20	850（油）	500	1130	1275	A10	40	
60CrMnBA	0.56~0.64	0.70~1.00	0.17~0.37	0.70~1.00	B0.0005~0.0040	830~860（油）	460~520	1080（$R_{p0.2}$）	1225	A9	20	
30W4Cr2VA	0.26~0.34	≤0.40	0.17~0.37	2.00~2.50	V0.50~0.80 W4.00~4.50	1050~1100（油）	600	1325	1470	A7	40	500℃以下耐热弹簧，锅炉安全阀簧，汽车机簧，汽车厚载面板簧

1）碳素弹簧钢。其中以 65Mn 在热成形弹簧中应用最广。这类钢能承受静载荷及有限次数的循环载荷，适宜制造直径较小的不太重要的弹簧。

2）合金弹簧钢。

① 以 Si、Mn 元素合金化的弹簧钢，如 60Si2Mn 等。这类钢可制造截面尺寸较大的板簧和螺旋弹簧。

② 含 Cr、V、W 等元素的弹簧钢，其代表性的钢种是 50CrVA。这类钢可制造承受重载、较大型的耐热弹簧。

（5）热处理特点 弹簧按加工和热处理分为两类。

1）热成形弹簧。用热轧钢丝或钢板成形，然后淬火和中温回火。一般是较大型的弹簧。

2）冷成形弹簧。小尺寸弹簧一般用冷拔弹簧钢丝（片）卷成。有三种制造方法。

① 在熔铅中等温淬火后的铅淬钢丝具有适于冷拔的索氏体组织。经冷拔后弹簧钢得到很大程度的强化，绕制成形后，只需进行去应力回火。

② 油淬和中温回火强化后冷绕成弹簧，并进行去应力回火。这类弹簧钢的抗拉强度不及上一种，但它的性能比较均匀。

③ 冷拔钢丝退火后，冷绕成弹簧，再进行淬火和回火强化处理。此种弹簧应用较少。

（6）典型零件加工工艺路线举例

零件名称：载货汽车板簧。

材料：60Si2CrVA。

技术要求：要求经淬火回火后硬度为 415～495HBW。

工艺路线：扁钢下料→加热压弯成形→淬火（油）→中温回火→喷丸→成品。

5. 滚动轴承钢

（1）用途 滚动轴承钢主要用来制造滚动轴承的滚动体、内外套圈等，属专用结构钢。它也可用于制造精密量具、冲模、机床丝杠等耐磨件。

（2）性能要求 轴承元件的工况复杂而苛刻，因此对轴承钢的性能要求很严，主要有三方面。

1）高的接触疲劳强度。

2）高的硬度和耐磨性。

3）足够的韧性和淬透性。

此外，还要求在大气和润滑介质中有一定抗腐蚀能力和良好的尺寸稳定性。

（3）化学成分特点

1）高碳。碳的质量分数一般为 0.95%～1.15%。

2）铬为基本合金元素，铬的适宜含量为 $w_{Cr} = 0.4\%～1.65\%$，过高会增大淬火时的残留奥氏体量和碳化物分布不均匀性，使钢的硬度和疲劳强度反而降低。

3）加入硅、锰、钒等，进一步提高淬透性，便于制造大型轴承。

4）纯度要求极高，规定 $w_S < 0.02\%$，$w_P < 0.027\%$。非金属夹杂对轴承钢的性能尤其是接触疲劳性能影响很大。

（4）热处理特点

1）球化退火。目的不仅是利于切削加工，更重要的是获得细的球状珠光体和均匀分布的细粒状碳化物，为零件的最终热处理作组织准备。

2）淬火和低温回火。淬火、低温回火后的组织应为极细的回火马氏体、细小而均匀分布的碳化物及少量残留奥氏体，硬度为 61~65HRC。

精密轴承必须保证尺寸稳定性，可在淬火后进行冷处理（−60~−80℃），然后再进行低温回火，并在磨削加工后，再予以稳定化时效处理。

（5）常用钢种　表 5-11 中列举了高碳铬轴承钢的牌号、化学成分，退火硬度和应用举例。

表 5-11　高碳铬轴承钢的牌号、化学成分、退火硬度和应用举例

牌号	化学成分 w_i（%）									退火硬度 HBW	应用举例
	C	Si	Mn	Cr	Mo	P	S	Ni	Cu		
						不大于					
GCr4	0.95~1.05	0.15~0.30	0.15~0.30	0.35~0.50	≤0.08	0.025	0.020	0.25	0.20	179~207	直径<10mm 的滚珠、滚柱和滚针
GCr15	0.95~1.05	0.15~0.35	0.25~0.45	1.40~1.65	≤0.10	0.025	0.025	0.30	0.25	179~207	壁厚≤12mm、外径≤250mm 的轴承套，模具、精密量具及耐磨件
GCr15SiMn	0.95~1.05	0.45~0.75	0.95~1.25	1.40~1.65	≤0.10	0.025	0.025	0.30	0.25	179~217	大尺寸轴承套、模具、量具、丝锥及耐磨件
GCr15SiMo	0.95~1.05	0.65~0.85	0.20~0.40	1.40~1.70	0.30~0.40	0.027	0.020	0.30	0.25	179~217	大尺寸轴承套、滚动体，模具、精密量具及高硬度耐磨件
GCr18Mo	0.95~1.05	0.20~0.40	0.25~0.40	1.65~1.95	0.15~0.25	0.025	0.020	0.25	0.25	179~207	与 GCr15 钢同

1）铬轴承钢。最有代表性的是 GCr15，多用于制造中、小型轴承，也常用来制造冲模、量具、丝锥等。

2）添加 Mn、Si、Mo、V 的轴承钢，如 GCr15SiMn 等，用于制造大型轴承。为了节铬，加入 Mo、V 可得到无铬轴承钢，如 GSiMnMoV 等，与含铬轴承钢相比，它们具有较好的淬透性、物理性能和锻造性能，但易脱碳，且抗腐蚀性能较差。

对于承受很大冲击载荷的轴承，常用渗碳轴承钢制造，如 G20Cr2Ni4 等。对于要求耐蚀的不锈轴承，常采用 9Cr18，但其磨削性和热导性差。

5.3 工具钢

工具钢是指制造各种刃具、模具、量具和其他耐磨工具的钢，按化学成分可分为碳素工具钢、合金工具钢和高速钢；按用途可分为刃具钢、模具钢、耐冲击工具钢、量具钢等。但实际应用界限并非绝对，因此需要了解各种钢的特点，以便根据具体条件选用。

5.3.1 刃具钢

1. 用途

主要用于制造车刀、铣刀、钻头等金属切削刀具，也用于制造一些手动工具、木工工具等。

2. 性能要求

刃具切削时受切削力及切削热作用，还要承受一定的冲击和振动。刃具钢有如下基本性能要求。

1）高强度（特别是抗弯、抗压）。

2）高硬度、高耐磨性。

3）高热硬性（钢在高温下保持高硬度的能力称为热硬性）。

4）足够的塑性和韧性。

3. 化学成分特点

1）碳素刃具钢均为高碳钢。

2）合金刃具钢中碳的质量分数一般为 0.9% ~ 1.1%，并加入 Cr、Mn、Si、W、V 等合金元素。这类钢的最高工作温度不超过 300℃。

3）高速钢。①高碳：碳的质量分数在 0.7% 以上，最高可达 1.5% 左右；②加入质量分数约 4% 的 Cr，经验表明，此时钢具有最好的可加工性能；③加入 W、Mo 保证高的热硬性；④加入 V 提高耐磨性。

4. 热处理特点

碳素刃具钢和合金刃具钢的主要热处理是：退火、机加工后淬火和低温回火。

高速钢的加工、热处理复杂得多，其要点如下。

高速钢铸态组织中含有大量呈鱼骨状分布的粗大共晶碳化物而大大降低钢的性能。这些碳化物不能用热处理来消除，因此高速钢的锻造具有成形和改善碳化物形态和分布的双重作用。

锻造后进行球化退火，便于机加工，并为淬火作好组织准备。球化退火后的组织为索氏体基体和均匀分布的细小粒状碳化物。

高速钢的导热性很差，淬火温度又很高，所以淬火加热时必须进行预热。高速钢淬火后的组织为马氏体、剩余合金碳化物和大量残留奥氏体。

高速钢通常在二次硬化峰值温度或稍高一些的温度（550 ~ 570℃）下回火三次。W18Cr4V 钢淬火后约有 30% 的残留奥氏体，经一次回火后约剩 15% ~ 18%，二次回火后降到 3% ~ 5%，第三次回火后仅剩 1% ~ 2%。

高速钢回火后的组织为回火马氏体、碳化物及少量残留奥氏体，正常回火后硬度一般为

63～66HRC。

近年来，高速钢的等温淬火也广泛应用于形状复杂的大型刀具和冲击韧度要求高的刃具。

为改善刃具的切削效率和提高寿命，生产上经常采用表面强化处理。表面强化处理主要有化学热处理和表面涂层处理两大类。前者包括蒸汽处理、气体氮碳共渗、离子渗氮、多元共渗等；后者处理方法很多，发展也很快，如表面气相沉积、激光重熔等，主要是在金属表面形成耐磨的碳化钛、氮化钛等覆层。

5. 常用钢种

（1）碳素刃具钢　碳素刃具钢的牌号、化学成分、力学性能及应用举例见表5-12。

（2）合金刃具钢　常用合金刃具钢的牌号、化学成分、热处理、力学性能及应用举例见表5-13。

典型钢种是9SiCr，广泛用于制造各种低速切削的刃具如板牙、丝锥等，也常用来制造冲模。8MnSi 符合我国资源，由于其中不含 Cr 而价格较低，其淬透性、韧性和耐磨性均优于碳素刃具钢。

表 5-12　碳素刃具钢的牌号、化学成分、力学性能及应用举例

牌　号	化学成分 w_i（%）			退火状态 HBW 不大于	试样淬火[1]HRC 不小于	应用举例
	C	Si	Mn			
T7 T7A	0.65～0.74	≤0.35	≤0.40	187	800～820℃水 62	承受冲击，韧性较好、硬度适当的工具，如扁铲、手钳、大锤、旋具、木工工具
T8 T8A	0.75～0.84	≤0.35	≤0.40	187	780～800℃水 62	承受冲击，要求较高硬度的工具，如冲头、压缩空气工具、木工工具
T8Mn T8MnA	0.80～0.90	≤0.35	0.40～0.60	187	780～800℃水 62	同上，但淬透性较大，可制断面较大的工具
T9 T9A	0.85～0.94	≤0.35	≤0.40	192	760～780℃水 62	韧性中等、硬度高的工具，如冲头、木工工具、凿岩工具
T10 T10A	0.95～1.04	≤0.35	≤0.40	197	760～780℃水 62	不受剧烈冲击，高硬度耐磨的工具，如车刀、刨刀、冲头、丝锥、钻头、手锯条
T11 T11A	1.05～1.44	≤0.35	≤0.40	207	760～780℃水 62	不受剧烈冲击，高硬度耐磨的工具，如车刀、刨刀、冲头、丝锥、钻头、手锯条
T12 T12A	1.15～1.24	≤0.35	≤0.40	207	760～780℃水 62	不受冲击，要求高硬度高耐磨的工具，如锉刀、刮刀、精车刀、丝锥、量具
T13 T13A	1.25～1.35	≤0.35	≤0.40	217	760～780℃水 62	同上，要求更耐磨的工具，如刮刀、剃刀

[1] 淬火后硬度不是指应用举例中各种工具的硬度，而是指碳素刃具钢材料在淬火后的最低硬度。

表 5-13 常用合金刃具钢的牌号、化学成分、热处理、力学性能及应用举例

牌 号	化学成分 w_i（%）					试样淬火		交货状态硬度 HBW	应用举例
	C	Si	Mn	Cr	其他	淬火温度/℃，冷却剂	硬度 HRC		
9SiCr	0.85 ~ 0.95	1.20 ~ 1.60	0.30 ~ 0.60	0.95 ~ 1.25		820 ~ 860 油	≥62	241 ~ 197	丝锥、板牙、钻头、铰刀、齿轮铣刀、小型拉刀、冲模等
8MnSi	0.75 ~ 0.85	0.30 ~ 0.60	0.80 ~ 1.10			800 ~ 820 油	≥60	≤229	錾子、锯条或其他工具
Cr06	1.30 ~ 1.45	≤0.40	≤0.40	0.50 ~ 0.70		780 ~ 810 水	≥64	241 ~ 187	锉刀、刮刀、刻刀、刀片、剃刀、外科医疗刀具
Cr2	0.95 ~ 1.10	≤0.40	≤0.40	1.30 ~ 1.65		830 ~ 860 油	≥62	229 ~ 179	车刀、插刀、铰刀、冷轧辊等
9Cr2	0.80 ~ 0.95	≤0.40	≤0.40	1.30 ~ 1.70		820 ~ 850 油	≥62	217 ~ 179	铰刀、车刀、冷轧辊、冲模、冲头等
W	1.05 ~ 1.25	≤0.40	≤0.40	0.10 ~ 0.30	W0.80 ~ 1.20	800 ~ 830 水	≥62	229 ~ 187	低速切削硬金属刃具，如麻花钻、车刀等

3）高速钢 表 5-14 列出了我国常用高速钢的牌号、化学成分、热处理、力学性能及应用举例。钨系 W18Cr4V 是开发最早、应用最广泛的高速工具钢。它具有较高的热硬性，过热和脱碳倾向小，但碳化物较粗大，韧性较差。钨钼系 W6Mo5Cr4V2 用钼代替了部分钨。钼的碳化物细小，故它的韧性较好，耐磨性也较好，但热硬性稍差，过热与脱碳倾向较大。

近年来我国研制的含钴、铝等的高速工具钢已用于生产，其淬火回火后硬度可达 60 ~ 70 HRC，热硬性高，但脆性大，易脱碳，不适宜制造薄刃刀具。

6. 典型零件加工工艺路线举例

1）零件名称：圆板牙。

材料：9SiCr。

技术要求：硬度为 60 ~ 63HRC，螺纹中径控制在要求范围之内。

工艺路线：下料→锻造→球化退火→机械加工→淬火→低温回火→磨平面→开槽→开口→成品。

表5-14 常用高速钢的牌号、化学成分、热处理、力学性能及应用举例

牌号	化学成分 w_i（%）								热处理及淬回火硬度					应用举例
	C	Mn	Si	Cr	V	W	Mo	Co	淬火温度/℃		淬火冷却介质	回火温度/℃	硬度 HRC	
									盐浴炉	箱式炉				
W3Mo3Cr4V2	0.95~1.03	≤0.40	≤0.45	3.80~4.50	2.20~2.50	2.70~3.00	2.50~2.90		1180~1200	1180~1200	油或盐浴	540~560	≥63	机用锯条、钻头、铣刀、拉刀、刨刀
W4Mo3Cr4VSi	0.83~0.93	0.20~0.40	0.70~1.00	3.80~4.40	1.20~1.80	3.50~4.50	2.50~3.50		1170~1190	1170~1190		540~560	≥63	钻头、铣刀
W18Cr4V	0.73~0.83	0.10~0.40	0.20~0.40	3.80~4.50	1.00~1.20	17.20~18.70	—		1250~1270	1260~1280		550~570	≥63	高速车刀、钻头、铣刀
W2Mo8Cr4V	0.77~0.87	≤0.40	≤0.70	3.50~4.50	1.00~1.40	1.40~2.00	8.00~9.00		1180~1200	1180~1200		550~570	≥63	丝锥、铰刀、铣刀、拉刀、锯片
W6Mo5Cr4V2	0.80~0.90	0.15~0.40	0.20~0.45	3.80~4.40	1.75~2.20	5.50~6.75	4.50~5.50		1200~1220	1210~1230		540~560	≥64	冲击较大刀具、插齿刀、钻头
W9Mo3Cr4V	0.77~0.87	0.20~0.40	0.20~0.40	3.80~4.40	1.30~1.70	8.50~9.50	2.70~3.30		1200~1220	1220~1240		540~560	≥64	切削刀具、冷、热模具
CW6Mo5Cr4V3	1.25~1.32	0.15~0.40	≤0.70	3.75~4.50	2.70~3.20	5.90~6.70	4.70~5.20		1180~1200	1190~1210		540~560	≥64	拉刀、滚刀、螺纹梳刀、车刀、刨刀、丝锥
W12Cr4V5Co5	1.50~1.60	0.15~0.40	0.15~0.40	3.75~5.00	4.50~5.25	11.75~13.00	—	4.75~5.25	1220~1240	1230~1250		540~560	≥65	铣刀、刨刀、钻头、丝锥
W6Mo5Cr4V2Co5	0.87~0.95	0.15~0.40	0.20~0.45	3.80~4.50	1.70~2.10	5.90~6.70	4.70~5.20	4.50~5.00	1190~1210	1200~1220		540~560	≥64	高温振动刀具、插齿刀、铣刀
W2Mo9Cr4VCo8	1.05~1.15	0.15~0.40	0.15~0.65	3.50~4.25	0.95~1.35	1.15~1.85	9.00~10.00	7.75~8.75	1170~1190	1180~1200		540~560	≥66	高精度复杂铣刀、成形铣刀、精密拉刀

2）零件名称：高速切削刀具（如铣刀）。

材料：W18Cr4V。

工艺路线：下料→锻造→等温球化退火→加工成形→淬火→560℃三次回火→磨削→表面强化处理→成品。

5.3.2 模具钢

模具钢一般可分为冷作模具钢和热作模具钢两大类。

1. 冷作模具钢

（1）用途　冷作模具钢主要用于制造各种冲模、冷镦模、冷挤压模和拉丝模等，工作温度不超过 200~300℃。

（2）性能要求　冷作模具工作时承受很大压力、弯曲力、冲击载荷和摩擦。主要损坏形式是磨损，也常出现崩刃、断裂和变形等失效现象。因此冷作模具钢应具有以下基本性能：①高硬度；②高耐磨性；③足够的韧性与疲劳抗力；④热处理变形小。

（3）化学成分特点

1）高碳。碳的质量分数多在 1.0% 以上，有时高达 2.0% 以上。

2）加入 Cr、Mo、W、V 等合金元素，强化基体，形成碳化物，可提高硬度和耐磨性等。

（4）热处理特点　冷作模具钢的热处理特点与低合金刃具钢类似。

（5）常用钢种　常用冷作模具钢的牌号、热处理、力学性能及应用举例见表 5-15。

表 5-15　常用冷作模具钢的牌号、热处理、力学性能及应用举例

牌　号	交货状态硬度 HBW	试样淬火			应用举例
		温度/℃	冷却介质	硬度 HRC	
9Mn2V	≤229	780~810	油	≥62	滚丝模、冲模、冷压模、塑料模、丝锥
CrWMn	207~255	800~830	油	≥62	冲模、塑料模、拉刀、量规、丝杠
Cr12	217~269	950~1000	油	≥60	冲模、拉延模、压印模、滚丝模
Cr12MoV	207~255	950~1000	油	≥58	冲模、压印模、冷镦模、冷挤压摸、拉延模
Cr4W2MoV	≤269	960~980	油	≥60	可代替 Cr12MoV 钢
		1020~1040	油	≥60	
6W6Mo5Cr4V	≤269	1180~1200	油	≥60	冷挤压模（钢件、硬铝件）

2. 热作模具钢

（1）用途　热作模具钢用于制造各种热锻模、热挤压模和压铸模等，工作时型腔表面温度可达 600℃以上。

（2）性能要求　热作模具钢工作中承受很大的冲击载荷、强烈的塑性摩擦、剧烈的冷热循环所引起的不均匀热应变和热应力，并伴有高温氧化，常出现崩裂、塌陷、磨损、龟裂等失效现象。因此热作模具钢的主要性能要求是：①高的热硬性和高温耐磨性；②高的抗氧化能力；③高的热强性和足够高的韧性，尤其是受冲击较大的热锻模钢；④高的热疲劳抗力，以防止龟裂破坏。此外，由于热作模具一般较大，还要求有较高的淬透性和导热性。

（3）化学成分特点

1）中碳。碳的质量分数一般为 0.3%~0.6%。

2）加入 Cr、Ni、Mn 等元素，提高钢的淬透性、强度等性能。

3）加入 W、Mo、V 等元素，防止回火脆性，提高热稳定性及热硬性。

4）适当提高 Cr、Mo、W 在钢中的含量，可提高钢的抗热疲劳性。

（4）热处理特点　热作模具钢的最终热处理一般为淬火后高温（或中温）回火，以获得均匀的回火索氏体组织，硬度在 40HRC 左右，并具有较高的韧性。

（5）常用钢种　热锻模钢对韧性要求较高而热硬性要求不太高，典型钢种有 5CrMnMo 等。热压模钢受的冲击载荷较小，但对热强度要求较高，常用钢种有 3Cr2W8V 等。目前国内许多厂家用 H13（4Cr5MoSiV1）代替 3Cr2W8V 制造热作模具，效果良好。

常用热作模具钢的牌号、热处理、力学性能及应用举例见表 5-16。

表 5-16　常用热作模具钢的牌号、热处理、力学性能及应用举例

牌　号	交货状态硬度 HBW	试样淬火		应用举例
		温度/℃	冷却介质	
5CrMnMo	197～241	820～850	油	中型热锻模（模高 275～400mm）、热切边模
5CrNiMo	197～241	830～860	油	形状复杂、冲击载荷大的中、大型热锻模（模高 >400mm）
4Cr5MoSiV1	≤235	1000（盐浴）1010（炉控气氛）	空气	热锻模、压铸模、热压模、精锻模
3Cr3Mo3W2V	≤255	1060～1130	油	热锻模、精锻模、热压模
5Cr4W5Mo2V	≤269	1100～1150	油	热锻模、精锻模、热压模

5.3.3　量具钢

1. 用途

量具钢用于制造各种测量工具，如卡尺、千分尺、量块和塞规等。

2. 性能要求

量具在使用过程中主要受磨损，因此对量具钢的要求如下。

1）高的硬度（不小于 56HRC）和耐磨性。

2）高的尺寸稳定性。

3. 化学成分特点

量具钢的成分与低合金刃具钢相似，为高碳（$w_C = 0.9\% \sim 1.5\%$）并且常加入 Cr、W、Mn 等。

4. 热处理特点

量具钢的热处理关键在于保证量具的尺寸稳定性，因此，常采用下列措施。

1）尽量降低淬火温度，以减少残留奥氏体量。

2）淬火后立即进行 $-70 \sim -80$℃的冷处理，使残留奥氏体尽可能地转变为马氏体，然后进行低温回火。

3）精度要求高的量具，在淬火、冷处理和低温回火后尚需进行时效处理。

5. 常用钢种

量具钢没有专用钢。尺寸小、形状简单、精度较低的量具，用高碳钢制造；复杂的较精密的量具一般用低合金刃具钢制造；CrWMn 的淬透性较高，淬火变形很小，可用于制造精

度要求高且形状复杂的量规及量块；GCr15 耐磨性、尺寸稳定性较好，多用于制造高精度量块、螺旋塞头、千分尺。在腐蚀介质中工作的量具，则可用不锈钢 95Cr18（9Cr18）、40Cr13（4Cr13）制造。

5.4 特殊性能钢

5.4.1 不锈钢

不锈钢是指在大气、水、酸、碱和盐溶液或其他腐蚀性介质中具有高化学稳定性的合金钢的总称。在酸、碱、盐等浸蚀性较强的介质中能抵抗腐蚀作用的钢，又进一步称为耐蚀钢，或称耐酸钢。在空气中不易生锈的钢，不一定耐酸、耐蚀，而耐酸、耐蚀的钢一般都具有良好的抗大气腐蚀性能。金属防腐是个世界性的课题，从这个意义上说，不锈钢将是最具有发展潜力的钢种之一。

1. 金属腐蚀的概念

腐蚀是由外部介质引起金属破坏的过程。腐蚀分两类：一类是金属与介质发生化学反应而破坏的化学腐蚀，如钢的高温氧化、脱碳等；另一类是金属与介质发生电化学过程而破坏的电化学腐蚀，如大气腐蚀、在各种电解液中的腐蚀等。对于钢铁材料，最重要的是电化学腐蚀。

2. 用途

不锈钢主要用来制造在各种腐蚀介质中工作的零件或构件，如化工装置中的各种管道、阀门和泵，医疗手术器械，防锈刃具和量具等。

3. 性能要求

对不锈钢的性能要求最主要的是耐蚀性。此外，制作工具的不锈钢，还要求高硬度、高耐磨性；制作重要结构零件时要求有高强度。

4. 化学成分特点

（1）一般碳含量低 耐蚀性要求越高，碳含量应越低，大多数不锈钢的 $w_C = 0.1\% \sim 0.2\%$，但用于制造刃具和滚动轴承等的不锈钢，碳含量应较高（w_C 可达 0.85% ～ 0.95%）。此时必须相应地提高铬含量。

（2）铬是最主要的合金元素 铬能提高基体的电极电位。基体中铬含量超过 12.7%（质量分数）时，可使钢呈单一的铁素体组织。铬在氧化性介质（如大气、海水、氧化性酸等）中极易氧化，生成致密的氧化膜，使钢的耐蚀性大大提高。

（3）加入钼、铜等 铬在非氧化性酸（如盐酸、稀硫酸等）中的钝化能力差，加入钼、铜等元素后可提高钢在非氧化性酸中的耐蚀能力。

（4）加入钛、铌等 它们能优先同碳形成稳定的碳化物，使铬保留在基体中，从而减轻钢的晶间腐蚀倾向。

（5）加入镍、锰、氮等 它们可使钢形成奥氏体组织，并能提高铬不锈钢在有机酸中的耐蚀性。

5. 常用不锈钢

不锈钢按正火状态的组织可分为马氏体型不锈钢、铁素体型不锈钢、奥氏体型不锈钢和双相不锈钢。常用不锈钢的牌号、化学成分、热处理、力学性能及应用举例见表 5-17。

表5-17 常用不锈钢的牌号、化学成分、热处理、力学性能及应用举例

类别	牌号	化学成分 w_i（%） C	Cr	Ni	其他	热处理	力学性能（≥） $R_{p0.2}$/MPa	R_m/MPa	A（%）	Z（%）	硬度 HBW, HRC	应用举例
马氏体型	12Cr13（1Cr13）	0.15	11.5~13.5			950~1000℃油冷 700~750℃回火	345	540	25	55	≤159	用于韧性要求较高且受冲击载荷的刀具、叶片、紧固件等
	20Cr13（2Cr13）	0.16~0.25	12~14			920~980℃油冷 600~750℃回火	440	640	20	50	≤192	用于承受高负载的零件，如汽轮机叶片、热油泵叶轮
	30Cr13（3Cr13）	0.26~0.35	12~14			920~980℃油冷 600~750℃回火	540	735	12	40	≤217	300℃以下工作的刀具、弹簧，400℃以下工作的轴等
	40Cr13（4Cr13）	0.36~0.45	12~14			1050~1100℃油淬 200~300℃回火					≤50HRC	用于外科医疗用具，弹簧等
	95Cr18（9Cr18）	0.90~1.00	17~19			1000~1050℃油淬 200~300℃回火					≤55HRC	用于耐腐蚀耐磨件，如轴、弹簧、紧固件等
铁素体型	10Cr17Mo（1Cr17Mo）	0.12	16~18		Mo 0.75~1.25	退火 780~850℃	205	450	22	60	≤183	主要用作汽车轮毂、紧固件及汽车外装饰材料
奥氏体型	06Cr19Ni10（0Cr18Ni9）	0.08	18~20	8~11		1010~1150℃水淬（固溶处理）	205	520	40	60	≤187	制造深冲成型部件、输酸管道
	12Cr18Ni9（1Cr18Ni9）	0.15	17~19	8~10		1010~1150℃水淬（固溶处理）	205	520	40	60	≤187	建筑用装饰部件
	06Cr18Ni11Ti（0Cr18Ni10Ti）	0.08	17~19	8~11	$Ti5w_C~0.07$	920~1150℃水淬（固溶处理）	205	520	40	50	≤187	耐晶间腐蚀性能优越，制造耐酸容器、抗磁仪表、医疗器械
奥氏体-铁素体型	12Cr21Ni5Ti（1Cr21Ni5Ti）	0.09~0.14	20~22	4.8~5.8	$Ti5×(w_C-0.02)~0.8$	950~1100℃水或空淬						硝酸及硝铵工业设备及管道，尿素液蒸发部分设备及管道
	022Cr22Ni5Mo3N	0.03	21~23	4.5~6.5	Mo 2.5~3.5 N 0.08~0.20	1100~1150℃水淬	450	620	20	60	≤260	用于石化领域，制造热交换器等

（1）马氏体型不锈钢 典型钢种有 12Cr13（1Cr13）等，因只用铬进行合金化，故只在氧化性介质中耐蚀。

（2）铁素体型不锈钢 典型钢种是 10Cr17（1Cr17），为单相铁素体组织，耐蚀性比 Cr13 型钢更好。主要用作耐蚀性要求很高而强度要求不高的构件。

（3）奥氏体型不锈钢 典型钢种是 12Cr18Ni9（1Cr18Ni9）。这类不锈钢碳的质量分数大多在 0.1% 左右。碳含量越低，耐蚀性越好，但熔炼更困难，价格也越贵。这类钢强度、硬度很低，无磁性。另外，具有很强的形变强化能力。

（4）奥氏体 – 铁素体双相不锈钢 典型钢种是 12Cr21Ni5Ti（1Cr21Ni5Ti）。这类钢是在 18 – 8 型钢的基础上提高铬含量或加入其他铁素体形成元素而形成的，具有奥氏体加铁素体双相组织。双相钢兼有奥氏体和铁素体钢的优点，即奥氏体的存在降低了高铬铁素体钢的脆性，提高了焊接性及韧性，降低了晶粒长大的倾向；而铁素体的存在又提高了奥氏体钢的屈服强度、抗晶间腐蚀能力和抗应力腐蚀能力等。所以，双相不锈钢很有发展前途。

5.4.2 耐热钢

耐热钢是指在高温下具有热化学稳定性和热强性的特殊钢。热化学稳定性为钢在高温下对各类介质化学腐蚀的抗力；热强性为钢在高温下的强度性能。

1. 用途

耐热钢主要用于石油化工的高温反应设备和加热炉、火力发电设备的汽轮机和锅炉、汽车和船舶的内燃机、飞机的喷气发动机以及热交换器等设备。

2. 性能要求

对这类钢的主要要求是优良的高温抗氧化性能和高温强度。此外，还应有适当的物理性能，如热膨胀系数小和良好的导热性，以及较好的加工工艺性能等。

3. 化学成分特点

1）为了提高钢的抗氧化性，加入合金元素 Cr、Si 和 Al，在钢的表面形成完整稳定的氧化物保护膜。但 Si 和 Al 含量较多时钢材变脆，所以一般都以加 Cr 为主。

2）加入 Ti、Nb、V、W、Mo、Ni 等合金元素来提高热强性。

4. 常用钢种及其热处理特点

（1）热化学稳定钢 常用钢种有 26Cr18Mn12Si2N（3Cr18Mn12Si2N）等。它们的抗氧化性能很好，最高工作温度可达 1000℃，多用于制造加热炉的受热构件、锅炉中的吊钩等。它们常以铸件的形式使用，主要热处理是固溶处理，以获得均匀的奥氏体组织。

（2）热强钢

1）马氏体型耐热钢。常用钢种为 Cr13 型，有 12Cr13（1Cr13）和 20Cr13（2Cr13）。它们多用于制造 600℃ 以下受力较大的零件，如汽轮机叶片等。它们大多在调质状态下使用。

2）奥氏体型耐热钢。最常用的钢种是 06Cr18Ni11Ti（0Cr18Ni10Ti）。它和 Cr13 型一样，既是不锈钢，又可作耐热钢使用，工作温度可达 750～800℃。它常用于制作一些比较重要的零件，如燃气轮轮盘和叶片等。

3）铁素体型耐热钢。常用钢种有 10Cr17（1Cr17）等，经退火后可制作 900℃ 以下工作的耐氧化部件、散热器等。

5.4.3 耐磨钢

1. 用途

耐磨钢主要用于运转过程中承受严重磨损和强烈冲击的零件，如车辆履带板、挖掘机铲斗、破碎机颚板和铁轨分道叉、防弹板等。

2. 性能要求

对耐磨钢的主要要求是很高的耐磨性和韧性。奥氏体锰钢能很好地满足这些要求，它是目前应用较广泛的耐磨钢。

3. 化学成分特点

（1）高碳 一般 $w_C = 1.0\% \sim 1.3\%$，过高时韧性下降，且易在高温下析出碳化物。

（2）高锰 目的是与碳配合，保证完全获得奥氏体组织，提高钢的加工硬化率，一般 $w_{Mn} = 11\% \sim 14\%$。

（3）一定量硅 改善钢的流动性，起固溶强化作用，并提高钢的形变强化能力，一般 $w_{Si} = 0.3\% \sim 0.8\%$。

4. 热处理特点

奥氏体锰钢室温为奥氏体组织，加热冷却并无相变，其处理工艺一般都采用水韧处理，即将钢加热至 1000～1100℃，保温一段时间，使碳化物全部溶解，然后迅速水淬，在室温下获得均匀单一的奥氏体组织。此时钢的硬度很低而韧性很高，当在工作中受到强烈冲击或强大压力而变形时，表面层产生强烈的形变硬化，并且还发生马氏体转变，使硬度显著提高，心部则仍保持为原来的高韧性状态。

应当指出，在工作中受力不大的情况下，奥氏体锰钢的高耐磨性是发挥不出来的。

5. 常用钢种

常用耐磨钢的牌号、化学成分、热处理及力学性能见表5-18。

表5-18 常用耐磨钢的牌号、化学成分、热处理及力学性能

牌　　号	化学成分 w_i（%）			热处理		力学性能			
	C	Si	Mn	淬火/℃	冷却介质	R_m/MPa	A（%）	A_{KU2}/J	HBW
						≥			≤
ZG120Mn7Mo1	1.05～1.35	0.3～0.9	6～8	1040～1100	水				300
ZG110Mn13Mo1	0.75～1.35	0.3～0.9	11～14	1040～1100	水				300
ZG100Mn13	0.90～1.05	0.3～0.9	11～14	1040～1100	水				300
ZG120Mn13	1.05～1.35	0.3～0.9	11～14	1040～1100	水	685	25	118	300
ZG120Mn13Cr2	1.05～1.35	0.3～0.9	11～14			735	20		300
ZG120Mn13W1	1.05～1.35	0.3～0.9	11～14						300
ZG120Mn13Ni3	1.05～1.35	0.3～0.9	11～14						300
ZC90Mn14Mo1	0.70～1.00	0.3～0.9	13～15						300
ZG120Mn17	1.05～1.35	0.3～0.9	16～19						300
ZG120Mn17Cr2	1.05～1.35	0.3～0.9	16～19						300

5.5 铸铁

铸铁通常是指 Fe - C - Si 三元合金（通常 w_C =2% ~4%），其铸造性能优良，生产成本低、用途广。在一般机械中铸铁件约占机器总质量的 40% ~70%，在机床和重型机械中甚至高达 80% ~90%。近年来铸铁组织进一步改善，热处理对基体的强化作用也更明显，铸铁日益成为一种物美价廉、应用更加广泛的结构材料。

5.5.1 铸铁的石墨化及影响因素

影响铸铁组织和性能的关键是碳在铸铁中存在的形式、形态、大小和分布。对铸铁的研发，主要是围绕如何改变石墨的数量、大小、形状和分布这一中心问题进行的。

1. 铸铁中碳的存在形式

铸铁中碳的存在形式有以下两种。

（1）化合状态的渗碳体（Fe_3C） 如果铸铁中碳几乎全部以渗碳体形式存在，则其断口呈银白色，称为白口铸铁。白口铸铁硬而脆，很难进行切削加工，因此，工业上很少用它来制造机械零件，主要用作可锻铸铁的毛坯，有时也利用白口铸铁硬度高、耐磨损的特点，制造一些要求表面有高耐磨性的机件和工具，如轧辊、犁铧、货车车轮等。

（2）游离状态的石墨（常用 G 来表示） 如果铸铁中碳主要以石墨形式存在，则其断口呈暗灰色，俗称灰口铸铁。它是机械制造中应用最多的一种铸铁。根据石墨形态的不同，可分为灰铸铁、球墨铸铁、可锻铸铁和蠕墨铸铁等。如果铸铁中碳一部分以石墨形式存在，另一部分以渗碳体形式存在，则断口呈灰白交错的麻点，称为麻口铸铁。由于麻口铸铁具有很大的脆性，因此工业上很少使用。

2. 铸铁的石墨化

铸铁中石墨的形成过程称为石墨化。

前面介绍的铁碳合金相图实际上是 Fe- Fe_3C 相图。w_C >2.11% 的铁碳合金结晶过程中，自液体或奥氏体中析出的是渗碳体，而不是石墨。然而，若将渗碳体加热到高温并维持较长时间，则会分解成铁素体和石墨（即 $Fe_3C \rightarrow F$ + G），可见石墨比渗碳体稳定。当结晶条件具备时，即铁碳合金缓慢冷却，可提供足够的原子扩散时间，或在合金中有较多的促进石墨化的元素（如 C、Si 等）时，从液体或奥氏体中将直接析出石墨，而不是渗碳体。

考虑上述两种情况，铁碳合金存在两种相图。图 5-4 所示为经简化的铁碳合金双重相图。图中实线部分为亚稳定

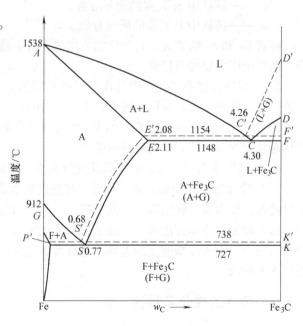

图 5-4 经简化的铁碳合金双重相图

的 Fe – Fe$_3$C 相图，虚线部分为稳定的 Fe – G 相图。

当 w_C = 2.5% ~4.0% 的铸铁全部按 Fe – G 相图结晶时，其石墨化过程可分为以下三个阶段。

（1）石墨化第一阶段　液态合金在共晶温度（1154℃）发生共晶反应，同时结晶出奥氏体和共晶石墨，即 $L_{C'} \rightarrow$ （$A_{E'}$ + $G_晶$）。

（2）石墨化第二阶段　在共晶温度和共析温度之间（1154~738℃），随着温度降低，从奥氏体中不断析出二次石墨，即 $A_{E'} \rightarrow$ （$A_{S'}$ + G_{II}）。

（3）石墨化第三阶段　在共析温度（738℃）以下，奥氏体发生共析反应，同时析出铁素体和共析石墨，即 $A_{S'} \rightarrow$ （$F_{P'}$ + $G_析$）。

控制石墨化进行的程度，即可获得不同的铸铁组织，如白口铸铁组织就是三个阶段石墨化均被抑制后获得的；麻口铸铁组织是第二、第三阶段石墨化被抑制后获得的；灰铸铁组织是第一、二阶段石墨化充分进行而获得的。一般地说，铸铁结晶过程中，在高温时由于原子扩散能力强，故第一和第二阶段的石墨化较易进行。在较低温度时，因铸铁成分和冷却速度条件不同，第三阶段石墨化进行不充分，被全部或部分地抑制，从而会得到三种不同的灰铸铁组织，即 P + G、F + P + G 和 F + G。

3. 影响铸铁石墨化的因素

（1）化学成分

1）C 和 Si 都是强烈促进石墨化的元素。在生产实际中，调整 C 和 Si 含量是控制铸铁组织最基本的措施之一。为了综合考虑 C 和 Si 对铸铁组织及性能的影响，引入碳当量 C_E 和共晶度 S_C：

$$C_E = w_C + (w_{Si} + w_P) /3$$
$$S_C = w_C / (4.26\% - (w_P + w_{Si}) /3)$$

式中　w_C——铸铁中 C 元素的质量分数；

　　　w_{Si}——铸铁中 Si 元素的质量分数；

　　　w_P——铸铁中 P 元素的质量分数。

随着 C_E 和 S_C 的增大，石墨化能力增强，石墨数量增多且变粗，铸铁的力学性能有所下降。所以生产中要加以控制。

2）P 能够促进石墨化，但其作用不如 C 强烈。当铸铁中 w_P 大于 0.2% 时会出现 Fe$_3$P，使铸铁脆性急剧增加。所以，通常铸铁中 w_P 不超过 0.2%。

3）Mn 是阻碍石墨化元素，但 Mn 能与 S 结合成 MnS，削弱 S 的有害作用，并且促进珠光体基体的形成，从而提高铸铁的强度。

4）S 是促进白口元素，且降低铁液流动性，使铸铁内产生气泡。S 是一个有害元素。

（2）冷却速度　一般来说，铸件冷却速度越缓慢，越有利于石墨化过程的进行。反之，铸件冷却速度太快，将阻碍原子的扩散，不利于石墨化进行。尤其是在共析阶段的石墨化，由于温度较低，冷却速度增大，原子扩散更加困难，所以通常情况下，共析阶段的石墨化难以进行完全。由于冷却速度的差异，将有可能使同一化学成分的铸铁得到不同的基体组织，如图 5-5 所示。

5.5.2　铸铁的成分及特性

工业上常用铸铁的成分范围为：w_C = 2.5% ~ 4.0%，w_{Si} = 1.0% ~ 3.0%，w_{Mn} =

$0.5\% \sim 1.4\%$，$w_P = 0.01\% \sim 0.50\%$，$w_S = 0.02\% \sim 0.20\%$。

铸铁组织（除白口铸铁外）基本上由与钢相似的基体组织及石墨两部分组成。石墨强度极低，相当于在金属的基体上形成了许多"微裂纹"，不仅减少了金属基体承受载荷的面积，更重要的是在其尖端引起应力集中，使得铸铁的抗拉强度、塑性和韧性远不如钢。当铸铁承受压缩载荷时，石墨的不利影响较小，具有较高的抗压强度。

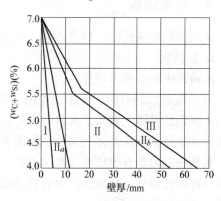

图 5-5　C、Si 总量和壁厚对铸铁组织的影响
Ⅰ—白口铸铁　Ⅱ$_a$—麻口铸铁　Ⅱ—珠光体灰铸铁
Ⅱ$_b$—珠光体加铁素体灰铸铁　Ⅲ—铁素体灰铸铁

石墨的存在固然降低了铸铁的力学性能，但同时给铸铁带来了如下一系列良好的性能。

1）优良的铸造性能。

2）良好的可加工性。

3）较好的耐磨性和减振性。

4）较低的缺口敏感性。

5.5.3　铸铁的牌号表示方法

GB/T 5612—2008《铸铁牌号表示方法》规定了各种铸铁的牌号表示方法。各种铸铁名称、代号及牌号表示方法实例见表5-19。

表 5-19　各种铸铁名称、代号及牌号表示方法实例

铸铁名称	代号	牌号表示方法实例	铸铁名称	代号	牌号表示方法实例
灰铸铁	HT	HT200，HT Cr – 300	耐热球墨铸铁	QTR	QTR Si5
奥氏体灰铸铁	HTA	HTA Ni20Cr2	耐蚀球墨铸铁	QTS	QTS Ni20Cr2
冷硬灰铸铁	HTL	HTL Cr1 Ni1 Mo	蠕墨铸铁	RuT	RuT420
耐磨灰铸铁	HTM	HTM Cu1 CrMo	黑心可锻铸铁	KTH	KTH350 – 10
耐热灰铸铁	HTR	HTR Cr	白心可锻铸铁	KTB	KTB350 – 04
耐蚀灰铸铁	HTS	HTS Ni2Cr	珠光体可锻铸铁	KTZ	KTZ650 – 02
球墨铸铁	QT	QT400 – 18	抗磨白口铸铁	BTM	BTM Cr15Mo
奥氏体球墨铸铁	QTA	QTA Ni30Cr3	耐热白口铸铁	BTR	BTRCr16
冷硬球墨铸铁	QTL	QTL Cr Mo	耐蚀白口铸铁	BTS	BTSCr28
抗磨球墨铸铁	QTM	QTM Mn8 – 30			

1）表中 HT200 是以抗拉强度表示灰铸铁牌号的代表，200 表示抗拉强度（MPa）的最低值。

2）QT400 – 18 和 KTH350 – 10 等牌号后面的数值分别表示抗拉强度（MPa）和断后伸长率（%）的最低值。

3）BTM Cr15Mo、QTM Mn8 – 30 和 BTRCr16 等是以化学成分含量为主的各种铸铁牌号的代表。

5.5.4 常用铸铁

常用铸铁有灰铸铁、球墨铸铁、可锻铸铁和蠕墨铸铁等。

1. 灰铸铁

灰铸铁中的石墨多呈片状。

（1）灰铸铁的组织、性能及应用 灰铸铁的显微组织是由金属基体与片状石墨所组成，相当于在钢的基体上嵌入了大量石墨片。灰铸铁按金属基体不同分为铁素体灰铸铁、铁素体–珠光体灰铸铁和珠光体灰铸铁，如图5-6所示。

灰铸铁的力学性能较差（$R_m = 100 \sim 250MPa$，$A = 0.5\%$），但抗压强度与钢相近，并且具有良好的铸造性、减振性、耐磨性和低的缺口敏感性，另外由于成本也较低廉，所以应用广泛。

为了改善灰铸铁的组织，提高灰铸铁的强度和其他性能，生产中常进行孕育处理，获得孕育铸铁，也称变质铸铁。孕育处理就是在浇注前往铁液中加入孕育剂，使石墨细化，基体组织细密（珠光体基体）的一种处理工艺。常用的孕育剂为硅铁和硅钙等。

孕育铸铁的强度、硬度比普通灰铸铁显著提高，如 $R_m = 250 \sim 400MPa$、硬度 $170 \sim 270HBW$。孕育铸铁适用于静载荷下要求较高强度、高耐磨性或高气密性的铸件，特别是厚大铸件。

灰铸铁的铸造性能优良，便于制出薄而复杂的铸件，一般也不需设置冒口和冷铁，使铸造工艺简化。灰铸铁的浇注温度较低，对型砂的要求比铸钢低，故中、小型铸件多采用经济简便的砂型铸造。

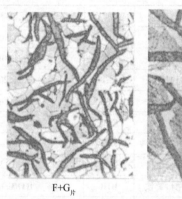 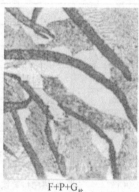 

F+G片　　　　　　F+P+G片　　　　　　P+G片

图5-6　灰铸铁的显微组织

常用灰铸铁的牌号、力学性能及应用举例见表5-20。

（2）热处理特点 热处理只能改变基体组织，不能消除片状石墨的有害作用。常用的灰铸铁热处理有以下两种。

1）退火。用于消除铸件内应力和白口组织，稳定尺寸。

2）表面淬火。提高铸件的表面硬度和耐磨性，如机床导轨面和内燃机气缸套内壁均可进行表面淬火。经表面淬火后，可使机床导轨的寿命提高约1.5倍。

2. 球墨铸铁

球墨铸铁中石墨呈球状。

球墨铸铁是经球化、孕育处理后制成的球状石墨铸铁。其中球化处理（浇注前向铁液中加入能使石墨结晶成球状的球化剂的工艺过程）的主要作用是使石墨球化，常用的球化剂为稀土镁合金；孕育处理（球化处理后立即加入石墨化元素而进行的处理过程）的主要作用是促进铸铁石墨化，防止球化元素所造成的白口倾向，同时还可使石墨圆整、细化，改善球墨铸铁的力学性能，常用的孕育剂为 $w_{Si} = 75\%$ 的硅铁。

表 5-20 常用灰铸铁的牌号、力学性能及应用举例

牌　号	铸铁类别	铸件壁厚/mm	铸件最小抗拉强度 R_m/MPa	应用举例
HT100	铁素体灰铸铁	5 ~ 40	100	低载荷和不重要零件，如盖、外罩、手轮、支架、重锤等
HT150	珠光体 + 铁素体灰铸铁	5 ~ 300	150	承受中等应力（抗弯应力小于100MPa）的零件，如支柱、底座、齿轮箱、工作台、刀架、端盖、阀体、管路附件及一般无工作条件要求的零件
HT200	珠光体灰铸铁	5 ~ 300	200	承受较大应力（抗弯应力小于300MPa）和较重要零件，如气缸体、齿轮、机座、飞轮、床身、缸套、活塞、刹车轮、联轴器、齿轮箱、轴承座、液压缸等
HT225		5 ~ 300	225	
HT250		5 ~ 300	250	
HT275	孕育铸铁	10 ~ 300	275	承受高弯曲应力（小于500MPa）及拉伸应力的重要零件，如齿轮、凸轮、车床卡盘、剪床和压力机的机身、床身、高压油压缸、滑阀壳体等
HT300		10 ~ 300	300	
HT350		10 ~ 300	350	

（1）球墨铸铁的组织、性能及应用　球墨铸铁的组织是由球状石墨与钢的基体所组成。常见的基体组织有铁素体、铁素体 + 珠光体和珠光体，另外，也可获得下贝氏体、马氏体、托氏体、索氏体和奥氏体等基体组织，如图 5-7 所示。

球墨铸铁除了有与一般铸铁相似的优良铸造性能、可加工性、耐磨性和减振性外，由于球状石墨对基体组织的割裂程度较灰铸铁减弱，基体强度的利用率可达 70% ~ 90%，而灰铸铁中基体强度的利用率仅 30% ~ 50%。球墨铸铁的力学性能除了与基体组织类型有关外，主要决定于球状石墨的形状、大小和分布。一般地说，石墨球越细、球的直径越小、分布越均匀，则球墨铸铁的力学性能越高。以珠光体为基体的球墨铸铁的抗拉强度、屈服强度和疲劳强度高于 45 钢（正火），特别是屈强比高于 45 钢，硬度和耐磨性远高于高强度灰铸铁，制作曲轴优于锻钢。但其伸长率低于 45 钢。铁素体基体的球墨铸铁强度较低，塑性、韧性较高；珠光体球墨铸铁强度高，耐磨性好，但塑性、韧性较低。

球墨铸铁兼有钢的高强度和灰铸铁的优良铸造性能，是一种有发展前途的铸造合金，目前已成功地代替了一部分可锻铸铁、铸钢和锻钢，用来制造受力复杂、力学性能要求高的零件。但是，球墨铸铁凝固时收缩率较大，对原铁液成分要求较严，对熔炼工艺和铸造工艺要求较高，有待进一步改进。

常用球墨铸铁的牌号、基体组织、力学性能及应用举例见表 5-21。

（2）球墨铸铁的热处理特点　球墨铸铁最大限度地增加了基体承受载荷的有效面积，

采用热处理来改变基体组织可显著改变其性能。球墨铸铁的热处理方法主要有以下几种。

1）退火。为了改善球墨铸铁的切削加工性能，消除铸造应力，必须进行退火。当铸态组织中不仅有珠光体而且还有渗碳体时，须采用高温退火，使渗碳体分解。当铸态组织中不含渗碳体时，为了获得铁素体基体的球墨铸铁，可进行低温退火。

2）正火。正火主要是增加基体组织中的珠光体量，并细化组织，提高强度和耐磨性。

3）调质处理。对于受力比较复杂，要求综合力学性能高的球墨铸铁件，如连杆、曲轴等，可采用调质处理，获得回火索氏体和球状石墨组织。调质处理一般只适合于小尺寸铸件。

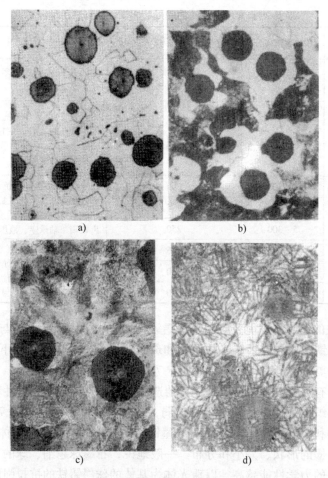

a)　　　　　　　　　　　b)

c)　　　　　　　　　　　d)

图 5-7　球墨铸铁的显微组织
a）铁素体基体　b）铁素体＋珠光体基体　c）珠光体基体　d）下贝氏体基体

表 5-21　常用球墨铸铁的牌号、基体组织、力学性能及应用举例

牌　　号	基体组织	力学性能				应 用 举 例
		R_m/MPa	$R_{p0.2}$/MPa	A（%）	硬度 HBW	
		最小值				
QT350 – 22L	F	350	220	22	≤160	高速电力机车及磁悬浮列车铸件，寒冷地区工作的起重机部件、汽车部件、农机部件等

（续）

牌 号	基体组织	力学性能				应用举例
		R_m/MPa	$R_{p0.2}$/MPa	A（%）	硬度 HBW	
		最小值				
QT350 – 22R	F	350	220	22	≤160	核燃料储存运输容器、风电轮毂、排泥阀阀体、阀盖环等
QT350 – 22	F	350	220	22	≤160	
QT400 – 18L	F	400	240	18	120 ~ 175	机车曲轴箱体、发电设备用桨片毂等
QT400 – 18R	F	400	250	18	120 ~ 175	农机具零件；汽车、拖拉机牵引杠、轮毂、驱动桥壳体、离合器壳等；阀门的阀体、阀盖、支架等；铁路垫板，电动机机壳、齿轮箱等
QT400 – 18	F	400	250	18	120 ~ 175	
QT400 – 15	F	400	250	15	120 ~ 180	
QT450 – 10	F	450	310	10	160 ~ 210	
QT500 – 7	F + P	500	320	7	170 ~ 230	机油泵齿轮等
QT500 – 5	F + P	500	350	5	180 ~ 250	传动轴滑动叉等
QT600 – 3	F + P	600	370	3	190 ~ 270	柴油机、汽油机的曲轴；磨床、铣床、车床的主轴；空压机、冷冻机的缸体、缸套等
QT700 – 2	P	700	420	2	225 ~ 305	
QT800 – 2	P 或 S	800	480	2	245 ~ 335	
QT900 – 2	回 M 或 T + S	900	600	2	280 ~ 360	汽车、拖拉机传动齿轮；内燃机凸轮轴、曲轴等

4）等温淬火。等温淬火是获得高强度和超高强度球墨铸铁的重要热处理方法，等温淬火可以有效地防止变形和开裂。

3. 可锻铸铁

可锻铸铁的石墨呈团絮状。

可锻铸铁是由白口铸铁经可锻化退火而获得的具有团絮状石墨组织的铸铁。其生产过程分两步：第一步先浇注出白口铸铁；第二步进行可锻化（石墨化）退火，使渗碳体分解出团絮状石墨。

为保证获得白口铸件，必须使铸铁成分有较低的碳、硅含量，一般 $w_C = 2.2\%$ ~ 2.8%，$w_{Si} = 1.0\%$ ~ 1.8%。

为缩短可锻化退火的周期，常在浇注前往铁液中加入少量多元复合孕育剂进行孕育处理。

可锻铸铁按热处理后显微组织不同分两类。一类是黑心可锻铸铁和珠光体可锻铸铁，另一类是白心可锻铸铁。黑心可锻铸铁组织主要是铁素体（F）基体 + 团絮状石墨；珠光体可锻铸铁组织主要是珠光体（P）基体 + 团絮状石墨。白心可锻铸铁组织决定于断面尺寸，薄断面的以铁素体为基体，厚断面的表面区域为铁素体、心部为珠光体和退火石墨。可锻铸铁的显微组织如图 5-8 所示。

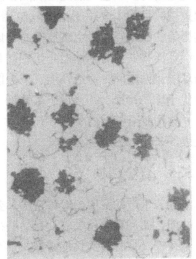

图 5-8 可锻铸铁的显微组织

可锻铸铁的力学性能较灰铸铁有所提高，尤其是韧性和塑性，但远未达到"可锻"的程度。由于可锻铸铁性能优于灰铸铁，在铁液处理、质量控制等方面又优于球墨铸铁，故常用于制作截面薄、形状复杂、强韧性的零件，如低压阀门、管接头、曲轴、连杆和齿轮等。

常用可锻铸铁的牌号、力学性能及应用举例见表5-22。

表 5-22 常用可锻铸铁的牌号、力学性能及应用举例

分 类	牌 号	力 学 性 能				应 用 举 例
		R_m/MPa	$R_{p0.2}$/MPa	A（%）	硬度 HBW	
		最小值				
黑心可锻铸铁	KTH300 – 06	300	—	6	≤150	弯头、三通管件，中低压阀门等
	KTH330 – 08	330	—	8		扳手，犁刀，车轮壳等
	KTH350 – 10	350	200	10		汽车、拖拉机前后轮壳、减速器壳、转向节壳、制动器及铁道零件等
	KTH370 – 12	370	—	12		
珠光体可锻铸铁	KTZ450 – 06	450	270	6	150 ~ 200	载荷较高的耐磨损零件，如曲轴、凸轮轴、连杆、齿轮、活塞环、轴套、耙片、万向接头、棘轮、扳手、传动链条等
	KTZ550 – 04	550	340	4	180 ~ 230	
	KTZ650 – 02	650	430	2	210 ~ 260	
	KTZ700 – 02	700	530	2	240 ~ 290	

4. 蠕墨铸铁

蠕墨铸铁是一种新型铸铁，其中碳主要以蠕虫状形态存在，如图5-9所示，其石墨形状介于片状和球状之间。它类似于片状，但片短而厚，头部较圆，形似蠕虫。

蠕墨铸铁保留了灰铸铁工艺性能优良和球墨铸铁力学性能优良的共同特点，而克服了灰铸铁力学性能低和球墨铸铁工艺性能差的缺点，故在国内外日益引起重视，目前主要用于生产气缸盖、钢锭模等铸件。蠕墨铸铁的缺点在于生产技术尚不成熟和成本偏高。

蠕墨铸铁的力学性能介于相同基体组织的灰铸铁与球墨铸铁之间，铸造性能、减振能力以及导热性能都优于球墨铸铁，并接近于灰铸铁。

常用蠕墨铸铁的牌号、力学性能及应用举例见表5-23。

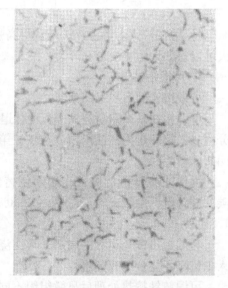

图 5-9 蠕墨铸铁的显微组织

5.5.5 合金铸铁

随着生产的发展，对铸铁不仅要求具有较高的力学性能，而且有时还要求具有某些特殊的性能。为此，在熔炼时有意加入一些合金元素制成合金铸铁（或称特殊性能铸铁）。合金铸铁与合金钢相比，熔炼简单，成本低廉，基本上能满足特殊性能的要求，但力学性能较差，脆性较大。

常用的合金铸铁有耐磨铸铁、耐热铸铁和耐蚀铸铁。

表 5-23 常用蠕墨铸铁的牌号、力学性能及应用举例

牌 号	基体组织	力学性能				应用举例
		R_m/MPa	$R_{p0.2}$/MPa	A（%）	硬度 HBW	
		最小值				
RuT300	F	300	210	2.0	140~210	排气管、变速箱体、气缸盖、纺织机零件、液压件、钢锭模等
RuT350	F + P	350	245	1.5	160~220	重型机床件、大型齿轮箱体、盖、座、制动鼓、飞轮、玻璃模具等
RuT400	F + P	400	280	1.0	180~240	
RuT450	P	450	315	1.0	200~250	活塞环、气缸套、制动盘、玻璃模具、制动鼓、钢珠研磨盘、吸淤泵体等
RuT500	P	500	350	0.5	220~260	

1. 耐磨铸铁

在无润滑干摩擦条件下工作的零件应具有均匀的高硬度组织。白口铸铁是较好的耐磨铸铁，但脆性大，不能承受冲击载荷。生产中常采用冷硬铸铁（或称激冷铸铁），即用金属型铸造铸件上要求耐磨的表面，而其他部位用砂型，同时适当调整铁液化学成分（如减少硅含量），保证白口层的深度，而心部为灰口组织，从而使整个铸件既有较高的强度和耐磨性，又能承受一定的冲击。

我国试制成功的中锰球墨铸铁也属耐磨铸铁，即在稀土镁球墨铸铁中加入 $w_{Mn} = 5.0\%$ ~9.5%，$w_{Si} = 3.3\%$ ~5.0%，并适当调整冷却速度，使铸铁基体获得马氏体、大量残留奥氏体和渗碳体。这种铸铁具有高的耐磨性和抗冲击性，可代替奥氏体锰钢或锻钢，适用于制造农用的耙片、犁铧，饲料粉碎机的锤片，球磨机的磨球、衬板，煤粉机锤头等。

在润滑条件下工作的耐磨铸铁，其组织应为软基体上分布有硬的组织组成物，使软基体磨损后形成沟槽，保持油膜。珠光体灰铸铁基本上能满足这样的要求，其中铁素体为软基体，渗碳体层片为硬的组织组成物，同时石墨片起储油和润滑作用。为了进一步改善其耐磨性，通常将 w_P 提高到 0.4% ~0.6%，做成高磷铸铁。由于普通高磷铸铁的强度和韧性较差，故常在其中加入铬、钼、钨、铜、钛、钒等合金元素，做成合金高磷铸铁，用于制造机床床身、气缸套、活塞环等。此外，还有钒钛耐磨铸铁、铬钼铜耐磨铸铁、硼耐磨铸铁等。

2. 耐热铸铁

在高温下工作的铸件，如炉底板、换热器、坩埚、炉内运输链条和钢锭模等，要求有良好的耐热性，应采用耐热铸铁。

在铸铁中加入硅、铝、铬等合金元素，使表面形成一层致密的 SiO_2、Al_2O_3、Cr_2O_3 等，保护内部不继续氧化。此外，这些元素还会提高铸铁的临界点，使铸铁在使用温度范围内不发生固态相变，使基体组织为单相铁素体，因而提高了铸铁的耐热性。

常用的耐热铸铁有中硅球墨铸铁（$w_{Si} = 5.0\%$ ~ 6.0%）、高铝球墨铸铁（$w_{Al} = 21\%$ ~ 24%）、铝硅球墨铸铁（$w_{Al} = 4.0\%$ ~ 5.0%、$w_{Si} = 4.4\%$ ~ 5.4%）和高铬耐热铸铁（$w_{Cr} = 32\%$ ~ 36%）等。

3. 耐蚀铸铁

耐蚀铸铁是指在腐蚀性介质中工作时具有耐蚀能力的铸铁。目前应用最广的是高硅耐蚀铸铁，其中 w_{Si} 高达 14% ~ 18%，在含氧酸（如硝酸、硫酸等）中的耐蚀性能不亚于

06Cr18Ni11Ti（1Cr18Ni9Ti）不锈钢。

对于在碱性介质中工作的零件，可采用 $w_{Ni} = 0.8\%$ ~ 1.0%、$w_{Cr} = 0.6\%$ ~ 0.8% 的抗碱铸铁。为改善其在盐酸中的耐蚀性，可加入质量分数为 2.5% ~ 4.0% 的钼。

此外，为提高高硅耐蚀铸铁的力学性能，还可以在铸铁中加入微量的硼和进行球化处理。

耐蚀铸铁主要用于化工机械，如制造容器、管道、泵、阀门等。

5.6 有色金属及合金

在工程中，通常将钢铁材料以外的金属或合金统称为非铁金属及非铁合金。非铁金属及其合金具有特殊的物理、化学和力学性能，例如：铝、镁、钛等合金密度小，比强度高，具有优异的耐腐蚀性能等；铜具有优良的导电、导热、耐蚀、无磁性等性能。因此，非铁金属及其合金也是现代工业生产中不可缺少的重要工程材料。

本节将重点介绍几种工程上使用较多的非铁金属及其合金、轴承合金以及粉末冶金材料。

5.6.1 铝及铝合金

1. 工业纯铝

铝具有面心立方晶格，无同素异构转变，熔点为 660℃。铝的特点是密度小、导电性和导热性好、耐蚀性好。工业纯铝塑性好（$A = 35\%$ ~ 40%，$Z = 80\%$），可进行各种压力加工，制成板材、箔材、线材、带材及型材，但强度低（$R_m = 80$ ~ $100MPa$），适用于制造电缆、电器零件、蜂窝结构、装饰件及日常生活用品。

工业纯铝的代号表示为 L1、L2、L3、…。代号中的"L"为"铝"字汉语拼音首位字母，其后的数字表示序号。序号数字越大，表示纯度越低。

工业纯铝的新牌号可参阅表 5-24。代号 L1、L2、L3 所对应的新牌号分别为 1070、1060、1050。

2. 铝合金

为提高铝的强度、硬度，使其能作为受力的结构件，在铝中加入一定的合金元素使之合金化，可得到一系列性能各异的铝合金。目前用于制造铝合金的添加合金元素主要有 Si、Cu、Mg、Mn、Zn、Li 等。它们与铝形成的二元合金相图一般具有图 5-10 所示的形式。根据此图，一般将铝合金分为两大类：变形铝合金和铸造铝合金。

图 5-10 中 D 点为合金元素在 α 相中的最大溶解度，DF 是溶解度变化曲线。成分在 D 左边的合金，在加热时能形成单相固溶体组织，因其塑性好，适于压力加工，故称

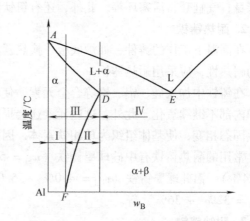

图 5-10 铝合金的分类示意图
Ⅰ—不能热处理强化的铝合金 Ⅱ—能热处理强化的铝合金
Ⅲ—变形铝合金 Ⅳ—铸造铝合金

为变形铝合金。这类铝合金又可分为两类：成分在 F 点以左的合金，由于 α 固溶体成分不随温度变化，故不能采用热处理方法来强化，称为不能热处理强化的铝合金；成分在 F、D 之间的铝合金，由于 α 固溶体成分随温度变化，故可采用热处理方法来强化，称为能热处理强化的铝合金。

成分在 D 右边的铝合金，由于合金中有共晶组织，熔点低，流动性好，适于铸造，故称为铸造铝合金。铸造铝合金中也有成分随温度而变化的 α 固溶体，故也可热处理强化；但距 D 点越远，强化效果越不明显。

（1）变形铝合金

1）变形铝合金的分类和牌号表示。变形铝合金按其成分和特征分为防锈铝合金（LF）、硬铝合金（LY）、超硬铝合金（LC）和锻铝合金（LD）。变形铝合金牌号按 GB/T 16474—2011《变形铝及铝合金牌号表示方法》规定的方法表示。按照 GB/T 16474—2011 的规定，我国变形铝及铝牌号采用国际四位数字体系和四位字符体系表示。凡按照化学成分在国际牌号注册命名的铝及铝合金，直接采用四位数字体系（即采用四位阿拉伯数字表示）；未在国际牌号注册的，则按照四位字符体系表示（采用阿拉伯数字和英文大写字母表示），具体表示方法见表5-24。

表5-24 变形铝及铝合金的牌号表示方法

位 数	国际四位数字体系牌号		四位字符体系牌号	
	纯铝	铝合金	纯铝	铝合金
第1位	为阿拉伯数字，表示铝及铝合金的组别。1 表示铝含量（质量分数）不小于 99.00% 的纯铝；2～9 表示铝合金，组别按下列主要合金元素划分：2—Cu；3—Mn；4—Si；5—Mg；6—Mg + Si；7—Zn；8—其他元素；9—备用组			
第2位	为阿拉伯数字，表示合金元素或杂质极限含量控制情况。0 表示其杂质极限含量无特殊控制；2～9 表示对一项或一项以上的单个杂质或合金元素极限含量有特殊控制	为阿拉伯数字，表示改型情况。0 表示为原始合金；2～9 表示为改型合金	为英文大写字母，表示原始纯铝的改型情况。A 表示为原始纯铝；B～Y（C、I、L、N、O、P、Q、Z 除外）表示为原始纯铝的改型，其他元素含量略有变化	为英文大写字母，表示原始合金的改型情况。A 表示为原始合金；B～Y（C、I、L、N、O、P、Q、Z 除外）表示为原始合金的改型，其化学成分略有变化
最后两位	为阿拉伯数字，表示最低铝百分含量中小数点后面的两位	为阿拉伯数字，无特殊意义，仅用来识别同一组中的不同合金	为阿拉伯数字，表示最低铝百分含量中小数点后面的两位	为阿拉伯数字，无特殊意义，仅用来识别同一组中的不同合金

2）常用的变形铝合金。表5-25 列出了常用变形铝合金的牌号、化学成分、热处理、力学性能及应用举例。

表 5-25　常用变形铝合金的牌号、化学成分、热处理、力学性能及应用举例

类别	牌号（代号）	化学成分 w_i（%）						热处理	力学性能		应用举例
		Cu	Mg	Mn	Zn	其他	Al		R_m /MPa	A_5 (%)	
防锈铝合金	5A05 (LF5)	0.10	4.8~5.5	0.3~0.6	0.20	Si 0.50 Fe 0.50	余量	退火	265	15	油箱、油管、焊条、铆钉及中载零件
	3A21 (LF21)	0.20	0.05	1.0~1.6	0.10	Si 0.60 Fe 0.70 Ti 0.15	余量	退火	≤165	20	油箱、油管、铆钉及轻载零件
硬铝合金	2A02 (LY2)	2.6~3.2	2.0~2.4	0.45~0.70	0.10	Si 0.30 Fe 0.30 Ti 0.15	余量	固溶处理+人工时效	430	10	200~300℃工作叶轮、锻件
	2A11 (LY11)	3.8~4.8	0.4~0.8	0.4~0.8	0.30	Si 0.70 Fe 0.70 Ni 0.10 Ti 0.15	余量	固溶处理+自然时效	390	8	中等强度结构件，如骨架、叶片、铆钉等
	2A12 (LY12)	3.8~4.9	1.2~1.8	0.3~0.9	0.30	Si 0.50 Fe 0.50 Ni 0.10 Ti 0.15	余量	固溶处理+自然时效	440	8	高强度结构件及150℃以下工作零件
超硬铝合金	7A04 (LC4)	1.4~2.0	1.8~2.8	0.2~0.6	5.0~7.0	Si 0.50 Fe 0.50 Cr0.1~0.25 Ti 0.10	余量	固溶处理+人工时效	550	6	主要受力构件，如飞机大梁、桁架等
	7A09 (LC9)	1.2~2.0	2.0~3.0	0.15	5.1~6.1	Si 0.50 Fe 0.50 Cr 0.16~0.30 Ti 0.10	余量	固溶处理+人工时效	550	6	主要受力构件，如飞机大梁、桁架等
锻铝合金	2A50 (LD5)	1.8~2.6	0.4~0.8	0.4~0.8	0.30	Ni 0.10 Ti0.15 Si 0.7~1.2 Fe 0.70	余量	固溶处理+人工时效	380	10	形状复杂、中等强度的锻件
	2A70 (LD7)	1.9~2.5	1.4~1.8	0.20	0.30	Ti 0.02~0.1 Ni 0.9~1.5 Fe 0.9~1.5 Si 0.35	余量	固溶处理+人工时效	355	8	高温下工作的复杂锻件及结构件
	2A14 (LD10)	3.9~4.8	0.4~0.8	0.4~1.0	0.30	Si 0.6~1.2 Fe 0.70 Ti 0.15 Ni 0.10	余量	固溶处理+人工时效	460	8	承受重载荷的锻件

① 防锈铝合金。防锈铝合金是在大气、水和油等介质中具有良好耐蚀性的变形铝合金，主要 Al-Mn 系和 Al-Mg 系两种。例如 w_{Mn} = 1.0%~1.7% 的防锈铝合金，一般具有单相固溶体组织，在晶内和晶界上第二相分布均匀，耐蚀性较高；而 Al-Mg 系防锈铝合金中镁含量 w_{Mg} 一般不超过 7%，随着镁含量的增加，合金的强度增加，塑性下降。这一类防锈铝合金通常在退火状态、冷作硬化或半冷作硬化状态下使用，强度低、塑性好、易于压力加

工，具有良好的耐蚀性和焊接性，特别适用于制造承受低载荷的零件，如油箱、管道等。另一类防锈铝合金是可热处理强化的 Al-Zn-Mg-Cu 系合金，其抗拉强度较高，具有优良的耐海水腐蚀性能，良好的断裂韧性，低的缺口敏感性和好的成形工艺性能。它适用于制造水上飞机蒙皮及其他要求耐腐蚀的高强度钣金零件。

② 硬铝合金。硬铝合金是在 Al-Cu 系合金的基础上发展起来的具有较高力学性能的变形铝合金，属于可热处理强化的铝合金。它包括 Al-Cu-Mg 系和 Al-Cu-Mn 系的合金。这类合金的特点是主要组元 Cu、Mg、Mn 都处于铝内的饱和溶解度或过饱和溶解度状态，可通过时效强化，因而具有较高的强度、满意的塑性。通常把 Al-Cu-Mg 系硬铝合金称为普通硬铝，其中铜、镁含量越高，其热处理强化效果就越好。它主要用于生产板材、型材等各种半成品；用于制造铆钉和承力结构零件、蒙皮等。Al-Cu-Mn 系硬铝合金常称为耐热硬铝，可用来制造在 250~350℃下长期工作的锻件和焊件，如压气机叶片、燃料容器等。硬铝合金在航空工业中应用广泛，但耐蚀性差，其制品需要进行防腐处理，如包铝、阳极氧化和涂漆等。

③ 超硬铝合金。超硬铝合金是工业上使用的室温力学性能最高的变形铝合金，其主要是 Al-Zn-Mg-Cu 系合金。这类合金的固溶时效强化效果最为显著，屈服强度和抗拉强度值较为接近，塑性低、缺口敏感性大、疲劳极限低，在承载状态下易腐蚀。采用时效处理，可改善其抗应力腐蚀性能及减小缺口敏感性。超硬铝合金可用来制造各种锻件和模锻件，广泛用于飞机结构中的主要受力件，如大梁、桁架和起落架等。

④ 锻铝合金。锻铝合金是在锻造温度范围内具有优良的塑性，可以制造复杂锻件的一种变形铝合金，其属于可热处理强化的铝合金。工业锻铝合金主要包括 Al-Mg-Si、Al-Cu-Mg-Si、Al-Cu-Mg-Fe-Ni 系合金。Al-Mg-Si 系合金热处理后具有高的塑性，易锻造，而且具有高的抗疲劳性能、良好的耐蚀性和焊接性。它适宜在冷态和热态下制造形状复杂的型材和锻件，用于制造工艺塑性和耐蚀性要求较高的飞机和发动机零件及焊接结构件。Al-Cu-Mg-Si 系合金的铸造性能和工艺塑性良好，适用于制造形状复杂并承受中等载荷的各类大型锻件和模锻件，应用较广，但该合金有晶间腐蚀和应力腐蚀的倾向，不宜制造薄壁零件。Al-Cu-Mg-Fe-Ni 系合金含有较多的铁和镍，具有较高的耐热性能，用于制造航空发动机活塞、轮盘、压气机叶片等及其他在较高温度下使用的零件。

（2）铸造铝合金 适宜于熔融状态下填充铸型，获得各种近乎最终使用形状和尺寸毛坯的铝合金。

1）铸造铝合金的分类、代号和牌号。根据主加元素的不同，铸造铝合金分为 Al-Si 系、Al-Cu 系、Al-Mg 系和 Al-Zn 系四类，其中 Al-Si 系合金是工业中应用最广泛的铸造铝合金。

铸造铝合金的代号用"铸铝"两字汉语拼音首位字母"ZL"加三位数字表示。在三位数字中，第一位数字表示合金类别（1 表示 Al-Si 系，2 表示 Al-Cu 系，3 表示 Al-Mg 系，4 表示 Al-Zn 系），第二、第三位表示顺序号。

铸造铝合金的牌号用"铸"字汉语拼音首位字母"Z"+基本元素（铝元素）符号+主要合金元素符号+主要合金元素的平均质量分数的百倍表示。优质合金在牌号后面标注"A"，压铸合金在牌号前面冠以字母"YZ"。例如：ZAlSi12 表示硅的平均质量分数为 12%，余量为铝的铸造铝合金。

2）常用的铸造铝合金。常用铸造铝合金的牌号、化学成分、热处理、力学性能及应用举例见表 5-26。

表5-26 常用铸造铝合金的牌号、化学成分、热处理、力学性能及应用举例

类别	牌号	代号	化学成分 w_i（%）							铸造方法	热处理	力学性能≥			应用举例
			Si	Cu	Mg	Mn	Ti	Al	其他			R_m/MPa	A_5（%）	HBW	
铝硅合金	ZAlSi7Mg	ZL101	6.50~7.50		0.25~0.45		0.08~0.20	余量		金属型变质	淬火+自然时效	185	4	50	飞机、仪器零件
										砂型变质	淬火+人工时效	225	1	70	
	ZAlSi12	ZL102	10.00~13.00					余量		砂型变质		145	4	50	仪表、抽水机壳体等外型复杂件
										金属型		155	2	50	
	ZAlSi9Mg	ZL104	8.00~10.50		0.17~0.35	0.20~0.50		余量		金属型	人工时效	195	1.5	65	电动机壳体、气缸体等
										砂型		235	2	70	
	ZAlSi5Cu1Mg	ZL105	4.50~5.50	1.00~1.50	0.40~0.60			余量		金属型	淬火+不完全时效	235	0.5	70	风冷发动机气缸头、油泵壳体
										砂型	淬火+稳定回火	175	1	65	
	ZAlSi12Cr1Mg1Ni1	ZL109	11.00~13.00	0.50~1.50	0.80~1.30			余量	Ni 0.80~1.50	金属型	人工时效	195	0.5	90	活塞及高温下工作的零件
											淬火+人工时效	245	—	100	
铝铜合金	ZAlCu5Mn	ZL201		4.50~5.30		0.60~1.00	0.15~0.35	余量		砂型	淬火+自然时效	295	8	70	内燃机气缸头、活塞等
										砂型	淬火+不完全时效	335	4	90	
铝镁合金	ZAlMg10	ZL301			9.50~11.00			余量		砂型	淬火+自然时效	290	8	60	舰船配件
	ZAlMg5Si1	ZL303	0.80~1.30		4.50~5.50	0.1~0.4		余量		砂型、金属型		145	1	55	氨用泵体
铝锌合金	ZAlZn11Si7	ZL401	6.00~8.00		0.10~0.30			余量	Zn 9.00~13.0	金属型	人工时效	245	1.5	90	结构、形状复杂的汽车、飞机仪器零件
	ZAlZn6Mg	ZL402			0.50~0.60		0.15~0.25	余量	Zn 5.0~6.5、Cr 0.40~0.60	金属型	人工时效	235	4	70	

① Al–Si 系（又称硅铝明，如图 5-11 所示）。硅在铝中的溶解度很小，在 577℃时最大溶解度只有 1.65%。合金的共晶成分为 $w_{Si}=$ 11.7%。由于共晶成分附近合金具有良好的铸造性能，故生产中常用的铝硅合金成分为 $w_{Si}=$ 10%~13%，铸造冷却后，组织为（α+Si）共晶体。由于共晶硅呈粗大针状，如图 5-12a 所示，严重降低了合金的强度和韧性。为改善铝硅合金的性能，可进行变质处理，以改善硅的分布状态，提高合金的综合力学性能，如图 5-12b 所示。

为了进一步提高铝硅合金的力学性能，还可加入铜、镁、锰等合金元素，形成多种强化相，通过淬火和时效使合金进一步强化，从而形成特殊铝硅合金。如 ZL101 在铝硅合金中加入少量镁（$w_{Mg}<1\%$），合金中生成时效强化相 Mg_2Si。除变

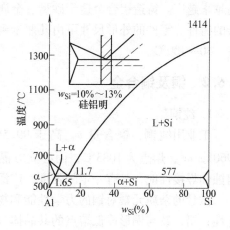

图 5-11 Al–Si 合金相图

质处理外，通过淬火及人工时效，其抗拉强度可达到 210~230MPa，可用于制造承受较大载荷的气缸体。ZL107 合金是在二元铝硅合金中加入铜后形成的。这种合金的强化相为 $CuAl_2$，抗拉强度达 280MPa，可用于制造强度和硬度要求较高的零件。

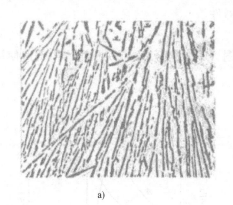

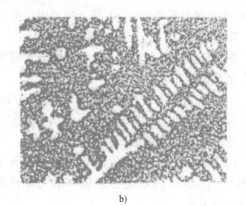

图 5-12 铝硅合金铸态组织
a）未变质处理　b）变质处理

ZL103、ZL105、ZL108 等铸造铝合金是在铝硅合金中同时加入铜和镁的 Al–Si–Mg–Cu 系铸造铝合金。由于多种合金元素存在，在合金中形成多种强化相。合金经淬火时效后强度很高，用于制造形状复杂、性能要求较高和在较高温度下工作的零件。

② Al–Cu 系。Al–Cu 系合金具有较高的耐热性，但铸造性和耐蚀性差。这类合金经淬火时效后，强度较高，适于制造 300℃以下工作的形状简单、承受重载的零件。

③ Al–Mg 系。Al–Mg 系合金最大特点是耐蚀性好，密度小（2.55g/cm³），强度、韧性较高，可加工性好，但合金的铸造性能差，易氧化和产生裂纹。这类合金主要用来制造受冲击载荷、耐海水腐蚀、外形不太复杂的零件，如发动机机匣、起落架等。

④ Al–Zn 系。Al–Zn 系合金具有良好的铸造性能、可加工性、焊接性及尺寸稳定性，但耐蚀性差，密度大，热裂倾向大。这类合金常用于制造医疗器械、汽车、飞机零件等。

随着高强度铸造铝合金和铸造工艺的发展，铸造铝合金在飞机结构及其他工业产品中应用越来越广。铸造铝合金适于砂型、金属型、压铸、熔模等各种铸造方法，生产各种形状复杂的铸件。零件的外形尺寸可由几厘米到1m以上，质量可由几克到几十千克，其使用温度在 −40 ~ 400℃。

5.6.2 铜及铜合金

1. 纯铜

工业用纯铜，铜含量 w_{Cu} 高于 99.5%，通常呈紫红色，故又称紫铜。纯铜的密度为 8960kg/m^3，熔点为1083℃，面心立方晶格，无同素异构转变。它具有优良的导电、导热、耐蚀和焊接性能，又有一定的强度，广泛用于导电、导热和耐蚀器件。

微量的杂质元素对铜的力学性能和物理性能影响很大。磷、硅、砷等显著降低纯铜的导电性；铅、铋与铜形成低熔点的共晶体（Cu + Pb）或（Cu + Bi），共晶温度分别为326℃和270℃，共晶体分布在晶界上，在进行压力加工时（820 ~ 860℃），晶界熔化，使工件开裂产生"热脆性"；氧和硫能与铜形成脆性化合物 Cu_2O、Cu_2S，使铜的塑性降低，冷加工时易开裂，称为"冷脆性"。

工业上按氧含量及加工方法不同，将纯铜分为工业纯铜和无氧纯铜两大类。

工业纯铜牌号有 T1、T2、T3 和 T4 四种。序号越大，纯度越低。无氧铜氧含量 w_{O_2} 低于 0.003%，牌号有 Tu1、Tu2 等，主要用于电真空器件。

2. 铜合金

铜合金按加入元素，可分为黄铜、青铜和白铜（铜镍合金）。在机械生产中普遍使用的铜合金是黄铜和青铜。

（1）黄铜　由铜和锌组成的合金称为黄铜。不含其他合金元素的黄铜为普通黄铜；含有其他合金元素的黄铜为特殊黄铜。

1）普通黄铜。普通黄铜的性能与锌含量密切相关。图 5-13 所示为普通黄铜的力学性能与锌含量的关系。

由图 5-13 可见，w_{Zn} < 32% 时，强度和塑性都随锌含量的增加而提高。当 w_{Zn} > 32% 后，因组织中出现了脆性大的 β 相，伸长率开始急剧下降。当 w_{Zn} > 45% 时，组织全部转变为 β 相，合金的塑性和强度均急剧下降，在工业上已无实用价值。因此，普通黄铜的 w_{Zn} 都不超过 50%。普通黄铜牌号用"黄"字的汉语拼音首位字母

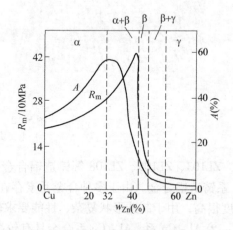

图 5-13　普通黄铜力学性能与锌含量的关系

"H"加数字表示，数字表示铜含量，如 H70 表示 w_{Cu} = 70%、w_{Zn} = 30%的普通黄铜。

普通黄铜按退火后组织可分为单相黄铜（α 黄铜）和双相黄铜（α + β 黄铜）。

单相黄铜的 w_{Zn} < 32%，α 相是锌在铜中的单相固溶体。单相黄铜塑性好，可进行冷、热压力加工，用来制造各种线材、板材或形状复杂的深冲压件，常用的有 H70、H68 等。

双相黄铜的 w_{Zn} 一般在 32% ~ 45% 之间，其高温塑性好，故适宜于热加工。常用的有

H62、H60 等，适于制造中等强度的结构件，如螺栓、螺母、弹簧及轴套等。

压力加工的普通黄铜制品，因为残余应力的存在，在潮湿大气或海水中，特别是在含氨的介质中，易发生开裂，称为季裂。锌含量越大，季裂倾向越大。生产中可通过去应力（250~300℃）退火加以消除。

2）特殊黄铜。特殊黄铜是在铜锌合金的基础上加入 Pb、Al、Sn、Ni、Si 等元素后形成的铜合金。合金元素提高其强度，锡、铝、硅等可提高其耐蚀性；铝还能改善可加工性和提高耐磨性。特殊黄铜牌号为 H + 主加元素符号 + 铜及合金元素含量（%），如 HPb59 - 1，表示 w_{Cu} =59%、w_{Pb} =1% 的铅黄铜。

铸造黄铜用表示铸铜的符号"ZCu"加上合金元素的化学符号及含量数表示其牌号。常用黄铜的牌号、化学成分、力学性能及应用举例见表5-27。

表 5-27　常用黄铜的牌号、化学成分、力学性能及应用举例

牌　号	化学成分 w_i（%）		制品种类或铸造方法	力学性能			应用举例
	Cu	Zn 及其他		R_m/MPa	A（%）	HBW	
H96	95~97	Ni0.5，Fe0.1，Pb0.03，Zn 余量	板、带棒线、管、型、箔	270	35		导管、冷凝器、散热片及导电零件，冲压、冷挤零件，如弹壳、铆钉、螺母、垫圈等
H68	67~70	Ni0.5，Fe0.1，Pb0.03，Zn 余量		300	40		
H62	60.5~63.5	Ni0.5，Fe0.15，Pb0.08，Zn 余量		300	40	56	
HPb59 - 1	57~60	Ni1.0，Fe0.5，Pb0.8~1.9，Zn 余量	板、带管、棒、线	350	25	49	各种结构零件，如销、螺钉、螺母、衬套、垫圈
HMn58 - 2	57~60	Ni0.5，Fe0.1，Pb0.1，Mn1~2，Zn 余量	板、带棒线、管	390	30	85	船舶和弱电用零件
ZCuZn16Si4	79~81	Si 2.5~4.5，Zn 余量	S	345	15	90	在海水、淡水和蒸汽（<265℃）条件下工作的零件，如支座、法兰盘、导电外壳
			J	390	20	100	
ZCuZn40Pb2	58~63	Pb 0.5~2.5，Al 0.2~0.8，Zn 余量	S	220	15	80	选矿机大型轴套及滚珠轴承套
			J	280	20	90	

（2）青铜　青铜原指铜锡合金，又叫锡青铜。但目前已将含铝、硅、铅、铍、锰等合金元素的铜合金都包括在青铜内，统称为无锡青铜。

按生产方法，青铜分为压力加工青铜和铸造青铜两类。压力加工青铜用表示青铜的符号"Q"加合金元素的化学符号及含量数表示牌号，如 QSn4 - 3 表示锡的平均质量分数为4%，锌的平均质量分数为3%，其余为铜的锡青铜。铸造青铜则与铸造黄铜的牌号表示方法相同，以"ZCu"加合金元素的化学符号及其含量数来表示，如 ZCuSn10Pb5。

1）锡青铜。以锡为主加元素的铜合金称为锡青铜。锡青铜是人类使用最早的铜合金。图 5-14 所示为锡青铜的力学性能与锡含量的变化关系。当锡含量 w_{Sn} <6% 时，组织为单相

α 固溶体（锡溶于铜中形成的固溶体），合金的强度和塑性随含锡量增加而提高。当锡含量 w_{Sn} >7% 后，由于出现了脆性的 δ 相（以金属化合物 $Cu_{31}Sn_8$ 为基的固溶体），使塑性开始下降，少量的 δ 相又使其强度提高。当锡含量 w_{Sn} >20% 时，由于过多的 δ 相，合金的塑性和强度都急剧下降。因此在生产中，冷压力加工用锡青铜的锡含量 w_{Sn} 均在 5% ~7% 之间。

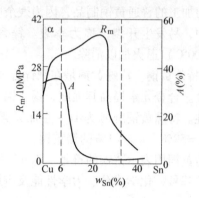

图 5-14　锡青铜的力学性能与锡含量的变化关系

① 压力加工锡青铜。锡含量 w_{Sn} 一般小于 10%，适宜于冷热压力加工。这类合金经形变强化后，强度、硬度提高，但塑性有所下降，主要用于仪表上耐磨、耐蚀零件，弹性零件及滑动轴承、轴套等。

② 铸造锡青铜。锡含量 w_{Sn} 在 10% ~14% 之间，在这个成分范围内的合金，结晶凝固后体积收缩很小（<1%），有利于获得尺寸接近铸型的铸件。但由于其结晶温度范围宽，合金流动性差，易形成缩松，铸件致密性差；再加上结晶时偏析严重而强度降低，故铸造锡青铜只宜于用来生产强度和密封性要求不高但形状复杂的铸件。

2）无锡青铜。无锡青铜是指不含锡的青铜，常用的有铝青铜、铍青铜、铅青铜、锰青铜、硅青铜等。

铝青铜是无锡青铜中用途最广泛的一种，其强度高、耐磨性好，且具有受冲击时不产生火花的特点，主要用来制造各种弹性元件、高强度、耐磨零件、轴承、轴瓦、齿轮、摩擦片、蜗轮等。铝青铜可以气焊、电焊，但不易钎焊。

铍青铜是典型的沉淀硬化型合金，经时效处理后，其强度在所有铜合金中是最高的，特别是 σ_e。加工铍青铜主要用作各种高级弹性元件，特别是要求良好的传导性能、耐腐蚀、耐磨、耐寒、无磁的各种元件；铸造铍青铜则用于防爆工具、各种模具、凸轮、轴承、轴瓦、齿轮和各种电极等。铍的氧化物和粉尘对人体有害，生产和使用要注意防护。

表 5-28 列出了几种青铜的牌号、化学成分、力学性能及应用举例。

5.6.3　镁及镁合金

纯镁的室温密度仅为 $1.74g/cm^3$，是所有金属结构材料中最低的。质轻的优点以及较好的减振性能、铸造性能、尺寸稳定性和可回收利用性等，使镁合金在汽车、航空、家电、计算机、通信等领域具有良好的应用前景。在很多情况下，镁合金已经或正在取代工程塑料和其他金属材料用于笔记本电脑外壳、手机外壳、汽车轮毂、仪表盘等。但是镁合金的广泛应用仍受到一些限制，因为镁合金在盐水环境中的耐蚀性差，强度和弹性模量相对较低，抗蠕变、抗疲劳和抗磨损性能不足，室温塑性加工较困难，易燃等。我国是世界上镁的生产大国和出口大国，加快开发和应用高性能镁合金具有重要意义。

镁合金分为变形镁合金和铸造镁合金两类。镁合金中的主要合金元素有 Al、Zn、Mn、Zr、稀土元素（Re）等。我国变形镁合金新牌号中前两个字母代表合金的两种主要合金元素（如 A、K、M、Z、E、H 分别表示 Al、Zr、Mn、Zn、稀土和 Th），其后的数字表示这两

表5-28 几种青铜的牌号、化学成分、力学性能及应用举例

类别	牌号	化学成分 w_i（%）						铸造方法	力学性能				应用举例
		Sn	Pb	Al	Mn	Cu	其他		R_m /MPa	$R_{p0.2}$ /MPa	A_5（%）	HBW	
锡青铜	ZCuSn5Pb5Zn5	4.00~6.00	4.00~6.00			余量	Zn 4.00~6.00	砂型	200	90	13	590	耐磨零件、耐磨轴承
	ZCuSn10Pb5	9.00~11.00	4.00~6.00			余量		砂型 / 金属型	195 / 245		10 / 10	685 / 685	阀、泵壳、齿轮、蜗轮等
	ZCuSn10Zn2	9.00~11.00				余量	Zn 1.00~3.00	砂型 / 金属型	240 / 245	120 / 140	12 / 6	685 / 785	
铅青铜	ZCuPb10Sn10	9.00~11.00	8.00~11.00			余量		砂型 / 金属型	180 / 220	180 / 140	7 / 5	635 / 685	轴承
	ZCuPb30		27.00~33.00			余量		金属型				245	曲轴、高速轴承
铝青铜	ZCuAl9Mn2			8.00~10.00	1.50~2.50	余量		砂型 / 金属型	390 / 440		20 / 20	835 / 930	弹簧及弹性零件等
	ZCuAl10Fe3Mn2			9.00~11.00	1.00~2.00		Fe 2.00~4.00	砂型 / 金属型	490 / 540		15 / 20	1080 / 1175	高强度和耐磨、耐蚀件
铍青铜	QBe2					余量	Be 1.8~2.1 Ni 0.2~0.5 Al 0.15 Si 0.15 Fe 0.15	淬火 / 时效	500 / 1250		35 / 2~4	100 / 330	重要弹簧、弹性零件、高速轴承、高压齿轮等
	QBe1.7					余量	Be 1.6~1.85 Ni0.2~0.4 TiO.1~0.25 Al 0.15 Si 0.15 Fe 0.15	淬火 / 时效	440 / 1150		50 / 3.5	85HV / 360HV	

种合金元素的质量分数，最后的字母用来标识各具体组成元素相异或元素含量有微小差别的不同合金。表 5-29 列出了部分镁合金的牌号、化学成分、力学性能及应用举例。

表 5-29　部分镁合金的牌号、化学成分、力学性能及应用举例

类别	牌号	化学成分 w_i（%）				加工状态	棒材力学性能不小于			应用举例
		Al	Zn	Mn	其他		R_m/MPa	$R_{p0.2}$/MPa	A（%）	
变形镁合金	AZ40M	3.0 ~ 4.0	0.2 ~ 0.8	0.15 ~ 0.50		热成形	245		5	中等负荷结构件
	AZ61M	5.5 ~ 7.0	0.4 ~ 1.5	0.15 ~ 0.50		热成形	260	170	15	大负荷结构件
	AZ80M	7.8 ~ 9.2	0.2 ~ 0.8	0.15 ~ 0.50		热成形	330	230	11	
	ME20M	≤0.20	≤0.30	1.3 ~ 2.2	Ce 0.15 ~ 0.35	热成形	195		2	飞机部件
	ZK61M	≤0.05	5.0 ~ 6.0	≤0.1	Zr 0.3 ~ 0.9	热成形 + 时效	305	235	6	高载荷、高强度飞机锻件、机翼长桁
铸造镁合金	ZMgZn5Zr		3.5 ~ 5.5		Zr 0.5 ~ 1.0	人工时效	235	140	5	抗冲击零件、飞机轮毂
	ZMgRE3Zn2Zr		2.0 ~ 3.0		Zr 0.5 ~ 1.0 RE2.5 ~ 4.0	人工时效	140	95	2	高气密零件、仪表壳体
	ZMgAl8Zn	7.5 ~ 9.0	0.2 ~ 0.8	0.15 ~ 0.50		固溶处理 + 人工时效	230	100	2	中等负荷零件、飞机翼肋、机匣、导弹部件

5.6.4　钛及钛合金

钛及其合金由于具有比强度高、耐热性好、耐蚀性优良等性能，因此在航空、航天、造船及化工工业中是重要的结构材料。

1. 工业纯钛

钛的力学性能与纯度有关，钛中常存的 O、N、H、C 等元素能与钛形成间隙固溶体，显著提高钛的强度与硬度，降低其塑性与韧性。

工业纯钛按纯度分为三个等级，其牌号为 TA1、TA2、TA3。T 为 "钛" 字的汉语拼音首位字母，序号越大纯度越低。工业纯钛常用于制造 350℃ 以下工作，且受力不大的零件及冲压件，如飞机骨架、发动机部件、耐海水管道及柴油机活塞、连杆等。

2. 钛合金

工业用钛合金按其退火组织可分为 α 钛合金、β 钛合金和 α + β 钛合金三大类，其牌号分别以 TA、TB、TC 表示。

（1）α 钛合金　组织全部为 α 相的钛合金。它具有良好的焊接性和铸造性、高的蠕变

抗力、良好的热稳定性；塑性较低，对热处理强化和组织类型不敏感，唯一的热处理形式是退火。与工业纯钛相比，它具有中等的室温强度和高的热强性，长期工作温度可达450℃。它主要用于制造发动机压气机盘和叶片等。

（2）β钛合金　钛合金加入Mo、Cr、V等合金元素后，可获得亚稳组织的β相。这类合金强度较高，塑性、冲击韧性好，经淬火和时效处理后，析出弥散的α相，强度进一步提高。它适用于制造形状复杂、强度要求高的板材及零件。

（3）α+β钛合金　钛中加入稳定β相元素（Mn、Cr、V等），再加入稳定α相元素（Al），在室温下即可获得（α+β）双相组织。这类合金热强度和加工性能处于α钛合金和β钛合金之间，可通过淬火和时效进行强化，且塑性较好，具有综合性能好的特点。双相钛合金在海水中抗应力腐蚀及抗热盐应力腐蚀能力好。它主要用在400℃左右长期工作的零件，如火箭发动机外壳，航空发动机叶片及紧固件、大尺寸的锻件、模锻件和其他半成品等。

（4）低温用钛合金　近年来，随着新技术的发展，对能在低温或超低温条件下工作的结构件的需求日益增多，例如：宇宙飞行器中的液氧储箱，工作温度为-183℃；液氮储箱为-196℃；液氢储箱为-253℃等。在这样低的工作温度下，要求材料必须还能够保持良好的力学性能和物理性能。

钛中加入锆、锡和铪，它们与β和α形成连续固溶体；还有与β同晶型的β稳定元素钒、铌、铜、钽，它们与β形成连续固溶体，与α形成有限固溶体，且在α中的溶解度随温度降低而扩大。所以，这些元素与钛组成的合金，组织均匀，晶格畸变和内应力很小，具有极高的低温稳定性，在低温下能保持高的塑性、韧性。

钛合金用作低温结构材料，比强度高，可减轻构件的重量；强度随温度的降低而提高，又能保证良好的塑性；在低温下冷脆敏感性小。此外，钛合金的导热性低、热膨胀系数小。它适宜制造火箭、导弹的燃料储箱和管道等结构件。

目前，专用的低温钛合金有Ti-5Al-2.5Sn（低氧），合金的使用温度可达-253℃，用于制造宇宙飞船的液氢容器。Ti-6Al-4V（低氧）使用温度为-196℃，用于制造低温高压容器，如导弹储氮容器等。钛合金用作高、低温条件下的结构材料具有广阔的发展前景。

5.6.5　轴承合金

滑动轴承中用于制作轴瓦和轴衬的合金称为轴承合金。当轴承支撑轴进行工作时，由于轴的旋转使轴和轴瓦之间产生强烈的摩擦。为了减少轴承对轴颈的磨损，确保机器的正常运转，轴承合金应具有如下性能要求。

1）足够的强度和硬度，以承受轴颈所施加的较大的单位压力。

2）足够的塑性、韧性，以保证轴与轴承良好配合并耐冲击和振动。

3）与轴之间有良好的磨合能力及较小的摩擦系数，并能保持住润滑油。

4）有良好的导热性和耐蚀性。

5）有良好的工艺性，容易制造且价格低廉。

为了满足以上性能要求，轴承合金的组织应是在软的基体上均匀分布着硬相质点，如图5-15所示。当机器运转时，软的基体很快磨凹下去，而硬的质点凸出于基体上，支撑着轴，承受其施加的压力，减小轴与轴瓦之间的接触面，且凹下去的基体可以储存润滑油，从而减小轴与轴颈间的摩擦系数；同时，外来硬物能嵌入基体中，不至于擦伤轴。软的基体还能承受冲击与振动，并使轴与轴瓦很好地磨合。

轴承合金也可以采用硬的基体上均匀分布着软相质点的组织。这种组织具有较大的承载能力，但磨合能力较低。

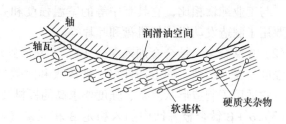

图 5-15　轴承合金组织结构示意图

最常用的轴承合金是锡基和铅基"巴氏合金"，牌号以 Z 表示（即"铸"字的汉语拼音首位字母），后附以基体元素、主加元素、辅加元素的化学符号，并标明主加元素和辅加元素的含量。铸造轴承合金的牌号、化学成分及应用举例见表 5-30。

表 5-30　铸造轴承合金的牌号、化学成分及应用举例

类　别	牌　号	化学成分 w_i（%）					硬度 HBW（不小于）	应用举例
		Sb	Cu	Pb	Sn	杂质		
锡基轴承合金	ZSnSb12Pb10Cu4	11.0~13.0	2.5~5.0	9.0~11.0	余量	0.55	29	一般发动机的主轴承，但不适于高温工作
	ZSnSb12Cu6Cd1	10.0~13.0	4.5~6.8	0.15	余量	Cd1.1~1.6（Fe+Al+Zn）≤0.15	34	
	ZSnSb11Cu6	10.0~12.0	5.5~6.5	0.35	余量	0.55	27	1500kW 以上蒸汽机、370kW 涡轮压缩机、涡轮泵及高速内燃机轴承
	ZSnSb8Cu4	7.0~8.0	3.0~4.0	0.35	余量	0.55	24	一般大机器轴承及高载荷汽车发动机的双金属轴承
	ZSnSb4Cu4	4.0~5.0	4.0~5.0	0.35	余量	0.50	20	涡轮内燃机的高速轴承及轴承衬
铅基轴承合金	ZPbSb15Sn16Cu2	15.0~17.0	1.5~2.0	余量	15.0~17.0	0.6	30	110~880kW 蒸汽涡轮机，150~750kW 电动机和小于 1500kW 起重机及重载荷推力轴承

（续）

类 别	牌 号	化学成分 w_i（%）					硬度 HBW（不小于）	应用举例
		Sb	Cu	Pb	Sn	杂质		
铅基轴承合金	ZPbSb15Sn5Cu5Cd2	14.0～16.0	2.5～3.0	Cd1.75～2.25 As0.6～1.0 Pb 余量	5.0～6.0	0.4	32	船舶机械、小于250kW电动机、抽水机轴承
	ZPbSb15Sn10	14.0～16.0	0.7	余量	9.0～11.0	0.45	24	中等压力的机械，也适用于高温轴承
	ZPbSb15Sn5	14.0～15.5	0.5～1.0	余量	4.0～5.5	0.75	20	低速、轻压力机械轴承
	ZPbSb10Sn6	9.0～11.0	0.7	余量	5.0～7.0	0.70	18	重载荷、耐蚀、耐磨轴承

1. 锡基轴承合金

锡基轴承合金是工业上广泛应用的轴承材料。它是以锡为基加入锑、铜等元素组成的合金。典型锡基轴承合金的组织是在软相 α 固溶体的基体上均匀分布着起抗磨作用的硬相质点 SnSb。金属化合物 Cu_6Sn_5 可以防止凝固过程中的比重偏析。锡基轴承合金具有较好的耐磨性能，塑性好，有良好的磨合性、镶嵌性和抗咬合性，耐热性和耐蚀性均好，适用于制造承受高速度、大压力和冲击载荷的轴承，如汽车、拖拉机、汽轮机等上的高速轴瓦。但锡基轴承合金疲劳强度差，工作温度低（＜150℃）。

2. 铅基轴承合金

铅基轴承合金的组织是在铅的软基体上均匀分布着硬相颗粒。与锡基轴承合金相比，铅基轴承合金较脆易形成疲劳裂纹，其热导率、热膨胀系数、铸造性能、耐蚀性能都低于锡基合金，但强度却接近或高于锡基合金，而且价格低，故这类合金广泛应用于制造中等载荷或高速低载荷、工作中冲击力不大、温度较低的轴承，如汽车、拖拉机的曲轴轴承及电动机、破碎机轴承等。

无论是锡基还是铅基轴承合金，它们的强度都比较低，不能承受大的压力，故需将其镶铸在钢的轴瓦上，形成一层薄而均匀的内衬，才能发挥其作用。这种工艺称为"挂衬"，挂衬后就形成所谓的双金属轴承。

3. 其他轴承合金

（1）铜基轴承合金 以铅为主加元素的铜合金称为铜基轴承合金。它的组织为硬基体软质点，硬基体为铜，独立的铅颗粒为软质点。这类合金摩擦系数小，耐疲劳、耐热性好，承载能力强，广泛用于高速、高压下工作的轴承，如高速发动机、柴油机的主轴承。常用的有 ZCuPb30、ZCuSn10Pb1 等。

（2）铝基轴承合金 以锑或锡为主加元素的铝合金称为铝基轴承合金。它的组织为硬基体（铝）软质点（锡粒）。它具有优良的导热性、高的疲劳强度与硬度、良好的耐蚀性、价格便宜等特点，但线膨胀系数大、易产生胶合。加大轴承间隙、降低轴承和轴颈表面粗糙度，有助于提高抗胶合能力。它适宜于制造高速、重载的汽车、拖拉机的发动机轴承。

目前应用的铝基轴承合金有铝锑镁和高锡铝基轴承合金两种，其中以高锡铝基轴承合金应用最广。各种轴承合金的性能比较见表 5-31。

表 5-31　各种轴承合金的性能比较

种　类	抗咬合性	磨合性	耐蚀性	耐疲劳性	合金硬度 HBW	轴颈处硬度 HBW	最大允许压力 /MPa	最高允许温度/℃
锡基巴氏合金	优	优	优	劣	20 ~ 30	150	600 ~ 1000	150
铅基巴氏合金	优	优	中	劣	15 ~ 30	150	600 ~ 800	150
锡青铜	中	劣	优	优	50 ~ 100	300 ~ 400	700 ~ 2000	200
铅青铜	中	差	差	良	40 ~ 80	300	2000 ~ 3200	220 ~ 250
铝基合金	劣	中	优	良	45 ~ 50	300	2000 ~ 2800	100 ~ 150
铸铁	差	劣	优	优	160 ~ 180	200 ~ 250	300 ~ 600	150

5.6.6　粉末冶金材料

粉末冶金法同熔炼法一样是生产工程材料的基本方法之一。粉末冶金材料是用金属粉末或金属与非金属粉末作原料，通过配料、压制成形、烧结和后处理等工艺过程而制成的材料。

粉末冶金在技术和经济上具有一系列的特点。

1) 用粉末冶金方法能生产出用普通熔炼法无法生产的具有特殊性能的材料，如各种多孔材料、复合材料等。

2) 粉末冶金生产的某些材料，与普通熔炼法相比性能优越。例如：粉末高速钢可避免成分的偏析，保证合金具有均匀的组织和稳定的性能，同时使合金的热加工性大为改善。

从制造机械零件方面来看，粉末冶金法制造机械零件是一种少切削、无切削的新工艺，可以大量减少机加工量，节约金属材料，提高劳动生产率。

近年来，粉末冶金法常用来制作减摩材料、结构材料、摩擦材料、硬质合金、难熔金属材料（高温合金、钨丝等）、过滤材料（用于水、空气、液体燃料和润滑油过滤）、金属陶瓷（Al_2O_3 – Cr、Al_2O_3 – Fe）等。

1. 工具材料

粉末冶金工艺是制造工具材料的主要手段之一。目前常用的工具材料有硬质合金、超硬材料及陶瓷、粉末高速钢等。

(1) 硬质合金　硬质合金是由一种或几种难熔碳化物，如以碳化钨（WC）、碳化钛（TiC）等的粉末为主要成分再加入金属粘结剂组成的。硬质相保证合金的高硬度和高耐磨性，粘结相使合金具有一定的强度和韧性。

1) 硬质合金的性能特点。

① 硬度高（在常温下可达 86 ~ 93HRA）、热硬性高（在 900 ~ 1000℃保持高硬度）、耐磨性好，故硬质合金刀具在使用时，其切削速度、耐磨性与寿命都比高速钢有显著的提高。

② 具有高的抗压强度（可达 6000MPa），但抗弯强度低。

③ 良好的耐蚀性（抗大气、酸、碱等）和抗氧化性。

2）硬质合金的分类及应用。

① 钨钴类硬质合金。它的主要化学成分为碳化钨及钴。牌号为"YG + 数字"，"YG"为"硬"、"钴"两字的汉语拼音首位字母，数字表示钴的质量分数的百倍。例如：YG8 表示钴的质量分数为 8%，余量为碳化钨的钨钴类硬质合金。该类硬质合金主要用来作切削加工产生断续切屑的脆性材料（如铸铁、非铁金属及合金、胶木及其他非金属材料等）的刀具。

② 钨钴钛类硬质合金。它的主要化学成分为碳化钨、碳化钛及钴。牌号为"YT + 数字"，"YT"为"硬"、"钛"两字的汉语拼音首位字母，数字表示碳化钛的质量分数的百倍。例如：YT15 表示碳化钛的质量分数为 15%，余量为碳化钨及钴的钨钴钛类硬质合金。该类硬质合金主要用来作切削加工韧性材料（如各种钢等）的刀具。

硬质合金中，碳化物含量越多，钴含量越少，则合金的硬度、热硬性及耐磨性越高，但强度及韧性越低。

③ 通用硬质合金。它是以 TaC 或 NbC 取代部分 TiC。取代数量越多，在硬度不变的条件下，合金的抗弯强度越高。它适用于切削各种钢材，特别适于切削不锈钢、耐热钢、奥氏体锰钢等难以加工的钢材。通用硬质合金又称"万能硬质合金"。牌号为"YW + 数字"，"YW"为"硬"、"万"两字的汉语拼音首位字母，数字表示顺序号，如 YW1、YW2 等。

（2）粉末高速钢　由于高速钢的合金元素含量高，当采用熔铸工艺时会产生严重的偏析，使力学性能降低。金属收得率也低，损耗高达钢锭重量的 30% ~ 50%。而粉末高速钢则可减少或消除偏析，获得均匀分布的细小碳化物，具有较大的抗弯强度和抗冲击性能；韧性可提高 50%，还可大大提高耐磨性；热处理时形变量为熔炼高速钢的 1/10，使工具寿命提高 1 ~ 2 倍。它主要用于大型刀具及部件的生产。

2. 机械零件和结构材料

（1）减摩材料　粉末冶金减摩材料用于机械零件中主要承受摩擦作用的制品，要求具有良好的减摩性能。含油轴承材料便是其中的一种，可用于制造轴承、衬套、轴瓦、滑板等。这种材料压制成轴承后，放在润滑油中浸润，在毛细管的作用下可吸附大量润滑油（一般含油率为 12% ~ 30%），故称为含油轴承。含油轴承在工作时能将多孔体中储存的油自动供给摩擦表面以形成液体摩擦，因此具有良好的自润滑性；由于摩擦系数小，其磨合性、耐磨性优于铸造青铜轴承。含油轴承不仅在汽车、飞机、机车、冶金机械、矿山机械等重工业中得到了广泛的应用，在农机、家用机械、精密机械及仪表业中也不可缺少。由于具有自润滑特性可消除润滑油污染产品的现象，对食品工业及纺织工业等部门尤为重要。

目前，含油轴承正向低噪声、超小型（0.1 ~ 1g/个）、薄壁、大型精密含油轴承以及其他特殊用途轴承方向发展。

（2）机械零件

1）烧结铁基零件。烧结铁基零件是主要用于中等以上负荷的零件。与含油轴承相比，具有高密度、高强度，并可保证一定的尺寸精度。粉末冶金零件的塑性和韧性不及锻钢件，因此不适于制造承受剧烈弯曲或延伸的零件。虽然烧结铁基零件一次冲击韧度小，塑性差，但抗小能量多次冲击的性能一般较好，因此用于某些机械零件（如齿轮）完全可以达到工作要求。此外，它与锻钢相比还具有生产工艺简单、成本低、能源消耗少等一系列优点。目前在通用机械、汽车、拖拉机、仪表、农业机械、纺织机械等工业中采用粉末冶金零件的比重越来越大。

与一般钢一样，烧结铁基零件也可进行各种热处理。

2）粉末非铁合金。粉末铜基合金多用来制造含油轴承、摩擦材料、电器接点材料等，也常用于制造高精密度机械零件，如小型齿轮、凸轮、垫圈、螺母等。常用的 Cu-10Fe-5Sn-5Pb-8C-3SiO$_2$-3MoSi 合金具有较好的物理、力学性能，切削及耐磨性能，有足够的摩擦系数和摩擦系数稳定性，工艺简单，价格便宜，主要用作制动材料。

粉末铝合金近年来发展很快。与铝的压铸件相比，粉末零件的尺寸精度较高、组织均匀，其抗拉强度和屈服强度均高于普通铝锻件。因此，近年来在交通运输、仪器仪表、家庭用具、宇宙飞行等领域得到了广泛的应用，是一种先进的铝合金材料。随着热等静压、超塑性成形等先进工艺技术的发展和应用，高强度、高刚度、高损伤容限、低密度的先进粉末铝合金构件也正在研制开发之中。

本章小结

1）金属材料分为黑色金属和有色金属。黑色金属主要指钢和铸铁；有色金属主要指除钢和铸铁以外的金属材料。

2）在钢中，除铁和碳以外，有由炼钢原料带入以及炼钢过程中产生并残留下来的常存元素，还有为改善钢的性能而特意加入的合金元素。常存元素有 Mn、Si、S、P；合金元素有 Si、Mn、Cr、Ni、W、Mo、V、Ti、Nb、Zr、Al、Co、B 等。合金元素能与铁相互作用，对铁碳相图产生不同的影响。合金元素还能与碳相互作用，对热处理工艺产生一定的影响。

3）钢按用途可分为结构钢、工具钢、特殊性能钢，使用时应清楚其分类与编号、性能特点、成分特点、常用钢种及其热处理特点。

4）常用铸铁包括灰铸铁、球墨铸铁、可锻铸铁和蠕墨铸铁，清楚其牌号、组织与性能以及热处理方法和目的是合理应用的前提。

5）简介了铝及其合金、铜及其合金、镁及其合金、钛及其合金、轴承合金的牌号、成分、性能和主要用途。

6）简介了粉末冶金生产的工程材料。

思 考 题

1. 钢中常存元素有哪些？对钢的性能有何影响？

2. 为什么比较重要的大截面的结构零件如重型运输机械和矿山机械的轴类、大型发电机转子等都必须用合金钢制造？与碳钢相比，合金钢有何优缺点？

3. 解释下列现象。

1）在相同碳含量的情况下，除了含 Ni 和 Mn 的合金钢外，大多数合金钢的热处理加热温度都比碳钢高。

2）在相同碳含量的情况下，含碳化物形成元素的合金钢比碳钢具有较高的耐回火性。

3）$w_C \geqslant 0.4\%$、$w_{Cr} = 12\%$ 的铬钢属于过共析钢，而 $w_C = 1.5\%$、$w_{Cr} = 12\%$ 的钢属于莱氏体钢。

4）高速钢在锻造或热轧后，经空冷获得马氏体组织。

4. 一般刃具钢要求具有什么性能？为什么碳素工具钢只能用于制造刃部受热程度较低的手用工具或低速及小进给量的机用刃具？

5. 分析比较 T9 钢与 9SiCr 钢。

1）为什么9SiCr钢的热处理加热温度比T9钢高？

2）直径为φ30～40mm的9SiCr钢在油中冷却能淬透，相同尺寸的T9钢在油中冷却能否淬透？

3）为什么T9钢制造的刀具刃部受热至200～250℃时其硬度和耐磨性会迅速下降而导致刃具失效，而9SiCr钢刀具的刃部在230～250℃条件下工作，硬度仍不低于60HRC，且耐磨性良好？

4）为什么9SiCr钢比较适合制造要求变形较小，硬度较高（60～63HRC）、耐磨性良好的圆板牙等薄刃刀具？9SiCr钢制圆板牙应如何热处理？试对其热处理工艺进行分析。

6. 何谓热硬性？钢的热硬性与"二次硬化"有何关系？W18Cr4V钢的二次硬化现象在哪个回火温度范围产生？

7. 为什么滚动轴承的碳含量均为高碳？滚动轴承钢中常含哪些合金元素？它们在滚动轴承钢中起什么作用？为什么钢中含铬量被限制在一定范围之内？为了使GCr15滚动轴承钢获得高硬度、高耐磨性、高疲劳强度以及足够的韧性，应对其材质提出什么要求？GCr15钢制精密零件应如何合理选定热处理工艺？

8. 分析以下几种说法是否正确，为什么？

1）钢中合金元素含量越高，其淬透性越好。

2）要提高奥氏体不锈钢的强度，只能采用冷塑性变形予以强化。

3）调质钢的合金化主要是考虑提高热硬性。

4）高速钢反复锻造是为了打碎鱼骨状共晶莱氏体，使其均匀分布于基体中。

5）40MnB钢中B的作用是提高淬透性。

6）40MnB钢的耐蚀性不如12Cr13钢。

9. 指出下列合金钢的类别、用途、碳和合金元素的主要作用以及热处理特点。

①40CrNiMo；②55Si2Mn；③9Mn2V；④Cr12MoV；⑤5CrMnMo；⑥20CrMnTi。

10. 下列物品常用何种不锈钢制造？说明其热处理的主要目的及工艺方法。

①外科手术刀；②汽轮机叶片；③硝酸槽；④牙科用口腔丝。

11. 指出下列特殊性能钢的类别、用途、碳和合金元素的主要作用及热处理特点。

① 30Cr13；② 06Cr19Ni10（0Cr18Ni9）；③ 1Cr11MoV；④ 12Cr1MoV；⑤ 06Cr18Ni11Ti（1Cr18Ni9Ti）；⑥ ZGMn13。

12. 生产中出现下列不正常现象，应采取什么有效措施予以防止或改善？

1）灰铸铁磨床床身铸造以后就进行切削，在切削加工后发生不允许的变形。

2）灰铸铁铸件薄壁处出现白口组织、造成切削加工困难。

13. 下列工件宜选择何种特殊铸铁制造？

①磨床导轨；②1000～1100℃加热炉底板；③硝酸储存器。

14. 不同铝合金可通过哪些途径达到强化目的？

15. 有人想把LY12铝合金板条弯成60°角，但在弯的过程中发现弯不动，即使弯成了也有裂纹，请问应该进行何种处理才能解决此问题？

16. 为什么经压力加工的黄铜制品，在潮湿的环境下，易发生自裂现象（又称季裂）？采用何种措施可消除？

17. 简述轴承合金的组织特征。举例说明常用巴氏合金的成分、性能及用途。

18. 金属材料的减摩性与耐磨性有何区别？它们对金属组织与性能要求有何不同？

第6章　非金属材料

导读：本章介绍了高分子材料的分类及命名、塑料的组成及分类、常用工程塑料及应用、常用橡胶的分类及性能特点；简述了合成纤维及粘结剂的分类及性能特点；介绍了陶瓷的概念、特性及分类；简述了几种工业陶瓷材料的种类及用途。

本章重点：塑料的组成及分类；陶瓷的特性及分类。

非金属材料通常是指除金属材料以外的工程材料，产品范围广泛，品种极其繁多。概括起来，可分为无机非金属材料和有机非金属材料两大类。常见的无机非金属材料有陶瓷、玻璃、水泥、耐火材料、石棉、石墨、云母、铸石以及各种无机化工原料等；常见的有机非金属材料有塑料、橡胶、有机纤维、有机粘结剂、涂料、木材、燃料、润滑油料、皮革、纸制品以及各种有机化工原料等。

本章将分别介绍一些工程上常用的高分子材料和陶瓷材料及其应用。

6.1 高分子材料

如前面章节所介绍的，高分子化合物是由低分子化合物组成，是大量低分子的聚合物，因相对分子质量很大，故称之为高分子化合物或高聚物。高聚物的相对分子质量对高聚物的性能及成型加工方法有着重要的影响，一般认为，只有相对分子质量达到了使力学性能具有工程意义的化合物，才可认为是工程用高分子化合物，这时才可称它们为高分子材料。

本章介绍的高分子材料主要指人工合成的各种非金属有机材料，并以塑料、橡胶和纤维这三大合成材料为主。

6.1.1 高分子化合物的分类及命名

1. 高分子化合物的分类

高分子化合物的分类见表6-1。

2. 高分子化合物的命名

常用高分子材料的名称多采用习惯命名法，即在原料单体前加"聚"字，如聚乙烯、聚氯乙烯等；也有一些是在原料名称后加"树脂"二字，如酚醛树脂、脲醛树脂等。

有很多高分子材料采用商业名称，没有统一的命名规则，对同一种材料可能出现各国不同的名称。商品名称多用于纤维和橡胶，如聚乙烯醇缩甲醛称维尼纶，聚丙烯腈（人造羊毛）称腈纶、奥纶，聚对苯二甲酸乙二酯称涤纶、的确良，丁二烯和苯乙烯共聚物称丁苯橡胶等。有时为了简化，常用英文缩写表示，如聚乙烯用 PE、聚氯乙烯用 PVC 等。

6.1.2 塑料

塑料是指以树脂为主要成分的有机高分子固体材料。它在一定的温度和压力下具有可塑性，能塑制成一定形状的制品，且在常温下能保持形状不变，因而得名为"塑料"。

表6-1 高分子化合物的分类

分类方法	类别	特 点	举 例	备 注
按性能及用途	塑料	室温下呈玻璃态，有一定形状，强度较高，受力后能产生一定形变的聚合物	聚酰胺、聚甲醛、聚砜、有机玻璃、ABS、聚四氟乙烯、聚碳酸酯、环氧酚醛塑料	其中塑料、橡胶、纤维称为三大合成材料
	橡胶	室温下呈高弹态，受到很小力时就会产生很大形变，外力除后又恢复原状的聚合物	通用合成橡胶（丁苯、顺丁、氯丁、乙丙橡胶）、特种橡胶（丁腈、硅、氟橡胶）	
	纤维	由聚合物抽丝而成、轴向强度高、受力变形小，在一定温度范围内力学性能变化不大的聚合物	涤纶（的确良）、锦纶（尼龙）、腈纶（奥纶）、维纶、丙纶、氯纶（增强纤维有芳纶、聚烯烃）	
	粘结剂	由一种或几种聚合物作基料加入各种添加剂构成的，能够产生粘结力的物质	环氧、改性酚醛、聚氨酯、α－氰基丙烯酸酯、厌氧粘结剂	
	涂料	一种涂在物体表面上能干结成膜的有机高分子胶体的混合溶液。对物体有保护、装饰作用（或特殊作用：绝缘、耐热、示温等）	酚醛、氨基、醇酸、环氧、聚氯酯树脂及有机硅涂料	
按聚合物反应类型	加聚物	经加聚反应后生成的聚合物，链节的化学式与单体的分子式相同	聚乙烯、聚氯乙烯等	80%聚合物可经加聚反应生成
	缩聚物	经缩聚反应后生成的聚合物，链节的化学结构与单体的化学结构不完全相同，反应后有小分子物析出	酚醛树脂（由苯酚和甲醛缩合、缩水去水分子后形成的）等	
按聚合物的热行为	热塑性高聚物	加热软化或熔融而冷却固化的过程可反复进行的高聚物。它们是线性高聚物	聚氯乙烯等烯类聚合物	
	热固性高聚物	加热成型后，不再熔融或改变形状的高聚物。它们是网状（体型）高聚物	酚醛树脂、环氧树脂	
按主链上的化学组成	碳链聚合物	主链由碳原子一种元素组成的聚合物	—C—C—C—C—	
	杂链聚合物	主链除碳外，还有其他元素原子的聚合物	—C—C—O—C— —C—C—N— —C—C—S—	
	元素有机聚合物	主链由氧和其他元素原子组成的聚合物	—O—Si—O—Si—O—	

1. 塑料的组成

（1）合成树脂 塑料极少使用天然树脂，主要是用合成树脂来制备，如酚醛树脂、聚乙烯等。它是塑料的主要组成成分，并决定着塑料的基本性能。

· 145 ·

（2）填料或增强材料　多数填料主要起增强作用，并且是塑料改性的重要组成部分。例如：石墨、二硫化钼、石棉纤维和玻璃纤维等，都可以改善塑料的力学性能（实际上是制备复合材料）。

（3）固化剂　它的作用在于通过交联使树脂具有体型网状结构，成为较坚硬和稳定的塑料制品。例如：在酚醛树脂中加入六亚甲基四胺，在环氧树脂中加入乙二胺、顺丁烯二酸酐等。

（4）增塑剂　是用以提高树脂可塑性和柔性的添加剂。常用的为液态或低熔点固体有机化合物。例如：聚氯乙烯树脂中加入邻苯二甲酸二丁酯，可变为橡胶一样的软塑料。

（5）稳定剂　为了防止受热、光等的作用使塑料过早老化而加入的少量能起稳定化作用的物质。例如：能抗氧化的物质有酚类及胺类等有机物；炭黑则可用作紫外线吸收剂。

（6）阻燃剂　其作用是阻止燃烧或造成自熄。比较成熟的阻燃剂有氧化锑等无机物或磷酸酯类和含溴化合物等有机物。

塑料中还有其他一些添加剂，如润滑剂、着色剂、抗静电剂、发泡剂、溶剂和稀释剂等。加入银、铜等粉末可制成导电塑料；加入磁粉可制成磁性塑料等。

另外，塑料还可以制成"合金"，即把不同品种和性能的塑料融合起来，或者将不同单体通过化学共聚或接枝等方法结合起来，组成改性品种。例如：ABS塑料就是苯乙烯、丁二烯、丙烯腈三种成分，经接枝和混合而制成的三元"合金"或复合物。苯乙烯-聚氯乙烯-丙烯腈（ACS）、丁腈-酚醛和聚苯撑氧-苯乙烯等三元或二元复合物，都属于这类塑料。

2. 塑料的分类

因为塑料的种类繁多，需要科学地进行分类。常用的分类方法有以下两种。

（1）按塑料受热后的性质进行分类

1）热塑性塑料。热塑性塑料又称热熔性塑料。这类塑料的特点是受热时软化并熔融，成为可流动的粘稠液体，冷却后便固化成型。这一过程可以反复进行，而树脂的化学结构基本不变。它的典型品种有聚乙烯、聚丙烯、聚氯乙烯、聚苯乙烯、聚酰胺、ABS塑料、聚甲醛、聚碳酸酯、聚苯醚、聚砜、有机玻璃等。它的优点是易加工成型，力学性能较好；缺点是耐热性和刚性较差。

2）热固性塑料。热固性塑料的特点是在一定的温度下能软化或熔融，冷却后便固化（或加入固化剂）成型。一旦成型后，便不能溶解于溶剂中；再度加热，不会再度熔融，温度再高时只能分解而不能软化。所以热固性塑料只能塑制一次。这是因为热固性塑料的加热变化，不只是物理变化（塑化），而且还有化学变化（交联固化）。树脂在加热前后的性质完全不同，所以这种变化是不可逆的。属于热固性的塑料有酚醛塑料、氨基塑料、环氧树脂塑料、有机硅树脂塑料、不饱和聚酯塑料等。它们具有耐热性高、受热受压不易变形等优点，但是强度一般不高。

（2）按塑料的功能分类

1）通用塑料。通用塑料是指产量大、用途广、价格低廉的塑料，主要包括六大品种，即聚乙烯（PE）、聚丙烯（PP）、聚氯乙烯（PVC）、聚苯乙烯（PS）、酚醛塑料（PF）和氨基塑料。这六大品种的产量占塑料总产量的3/4以上，构成了塑料工业的主体。

2）工程塑料。工程塑料通常是指强度较高、刚性较大，可以代替钢铁和有色金属材料制造机械零件和工程结构受力件的塑料。这一类塑料除了具有较高的强度外，还具有很好的耐蚀性、耐磨性、自润滑性以及制品尺寸稳定性等特点。主要品种包括聚酰胺、聚碳酸酯、聚甲醛、聚氯醚、聚砜、有机玻璃、ABS树脂等。

随着塑料应用范围的不断扩大，工程塑料和通用塑料之间的界限越来越难以划分。例如：通用塑料中的聚氯乙烯，现在已代替工程塑料作为耐蚀材料大量地应用于化工设备上。

3）特种塑料。这类塑料主要是指耐高温或具有特殊用途的塑料。这类塑料的产量少，价格较高。品种包括氟塑料、有机硅树脂、环氧树脂、不饱和聚酯以及离子交换树脂等。

3. 塑料的特性

（1）重量轻、比强度高 大部分塑料的密度在 1000～2000kg/m³ 之间，聚乙烯、聚丙烯的密度最小（约为 900kg/m³），最重的聚四氟乙烯密度不超过 2300kg/m³，但比强度却非常高，超过了金属材料。从这个角度考虑，用塑料去替代某些金属材料制造机械构件，尤其对要求减轻自重的车辆、船舶、飞机等具有特别重要的意义。

（2）良好的耐蚀性能 一般塑料对酸、碱、有机溶剂等都具有良好的抗腐蚀能力，其中最突出的是聚四氟乙烯，甚至连"王水"也不能腐蚀它。所以塑料的出现，帮助人们解决了化工设备方面的腐蚀问题。

（3）优异的电气绝缘性能 几乎所有的塑料都具有优异的电气绝缘性能，可与陶瓷、橡胶、云母等相媲美，是电动机、电器、无线电和电子工业中所不可缺少的绝缘材料。

（4）突出的减摩、耐磨和自润滑性能 大部分塑料的摩擦系数都比较低，并且很耐磨，可以作为轴承、齿轮、活塞环和密封圈等在各种液体介质中（如油、水、腐蚀性介质）或者在少油、无油润滑的条件下有效工作。这种特性是一些金属材料所不能比拟的。

（5）优良的消音吸振性 采用塑料作为传动摩擦零件，可以减少噪声、降低振动、提高运转速度。

（6）易成型加工

（7）其他特殊性能 例如：有机玻璃的透光性超过了普通玻璃，而且质轻、耐冲击、不易碎；离子交换树脂可以使矿泉水净化、海水淡化、提取非铁金属、稀有金属和放射性元素等；感光树脂可以代替一般卤化银做感光材料；泡沫塑料可用来作隔声、隔热或保温材料；有些塑料加入导电性填料后可做成导电塑料等。

虽然塑料有以上优点，但目前在某些方面还有不足之处。例如：强度、硬度和刚度远不及金属材料，使用温度大多在 100℃左右，仅有少数品种可在 250～300℃间使用；同时，导热性极差、热膨胀系数较大、易老化、易燃烧、易变形。这些缺点使它们的使用范围受到一定的限制。针对这些缺点，人们正在不断进行研究、改进。已出现的新型耐高温塑料，使用温度有望突破 500℃以上，预计不远的将来将出现强度可与钢相匹敌的工程塑料。特别是以塑料为基体，用玻璃纤维、碳纤维、硼纤维等增强的复合材料发展非常迅速，其强度和刚度都已接近或超过金属，为塑料的发展开辟了新的道路。目前全世界塑料的年产量排在钢铁之后位居第二位，远远超过了非铁金属材料和其他工程材料。塑料的发展前景是非常广阔的，它将是引导人类进入高分子时代的开路先锋。

4. 常用工程塑料及应用

塑料的品种很多，应用极广，六大通用塑料已成为一般工农业生产和日常生活不可缺少的廉价材料。下面只对常用的工程塑料及新开发的塑料品种作一简要介绍。

（1）有机玻璃（PMMA）——热塑性塑料

学名：聚甲基丙烯酸甲酯。

主要优点：透光性与普通玻璃相当；耐紫外线及大气老化，耐冲击，不易破碎，低温下冲击韧度变化很小。

主要缺点：表面硬度低，易擦伤起毛，且易溶于有机溶剂中。

主要应用：取代玻璃，制造需要一定透明度和强度的零件，如飞机座舱盖。

（2）ABS——热塑性塑料

学名：丙烯腈—丁二烯—苯乙烯共聚体。

组成：丙烯腈（A）、丁二烯（B）和苯乙烯（S）三种单体混炼共聚而成。

主要优点：ABS塑料是在改性聚苯乙烯（AS）共聚物上发展起来的一大品种，类似"合金"，兼有三种组元的共同特性，因而综合性能较好，且耐水、油，易于成型和加工，价格低廉。

主要缺点：耐候性差、不耐燃。

改性品种：AAS、ACS（耐候性较好）、MBC（透明）等。

主要应用：广泛用于制造一般机械结构零件和减摩耐磨传动零件，低浓度酸碱和溶剂生产用的装置，如仪表壳、电动机外壳、汽车挡泥板及水箱外壳、齿轮、泵叶轮、轴承、管道储槽内衬、冰箱衬里和各种化工容器等。

（3）尼龙（锦纶）——热塑性塑料

学名：聚酰胺（含有酰胺基—CO—NH—）。

组成：由氨基酸脱水制成内酰胺再聚合而得，或由二元胺与二元酸缩合而成。

主要品种：尼龙6、尼龙66、尼龙610、尼龙1010、单体浇注尼龙（MC尼龙）、芳香尼龙等。

主要优点：耐磨性与自润滑性优异，摩擦系数小；耐油，有较高强度和良好的冲击韧性。

主要缺点：热导率低、热膨胀大、吸水性较大，且蠕变大，受热吸湿后机械强度变差。

改性方法：加入二硫化钼或石墨可减少吸水性、提高尺寸稳定性和热变形温度；加入玻璃纤维可降低蠕变值，使尼龙的综合力学性能提高；加入金属粉末可提高尼龙的硬度和热导率等。

主要应用：一般机械结构小型零件、减摩耐磨传动件（如齿轮、轴承等）；MC尼龙可用于大型减摩耐磨传动零件；芳香尼龙比较耐热、耐辐照，主要用作耐高温机械零件、防原子能辐射件、H级绝缘材料等。

（4）聚甲醛（POM）——热塑性塑料

组成：由单体甲醛或三聚甲醛为原料聚合而成。

主要优点：聚甲醛是一种没有侧链的高密度、高结晶性的线型聚合物，具有优异的综合性能，特别是它的耐疲劳性突出，是热塑性工程塑料中最高的。它的摩擦系数低而稳定，在干摩擦情况下尤为突出。

主要缺点：热稳定性差，尤其高温下易分解；成型性差，成型困难；不耐辐射、不耐燃、不耐日光、易老化。

改性方法：用聚四氟乙烯填充的聚甲醛，其减摩耐磨性能非常好。

主要应用：特别适用于制造某些无油润滑条件下的轴承、齿轮等减摩耐磨传动件。

（5）聚碳酸酯（双酚 A 型 PC）——热塑性塑料

组成：由双酚 A 与碳酸二烷酯进行酯交换或由光气与双酚 A 在氢氧化钠水溶液中直接反应而成。

主要优点：强度和尼龙、聚甲醛差不多，且弹性模量高，尤其是抗冲击、抗蠕变性能是热塑性塑料中最优异的。

主要缺点：不耐碱、酮、酯、胺及芳香烃，并会溶解在三氯甲烷、二氯乙烷、甲酚等溶剂中。疲劳强度差，制品有应力开裂倾向。

改性方法：用玻璃纤维增强或将聚碳酸酯与聚烯烃、聚甲醛、尼龙、ABS 等共混改性，以克服其缺点。

主要应用：一般用于制造耐冲击的机械传动结构零件、仪器仪表零件、透明件、装饰件及电气绝缘件，如机械设备上的蜗轮、凸轮、棘轮、轴类以及光学照明方面的大型灯罩、防爆灯、防护玻璃、飞机驾驶室外窗等。它具有良好的自熄性和高的透光性。

（6）聚砜（双酚 A 型 PSF）——热塑性塑料

结构特点：含有砜基 $-\overset{\overset{O}{\|}}{\underset{\underset{O}{\|}}{S}}-$ 。

主要品种：双酚 A 型聚砜、非双酚 A 型聚砜（又名聚芳砜）。

组成：双酚 A 型聚砜是由二酚基丙烷和 4，4-二氯二苯基砜缩聚而成。聚芳砜是由双芳环磺酰氯与芳环在特种催化剂下经缩聚而成。

主要优点：双酚 A 型聚砜的力学性能在热塑性塑料中属于最优异的一类，抗蠕变性能仅次于聚碳酸酯；除硫酸、浓硝酸外，能耐其他酸、碱、醇及脂肪族溶剂，能自熄，易电镀。聚芳砜的耐热、耐寒性好，可与聚酰亚胺媲美而且成本较低；同时硬度高、能自熄、耐老化、耐辐射，化学稳定性也较高。

主要缺点：双酚 A 型聚砜的耐紫外线及耐磨性较差，且有应力开裂倾向、成型温度高。聚芳砜虽有所改善，但仍不理想。

主要应用：广泛用于制造高强度、耐热、抗蠕变的机械结构零件和电气绝缘件。聚芳砜经填充改性后可用作高温轴承材料、自润滑材料、高温绝缘材料及超低温结构材料。

（7）氟塑料——热塑性塑料

主要品种：氟塑料是含氟塑料的总称，品种很多，如聚四氟乙烯（F-4）、聚三氟氯乙烯（F-3）、聚偏氟乙烯（F-2）、聚氟乙烯（F-1）及其共聚物，如 F-42（为 F-4 与 F-2 共聚物）、F-46（为 F-4 与 F-6 六氟丙烯共聚物）、F-40、F-23 等，其中在机械工业中用得较多的是 F-4。

组成：聚四氟乙烯是四氟乙烯单体的聚合物。它是用氟石、三氯甲烷等为原料，经加热裂解、聚合而成。

主要优点：聚四氟乙烯俗称塑料王，具有突出的耐高温、低温性能；化学稳定性优异，几乎耐所有化学药品的腐蚀，其耐蚀性超过了玻璃、陶瓷、不锈钢，甚至金、铂，也不溶于任何溶剂中；摩擦系数极低，只有 0.04，是现有固体物质中最低的。

主要缺点：强度较其他工程塑料低，刚性差，不存在黏流态，不能注射成型，需烧结成型，价格较昂贵。

主要应用：聚四氟乙烯主要用作减摩密封材料、化工机械中的各种耐腐蚀零部件以及高频、高温或潮湿条件下的电气绝缘材料。

（8）氯化聚醚（或称聚氯醚 CPE）——热塑性塑料

组成：由单体 3，3 双（氯甲基）丁氧环在催化剂作用下开环聚合而成。

主要优点：耐化学介质腐蚀性高，仅次于聚四氟乙烯，但比氟塑料价格低，且易加工成型，并可焊接、喷涂；耐磨性能优良，高温蠕变小。

主要缺点：冲击强度较低，耐低温性能差。

主要应用：用于制造腐蚀介质中的零部件、化工设备衬里和涂层，还可用于制造亚热带和潜水电缆的包皮以及耐磨、精密零件。

（9）聚酰亚胺（PI）——热塑性塑料

主要品种：均苯型聚酰亚胺（或称不熔性聚酰亚胺），醚酐型聚酰亚胺（又称可熔性聚酰亚胺）。

组成：均苯型由均苯四甲酸二酐与 4，4 - 二氨基二苯醚缩聚而成；醚酐型由醚酐与芳香族二胺缩聚而成。

主要优点：耐高温且有优良的综合性能，强度高、抗蠕变，高温、高真空时的摩擦磨损性能也好，是一种很有价值的耐高温、高真空的自润滑耐磨材料。

主要缺点：质较脆、抗冲击强度低，并有缺口敏感性，耐候性差，价格高。均苯型聚酰亚胺由于不溶也不熔，成型加工性差，只能用热压法；可熔性聚酰亚胺可用一般热塑性塑料的成型工艺，它是为了克服前者的缺点而发展起来的新型聚酰亚胺，但其耐热性低于均苯型聚酰亚胺。

主要应用：高温高真空自润滑材料、高温精密零件、低温工作的机械零件、C 级电工绝缘材料以及宇宙航行和原子能工业中的零件和防辐射材料等。

（10）酚醛塑料（PF）——热固性塑料

组成：酚醛树脂是由苯酚与甲醛在酸性或碱性催化剂作用下经缩聚而成的。酚醛塑料是以酚醛树脂为基础，加入各种填料及其他添加剂压制而成。

主要优点：刚性大、强度高、坚硬耐磨、性能稳定、抗蠕变性优于许多热塑性塑料，在水润滑条件下具有极低的摩擦系数，电性能优良、吸湿性低、不易变形。

主要缺点：质脆、不耐碱，加工性较差。

主要应用：酚醛塑料的主要品种之一是压塑粉，俗称胶木粉，广泛应用于制造各种电讯器材和电木制品，如插头、开关、仪表盒等。

（11）环氧塑料（EP）——热固性塑料

组成：环氧树脂加固化剂，加或不加其他添加剂，于室温或加热条件下进行浇注或模塑后固化成型。

主要优点：强度较高、韧性较好，电绝缘性优良，化学稳定性好，可防水、防潮、防霉。

主要缺点：不耐强碱，强韧性一般。

主要应用：常用于制造塑料模具、精密量具，机械、仪表和电气结构零件，电气、电子元件；常用于线圈的灌注、涂覆和包封固定以及修补铸件砂眼和金属零件裂纹等。

（12）有机硅塑料——热固性塑料

学名：聚有机硅氧烷。

组成：有机硅塑料由有机硅树脂与石棉、云母或玻璃纤维等配制而成，主链由硅氧键构成，侧链通过硅与有机基团相连。

主要优点：耐热性高，电绝缘性能优良，耐高压电弧，耐辐射、耐火焰、耐低温，不吸水。

主要缺点：不耐强酸和有机溶剂，强度也较低，价格较高。

主要应用：用于制造高频绝缘件、湿热地带的电动机电器绝缘件、电气电子元件和耐热结构件及线圈的灌封与固定等。

（13）DAP及DAIP——热固性塑料

学名：聚邻（间）苯二甲酸二丙烯酯塑料。

组成：聚邻苯二甲酸二丙烯酯树脂（DAP）、聚间苯二甲酸二丙烯酯树脂（DAIP）加填料和其他添加剂。

主要优点：耐热性高，电绝缘性优良，且在高温高湿下几乎不变；有优良的耐水、耐油、耐候、耐霉性；有很高的化学稳定性，可耐强酸、强碱及一切有机溶剂；吸湿性小，尺寸稳定性高。

主要缺点：成本高、价格贵。

主要应用：高速航行器材中的耐高温构件、高温高湿条件下的电气绝缘件、尺寸稳定性要求较高的电子元件、化工设备结构件及小型电子元件的灌注和晶体管的封装等。

（14）聚二苯醚——热固性塑料

组成：由单体甲氧基甲基联苯醚在催化剂作用下经高温缩聚而成。

主要优点：具有优良的电绝缘性能和耐热性，可在180℃下长期使用；耐磨性高，粘结力强，特别是在高温条件下粘结能力不降低，其粘结性能比硅树脂优越。

主要缺点：成本高、价格贵。

主要应用：玻璃纤维增强的层压板、优良的H级电工绝缘材料。

（15）钙塑材料——热固性复合塑料

组成：树脂（常用聚乙烯、聚丙烯和聚氯乙烯）用填料改性而得。

主要优点：吸水率比木材小几倍甚至十几倍，耐蚀防潮，加工方式既可像热塑性塑料一样进行一次成型，又可像木材一样钉、锯、刨、钻，进行二次加工。它的原料来源丰富，生产周期短。

主要缺点：工艺尚不成熟，成本较高。

主要应用：钙塑材料按发泡类型不同，可分为不发泡钙塑材料、低发泡钙塑材料和高发泡钙塑材料。不发泡和低发泡钙塑材料可用来制造门、窗、家具、地板、内墙壁板、瓦楞包装箱、包装桶、钙塑盆、管、纸以及电器安装座等。高发泡钙塑材料具有保温、吸音、抗振等性能，是一种质轻、高效、多功能的新型建筑材料，用它可制成保温装饰板、天花板，墙壁吸音板、救生圈、活动房屋等。钙塑材料在工业、交通、建筑以及日常生活各个方面都有着广阔的应用前景。

6.1.3　橡胶

橡胶和塑料一样，也是一种有机高分子材料。它与塑料的区别是在很宽的温度范围内（-50~150℃）处于高弹性状态，因而其独特的性能就是具有高弹性，对它施加不大的外力就可产生很大的变形,外力一去掉又能很快地恢复原状。此外,橡胶还有良好的拉断强度、撕裂强度和耐疲劳强度,在多次弯曲、拉伸、剪切过程中不会受到损伤;同时,橡胶还具有不透水、不透气、耐酸碱、耐油、耐燃、绝缘等一系列可贵的性能。由于橡胶具有以上这些良好的综合物理、力学性能,从而使其成为重要的工程材料,在国民经济各个领域获得了广泛的应用。

大部分橡胶是二烯类化合物的高聚物,平均相对分子质量高达 20 万以上。正因为其分子链很长,侧基较少而小,使橡胶分子柔性有余而刚性不足,温度稍低时就硬而脆,温度稍高时便发黏。为了赋予橡胶在工程中的实用性,必须添加硫化剂使分子某些部位产生交联,易于成型,另需加入其他配合剂,提高其物理及力学性能,做成橡胶制品。未加配合剂、未经硫化的橡胶称为生胶。

橡胶根据来源可分为天然橡胶和合成橡胶两大类。合成橡胶根据其实用性又可分为通用合成橡胶和特种合成橡胶。橡胶的分类及代号如图 6-1 所示。

常用橡胶性能及用途见表 6-2。

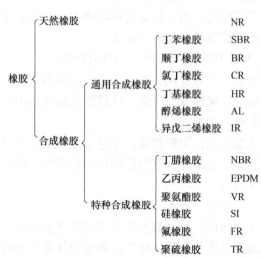

图 6-1　橡胶的分类及代号

表 6-2　常用橡胶性能及用途

名　称	天然橡胶	丁苯橡胶	顺丁橡胶	氯丁橡胶	丁腈橡胶	乙丙橡胶	聚氨酯胶	硅橡胶	氟橡胶	聚硫橡胶
代号	NR	SBR	BR	CR	NBR	EPDM	VR	SI	FR	TR
抗拉强度/MPa	25~30	15~20	18~25	25~27	15~30	10~25	20~35	4~10	20~22	9~15
伸长率(%)	650~900	500~800	450~800	800~1000	300~800	400~800	300~800	50~500	100~500	100~700
使用温度/℃	-50~120	-50~140	120	-35~130	-35~175	150	80	-70~275	-50~300	80~130
特性	高强、绝缘、防振	耐磨	耐磨、耐寒	耐酸碱、阻燃	耐油、水,气密	耐水、绝缘	高强、耐磨	耐热、绝缘	耐油、碱、真空	耐油、耐碱
用途(例)	通用制品轮胎	通用制品胶板、胶布、轮胎	轮胎、运输带	管道、胶带、防毒面具、电缆外皮、粘结剂、轮胎	耐油垫圈、油管	汽车零件、绝缘体	胶辊、耐磨件	耐高低温零件	化工设备衬里、高级密封件、高真空件、尖端技术用	丁腈改性用、管子、水龙头、衬垫

6.1.4 合成纤维

合成纤维是指以石油、天然气、煤及农副产品等作为原料，经过化学合成方法而制得的化学纤维。按用途不同分为普通合成纤维和特种合成纤维两大类。

常见的普通合成纤维以锦纶（尼龙）、涤纶（的确良）、腈纶（人造羊毛）、维纶、氯纶和丙纶六大纶为主，占到合成纤维总产量的90%以上，其特性及用途见表6-3。

表6-3 主要合成纤维性能及用途

商品名称	锦 纶	涤 纶	腈 纶	维 纶	氯 纶	丙 纶	芳 纶
化学名称	聚酰胺	聚酯	聚丙烯腈	聚乙烯醇缩醛	含氯纤维	聚烯烃	聚芳香酰胺
密度/kg·m^{-3}	1140	1380	1170	130	1390	910	1450
吸湿率（%）	3.5~5	0.4~0.5	1.2~2.0	4.5~5	0	0	3.5
软化温度/℃	170	240	190~230	220~230	60~90	140~150	160
特性	耐磨、强度高、模量低	强度高、弹性好、吸水低、耐冲击、粘着力差	柔软、蓬松、耐晒、强度低	价格低、比棉纤维优异	化学稳定性好、不燃、耐磨	质轻、吸水低、耐磨	强度高、模量大、耐热、化学稳定性好
用途(例)	轮胎帘子布、渔网、缆绳、帆布	电绝缘材料、运输带、帐篷、帘子线	窗布、帐篷、船帆、碳纤维的原料	包装材料、帆布、过滤布、渔网	化工滤布、工作服、安全帐篷	军用被服、水龙带、合成纸、地毯	用于复合材料、飞机驾驶员安全椅、绳索

特种合成纤维的品种较多，而且还在不断发展，目前已经应用较多的有耐高温纤维（如芳纶1313）、高强力纤维（如芳纶1414）、高模量纤维（如有机碳纤维、有机石墨纤维）、耐辐射纤维（如聚酰亚胺纤维）、防火纤维、离子交换纤维、导电性纤维、导光性纤维等。

6.1.5 粘结剂

粘结工艺简单、方便、实用，因此备受人们青睐。人类使用粘结剂更是历史悠久。由于粘结技术在连接两种不同材料或者连接那些尺寸相差特别悬殊、微小、复杂的零部件时，显示出铆焊等无法比拟的优势，因而发展极为迅速。当今粘结技术已经发展成一门独立的边缘科学技术，特别是在航空工业、汽车工业等方面显示出了巨大的潜力，而粘结剂更是渗透到国民经济的各个领域，成为各行各业不可缺少的重要原材料之一。

粘结剂一般由几种材料组成，通常是以赋有粘性或弹性的天然产物和合成高分子化合物（无机粘结剂除外）为基料加入固化剂、填料、增塑剂、稀释剂、防老化剂等添加剂而组成的一种混合物。但并非任何一种粘结剂都需要这些组分，主要取决于所需胶种的性质和使用要求而予以调整。

粘结剂按固化形式可分为三类：①溶剂型，是一种全溶剂蒸发型，通过挥发或吸收固化；②反应型，由不可逆的化学变化引起固化；③热熔型，通过加热熔融粘结，随后冷却固化。

粘结剂品种极其繁多，成分十分复杂，大致的种类如图 6-2 所示。

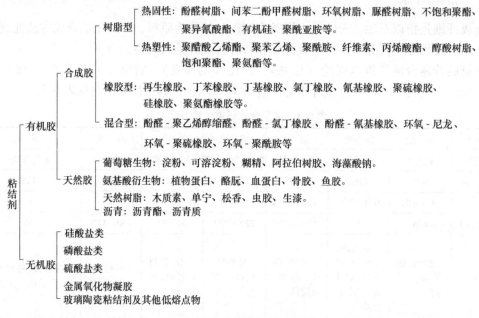

图 6-2　粘结剂分类示意图

6.2　陶瓷材料

6.2.1　陶瓷的概念

陶瓷是指用各种粉状原料做成一定形状后，在高温窑炉中烧制而成的一种无机非金属固体材料。传统意义上的陶瓷仅指陶器和瓷器两大类产品，后来发展到泛指整个硅酸盐材料（包括陶瓷、玻璃、水泥和耐火材料等）。而在近代材料领域中，"陶瓷"一词是对无机非金属材料的总称，除了指硅酸盐材料外，还包括由氧化物类、氮化物类、碳化物类、硼化物类、硅化物类、氟化物类等非硅酸盐材料制作的特种陶瓷材料。如果把材料划分成金属材料、陶瓷材料和高分子材料三大类的话，显然陶瓷材料就是特指那些主要以离子键方式结合的物质。

6.2.2　陶瓷的特性及分类

1. 陶瓷的特性

陶瓷的产品种类很多，性能各异，归纳起来其共同特性是：硬度高、抗压强度大、耐高温、不怕氧化和腐蚀、隔热和绝缘性能好等。近年来发展起来的一些特种陶瓷还具有透明、导电、导磁、导热、超高频绝缘、红外线透过率高等特性以及压电、铁电（具有铁电性，即经处理后具有铁磁性）声光、激光等能量转换的功能。因此，陶瓷的使用，早已不限于日用生活器皿，而发展成为国防、宇航、机械、电气、化工、纺织、建筑等工业领域中不可缺少的结构材料和功能材料。除此之外，高硬度的陶瓷材料还显示出摩擦系数小、耐磨性好、密度小、热膨胀系数小等特性，用于刀具材料和其他一些精密机械中，有着钢铁无法比拟的优势。

陶瓷的主要弱点是质脆，经不起敲打碰撞；同时也存在难修复性、成型精度差、装配连接性能不良等问题，从而在一定程度上限制了它的使用范围。

2. 陶瓷的分类

陶瓷材料的发展在近几十年里非常迅速，新品种不断涌现，所以分类方法尚无统一方案。如果按照陶瓷一词的近代涵义，应该将陶瓷材料分为四大类，如图6-3所示。

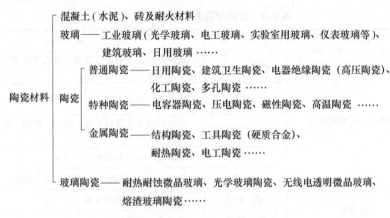

图6-3　陶瓷材料基本分类示意图

习惯上，人们将陶瓷中除日用陶瓷以外的其他陶瓷统称为工业陶瓷。本节主要介绍这一部分陶瓷。

6.2.3　工业陶瓷材料

工业陶瓷材料品种多，发展快，这里仅介绍一些常用的、对机械工程来说比较重要的和新近发展比较快的工业陶瓷材料。

1. 普通工业陶瓷

普通工业陶瓷主要为炻器及精陶。按用途它们包括建筑瓷、卫生瓷、电工瓷、化学瓷和化工瓷等。建筑卫生瓷一般尺寸较大，要求强度和热稳定性好；电工陶瓷要求强度高，介电性能和热稳定性好；化学化工瓷主要要求耐各种化学介质腐蚀的能力强。因此，加入 MgO、ZnO、BaO、Cr_2O_3 等氧化物，增加莫来石晶体相，提高强度和耐碱能力；加入 Cr_2O_3、ZrO_2 等提高强度和热稳定性；加入滑石或镁砂降低热膨胀系数；还可加入 SiC 来提高导热性和强度。

电工瓷主要用于制作隔电、机械支持以及连接用的绝缘器件。化学瓷和化工瓷是化学、化工、制药、食品等工业和实验室中的重要材料，用于制作实验器皿、耐蚀容器、管道、设备等。建筑瓷和卫生瓷用于铺设地面、砌筑和装饰墙壁、铺设输水管道以及制作卫生间的各种装置、器具等。

2. 耐酸陶瓷

耐酸陶瓷随配方及烧结温度的不同，分普通耐酸陶瓷和新型耐酸陶瓷两大类。普通耐酸陶瓷是指以高硅酸性粘土、长石和石英等天然原料制成的耐酸陶、耐酸耐温陶和硬质瓷。它具有良好的耐蚀性（除氢氟酸和热浓碱外），不易氧化，在化学工业中应用很广。它使用温

度一般在 -15~100℃，冷热骤变温差不大于50℃。但它属于脆性材料，抗拉强度不高是其缺点。

新型耐酸陶瓷是指以人工化合物为原料制成的莫来石瓷、氧化铝和氟化钙瓷，其力学性能和耐腐蚀性能更为优越。它们是为适应某些高压、高温、强腐蚀磨损的化工陶瓷设备（塔、阀、泵类）的生产需要而研制出来的。

常用耐酸陶瓷的种类和用途见表6-4。

表6-4 常用耐酸陶瓷的种类和用途

种 类		主要制品	用 途
普通耐酸陶瓷	耐酸陶、耐酸耐温陶	耐酸砖、板	砌筑耐酸池、电解电镀槽、造纸蒸煮锅、防酸地面和墙壁、台面等
		管道	输送腐蚀性流体和含有固体颗粒的腐蚀性物料
		塔、塔填料	对腐蚀性气体进行干燥、净化、吸收、冷却、反应和回收废气
		容器	酸洗槽、电解电镀槽、计量槽
		过滤器	两相分离或两相结合、渗透、离子交换
	硬质瓷	阀、旋塞	输送腐蚀性流体的管道
		泵、风机	输送腐蚀性流体
新型耐酸陶瓷	莫来石瓷	同硬质瓷	同硬质瓷，但性能较好
	75%氧化铝瓷（含铬）	同硬质瓷	
	97%氧化铝瓷（刚玉瓷）	同硬质瓷	同硬质瓷，性能优异
	氟化钙瓷		耐腐蚀性超过纯氧化铝瓷的20倍，用作耐氢氟酸的零件

3. 高温陶瓷

高温陶瓷按其组成分为两大类：氧化物陶瓷和非氧化物陶瓷。

氧化物陶瓷多为纯氧化物组成，如 Al_2O_3（刚玉）、ZrO_2、MgO、CaO、BeO、ThO_2 等。它们的熔点多超过2000℃。显然，纯氧化物陶瓷在任何高温下都不会再氧化，因此这些是很好的高耐火度结构材料。

氧化物陶瓷的基本性能见表6-5。

表6-5 氧化物陶瓷的基本性能

氧化物	熔点 /℃	理论密度/ $g \cdot cm^{-3}$	强度/MPa			弹性模量 /MPa	莫氏硬度	线膨胀系数/ $(10^6 \cdot ℃^{-1})$	无气孔时的热导率/ $[4.18 J \cdot (m \cdot h \cdot ℃)^{-1}]$	体积电阻率/Ω· cm^{-3}	抗氧化性	热稳定性	抗磨蚀能力
			抗拉	抗弯	抗压								
Al_2O_3	2050	3.99	255	147	2943	375×10^3	9	8.4	24.8	10^{16}	中等	高	高
ZrO_2	2700	5.60	147	226	2060	169×10^3	7	7.7	1.5	10^4 (1000℃时)	中等	低	高
BeO	2580	3.02	98	128	785	304×10^3	9	10.6	180	10^{14}	中等	高	中等

（续）

氧化物	熔点 /℃	理论密度/ g·cm^{-3}	强度/MPa			弹性模量 /MPa	莫氏硬度	线膨胀系数 / (10^6·℃$^{-1}$)	无气孔时的热导率/ [4.18 J·(m·h·℃)$^{-1}$]	体积电阻率/Ω·cm^{-3}	抗氧化性	热稳定性	抗磨蚀能力
			抗拉	抗弯	抗压								
MgO	2800	3.58	98	108	1373	210×10^3	5~6	15.6	29.7	10^{15}	中等	低	中等
CaO	2570	3.35	—	78	—	—	4~5	13.8	12.0	10^{14}	中等	低	中等
ThO$_2$	3050	9.69	98	—	1472	137×10^3	6.5	10.2	7.3	10^{13}	中等	低	高
UO$_2$	2760	10.96	—	—	961	161×10^3	3.5	10.5	6.3	10^3 (800℃时)	中等	—	—

　　非氧化物陶瓷品种较多，目前应用较广泛的是碳化物（如 SiC 等）和氮化物（如 AlN、BN 等）陶瓷。其中碳化硅陶瓷应用最为广泛，它的密度为 3200kg/m^3，抗弯强度为 200~250MPa，抗压强度为 1000~1500MPa，硬度为莫氏硬度 9.2 级。它抗氧而不抗强碱，主要用于制作加热元件、石墨的表面保护层以及砂轮、磨料等。氮化硼陶瓷（俗称白石墨）具有石墨类型六方结构，可用于制作介电体和耐火润滑剂。在高压和 1360℃ 温度时，氮化硼转变为立方结构的 β-BN，密度为 3400kg/m^3，能抗加热温度高达 2000℃。立方氮化硼硬度仅次于金刚石，是加工硬而韧的材料（如耐热合金）的理想刀具材料。而金刚石最适于加工硬脆材料。

　　表 6-6 给出了高温陶瓷的一些应用实例。

表 6-6　高温陶瓷的一些应用实例

应用领域	用途	使用温度/℃	使用材料举例	使用要求
特殊冶金	熔炼 U 的坩埚		BeO、CaO、ThO$_2$	
	熔炼纯 PtPd		ZrO$_2$、Al$_2$O$_3$	高化学稳定
	熔炼半导体 GsAs 和 GaP 单晶坩埚	1200	AlN、BN	高化学稳定
	钢液连续注锭材料	1500	ZrO$_2$	对钢液稳定
核反应堆	陶瓷核燃料	>1000	UO$_2$、UC、ThO$_2$	
	吸收热中子控制棒	≥1000	SmO、GdO、HfO、B$_4$C	吸收热中子截面大
	减速剂	1000	BeO、Be$_2$C	吸收中子截面小
	反应堆反射材料	1000	BeO、WC	
火箭、导弹	导弹天线、雷达保护罩	>1000	Al$_2$O$_3$、ZrO$_2$、HfO$_2$	透过雷达微波
	火箭燃烧室内壁喷嘴	2000~3000	BeO、SiC、Si$_3$N$_4$	抗热冲击、耐腐蚀
	导弹瞄准内陀螺仪轴承	800	Al$_2$O$_3$	耐磨
	导弹控制红外线窗口	1000	透明 MgO 或 Y$_2$O$_3$	红外线透过率高
磁流体发电	高温高速电离气流通道	3000	Al$_2$O$_3$、MgO、BeO、Y$_2$O$_3$、ZrSrO$_3$、BN	耐高温、耐腐蚀
磁流体发电	电极材料	2000~3000	Zr$_2$O、ZrB$_2$	高温导电性好
玻璃工业	电熔玻璃电极	1500	SnO$_2$	耐玻璃液腐蚀、导电
	玻璃纤维坩埚电极	1300	SnO$_2$	耐玻璃液腐蚀、导电

（续）

应用领域	用　　途	使用温度/℃	使用材料举例	使用要求
高温模具	玻璃成型高温模具	1000	BN	对玻璃稳定、导热好
	连续铸造用模	1000	B_4C	对铁液稳定、导热好
飞机工业	燃气轮机叶片	1500	SiC、Si_3N_4	热稳定、高强度
	燃气轮火焰导管	1500	Si_3N_4	热稳定性高
电炉	发热体	2000～3000	ZrO_2、SiC	
	炉膛	1000～2000	Al_2O_3、ZrO_2	
	高温观测窗	1000～1500	透明 Al_2O_3	透明

4. 透明瓷

透明瓷是指可以通过一定波长范围光线的瓷。主要品种有如下所述。

半透明氧化铝瓷——可透过大部分可见光和一定波长的红外线，能耐高温碱金属蒸气的腐蚀；适于制作高压钠灯和其他高温碱金属蒸气灯的灯管。另外还有透微波性能，可用作微波输出窗。

氟化镁瓷和硫化锌瓷——可透过一定范围红外波段的光线，是良好的透红外材料，在各种红外探测设备中得到广泛的应用。

氧化钇瓷——能耐 1800℃ 高温。折射率高、散射率低，透明度比半透明氧化铝瓷高，可用作高温光学仪器的透镜、高温炉窗及激光器的窗口测试孔材料。

透明铁电陶瓷——目前研制的主要透明铁电陶瓷是掺镧的锆钛酸铅陶瓷（PLZT 透明铁电陶瓷）。它的最大优点是既有透明度、又具有铁电性，其光电效应和光色散效应比普通铁电材料要优越得多。所以，它的出现使其在光阀、铁电显示器、无信息存储器和光电子技术等方面的应用引起了人们的极大关注。因此，透明铁电陶瓷在当代激光技术、计算机技术、全信息存储以及光电子科学领域中是一种至为重要的特种陶瓷材料。

5. 电解瓷

电解瓷分为 β 氧化铝瓷和掺有金属氧化物作稳定剂的氧化锆瓷两种。它们在常温下对电子具有很好的绝缘性，但在一定温度和电场下，对某些阳离子或阴离子却有良好的离子导电性。

β 氧化铝瓷是主晶相为 $\beta - Al_2O_3$ 晶型的高铝瓷，这种晶体结构对碱金属离子（Li^+、K^+、Na^+ 等）有良好的导电性。利用这一特性，可用作钠硫电池中的电解质隔膜瓷管，还可用于金属钠提纯装置。β 氧化铝瓷介质损耗大，电绝缘性能不好，所以在制造无线电陶瓷时不希望 $\beta - Al_2O_3$ 晶体的存在，而多采用主晶相为 $\alpha - Al_2O_3$ 晶体的高铝瓷（刚玉瓷）。

掺有金属氧化物作稳定剂的氧化锆瓷，在 850～1000℃ 的高温下对氧离子有良好的导电性，可用作氧量分析器和高温燃料电池中的主要功能部件。

6. 金属陶瓷

金属陶瓷是由金属和陶瓷组成的非均质复合材料。它的设计思路是为了发扬金属热稳定性好、韧性高及陶瓷高硬度、高耐火度、高耐蚀性的优点，克服金属易氧化、高温强度低及陶瓷热稳定性差、脆性大的缺陷。采用不同金属和陶瓷组成，以及改变它们的相对数量，可以用于不同用途。以陶瓷为主的多为工具材料；而金属含量较高时常为结构材料。

理论上讲，陶瓷加金属能形成上万种金属陶瓷，但目前较为实用的还只是氧化物及碳化物中的部分。

（1）氧化物基金属陶瓷　研究最早、应用最多的是氧化铝基金属陶瓷，粘结剂为铬（w_{Cr}一般不超过 10%）。铬的高温性能较好，它在表面发生氧化时生成 Cr_2O_3 薄膜，能和 Al_2O_3 形成固溶体，将氧化铝粉粒强固地粘结起来。因此，与纯氧化铝陶瓷相比，改善了韧性、热稳定性和抗氧化能力。也可以加入镍或铁作粘结剂。在高温下它们的氧化物都能与 Al_2O_3 形成尖晶石类型的复杂氧化物 $FeO-Al_2O_3$、$NiO-Al_2O_3$，改进了陶瓷的高温性能。

氧化铝基金属陶瓷的主要问题还是脆性大和热稳定性较差。为了提高韧性，除了加入应用较多的 Cr、Fe、Ni 粘结金属以外，还可加入 Co、Mo、W、Ti 等。不过，加入金属粘结剂并不能提高陶瓷的强度。提高强度同时提高韧性比较重要的方法是细化陶瓷的粉粒和晶粒；采用热压成型，提高致密度。

氧化铝基金属陶瓷目前主要用作工具材料，如要求耐磨、热硬性高的一些刃具、喷嘴、热拉丝模等。另外，耐蚀轴承、环规和机械密封环等均可用这类材料制作。

（2）碳化物基金属陶瓷——硬质合金　硬质合金是用粉末冶金工艺制成的以碳化物为基，金属作粘结剂的金属陶瓷。这类材料是从制作切削工具开始发展起来的，但目前应用领域已扩大到金属成形工具、矿山工具和耐磨件，甚至某些高刚度结构件等。

本 章 小 结

1）高分子材料相对分子质量很大，是大量低分子的聚合物，主要包括塑料、橡胶、合成纤维及粘结剂等。

2）塑料是以树脂为主要成分的有机高分子固体材料。塑料以合成树脂为基本原料，并加入填料、固化剂、增塑剂、稳定剂等各种辅助料而组成。塑料按其受热后的行为可分为热塑性塑料和热固性塑料；按其功能可分为通用塑料、工程塑料和特种塑料。塑料具有重量轻、比强度高、良好的耐蚀性、优异的电绝缘性、优良减摩、耐磨及消音吸振性等，而且易于成型加工。塑料品种很多，应用极广，常用的工程塑料有有机玻璃、ABS、尼龙、聚甲醛、聚碳酸酯、聚砜、氟塑料、氯化聚醚、聚酰亚胺、酚醛塑料、环氧塑料、有机硅塑料等。

3）橡胶在使用时处于高弹性状态，根据来源可分为天然橡胶和合成橡胶。合成橡胶根据其使用性可分为通用合成橡胶和特种合成橡胶。

4）合成纤维是指经化学合成方法而制得的化学纤维，按用途可分为普通合成纤维和特种合成纤维。

5）粘结剂按固化形式可分为溶剂型、反应型和热熔型。

6）陶瓷是将各种粉状原料做成一定形状后，经高温烧结而成的一种无机非金属材料，其共同特性是硬度高、抗压强度大、耐高温、不怕氧化和腐蚀、隔热和绝缘性能好等。工业陶瓷材料可分为普通工业陶瓷、耐酸陶瓷、高温陶瓷、透明瓷、电解瓷和金属陶瓷等。

思 考 题

1. 某工厂使用库存 2 年的尼龙绳吊具时，在承载能力远大于吊装应力时发生断裂事故，试分析其断裂原因。

2. 试为下列零件选择合适的材料。

机械式计数齿轮；热电偶套管；内燃机火花塞；汽车仪表盘；电视机壳；玻璃成型高温模具。

3. 橡胶使用时是什么状态？塑料使用时是什么状态？它们的玻璃化温度是高还是低？

4. 工程塑料与金属材料相比，在性能与应用上有何差异？

5. 简述热塑性塑料与热固性塑料的异同。

第 7 章 复合材料

导读：本章概述了复合材料的概念、组成、分类以及性能；介绍了常用复合材料及其应用，包括玻璃钢、碳纤维复合材料、硼纤维复合材料、金属纤维复合材料及晶须复合材料等。

本章重点：复合材料的组成及分类。

近几十年来，随着航空工业及海洋工程的迅猛发展，人们对材料的性能提出了越来越高和越来越多的要求，而传统材料在高新技术领域中的应用越来越受到了严峻的考验，单一材料已很难全面满足强韧性、安全性、稳定性、耐久性、耐蚀性、抗高温耐低温性、经济性等多方面的要求。在这种情况下，出现了一类新的所谓"复合材料"。复合材料是由两种或两种以上物理和化学性质不同的物质，经人工组合而得到的一种多相固体材料。复合材料一经出现，就以其优异的性能和巨大的潜力而备受人们关注，从而得到了迅猛发展。

7.1 复合材料的性能特点

7.1.1 概述

现代科学技术及工业生产对材料所提出的性能要求与材料本身所能提供的性能之间的矛盾构成了材料科学的基本矛盾。正是这一矛盾的运动，直接导致了复合材料的迅猛发展。

自然界中有不少天然的复合材料存在。例如：木材就是纤维素与木质素的复合物；动物的骨骼是由硬而脆的无机磷酸盐与韧而软的蛋白质骨胶原复合而成。人类制造和使用复合材料也是由来已久。例如：从用草和泥土制成的土坯到现在的钢筋混凝土等都是比较典型的复合材料。

复合材料的最大优越性是它的性能比其组成材料好得多。第一，它可改善或克服组成材料的弱点，充分发挥它们的优点。例如：玻璃和树脂的强韧性都不高，但它们组成的复合材料（玻璃钢）却有很高的强度和韧性，而且重量很轻。第二，它可按照构件的结构和受力要求给出预定的、分布合理的配套性能，进行材料的最佳设计。例如：用缠绕法制造容器或火箭发动机壳体，使玻璃纤维的方向与主应力方向一致时，可将这个方向上的强度提高到树脂的 20 倍以上，最大限度地发挥了材料的潜力，并减轻了构件的重量。第三，它可创造单一材料不易具备的性能或功能，或在同一时间里发挥不同功能的作用。例如：由一黄铜片和铁片组成的双金属片复合材料，就具有可控制温度开关的功能；由两层塑料和中间夹一层铜片所构成的复合材料，能在同一时间内在不同的方向上具有导电和隔热的双重功能。前述这些功能是单一材料所无法实现的。所以复合材料开拓了一条创造材料的新途径，已经在许多工业和技术部门中引起了极大的重视。

7.1.2 复合材料的组成及分类

复合材料中至少包括两大类相。一类是基体相，起到粘结、保护纤维并把外加载荷造成的应力传递到纤维上去的作用。基体相可以由金属、树脂、陶瓷等构成，在承载中基体相承受应力的作用不大。另一类为增强相，是主要承载相，并起着提高强度（或韧性）的作用。增强相的形态各异，有细粒状、短纤维、连续纤维、片状等。工程上开发应用比较多的是用纤维增强的复合材料。

复合材料种类繁多，品种日新月异，所以目前还不能形成一个科学、统一的分类。按习惯，常用的分类有以下三种。

（1）以基体类型分类 可分为金属基复合材料、树脂基复合材料、无机非金属基复合材料等。

（2）以增强纤维类型分类 可分为碳纤维复合材料、玻璃纤维复合材料、有机纤维复合材料、复合纤维（SiC、B）复合材料、混杂纤维复合材料等。

（3）以增强物外形分类 可分为连续纤维增强复合材料、纤维织物或片状材料增强复合材料、短纤维增强复合材料、粒状填料复合材料等。

7.1.3 复合材料的性能

复合的目的是为了得到"最佳"的性能组合。复合材料的性能，主要取决于四个方面的因素：①基体的类型与性质；②增强体的类型与性质；③增强体的形状、大小及在基体中的含量和分布排列方式；④基体同增强体之间的结合性能。

常用纤维增强体及性能见表7-1。

表7-1 常用纤维增强体及性能

纤维种类	密度/g·cm⁻³	抗拉强度/MPa	弹性模量/GPa	伸长率（%）	稳定性温度界限/℃
铝硼硅酸盐玻璃纤维	2.5~2.6	1370~2160	58.9	2~3	700（熔点）
高模量玻璃纤维	2.5~2.6	3830~4610	93~108	4.4~5	870
高模量碳纤维	1.75~1.95	2260~2850	275~304	0.7~1	2200
硼纤维	2.5	2750~3140	383~392	0.72~0.8	980
氧化铝	3.97	2060	167	—	1000~1500
碳化硅	3.18	3430	412	—	1200~1700
钨丝	19.3	2160~4220	343~412	—	
钼丝	10.3	2110	353	—	
钛丝	4.72	1860~1960	118	—	

复合材料的性能特点分别介绍如下。

1. 高比强度和高比刚度

这项指标对于希望尽量减轻自重而仍保持高强度和高刚度的结构件来说，无疑是非常重要的。例如：用等强度的树脂基复合材料和钢制造同一构件时，重量可以减轻70%以上。表7-2给出了一些常用金属与复合材料性能的比较，可以看出复合材料在比强度和比刚度（用比模量表示）方面的优势还是很明显的。

表7-2 常用金属与复合材料性能的比较

材料名称	密度/kg·m⁻³	抗拉强度/MPa	弹性模量/MPa	比强度（抗拉强度/密度）	比模量（弹性模量/密度）
钢	7800	1030	210000	0.13	27
铝	2800	470	75000	0.17	27
钛	4500	960	114000	0.21	25
玻璃钢	2000	1060	40000	0.53	20
碳纤维Ⅱ/环氧	1450	1500	140000	1.03	97
碳纤维Ⅰ/环氧	1600	1070	240000	0.67	150
有机玻璃 PRD/环氧	1400	1400	80000	1.0	57
硼纤维/环氧	2100	1380	210000	0.66	100
硼纤维/铝	2650	1000	200000	0.38	75

2. 耐疲劳性高

纤维复合材料，特别是树脂基的复合材料对缺口、应力集中敏感性小，而且纤维和基体的界面可以使扩展裂纹尖端变钝或改变方向（见图7-1），即阻止了裂纹的迅速扩展，所以有较高的疲劳强度（见图7-2）。碳纤维聚酯树脂复合材料疲劳极限可达其抗拉强度的70%~80%，而金属材料只有40%~50%。

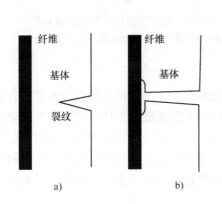

图7-1 纤维复合材料裂纹变钝改向的示意

a) 初始裂纹　b) 裂纹扩展受阻

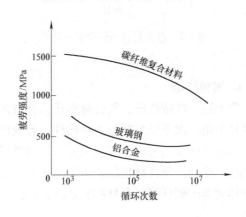

图7-2 三种材料的疲劳强度比较

3. 抗断裂能力强

纤维复合材料中有大量独立存在的纤维，一般1cm²以上的有几千到几万根，由具有韧性的基体把它们结合成整体。当纤维复合材料构件由于超载或其他原因使少数纤维断裂时，载荷就会重新分配到其他未破断的纤维上，因而构件不至于短时间内发生突然破坏。另一方面，纤维受力断裂时，断口不可能都出现在一个平面上，这样欲使材料整体断裂，必定有许多根纤维要从基体中被拔出来，就必须克服基体对纤维的粘结力。这样的断裂过程需要的能量是非常大的，因此复合材料都具有比较高的断裂韧度。

4. 减振能力强

结构的自振频率与结构本身的重量、形状有关，并与材料比模量的平方根成正比。如果材料的自振频率高，就可避免在工作状态下产生共振及由此引起的早期破坏。此外，由于纤维与基体界面吸振能力大、阻尼特性好，即使结构中有振动产生，也会很快衰减。图 7-3 所示为两类材料的振动衰减特性。

5. 高温性能好，抗蠕变能力强

由于纤维材料在高温下仍能保持较高的强度，所以用纤维增强的复合材料，特别是金属基复合材料，一般都具有较好的耐高温性能。例如：铝合金的强度随温度的增加下降得很快，而用石英玻璃增强铝基复合材料，在 500℃ 以下能保持室温强度的 40%。用涂 SiC 的硼纤维增强的铝合金（Al + Mg1% + Si0.5%，即 6061 合金），可以满意地在 316℃ 温度下使用。此外，复合材料的蠕变量比普通单一材料小，如图 7-4 所示。碳纤维增强尼龙 66 的蠕变量是玻璃纤维增强尼龙 66 的一半，是纯尼龙 66 的 1/10。

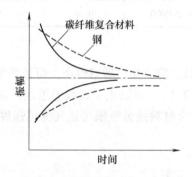

图 7-3　两类材料的振动衰减特性

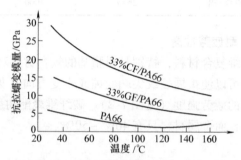

图 7-4　抗拉蠕变模量与温度的关系

CF—碳纤维　GF—玻璃纤维　PA66—尼龙 66

6. 其他性能

除上述一些特性外，复合材料还具有较优良的减摩性、耐蚀性等特点，而且复合材料可用模具采用一次成形来制造各种构件，表现出良好的工艺性能。但应该指出，纤维增强的复合材料为各向异性材料，对复杂受力件显然不适应，因为它的横向拉伸强度和层间剪切强度都很低。此外，复合材料抗冲击能力还不是很好。尤其限制其应用的是成本太高。例如：汽车车体全部用碳纤维复合材料制造时，目前的估价将超过一百万美元，显然这是人们无法接受的。

7.2　常用复合材料及应用

1. 玻璃钢

用玻璃纤维增强工程塑料得到的复合材料，俗称玻璃钢。它是近代意义上复合材料的先驱。美国于 1940 年制造出世界上第一艘玻璃钢艇，从而将复合材料真正引入工程实际应用，从而引起了全世界的极大关注，随后发达国家纷纷投入大量人力、物力和财力来研究和开发复合材料，真正引发了一场材料的革命。玻璃钢的出现，使机器构件不用金属成为可能。由于它具有很多金属无法相比的优良特性，因而发展极为迅速，其产量每年以近30%的速度增长，现在已成为一种重要的工程结构材料。玻璃钢按照其基体分为热塑性和热固性两种。

玻璃纤维的性能特点：

① 具有高的抗拉强度，纤维越细，强度越高。可是它的弹性模量不太高，因此用玻璃纤维增强的复合材料刚度也不高。

② 耐热性低，250℃以上开始软化，通常不适合增强金属。

③ 化学稳定性高，除氢氟酸和浓碱等外，对大多数化学介质都具有较好的耐蚀性。

④ 脆性较大（伸长率只有3%左右），同时表面光滑而不易同基体结合，需经表面处理来提高结合力；但价格最便宜，广泛用来增强塑料。

热固性玻璃钢大约是用质量分数为60%～70%的玻璃纤维和30%～40%的热固性树脂（常用环氧、酚醛、聚酯和有机硅树脂）复合而成。其中酚醛树脂出现最早，而环氧树脂性能较好、应用最普遍。

热固性玻璃钢的主要优点是成型工艺简单、质轻、比强度高、耐腐蚀、介电性高、电波穿透性好、与热塑性玻璃钢相比耐热性更高一些。主要缺点是弹性模量低（只为钢的1/5～1/10）、刚性差、耐热度不超过250℃、容易老化、容易蠕变。几种热固性玻璃钢的综合性能比较见表7-3。

表7-3 几种热固性玻璃钢的综合性能比较

性能项目 材料种类	密度/ g·cm⁻³	抗拉强度/ MPa	抗压强度/ MPa	抗弯强度/ MPa	性 能 特 点
环氧 101	1.73	341	311	520	机械强度高，工艺性好，可在常温或加温、常压或加压下固化。收缩率小。制品的尺寸稳定性好。成本高，有些固化剂毒性大
聚酯 3193	1.75	290	93	237	工艺性好，常温常压下可成型固化，可制成大型异形构件。但耐热性差，一般在90℃以下使用。强度不及环氧玻璃钢，固化时收缩率大，成型时气味毒性也大
酚醛 3230	1.8	100	—	110	有一定耐热性，可在150～200℃温度下长期工作。价格便宜，但制造工艺性差，需高温高压成型，收缩率和吸水性大，而且脆性大，强度不够高
有机硅	—	210	61	140	耐热性好，可长期在200～250℃温度下使用。介电性高，吸水性小，故防潮绝缘性好。但强度不太高

热塑性玻璃钢种类较多，常用的有尼龙基、聚烯烃类、聚苯乙烯类、ABS、聚碳酸酯等。它们都具有高的力学性能、介电性能、耐热性能和抗老化性能，工艺性能也好。同塑料本身相比，基体相同时强度和疲劳性能可提高2～3倍以上，冲击韧度提高2～4倍，蠕变抗力提高2～5倍。它们之间的性能对比见表7-4。

表 7-4　几种热塑性玻璃钢部分性能比较

性能项目 \ 材性种类	尼龙66		ABS		聚苯乙烯		聚碳酸酯	
	未增强	增强后	未增强	增强后	未增强	增强后	未增强	增强后
密度/g·cm⁻³	1.14	1.37	1.05	1.28	1.07	1.28	1.20	1.43
抗拉强度/MPa	81.2	182	42	101	49	94.5	63	129.5
弯曲模量/10²MPa	28.7	91	22.4	77	31.5	91	23.1	84

　　玻璃纤维增强尼龙的刚度、强度和减摩性好，可代替非铁金属制造轴承、轴承架、齿轮等精密机械零件；还可以制造电工部件和汽车上的仪表盘、前后灯等。玻璃纤维增强苯乙烯类树脂，广泛应用于汽车内装制品、收音机壳体、磁带录音机底盘、照相机壳、空气调节器叶片等部件。玻璃纤维增强聚丙烯的强度、耐热性和抗蠕变性能好，耐水性优良，可用来制造转矩变换器、干燥器壳体等。

　　为了改善和提高玻璃钢的某些性能，可进行改性处理。这也是当今玻璃钢研究领域中一个比较热门的课题。例如：用一定量的酚醛树脂和一定量的环氧树脂混溶后作粘结剂，这种玻璃钢既有环氧树脂良好的粘结作用，降低了酚醛树脂的脆性，而又保持了酚醛的耐热性，玻璃钢的强度也更高。其他树脂也可进行改性。

2. 碳纤维复合材料

　　碳纤维是由各种人造纤维或天然有机纤维经过碳化或石墨化而制成的。碳化后得到的碳纤维强度高，称为高强度碳纤维（Ⅱ型碳纤维）；在此基础上再经过石墨化处理，使碳转变成六方石墨晶体，得到的石墨纤维弹性模量高，称为高模量碳纤维（Ⅰ型碳纤维）。碳纤维的主要性能特点是：

　　① 密度小，弹性模量高，强度高，在比强度方面碳纤维的性能高于其他纤维。而Ⅰ型碳纤维的弹性模量 $E > 300000MPa$，超过了弹性很好的铍青铜。

　　② 高温低温力学性能好，在高达2000℃的温度下强度和弹性模量不仅不降低，反而有所升高，在 -180℃下也不变脆。在所有纤维中，碳纤维的耐热性能是最好的。

　　③ 具有高的化学腐蚀稳定性、导电性和低的摩擦系数。

　　④ 脆性较大、表面光滑，与树脂的结合力比玻璃纤维还差，通常要用表面氧化处理来改善同基体的结合力。

　　碳纤维复合材料是20世纪60年才迅速发展起来的，这类复合材料的基体可以是塑料、金属或陶瓷。

　　（1）碳纤维树脂复合材料　其基体为树脂，目前应用最多的是环氧树脂、酚醛树脂和聚四氟乙烯。这类材料的性能普遍优于玻璃钢。因此，常用作宇宙飞行器的外层材料，人造卫星和火箭的机架、壳体、天线构架，以及作各种机器中的齿轮、轴承等受载磨损零件，活塞、密封圈等受摩擦件；也用作化工零件和容器等。这类材料的问题是，碳纤维与树脂的粘结力不够大，各向异性程度较高，耐高温性能差等。

　　（2）碳纤维碳复合材料　这是一种新型的特种工程材料。除了具有石墨的各种优点外，强度和冲击韧度比石墨高 5～10 倍。刚度和耐磨性高，化学稳定性好，尺寸稳定性也好。目前已用于高温技术领域（如防热）、化工和热核反应装置中。在航天、航空中用于制造导弹鼻锥、飞船的前缘、超音速飞机的制动装置等。

(3) 石墨纤维金属复合材料　石墨 - 铝，石墨 - 镍等复合材料是这类材料中研究和应用较多的。

石墨纤维增强铝基复合材料在 20~500℃时的轴向抗拉强度可达 690MPa，而在 500℃时的轴向比强度比钛合金高 1.5 倍。石墨 - 铝的基体可以是纯铝、变形铝合金和铸造铝合金。当用于结构材料时，可作飞机蒙皮、直升机旋翼桨叶以及重返大气层运载工具的防护罩和涡轮发动机的压气机叶片等。但制造工艺尚不完善，应用不像硼 - 铝那样成熟。

作为结构材料研究发展的石墨纤维增强镍基合金，在减轻重量的同时，能大大提高高温性能。在耐热材料方面，石墨纤维增强镍基合金还在研究发展之中。

石墨短纤维增强的铝、铜、铅和锌复合材料，有较高的强度、良好的导电导热性和低的摩擦系数以及高耐磨性能，可作轴承等耐磨材料。

(4) 碳纤维陶瓷复合材料　我国研制了一种碳纤维石英玻璃复合材料。与石英玻璃相比，它的抗弯强度提高了约 12 倍，冲击韧度提高了约 40 倍，热稳定性也非常好，是极有前途的新型陶瓷材料。

3. 硼纤维复合材料

硼纤维的主要性能特点见表 7-1。从表上看，硼纤维并没有表现出比玻璃纤维或碳纤维更优越的性能，而且它不能用常规的方法制造，目前采用较多的是化学气相沉积法，工艺较为复杂。但是，硼纤维在与金属基体复合时表现出来的良好的工艺性能是碳纤维无法比拟的。正因为如此，硼纤维目前最好的应用就是用来制造金属基复合材料，较为成熟的是硼纤维增强铝合金。

硼纤维增强铝合金复合材料中，硼纤维的体积分数一般在 30%~50% 之间，硼纤维与铝复合前，硼纤维表面要涂上一层 SiC（添 SiC 的硼纤维称为硼矽克 Borsic），原因是由于硼 - 铝复合材料的制造和使用中大约于 500℃时，硼纤维和基体中的铝会形成 AlB_2，和氧生成 B_2O_3，即纤维与基体存在化学上的不相容性。涂了 SiC 后提高了硼纤维的化学稳定性，避免了硼形成其他化合物。

硼纤维增强铝合金的性能高于普通铝合金，甚至优于钛合金 TC4（Ti - 6Al - 4V）。此外，增强后的复合材料疲劳性能非常优越，这也是硼纤维增强铝合金在结构件上加以应用的主要原因之一。

硼纤维增强的铝基体，往往因复合材料的制造工艺方法不同而不同。例如：用热压扩散结合时，基体常采用变形铝合金；用熔体金属浸润或铸造时，基体常选用铸造铝合金。总之，增强的基体可以是纯铝、变形铝合金，也可以是铸造铝合金。但实际上用得最多的基体还是变形铝合金。由于硼纤维 - 铝复合材料密度比钛小，刚度比钛合金大，比强度也高，而且还有良好的耐蚀性，可安全地用于 300℃ 或更高的温度。故目前硼纤维 - 铝复合材料主要用途是用来制造航空发动机叶片（如风扇叶片等）和飞机或航天器蒙皮的大型壁板以及一些长梁和加强筋等。

4. 金属纤维复合材料

作增强纤维的金属主要是强度较高的高熔点金属钨、钼、不锈钢、钛、铍等。它们能被基体金属润湿，也能增强陶瓷。

(1) 金属纤维增强金属复合材料　目前研究较多的是增强剂为钨、钼丝，基体为镍合金和钛合金。这类材料的特点是，除了强度和高温强度较高外，主要是塑性和韧性较好，而且比较容易制造。但是，由于金属与金属润湿性好，在制造和使用中应避免或控制纤维与基体之间的相互扩散、沉淀析出和再结晶等过程的发展，防止材料强度和韧性降低。

用钼纤维增强钛合金复合材料的高温强度和弹性模量比未增强的高得多（见图7-5），可望用于飞机的许多构件。用钨纤维增强，可大大提高镍合金的高温强度。例如：$W-ThO_2$合金纤维增强的镍基合金在1093℃下1000h的持久强度是最好的铸造镍基合金的6倍，用这种材料制造涡轮叶片，在可承受较高工作温度的同时，还可大大提高承载能力。

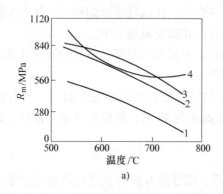
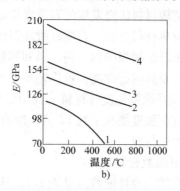

图7-5　钛合金的强度和弹性模量与温度的关系
a）强度　b）弹性模量
1—Ti-6Al-4V合金　2—含20%体积钼纤维的钛合金
3—含30%体积钼纤维的钛合金　4—含40%体积钼纤维的钛合金

（2）金属纤维陶瓷复合材料　陶瓷材料的优点是抗压强度大，弹性模量高，耐氧化性能好，因此是一种很好的耐热材料；但严重的缺点是脆性太大和热稳定性太差。改善脆性显然是陶瓷作为高温结构材料的一个最突出的问题，其重要途径之一就是采用金属纤维增强，充分利用金属纤维的韧性和抗拉能力。

从钨、钼纤维增强的氧化铝、氧化锆复合材料的研究中看到，纤维和基体的结合还是比较坚固的，它们之间没有化学反应，断口上有纤维被拔出的形迹，预计这些材料的韧性和热稳定性是较好的。

5. 晶须复合材料

用不同的方法，可以使金属、金属的氧化物、金属的氮化物、非金属的碳化物和氮化物自由长大成纤维状的单晶体，即晶须。在目前的技术条件下，人们还没有更好的办法来制备较大的单晶体，制造出来的单晶体直径仅在0.1mm数量级，长度仅为几个毫米。晶须的特性是不存在晶体缺陷，所以强度很高，其抗拉强度接近于理论断裂强度。由于单晶体的熔点一般都很高，所以其高温力学性能也都较好。

由于晶须制备困难、成本极高，所以价格昂贵，致使它在复合材料中应用不多。晶须一般用来增强金属。例如：20世纪60年代后期出现的Al_2O_3晶须增强镍复合材料，就显示出了比普通镍基高温合金更优越的高温性能。但由于价格原因及其他一些技术难题尚未解决，晶须增强金属的复合材料应用受到很大限制，从而也使这类材料发展较为缓慢。但近期研究发现，用氧化硼连续纤维增强金属，有利因素较多，从而给金属基复合材料的发展带来了一片曙光。

本 章 小 结

1）将两种或两种以上物理、化学性质不同的物质，经人工组合而得到的多相固体材料称为复合材料。复合材料至少包括基体相和增强相两大类相，其中基体相起到粘结、保护纤维并把外加载荷造成的应力传递到纤维上去的作用；增强相是主要承载相，起着提高强度（或韧性）的作用。

2）复合材料以基体类型可分为金属基复合材料、树脂基复合材料、无机非金属基复合材料等。以增强纤维类型可分为碳纤维复合材料、玻璃纤维复合材料、有机纤维复合材料、复合纤维（SiC、B）复合材料、混杂纤维复合材料等。以增强物外形可分为连续纤维增强复合材料、纤维织物或片状材料增强复合材料、短纤维增强复合材料、粒状填料复合材料等。

3）复合材料一般具有比强度和比刚度高、耐疲劳性能好、抗断裂能力强、减振能力强、高温性能好等优点。常用复合材料有玻璃钢、碳纤维复合材料、硼纤维复合材料、金属纤维复合材料及晶须复合材料等。

思 考 题

1. 玻璃钢与金属材料相比，在性能与应用上有哪些特点？
2. 为什么纤维复合材料的断裂韧度较高？

第8章 新型材料

导读：本章简单介绍了几种常用的机械功能材料，如形状记忆合金、非晶态合金及超塑性合金；简单介绍了纳米材料的定义、分类以及纳米科学与技术在各领域的应用。

本章重点：了解功能材料及纳米材料的应用。

随着科学技术的发展，各种机械系统不仅要求具有足够的力学性能，而且还要求具有可靠性高、多功能化、微型化和智能化等特性。要实现这一要求，不仅要采用以强度指标为主的结构材料，而且还必须采用具有特殊物理、化学等性能的其他新型工程材料，如功能材料和纳米材料等。

8.1 功能材料

所谓功能材料是指具有特殊的电、磁、光、热、声、力、化学性能和生物性能及其转化的功能，用以实现对信息和能量的感受、计测、显示控制和转化为主要目的的非结构性高新材料。有时也把只有特殊力学性能的材料包括在功能材料之内。

下面简单介绍几种常见的机械功能材料。

1. 形状记忆合金

某些具有热弹性马氏体相变的合金，处于马氏体状态下进行一定限度的变形或变形诱发马氏体后，在随后的加热过程中，当超过马氏体相消失的温度时，材料就能完全恢复变形前的形状和体积，这种现象称为形状记忆效应（SME）。具有形状记忆效应的合金称为形状记忆合金。

形状记忆合金在工程上的应用很多，最早的应用就是做各种结构件，如紧固件、连接件、密封垫等。另外，也可以用于一些控制元件，如一些与温度有关的传感及自动控制。

用作连接件，是形状记忆合金用量最大的一项用途。预先将形状记忆合金管接头内径做成比待接管外径小4%，将接头扩张后插入管子，当温度升高时，接头内径将复原。用形状记忆合金作紧固件、连接件的优点如下。

1）夹紧力大，接触密封可靠，避免了由于焊接而产生的冶金缺陷。

2）适于不易焊接的接头，如严禁明火的管道连接、焊接工艺难以进行的海底输油管道修补等。

3）金属与塑料等不同材料可以通过这种连接件连成一体。

4）安装技术要求不高。

利用形状记忆合金弹簧可以制造热敏驱动元件用于自动控制，如空调器阀门、发动机散热风扇离合器等。利用形状记忆合金的双向记忆功能可制造机器人部件，还可制造热机以实现热能–机械能的转换。在航天上，可用形状记忆合金制造航天用天线，将合金在母相状态下焊成抛物面形，在马氏体（热弹性）状态下压成团，送上太空后，在阳光加热下又恢复抛物面形状。

2. 非晶态合金

非晶态是指原子呈长程无序排列的状态。具有非晶态结构的合金称为非晶态合金，又称金属玻璃。通常认为，非晶态仅存在于玻璃、聚合物等非金属领域，而传统的金属材料都是以晶态形式出现的。近些年来非晶态合金的出现引起人们的极大兴趣，成为金属材料的一个新领域。

非晶态合金具有高的强度和硬度。例如：非晶态铝合金的抗拉强度（1140MPa）是超硬铝抗拉强度（520MPa）的2倍。此外，非晶态合金还具有优良的耐腐蚀性能和一系列特殊的电性能和磁性能等。

利用非晶态合金的高强度、高韧性，以及工艺上可以制成条带或薄片，目前已用它来制作轮胎、传送带、水泥制品及高压管道的增强纤维，还可用来制作各种切削刀具和保安刀片。用非晶态合金纤维代替硼纤维和碳纤维制造复合材料，可进一步提高复合材料的适应性。

非晶态的铁合金是极好的软磁材料。它容易磁化和退磁，比普通的晶体磁性材料磁导率高、损耗小、电阻率大，主要作为变压器及电动机的铁心材料、磁头材料。由于磁损耗很低，用非晶态磁性材料代替硅钢片制作变压器，可节约大量电能。

非晶态合金耐腐蚀，特别是在氯化物和硫酸盐中的耐蚀性大大超过不锈钢，获得了"超不锈钢"的名称，可以用于海洋和医学方面，如制造海上军用飞机电缆、鱼雷、化学滤器、反应容器等。

3. 超塑性合金

所谓超塑性是指合金在一定条件下所表现出的具有极大伸长率和很小变形抗力的现象。常用的超塑性合金主要有以下几种。

（1）锌基合金　它是最早的超塑性合金，具有很大的无颈缩延伸率，但其蠕变强度低，冲压加工性能差，不宜作结构材料，用于一般不需切削的简单零件。

（2）铝基合金　铝基共晶合金虽具有超塑性，但其综合力学性能较差，室温脆性大，限制了它在工业上的应用。含有微量细化晶粒元素（如 Zr 等）的超塑性铝合金则具有较好的综合力学性能，可加工成复杂形状部件。

（3）镍合金　镍基高温合金由于高温强度高，难以锻造成形。利用超塑性进行精密锻造，可以节约材料和加工费，制品均匀性好。

（4）钛基合金　钛基合金变形抗力大、回弹严重、加工困难，用常规方法锻造、冲压加工时，需要大吨位的设备，难以获得高精度的零件。利用超塑性进行等温模锻或挤压，可使变形抗力大为降低，可制出形状复杂的精密零件。

8.2 纳米材料

1. 概述

纳米是一种度量单位，1纳米（nm）等于 10^{-9} m，即百万分之一毫米、十亿分之一米。1nm 相当于头发丝直径的十万分之一。1nm 大约是 3～4 个原子排列在一起的宽度。广义地说，所谓纳米材料，是指用晶粒尺寸为纳米级的微小颗粒制成的各种材料，其纳米颗粒的大小不应超过100nm，而通常情况下不应超过10nm。目前，国际上将处于 1～100nm 尺度范围内的超微颗粒及其致密的聚集体，以及由纳米微晶所构成的材料，统称为纳米材料，包括金属、非金属、有机、无机和生物等多种粉末材料。

纳米固体中的原子排列既不同于晶体，也不同于气体状固体结构，是一种介于固体和分子间的亚稳中间态物质。因此，一些研究人员把纳米材料称之为晶态、非晶态之外的第三态晶体材料。正是由于纳米材料这种特殊的结构，使之产生四大效应，即小尺寸效应、量子效应（含宏观量子隧道效应）、表面效应和界面效应，从而具有传统材料所不具备的物理、化学性能，表现出独特的光、电、磁和化学特性。

当金属或非金属被制备成尺寸小于100nm的粉末时，其物理性质就发生了根本的变化，具有高强度、高韧度、高比热容、高电导率、高扩散率、高磁化率及对电磁波具有强吸收性等，据此可制造出具有特定功能的产品。例如：纳米铁材料的断裂应力比一般钢铁材料高12倍；气体在纳米材料中的扩散速度比在普通材料中快几千倍；纳米磁性材料的磁记录密度可比普通的磁性材料提高10倍；纳米颗粒材料与生物细胞结合力很强，为人造骨质的应用拓宽了途径等。

2. 纳米材料的分类

目前，按照材料的形态，纳米材料可分为纳米颗粒型材料、纳米固体材料、颗粒膜材料和纳米磁性液体材料四种。

（1）纳米颗粒型材料　应用时直接使用纳米颗粒的形态称为纳米颗粒型材料。被称为第四代催化剂的超微颗粒催化剂，利用甚高的比表面积与活性可以显著地提高催化效率。例如：以粒径小于 $0.3\mu m$ 的镍和钢 – 锌合金的超微颗粒为主要成分制成的催化剂可使有机物氯化的效率达到传统镍催化剂的10倍；超细铁粉可在苯气相热分解中起成核作用，从而生成碳纤维。

录音带、录像带和磁盘等都是采用磁性颗粒作为磁记录介质的。目前用金属磁粉（20nm左右的超微磁性颗粒）制成的金属磁带、磁盘，国外已经商品化，其记录密度可达 $4\times10^6 \sim 4\times10^7$ 位/cm（$10^7 \sim 10^8$ 位/in），即每厘米可记录4百万至4千万的信息单元。与普通磁带相比，它具有高密度、低噪声和高信噪比等优点。

在化学纤维制造工序中掺入铜、镍等纳米金属颗粒，可以合成导电性的纤维，从而制成防电磁辐射的纤维制品或电热纤维，也可与橡胶、塑料合成导电复合体。

隐身战斗机，其机身外表所包覆的红外与微波隐身材料中也包含有多种超微颗粒，它们对不同波段的电磁波具有强烈的吸收能力。在火箭发射的固体燃料推进剂中添加1%重量比的超微铝或镍颗粒，每克燃料的燃烧热可增加1倍。此外，超细、高纯陶瓷超微颗粒是精密陶瓷必需的原料。因此，超微颗粒在国防、国民经济各领域均有广泛的应用。

（2）纳米固体材料　纳米固体材料通常指由尺寸小于15nm的超微颗粒在高压力下压制成形，或再经一定热处理工序后所生成的致密型固体材料。

纳米固体材料的主要特征是具有巨大的颗粒间界面，如5nm颗粒所构成的固体，每立方厘米将含有 10^{19} 个晶界，原子的扩散系数要比大块材料高 $10^{14} \sim 10^{16}$ 倍，从而使得纳米材料具有高韧性。

通常陶瓷材料具有高硬度、耐磨、抗腐蚀等优点，但又具有脆性和难以加工等缺点，纳米陶瓷在一定的程度上却可增加韧性，改善脆性。如将纳米陶瓷退火使晶粒长大到微米量级，又将恢复通常陶瓷的特性，因此可以利用纳米陶瓷的塑性对陶瓷进行挤压与轧制加工，随后进行热处理，使其转变为通常陶瓷，或进行表面热处理，使材料内部保持韧性，但表面却显示出高硬度、高耐磨性与耐蚀性。用超微颗粒制成的精细陶瓷有可能用于陶瓷绝热涡轮复合发动机，陶瓷涡轮机，耐高温、耐腐蚀轴承及滚球等。

复合纳米固体材料也是一个重要的应用领域。例如：含有 20% 超微钴颗粒的金属陶瓷是火箭喷气口的耐高温材料；金属铝中加入少量的陶瓷超微颗粒，可制成重量轻、强度高、韧性好、耐热性强的新型结构材料。超微颗粒也有可能作为渐变（梯度）功能材料的原材料。例如：材料的耐高温表面为陶瓷，与冷却系统相接触的一面为导热性好的金属，其间为陶瓷与金属的复合体，使其间的成分缓慢连续地发生变化，这种材料可用于温差达 1000℃ 的航天飞机隔热材料、核聚变反应堆的结构材料。

（3）颗粒膜材料　颗粒膜材料是指将颗粒嵌在薄膜中所生成的复合薄膜。通常选用两种在高温互不相溶的组元制成复合靶材，在基片上生成复合膜。当两组分的比例大致相当时，就生成迷阵状的复合膜，因此改变原始靶材中两种组分的比例可以很方便地改变颗粒膜中的颗粒大小与形态，从而控制膜的特性。对金属与非金属复合膜，改变组成比例，可使膜的导电性质从金属导电型转变为绝缘体。

颗粒膜材料有诸多应用。例如：作为光的传感器，金颗粒膜从可见光到红外光的范围内，光的吸收效率与波长的依赖性甚小，从而可作为红外线传感元件；铬－三氧化二铬颗粒膜对太阳光有强烈的吸收作用，可以有效地将太阳光转变为热能；硅、磷、硼颗粒膜可以有效地将太阳能转变为电能；氧化锡颗粒膜可制成气体－湿度多功能传感器，通过改变工作温度，可以用同一种膜有选择地检测多种气体。颗粒膜传感器的优点是高灵敏度、高响应速度、高精度、低能耗和小型化，且单位成本很低。但因为超微颗粒当前价格较高，因此颗粒膜材料在工业上尚未形成较大的规模。

（4）纳米磁性液体材料　磁性液体是由超细微粒包覆一层长键的有机活化剂，高度弥散于一定基液中，而构成稳定的具有磁性的液体。它可以在外磁场作用下整体地运动，因此具有其他液体所没有的磁控特性。常用的磁性液体采用铁氧体微颗粒制成，它的饱和磁感应强度一般低于 0.4T（特斯拉）。目前研制成功的由金属磁性微粒制成的磁性液体，其饱和磁感应强度可比前者高 4 倍。国外磁性液体已商品化，美、日、英等国均有磁性液体公司，供应各种用途的磁性液体及其器件。磁性液体的用途十分广泛，如射流印刷用的磁性墨水、超声波发生器、X 射线造影剂（代替钡剂）、磁控阀门、磁性液体研磨、磁性液体的光学与微波器件、磁性显示器、火箭和飞行器用的加速计、磁性液体发电机、定位润滑剂等。

3. 纳米科学与技术的应用

由于纳米固体材料具有独特的性能，因此在各个领域具有非常广泛的应用。科学家预言，纳米时代的到来不会很久，它在未来的应用将远远超过计算机工业，并成为未来信息时代的核心。

（1）在化工与精细化工领域的应用

1）粘结剂和密封胶。国外已将纳米材料——纳米 SiO_2 作为添加剂加入到粘结剂和密封胶中，使粘结剂的粘结效果和密封胶的密封性都大大提高。它的作用机理是在纳米 SiO_2 的表面包覆一层有机材料，使之具有亲水性，将它添加到密封胶（粘结剂）中很快形成一种硅石结构，固化速度加快，提高粘结效果，由于颗粒尺寸小，更增加了胶的密封性。

2）涂料。在各类涂料中添加纳米 SiO_2 可使其抗老化性能、光洁程度及强度成倍地提高，涂料的质量和档次自然升级。因纳米 SiO_2 是一种抗紫外线辐射材料（即抗老化），加之其极微小颗粒的比表面积大，能在涂料干燥时很快形成网络结构，同时增加涂料的强度和光洁程度。

3）橡胶。纳米 Al_2O_3 加入橡胶中可提高橡胶的介电性和耐磨性。纳米 SiO_2 可以作为抗紫外线辐射、红外线反射、高介电绝缘橡胶的填料。添加纳米 SiO_2 的橡胶，弹性、耐磨性都会明显优于常规橡胶。

4）塑料。纳米 SiO_2 对塑料不仅起补强作用，而且具有许多新的特性。利用它透光、粒度小，可使塑料变得更致密，使塑料薄膜的透明度、强度和韧性、防水性能大大提高。

5）纤维。以纳米 SiO_2 和纳米 TiO_2 经适当配比而成的复合粉体作为纤维的添加剂，可制得满足国防工业要求的抗紫外线辐射的功能纤维。用 $SiO + TiO_2 + Al_2O_3 + ZnO$ 四合一粉体对人造纤维进行改性的研究正在进行中。

6）有机玻璃。在有机玻璃生产时加入纳米 SiO_2 可使有机玻璃抗紫外线辐射而达到抗老化的目的；在有机玻璃中添加纳米 Al_2O_3 既不影响透明度，又提高了高温冲击韧度。

7）固体废弃物处理。在固体废弃物处理中可将橡胶制品、塑料制品、废印刷电路板等制成超微粉末以除去其中的异物，成为再生原料回收。在日本还将废橡胶轮胎制成粉末用于铺设运动场、道路，如用作新干线的路基。

将纳米 TiO_2 粉体按一定比例加入到化妆品中，则可以有效地遮蔽紫外线。将金属纳米粒子掺杂到化纤制品或纸张中，可以大大降低静电作用。利用纳米微粒构成的海绵体状的轻烧结体，可用于气体同位素、混合稀有气体及有机化合物等的分离和浓缩。纳米微粒还可用作导电涂料，用作印刷油墨，制作固体润滑剂等。研究人员还发现，可以利用纳米碳管独特的孔状结构，大的比表面积（每克纳米碳管的表面积高达几百平方米）、较高的机械强度做成纳米反应器，该反应器能够使化学反应局限于一个很小的范围内进行。

（2）在生物工程上的应用　虽然分子计算机目前只是处于设想阶段，但科学家已经考虑应用几种生物分子制造计算机的组件。该生物材料具有特异的热、光、化学物理特性和很好的稳定性，并且其奇特的光学循环特性可用于储存信息，从而起到代替当今计算机信息处理和信息存储的作用。它将使单位体积物质的储存和信息处理能力提高上百万倍。

（3）在陶瓷领域的应用　随着纳米技术的广泛应用，纳米陶瓷随之产生，希望以此来克服陶瓷材料的脆性，使陶瓷具有像金属一样的柔韧性和可加工性。许多专家认为，如能解决单相纳米陶瓷烧结过程中抑制晶粒长大的技术问题，则它将具有高硬度、高韧度、低温超塑性、易加工等优点。

（4）在微电子学上的应用　纳米电子学立足于最新的物理理论和最先进的工艺手段，按照全新的理念来构造电子系统，并开发物质潜在的储存和处理信息的能力，实现信息采集和处理能力的革命性突破。纳米电子学将成为新世纪信息时代的核心。

（5）在医学上的应用　研究纳米技术在生命医学上的应用，可以在纳米尺度上了解生物大分子的精细结构及其与功能的关系，获取生命信息。科研人员已经成功利用纳米微粒进行了细胞分离，用金的纳米粒子进行定位病变治疗以减少副作用等。另外，利用纳米颗粒作为载体的病毒诱导物已经取得了突破性进展，现在已用于临床动物实验，估计不久的将来即可服务于人类。

用纳米技术制造的"芯片实验室"可对血液和病毒进行检测，几分钟即可获得检测结果。

科学家还可以用纳米材料开发出一种新型药物输送系统。这种输送系统是由一种内含药物的纳米球组成的。这种纳米球外面有一种保护性涂层，可在血液中循环而不会受到人体免疫系统的攻击。如果使其具备识别癌细胞的能力，它就可以直接将药物送到癌变部位，而不会对健康组织造成危害。

科学家们设想利用纳米技术制造出分子机器人，在血液中循环，对身体各部位进行检测、诊断，并实施特殊治疗。疏通脑血管中的血栓，清除心脏动脉脂肪沉积物，甚至可以用其吞噬病毒，杀死癌细胞。这样，在不久的将来，被视为当今疑难病症的艾滋病、高血压、癌症等都将迎刃而解。

近年来，我国在功能纳米材料研究上取得了举世瞩目的重大成果，引起了国际上的关注。其主要有大面积定向碳管阵列合成、超长纳米碳管制备、氮化镓纳米棒制备、硅衬底上碳纳米管阵列的研制成功以及用催化热解法制成纳米金刚石等。

本 章 小 结

1）功能材料是指具有特殊的电、磁、光、热、声、力、化学性能和生物性能等功能的材料。常见的功能材料有形状记忆合金、非晶态合金和超塑性合金等。

2）晶粒尺寸为纳米级（1~100nm）的微小颗粒制成的材料叫纳米材料，由于纳米材料特殊的结构，使其具有传统材料所不具备的物理、化学性能，表现出独特的光、电、磁和化学特性。按照材料的形态，纳米材料可分为纳米颗粒型材料、纳米固体材料、颗粒膜材料和纳米磁性液体材料。它们将在各个领域获得广泛的应用。

思 考 题

1. 什么是功能材料？
2. 简述纳米材料的应用前景。

第9章 铸造成形

导读：本章介绍了液态合金成形的基础知识，包括液态合金的充型能力及其对铸件质量的影响，影响充型能力的因素，合金的收缩对铸件质量的影响（缩孔、缩松、内应力、变形、裂纹产生的原因）和防止产生收缩质量问题的工艺措施；介绍了常用铸造成形方法（砂型铸造、熔模铸造、金属型铸造、压力铸造、低压铸造、离心铸造、消失模铸造等）的特点及应用；介绍了铸造成形的工艺设计，包括浇注位置的选择，铸型分型面的选择和工艺参数的确定；介绍了铸造成形的结构设计包括合金铸造性能对结构设计的要求和铸造工艺对结构设计的要求。另外对铸造技术的发展趋势也做了概略介绍。

本章重点：液态合金的充型能力对铸件质量的影响；影响充型能力的因素；缩孔、缩松、内应力、变形、裂纹的产生原因；防止缩孔、缩松、内应力、变形的工艺措施；常用铸造成形方法的特点；铸造成形的工艺设计原则及铸件的结构设计要点。

铸造是将熔融金属浇注、压射或吸入铸型型腔，经冷却凝固后得到具有预定形状和性能的铸件的成形方法。

铸造的特点是：工艺灵活性大，各种成分、形状和重量的铸件几乎都能适应；适宜于生产各种形状复杂、特别是具有复杂内腔的毛坯或零件；铸件的形状和大小可以与零件很接近，既节约金属材料，又节省切削加工工时；对于不宜锻压生产和焊接的材料，铸造方法具有特殊的优势。随着铸造工艺的不断发展，可根据铸件的合金类型、大小、批量、质量要求等选择不同的工艺方法，大批生产时可实现机械化和自动化。

但是，由于铸造生产工序繁多，影响铸件质量的因素复杂，铸件的质量问题也较多，废品率较高。例如：铸件中容易出现浇不到、缩孔、夹渣、气孔、裂纹等缺陷，这些缺陷的形成与防止就成为在铸件设计和铸造生产中人们十分关注的问题。

9.1 铸造成形基础

金属通过铸造方法制成外部形状、尺寸正确，内在质量优良的铸件的能力，称为铸造性能。铸造性能通常用充型能力、收缩性等来衡量，它们是判别金属材料可铸性优劣的重要指标。

9.1.1 液态合金的充型

液态合金填充铸型的过程，即为充型。液态合金充满铸型型腔，获得形状完整、轮廓清晰铸件的能力，即为充型能力。充型能力不足，则易产生浇不到和冷隔缺陷，严重影响铸件质量，甚至成为废品。影响液态合金充型能力的重要因素如下。

1. 合金的流动性

液态合金自身的流动能力，称为合金的流动性。

合金流动性的好坏，对补缩、防裂及获得优质铸件有很大影响。流动性好的合金充型能力强，易获得形状完整、尺寸准确、轮廓清晰、壁薄和形状复杂的铸件；有利于液态合金中非金属夹杂物和气体的上浮与排除。若流动性不好，铸件就易产生浇不到、冷隔等缺陷。

合金的流动性是用浇注流动性试样的方法来衡量的。在实际生产中，合金流动性的好坏，以螺旋形试样的长度来衡量。将合金液浇入螺旋形试样铸型中，在相同的铸型及浇注条件下，浇出的螺旋形试样越长，表示合金的流动性越好。图9-1所示为测定合金流动性的螺旋形试样。表9-1给出了一些合金的流动性数据。

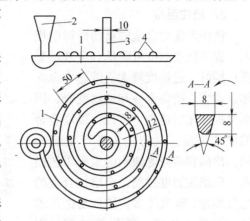

图9-1 测定合金流动性的螺旋形试样
1—试样铸件 2—浇口 3—冒口 4—试样凸点

影响流动性的因素很多，但以化学成分的影响最为显著。纯金属及共晶成分合金的结晶是在恒温下进行的，结晶过程从表面开始逐层向中心凝固，凝固层的内表面较为光滑，对尚未凝固的金属（或合金）流动阻力小，金属（或合金）流动的距离长。此外，共晶成分的合金，在相同浇注温度下其过热度（浇注温度与合金熔点的温度差）大，液态合金存在的时间较长。因此，纯金属及共晶成分合金的流动性最好。

表9-1 一些合金的流动性数据（螺旋形试样，沟槽断面 8mm×8mm）

合 金	造型材料	浇注温度/℃	螺旋线长度/mm
铸铁（$w_{C+Si}=6.2\%$）	砂型	1300	1300
（$w_{C+Si}=5.9\%$）	砂型	1300	1300
（$w_{C+Si}=5.0\%$）	砂型	1300	1000
（$w_{C+Si}=4.2\%$）	砂型	1300	600
铸钢（$w_C=0.4\%$）	砂型	1600	100
	砂型	1640	200
铝硅合金	金属型（300℃）	680～720	700～800
镁合金（Mg－Al－Zn）	砂型	700	400～600
锡青铜（$w_{Sn}=9\%～11\%$ $w_{Zn}=2\%～4\%$）	砂型	1040	420
硅黄铜（$w_{Si}=1.5\%～4.5\%$）	砂型	1100	1000

非共晶合金的结晶特点是在一定温度内进行，有一个液－固双相并存区域。初生的枝晶阻碍液态合金的流动，其流动性较差。合金的结晶间隔越宽，树枝状晶体就越多，其流动性越差。

图9-2 所示为铁碳合金的流动性与碳含量的关系。由图可见，共晶成分的合金流动性最好。铸铁的流动性比铸钢好。

铸铁中的 Si 和 P 可提高铁液的流动性，而 S 则使铁液的流动性降低。

2. 铸型条件

如果直浇道低，内浇道截面积小或布置不合理，型腔窄，型砂含水过多或透气性不好，铸型排气不畅，铸型材料导热性过大等，均能降低充型能力。因此，要注意改善铸型的充填条件，以提高充型能力。

3. 浇注温度

浇注温度对合金的流动性影响极大。提高浇注温度可降低合金液的黏度；同时，过热度增大，液态合金含热量加大，使合金冷却速度变慢，因而可提高充型能力。所以，提高合金的浇注温度，是防止铸件产生浇不到、冷隔和夹渣等缺陷的重要工艺措施。但浇注温度过高，会增加合金的总收缩量，吸气增多，铸件易生产缩孔、缩松、粘砂、气孔等缺陷。因此，每种合金都规定有一定的浇注温

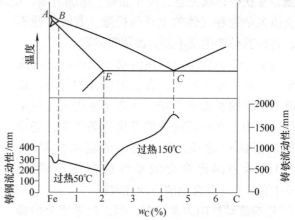

图 9-2 铁碳合金流动性与碳含量的关系

度范围，薄壁复杂件取上限，厚大件取下限。在保证流动性的前提下，尽可能做到"高温出炉、低温浇注"。

4. 铸件结构

铸件结构复杂，相应型腔结构的复杂程度也增加，液态合金的流动阻力将增大，铸型的充型就困难。铸件壁厚越小，合金液的热量损失越快，在相同的浇注条件下，铸型越不易充满。

9.1.2　铸造合金的收缩

1. 收缩的概念

合金从液态冷却至室温的过程中，体积或尺寸缩小的现象，称为收缩。收缩是铸造合金本身的物理性质。

任何一种液态合金注入铸型以后，从浇注温度冷却到常温都要经历三个互相联系的收缩阶段。

（1）液态收缩　是指液态合金由浇注温度冷却到凝固开始温度（液相线温度）间的收缩。此阶段，合金处于液态，体积的缩小仅表现为型腔内液面的降低。

（2）凝固收缩　是指从凝固开始温度到凝固结束温度（固相线温度）之间的收缩。合金结晶的范围越大，则凝固收缩越大。液态收缩和凝固收缩使合金体积缩小，因此，常用单位体积收缩量（即体收缩率）来表示，其是缩孔和缩松形成的基本原因。

（3）固态收缩　是指合金从凝固结束温度冷却到室温之间的收缩，这是处于固态下的收缩。该阶段收缩不仅表现为合金体积的缩减，还直接表现为铸件的外形尺寸的减小，因此常用单位长度上的收缩量（即线收缩率）表示。该阶段合金的收缩是产生铸件应力、变形和裂纹的基本原因。

不同合金的收缩率不同。在常用合金中，铸钢的收缩率最大，灰铸铁最小。

2. 缩孔和缩松

铸件在凝固过程中，由于合金的液态收缩和凝固收缩，往往在铸件最后凝固的部位出现

孔洞。容积大而集中的孔洞称为缩孔,细小而分散的孔洞称为缩松。缩孔的形状不规则,表面不光滑,可以看到发达的枝晶末梢,故可和气孔区分开来。缩孔的形成过程如图9-3所示。有些铸件是由表及里逐层凝固的。当铸件外表的温度下降到凝固温度时,铸件表面凝固一层硬壳,并紧紧包住内部的液态合金。进一步冷却时,硬壳内的液态合金因温度降低发生液态收缩和凝固收缩,同时固态硬壳也因温度降低而使铸件外表尺寸缩小。当合金的液态收缩和凝固收缩超过合金的固态收缩时,硬壳内的液态合金液面会下降,与硬壳的顶面脱离,依次进行下去,硬壳不断加厚,液面将不断下降,待合金全面凝固后,在铸件上部就形成了一个倒锥形的缩孔。

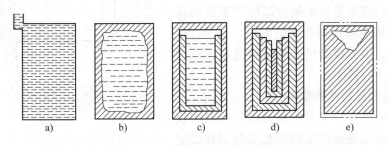

图9-3 铸件缩孔形成过程示意图

缩松的形成过程如图9-4所示。缩松形成的基本原因与缩孔一样,是由于合金的液态收缩和凝固收缩大于固态收缩。

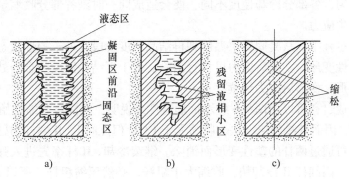

图9-4 铸件缩松形成过程示意图

但是,形成缩松的基本条件是合金的结晶温度范围较宽,易发展成为树枝发达的粗大等轴晶组织。当粗大的等轴晶组织相互连接后,将尚未凝固的液态合金分割成为一个个互不沟通的液池,最后形成分散型的缩孔,即缩松。

缩孔和缩松都会使铸件力学性能显著下降,缩松还能影响铸件的致密性和物理、化学性能。因此,我们必须根据铸件的技术要求,采取适当的工艺措施,予以防止。

防止缩孔的具体措施是采取定向凝固原则。所谓定向凝固,就是采取一定的工艺措施(如加设冒口、冷铁)保证铸件各部分按照远离冒口的部分最先凝固,然后是靠近冒口的部分,最后才是冒口本身凝固的次序进行。铸件按照该原则进行凝固,能保证缩孔形成于冒口中,从而获得优质铸件。

冒口是铸型中能储存一定合金液的,并对铸件进行补缩以防止产生缩孔和缩松的工艺

"空腔"。

冷铁是用来控制铸件凝固最常用的一种激冷物。

各种铸造合金均可使用冷铁，尤以铸钢件应用最多，主要是与冒口配合使用。图9-5所示为阀体铸件的两种铸造方案。

图9-5中左边表示没有冒口时热节处可能产生缩孔；图9-5中右边表示增设冒口及冷铁后铸件实现了顺序凝固，防止了缩孔。

需要说明的是，对于结晶温度范围甚宽的合金，由于结晶过程中发达的树枝晶体严重阻碍冒口补缩通道，因而难以避免产生缩松。显然，应尽可能选择接近共晶成分的合金或结晶温度范围较小的合金来生产铸件。

3. 铸造应力及铸件的变形

铸件凝固后将在冷却至室温的过程中继续收缩，有些合金甚至还会发生固态相变而引起收缩或膨胀，这些都会使铸件内部产生应力。应力是铸件产生变形及裂纹的主要原因。

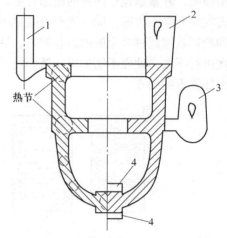

图9-5　阀体铸件的两种铸造方案
1—浇口　2—明冒口　3—暗冒口　4—冷铁

（1）热应力　铸件在凝固和其后的冷却过程中，因壁厚不均匀，各部分冷却速度不同，便会造成同一时刻各部分收缩量不同，彼此相互制约的结果便产生应力。

合金在冷却过程中，从凝固结束温度到再结晶温度阶段，处于塑性状态。在较小的外力下，就会产生塑性变形，变形后应力可自行消除。低于再结晶温度的合金处于弹性状态，受力时产生弹性变形，变形后应力继续存在。

热应力的形成过程可以用图9-6所示框形铸件来说明。在固态收缩初始阶段，由于Ⅱ杆的直径小于Ⅰ杆，因而其冷却速度快，收缩大于Ⅰ杆，但此时Ⅰ、Ⅱ两杆均处于塑性状态，瞬时形成的应力均可通过两杆的塑性变形而消除。继续冷却，Ⅱ杆率先进入弹性状态，而Ⅰ杆仍处于塑性状态，因细杆Ⅱ冷却快，收缩大于粗杆，必然压缩粗杆，所以Ⅱ杆受拉应力，Ⅰ杆受压应力（见图9-6b）。然而，由于Ⅰ杆处于塑性状态，在应力作用下，发生塑性变形而被压短，应力消失（见图9-6c）。进一步冷却，Ⅰ杆也进入弹性状态，此时Ⅱ杆处于更低温度，收缩已趋停止，因而相对而言Ⅰ杆的收缩大于Ⅱ杆，结果，粗杆Ⅰ受拉伸，细杆Ⅱ受压缩（见图9-6d），直到室温，形成了不可消失的内应力。

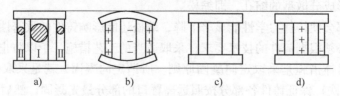

图9-6　热应力的形成过程
+表示拉应力　−表示压应力

由此可见，热应力的分布规律为：铸件厚壁或心部受拉应力，薄壁或表层受压应力。合金固态收缩率越大，铸件壁厚差别越大，形状越复杂，所产生的热应力就越大。

（2）机械应力　铸件的固态收缩受到铸型、型芯及浇注系统的机械阻碍而产生的应力称为机械阻碍应力，简称机械应力。

若铸型或型芯退让性良好，机械应力则小。机械应力在铸件落砂之后可自行消除。但是机械应力能与热应力共同起作用，增加了铸件产生裂纹的可能性。

应力的存在，将引起铸件变形和裂纹的缺陷。

（3）铸件的变形及其防止　如果铸件存在内应力，则铸件处于不稳定状态。铸件厚的部分受拉应力，薄的部分受压应力。如果内应力超过合金的屈服强度时，则铸件本身总是力图通过变形来减缓内应力。因此细而长或大又薄的铸件易发生变形。

图9-7所示为车床床身，其导轨部分因厚而受拉应力，床壁部分因薄而受压应力，于是导轨下凹。

图9-8所示为一平板铸件，尽管其壁厚均匀，但其中心部分因比边缘散热慢而受拉应力，其边缘处则受压应力。由于铸型上面比下面冷却快，于是该平板发生如图所示方向的变形。

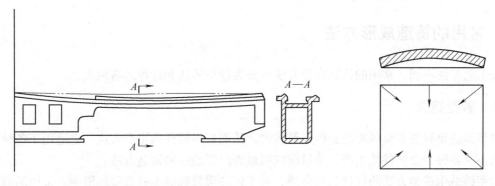

图9-7　车床床身的弯曲变形　　　　图9-8　平板铸件的变形

为了防止铸件变形，设计时应使铸件各部壁厚尽可能均匀或形状对称。在铸造工艺上可采取"同时凝固原则"。所谓"同时凝固原则"，就是采取工艺措施保证铸件各部分之间没有温差或温差尽量小，使各部分同时凝固，如图9-9所示。采用该原则，可使铸件内应力较小，不易产生变形和裂纹。但在铸件中心区域往往有缩松，组织不够致密。所以，此原则主要用于凝固收缩小的合金（如灰铸铁）以及壁厚均匀、结晶温度范围宽而对铸件的致密性要求不高的铸件等。此外，还可在制模时采用反变形法（将模样制成与铸件变形方向相反的形状），有时也在薄壁处附加工艺肋。

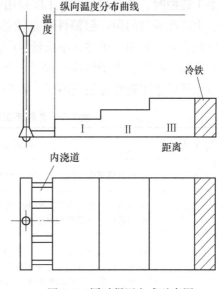

图9-9　同时凝固方式示意图

实践证明，尽管铸件冷却时发生部分变形使内应力有所缓解，但并未彻底消除。在经过机加工后内应力重新分布，铸件仍发生变形，影响零件的精度。因此，对某些重要的、精密的铸件，如车床床身等必须采取去应力退火或自然时效等方法，将残余应力消除。

4. 铸件的裂纹及防止

如果铸造内应力超过合金的强度极限，则会产生裂纹。它分为热裂和冷裂两种。

（1）热裂 热裂是在凝固后期高温下形成的，主要是由于收缩受到机械阻碍作用而产生的。它具有裂纹短、形状曲折、缝隙宽、断面有严重氧化、无金属光泽、裂口沿晶界产生和发展等特征，在铸钢和铝合金铸件中常见。

防止热裂的主要措施是：除了使铸件的结构合理外，应合理选用型砂或芯砂的粘结剂，以改善其退让性；大的型芯可采用中空结构或内部填以焦炭；严格限制铸钢和铸铁中硫的含量；选用收缩率小的合金。

（2）冷裂 冷裂是在较低温度下形成的，常出现在铸件受拉伸部位，特别是有应力集中的地方。它的裂纹细小，呈连续直线状，缝内干净，有时呈轻微氧化色。

壁厚差别大，形状复杂或大而薄的铸件易产生冷裂。因此，凡是能减少铸造内应力或降低合金脆性的因素，都能防止冷裂的形成。同时在铸钢和铸铁中要严格控制合金中的磷含量。

9.2 常用的铸造成形方法

按工艺方法不同，常用的铸造成形方法可分为砂型铸造和特种铸造两大类。

9.2.1 砂型铸造

砂型铸造是将液态金属浇注到砂型型腔内，从而获得铸件的生产方法。它适用于各种形状、大小及各种合金铸件的生产，是目前应用最为广泛的一种铸造方法。

砂型铸造中造型方法的选择是否合理，对于铸件质量和成本有重要的影响。常用的造型方法有手工造型和机器造型。

1. 手工造型

手工造型时，紧实和起模两工序是用手工来进行的。它的操作灵活，适应性强，模样成本低，生产准备时间短。但铸件质量较差，生产率低，劳动强度大，要求工人技术水平较高。因此，它主要用于单件、小批量生产。

在实际生产中，由于铸件的尺寸、形状、生产批量、铸件的使用要求以及生产条件不同，应选择的手工造型方法也不同。表9-2给出了各种手工造型方法的特点及适用范围。

表9-2 各种手工造型方法的特点及适用范围

造型方法		主要特点	适用范围
按砂箱特征分类	两箱造型	造型的最基本方法。铸型由上型和下型构成，操作方便	各种生产批量和各种大小铸件
	三箱造型	铸型由上、中、下三型构成。中型高度须与铸件两个分型面的间距相适应。三箱造型操作费工，且需配有合适的砂箱	单件小批生产。具有两个分型面的铸件
	脱箱造型（无箱造型）	在可脱砂箱内造型合型后，浇注前，将砂箱取走，重新用于新的造型。用一个砂箱可重复制作很多砂型，节约砂箱。需用型砂将铸型周围填实，或在砂型上加套箱，以防浇注时错型	生产小铸件。因砂箱无带，所以砂箱尺寸小于400mm×400mm×150mm

（续）

造型方法		主要特点	适用范围
特征分类 按砂箱	地坑造型	在地面以下的砂坑中造型，不用砂箱或只用上箱。大铸件需在砂床下面铺以焦炭，加上出气管，以便浇注时引气。减少了制造砂箱的费用和时间，但造型费工，劳动量大，要求工人技术较高	砂箱不足，或生产批量不大、质量要求不高的铸件，如砂箱、压铁、炉栅、芯骨等
按模样特征分类	整模造型	模样是整体的，分型面为平面，型腔全部在一个砂箱内。造型简单，铸件不会产生错型缺陷	最大截面在一端、且为平面的铸件
	挖砂造型	模样是整体的，分型面为曲面。为起出模样，造型时用手工挖去阻碍起模的型砂。此法费时，生产率低，要求工人技术水平高	单件小批生产。分型面不是平面的铸件
	假箱造型	克服了挖砂造型的挖砂缺点，在造型前预先制作出与分型面相吻合的底胎，然后在底胎上造下型。因底胎不参加浇注，故称假箱。比挖砂造型简便，且分型面整齐	成批生产需要挖砂的铸件
	分模造型	将模样沿最大截面处分为两半，型腔位于上下两个砂箱内，造型简单，节省工时	最大截面在中部的铸件
	活块造型	铸件上有妨碍起模的小凸台、肋条等。制模时将这些部分作成活动的（即活块）。起模时，先起出主体模样，然后再从侧面取出活块。此法费工，对工人技术水平要求高	单件小批生产。带有突出部分难以起模的铸件
	刮板造型	用刮板代替实体模造型，可降低模样成本，节约木材，缩短生产周期。但生产率低，要求工人技术水平高	等截面的或回转体的大中型铸件的单件小批生产，如带轮、铸管

2. 机器造型

机器造型是现代铸造生产的基本方式。它主要是将紧实和起模两工序的操作机械化，并且常与机械化砂处理、浇注和落砂等工序共同组成流水生产线。与手工造型相比，机器造型可提高生产效率、铸件精度和表面质量，铸件的加工余量也小。但它需用专用设备、专用砂箱和模板等，投资较大，只有在大批量生产时才能显著降低铸件成本。

机器造型按照不同的紧砂方式分为震实、压实、震压、抛砂、射砂挤压造型等多种方法，其中以震压式造型和射砂挤压造型应用最广。

（1）震压式造型 图9-10所示为震压式造型机的工作原理示意图。模样固定在模底板上，模底板安装在与震实活塞相连的工作台上。当砂箱中填满型砂后（见图9-10a），压缩空气从震实进气口进入震实活塞的下面，震实活塞推动工作台及砂箱上升，上升过程中震实进气通路被关闭，震实排气口打开（见图9-10b），于是工作台在重力作用下带着砂箱下落，与压实活塞（它同时又是震实气缸）的顶部产生了一次撞击。如此反复多次，可使型砂在惯性力作用下被初步紧实。为提高砂箱上层型砂的紧实度，在震实后使压缩空气从压实进气口进入压实气缸的底部，压实活塞带动工作台上升，在压头作用下，使型砂受到辅助压实（见图9-10c）。最后排除压实气缸的压缩空气，砂箱下降，完成全部紧实过程。

砂型紧实后，压缩空气推动压力油进入起模液压缸，四根起模顶杆将砂箱顶起，使砂型与模样分开，完成起模（见图9-10d）。

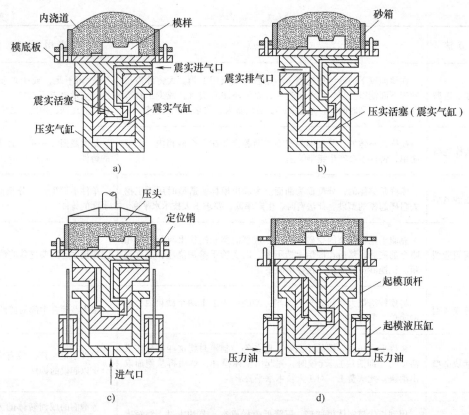

图 9-10　震压式造型机的工作原理示意图
a) 填砂　b) 震实　c) 压实　d) 起模

　　一般的震压式造型机存在许多不足：所制砂型紧实度低且不均匀，导致铸件易产生胀箱，铸件精度降低；工作台向下撞击固定在基础上的震击缸，冲击力直接传到基础上，对机器基础的要求相当高；另外生产效率低，工人劳动强度大，噪声大。其应用已经逐渐被气动微震压实式造型机所取代。气动微震压实式造型机采用带缓冲功能的气动微震机构，高频率，低振幅，不但降低了噪声，有效降低对地基的影响，而且大幅度提高砂型的紧实度，其震击机构的最大特点是微震既可单独进行（预震），也可与压实同时进行（压震）。在预震时向砂箱充填垫砂，使型砂获得一定的初始紧实度，在压震时将砂箱中的型砂成型为紧实度较高而均匀的铸型。而震压式造型机要使压实与震击同时进行是不可能的。

　　（2）射砂挤压造型　射砂挤压造型主要有垂直分型无箱射压造型和水平分型无箱射压造型两种。在造型、下芯、合型及浇注过程中，铸型的分型面呈垂直状态（垂直于地面）的无箱射压造型法称为垂直分型无箱射压造型。

　　图 9-11 所示为垂直分型无箱射压造型机的工作过程示意图。

　　首先，由射砂机构将型砂 1 射入由前模板 3（反压模板）、后模板 2（压实模板）及侧板组成的造型室内（见图 9-11a）。随后，后模板向左移动压实型砂使其成为型块（见图 9-11b）。前模板向左退出完成起模，然后绕转轴向上抬起（见图 9-11c），后模板将型块推出，并与前一块砂型合在一起，完成合型（见图 9-11d）。然后，后模板退回，完成起模（见图 9-11e），前模板复位，关闭造型室（见图 9-11f），为下一次射砂做好准备。通常，

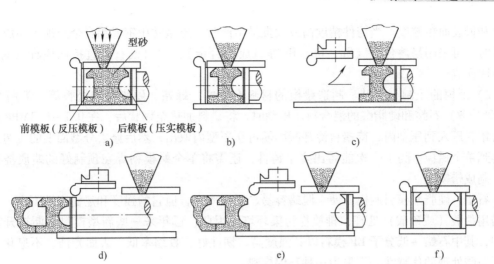

前模板(反压模板)　后模板(压实模板)

型砂

a)　　　　　　　　b)　　　　　　　　c)

d)　　　　　　　　e)　　　　　　　　f)

图9-11　垂直分型无箱射压造型机的工作过程示意图

射压造型与浇注、落砂、配砂构成一个完整的生产线,生产效率高。它的主要缺点是下芯困难,主要用于大量生产小型简单件。

机器造型是不能进行三箱造型的,同时也应避免活块,因为取出活块费时,将显著降低造型机的生产率。因此在设计大批量生产的铸件及确定其铸造工艺时,须考虑机器造型的这些工艺要求,并采取措施予以满足。

9.2.2　特种铸造

特种铸造是指除砂型铸造以外的其他铸造方法,常用的有熔模铸造、金属型铸造、压力铸造、低压铸造、离心铸造和消失模铸造等。绝大多数特种铸造方法铸件精度高,表面粗糙度值低,易实现少、无屑加工;铸件内部组织致密,力学性能较好;金属液消耗少,工艺简单,生产效率高。但在工艺和应用上各有一定的局限性。

1. 熔模铸造

熔模铸造是用蜡料制成模样,然后在其表面涂覆多层耐火材料,待硬化干燥后将蜡模熔去,而获得具有与蜡模形状相应空腔的型壳,再经焙烧后进行浇注而获得铸件的一种方法,又称失蜡铸造。

(1)熔模铸造的工艺过程　熔模铸造的工艺过程如图9-12所示。

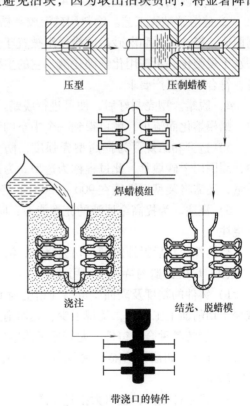

压型　　　　　　压制蜡模

焊蜡模组

浇注　　　　　结壳、脱蜡模

带浇口的铸件

图9-12　熔模铸造的工艺过程

1)压型制造。压型是用来制造蜡模的特殊铸型。为保证蜡模质量,压型必须有很高的精度和低表面粗糙度。当铸件精度高或大批量生产时，压型常用钢或铝合金经加工而成；小批量时，可采用易熔合金（Sn、Pb、Bi 等组成的合金）、塑料或石膏直接向模样（母模）上浇注而成。

2）蜡模的压制与组装。制造蜡模的材料有石蜡、蜂蜡、硬脂酸和松香等，常用50%（质量分数）石蜡和硬脂酸的混合料。压制时，将蜡料加热至糊状后，在 0.1～0.3MPa 压力下将蜡料压入到压型内，待蜡料冷却凝固便可从压型内取出，然后修去分型面上的飞边，即可得到单个蜡模。为了一次能铸出多个铸件，还需将单个蜡模粘焊在预制好的蜡质浇口棒上，制成蜡模组。

石蜡–硬脂酸模料制模方便、脱蜡容易、回收率高，但它的强度和热稳定性不高、皂化物需用盐酸（或硫酸）处理、排放物污染环境。因此，近年来一些新型模料不断被开发和使用，其中石蜡–低分子 EP 模料以其强度高、韧性好、收缩率低、表面光洁、不皂化、回收不需酸处理的优越性，不失为一种环保模料。

3）结壳。结壳就是在蜡模上涂挂耐火涂料层，制成具有一定强度的耐火型壳的过程。结壳工艺主要有水玻璃结壳工艺和硅溶胶结壳工艺两种。

① 水玻璃结壳工艺。首先用水玻璃和石英粉配成涂料，将蜡模组浸挂涂料后在其表面撒上一层硅砂，然后放入硬化剂（多为氯化铵溶液）中，利用化学反应生成的硅酸溶胶将砂粒粘牢并硬化。如此反复涂挂 4～8 层，直到型壳厚度达 5～10mm。

② 硅溶胶结壳工艺。涂料用硅溶胶和锆英粉（用于面层）或煤矸粉（用于其他层）配制而成，浸挂涂料和淋砂后的蜡模组被置于温度为 22～25℃、湿度为 45%～65% 环境中靠失水干燥硬化，不需用化学硬化液。它的主要优点为结壳过程无化学污染物，也不会腐蚀设备，符合环保生产要求。

4）脱蜡。型壳制好后，便可进行脱蜡。常用水浴脱蜡，即将其浸泡到 90～98℃ 的热水中，蜡模熔化而流出，就可得到一个中空的型壳。也可采用蒸汽脱蜡。

5）造型和焙烧。为提高型壳强度，防止浇注时型壳变形或破裂，可将型壳放在铁箱中，周围用干砂填紧，此过程称为造型。为进一步排除型壳内残余挥发物，蒸发水分，提高质量，还需将装型壳铁箱在 900～950℃ 下焙烧。

6）浇注。为提高金属液的充型能力，防止浇不到、冷隔等缺陷产生，焙烧后应立即进行浇注。

待铸件冷却后毁掉铸型，切去浇口，清理飞边。对于铸钢件，还需进行退火或正火。

（2）熔模铸造的特点及适用范围

1）铸件的精度及表面质量高（精度为 IT14～11，表面粗糙度 Ra 值为 12.5～1.6μm），减少了切削加工工作量，实现了少、无切削加工，节约了金属材料。

2）能铸各种合金铸件。尤其适于铸造那些熔点高、难切削加工和用别的加工方法难以成形的合金，如耐热合金、磁钢等。另外，可用于生产形状复杂的薄壁铸件（最小壁厚为0.7mm）。

3）可单件生产，也可大批量生产。

但是熔模铸造生产工序繁多，生产周期长，工艺过程复杂，影响铸件质量的因素多，必须严格控制才能稳定生产。

熔模铸造主要用于生产汽轮机、涡轮发动机的叶片或叶轮，切削刀具，以及飞机、汽车、拖拉机、风动工具和机床上的小型零件（从几十克到几千克，一般不超过 25kg）。

2. 金属型铸造

将金属液浇入到用金属制成的铸型中以获得铸件的方法，称为金属型铸造。金属型可反复多次使用，故又称永久型铸造。

（1）金属型铸造的工艺特点　根据分型面的位置不同，金属型的结构可分为整体式、垂直分型式、水平分型式和复合分型式。图 9-13 所示为垂直分型式金属型。

由于金属型导热快，没有退让性，所以铸件易产生冷隔、浇不到、裂纹等缺陷，灰铸铁件常产生白口组织。因此，为获得优质铸件，必须严格控制工艺。

1）保持铸型合理的工作温度，其目的是减缓铸型对金属的激冷作用，减少铸件缺陷，延长铸型寿命。铸铁件的工作温度为 250~350℃，非铁合金为 100~250℃。

2）控制开型时间。铸件宜早些从型中取出，以防产生裂纹、白口组织和造成铸件取出困难。

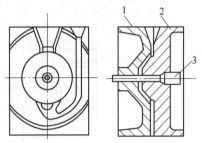

图 9-13　垂直分型式金属型
1—左半型　2—右半型　3—金属型芯

3）为减缓铸件的冷却速度及防止高温金属液流对型壁的直接冲刷，在型腔表面和浇冒口中要涂以厚度为 0.2~1.0mm 的耐火涂料，以使金属和铸型隔开。

4）为防止铸铁产生白口组织，其壁厚不宜过薄（一般应大于 5mm），并控制铁液中的碳、硅总质量分数不高于 6%。采用经孕育处理的铁液来浇注，对预防产生白口组织非常有效。对已产生白口组织的，应利用出型时的余热及时进行退火。

（2）金属型铸造的特点及应用范围　与砂型铸造比，金属型铸造有如下优越性。

1）"一型多铸"，便于机械化和自动化生产，从而提高了生产率。

2）铸件精度和表面质量优良（精度可达 IT14~12，表面粗糙度 Ra 值为 12.5~6.3μm）。

3）由于铸件冷却速度快，组织致密，铸件的力学性能得到提高，如铸铝件的屈服强度平均提高 20%。

金属型铸造的缺点是制造金属型的成本高，周期长，不适于小批量生产。

金属型铸造主要适于大批生产形状简单的非铁合金铸件和灰铸铁件，如发动机中的铝活塞、气缸盖、油泵壳体等。对于其他铁合金铸件，只限于形状简单的中、小件。

3. 压力铸造

压力铸造是使液态或半液态金属在高压的作用下快速充填压型，并在压力作用下凝固而获得铸件的一种方法。

（1）压铸机和压铸工艺过程　压铸机是压铸生产最基本的设备。压铸机一般分为热压室压铸机和冷压室压铸机两大类型。图 9-14 所示为冷压室压铸机工作过程示意图。

定型固定在压铸机上固定不动；动型通过开型机构操纵可以作水平方向移动；移动活塞可以将压室内的金属液压入型腔。压铸时，首先合型（见图 9-14b）。再向压室内注入定量的金属液（见图 9-14c）。然后，活塞移动，将金属液压入型腔并保持较高的压力，使金属液在压力作用下结晶（见图 9-14d）。然后，活塞退出，开型机构开型（见图 9-14e）。完全开型后，顶出机构将铸件推出（见图 9-14f），完成一个压铸循环。

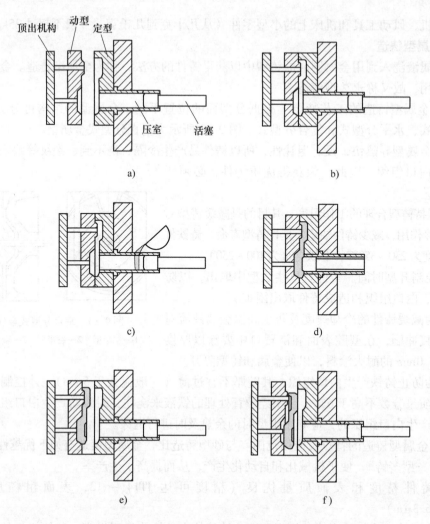

顶出机构　动型　定型

压室　活塞

a)　b)　c)　d)　e)　f)

图9-14　冷压室压铸机工作过程示意图

图9-15所示为热压室压铸机工作过程示意图。热压室压铸机的压室和坩埚连成一体。当压射冲头3上升时，液体金属1通过进口5进入压室4中，随后压射冲头下压，液体金属沿通道6经喷嘴7压入压型8中，待液体金属凝固后打开压型取出铸件。这样，就完成一个压铸循环。

（2）压力铸造的特点和应用范围

1）铸件质量高，精度可达 IT13～11，表面粗糙度 Ra 值为 $3.2～0.8\mu m$，有时达 $0.4\mu m$，可不经机械加工直接使用。

2）可以压铸形状复杂的薄壁铸件。铸件最小壁厚，锌合金为 $0.5mm$。最小铸出孔直径为 $0.7mm$。可铸螺纹最小螺距 $0.75mm$。

3）铸件的强度和表面硬度较高。压力下结晶，

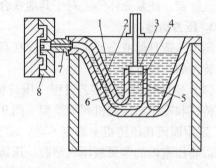

图9-15　热压室压铸机工作过程示意图
1—液体金属　2—坩埚　3—压射冲头　4—压室
5—进口　6—通道　7—喷嘴　8—压型

加上激冷作用，表面层晶粒较细，组织致密。压铸件的抗拉强度比砂型铸件高 25% ~30%。

4）生产率高。一般冷室压铸机可压铸 600 ~ 700 次/班，热压室压铸机可压铸 3000 ~7000次/班，是所有铸造方法中生产率最高的方法。

由于压铸设备和压铸费用高，压铸型制造周期长，故只适于大批量生产；另外铁合金熔点高，压型使用寿命短，故目前铁合金压铸难用于实际生产。

4. 低压铸造

低压铸造是液体金属在压力的作用下，完成充型及凝固过程而获得铸件的一种铸造方法。压力一般为 20 ~60kPa，故称之为低压铸造。

（1）低压铸造的工艺过程　低压铸造的工艺过程大致可以分为升液、充型、增压保压、凝固、卸压冷却几个阶段。低压铸造的基本原理如图 9-16 所示。向储有金属液的密封的坩埚中通入干燥的压缩空气（或惰性气体），使金

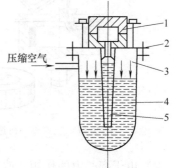

图9-16　低压铸造的基本原理
1—铸型　2—密封盖　3—坩埚
4—金属液　5—升液管

属液在气体压力作用下通过升液管自下而上进入并充满型腔，然后增压保压直至铸件完全凝固，最后解除压力，使升液管和浇道中尚未凝固的金属液由于自重流回坩埚中。打开铸型，取出铸件。

（2）低压铸造的特点和应用范围　低压铸造有如下特点。

1）液体金属是自下而上平稳地充填铸型，型腔中液流的方向与气体排出的方向一致，因而避免了液体金属对型壁和型芯的冲刷作用，以及避免卷入气体和氧化夹杂物，从而防止了铸件产生气孔和非金属夹杂物等铸造缺陷。

2）由于省去了补缩冒口，使金属的利用率提高到 90% ~98%。

3）由于提高了充型能力，有利于形成轮廓清晰、表面光洁的铸件，这对于大薄壁件的铸造尤为有利。

4）减轻劳动强度，改善劳动条件，且设备简易，易实现机械化和自动化。

目前，低压铸造主要用于生产铝、镁合金铸件，如气缸体、缸盖及活塞等形状复杂、要求高的铸件。

5. 离心铸造

离心铸造是将液体金属浇入高速旋转的铸型中，使之在离心力的作用下完成充填和凝固成形的一种铸造方法。

根据铸型旋转轴空间位置的不同，离心铸造可分为立式和卧式两类，如图 9-17 和图 9-18 所示。

立式离心铸造的铸型是绕垂直轴旋转的。铸件的自由表面（内表面）是抛物线形，因此它主要用于生产高度小于直径的圆环类铸件。

卧式离心铸造的铸型是绕水平轴旋转的。它主要用来生产长度大于直径的套筒类或管类铸件。

离心铸造有如下特点。

1）可不用型芯就能铸出中空的铸件，使套筒，管类铸件的铸造工艺大大简化，提高生产率，降低成本。

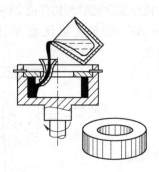

图 9-17　立式离心铸造示意图

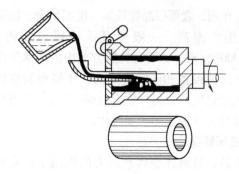

图 9-18　卧式离心铸造示意图

2）由于离心力的作用，改善了补缩条件，气体和非金属夹杂也易于自液体金属中排出，因此离心铸件的组织较致密，缩孔（缩松）、气孔、夹杂等缺陷较少，力学性能好。

3）消除或大大节省浇注系统和冒口方面的金属消耗，金属利用率高。

4）便于生产双金属铸件，如钢套镶铜轴承等，其结合面牢固，又节省铜料，降低成本。

5）铸件易产生偏析，不宜铸造密度偏析倾向大的合金；而且内孔尺寸不精确，内表面粗糙，加工余量大；不适于单件、小批量生产。

离心铸造已广泛用于制造铸铁管、气缸套铜套、双金属轴承、特殊的无缝管坯、造纸机滚筒等。

6. 消失模铸造

消失模铸造是采用泡沫塑料模样埋入型砂中形成铸型，然后在不取出模样的状态下直接浇入金属液，在液体金属的热作用下，泡沫塑料模样气化继而被金属取代形成铸件的铸造方法。

消失模铸造主要有两种工艺方法，即实型铸造法和干砂负压铸造法。

（1）实型铸造法（FM 法）　该法的工艺过程是将泡沫塑料制成的模样置入砂箱内并填入造型材料（常用化学自硬砂）后紧实，模样不取出构成一个没有型腔的实体铸型，当金属液浇入铸型时，泡沫塑料模样在高温金属液的作用下迅速气化、燃烧而消失，金属液取代了原来泡沫塑料模样所占据的位置，冷却凝固成与模样形状相同的实型铸件。

实型铸造法工艺过程示意图如图 9-19 所示。

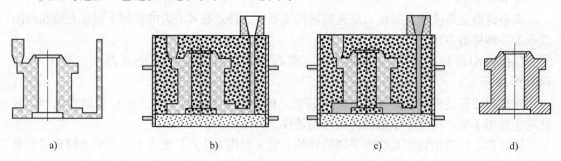

a)　　　　　　　　　　b)　　　　　　　　　　c)　　　　　　　　　　d)

图 9-19　实型铸造法工艺过程示意图

a）泡沫塑料模　b）造型　c）浇注　d）铸件

（2）干砂负压铸造法（EPC 法）　把涂有耐火材料涂层的泡沫塑料模样放入砂箱，模样四周用干砂充填，采用微震加负压紧实，浇注液态金属，在浇注和凝固过程中继续保持一定的负压，使泡沫塑料气化继而被金属取代形成铸件。干砂负压铸造法示意图如图9-20所示。

工艺流程如下。

1）制作泡沫塑料气化模样，常采用发泡成形，即用蒸汽或热空气加热，使置于模具内的经过预发泡的专用泡沫珠粒进一步膨胀，充满模腔成形。专用泡沫珠粒主要有三种：①可发性聚苯乙烯树脂珠粒（简称EPS）；②可发性甲基丙烯酸甲酯与苯乙烯共聚树脂珠粒（简称STMMA）；③可发性聚甲基丙烯酸甲酯树脂珠粒（简称EPMMA）。

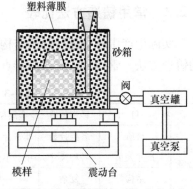

图9-20　干砂负压铸造法示意图

2）组合浇注系统。

3）气化模样表面浸涂特制耐火涂料并烘干。涂料可以提高模样的强度和刚度，使模样与砂型隔离，防止出现粘砂和铸型塌陷。

4）干砂造型。将特制砂箱（单面开口、设有抽气管）置于三维振动工作台上，填入底砂（干硅砂）震实，刮平；将烘干的气化模样放于底砂上，按工艺要求填满干砂，数控振动适当时间，在振动台上进行振动紧实，保证铸型内部孔腔和外围的干砂都充填到位并获得一定的紧实度。然后刮平箱口，用塑料薄膜覆盖箱口，放上浇口杯。

5）负压定型与浇注。起动真空系统，用真空泵将砂箱内抽成一定真空，靠大气压力与铸型内压力之差将砂粒"粘结"在一起，维持铸型浇注过程不崩散。然后在负压下进行浇注，气化模样消失，金属液取代其位置。

6）释放真空，铸件冷凝后翻箱，从松散的石英砂中取出铸件。

与普通砂型铸造相比，消失模铸造有非常多的优越性：

①因模样不必从铸型中取出，没有分型面，省去了取模、修型、合型和型芯制作等许多工序，缩短了生产周期，提高了生产效率。特别对单件、形状复杂的铸件，效果更显著。

②消失模铸造是一项近净成型铸造工艺，铸铁件表面粗糙度降低1~2个等级，达到$Ra \leqslant 12.5\mu m$；机械加工余量减少30%~60%，对某些零件甚至可以不加工；铸件尺寸精度达到CT7~CT9，铸件壁厚偏差能够控制在-0.15~+0.15mm之间。铸件重量减轻10%~20%；金属利用率可达94%~97%，降低了能耗。

③没有分型和必须取模的铸造工艺，减少了铸造工艺性要求，使铸件设计受到的限制减少，为铸件结构设计提供了充分的自由度。

④冒口设计方便。在砂型铸造中很难设置的球形暗冒口在消失模中可以很方便地安置在任何位置。

干砂负压铸造法相对实型铸造法而言，还有其更突出的优点：

①用振动和真空手段使松散流动的型料紧固成铸型，克服了实型铸造中型料需加粘结剂、需捣实、型料回收困难、清理费劲的缺点，避免清砂时粉尘飞扬，同时也省去了旧砂再生回用系统。

②利用负压将泡塑模样在高温下生成的气体排出铸型，通过密闭管道排放到车间外从而进行净化处理，避免在浇注时泡沫燃烧气化产生大量黑浓烟污染环境。因此，干砂负压铸

造法已成为消失模铸造的最重要方法，被称为"最值得推广的绿色铸造工程"。

9.2.3 常用铸造方法比较

实际生产中常根据铸件的结构特点、生产批量、质量要求、制造成本等因素，选用不同的铸造方法。常用铸造方法的特点和适用范围见表9-3。

表9-3 常用铸造方法的特点和适用范围

项　　目		砂型铸造	金属型铸造	压力铸造	低压铸造	离心铸造	熔模铸造	实型铸造
铸件特征	材质	各类合金	非铁合金为主	非铁合金	各类合金	各类合金	各类合金	各类合金
	尺寸大小	各种尺寸	中、小件为主	中、小件	中、小件	各种尺寸	小件为主	各种尺寸
	结构	复杂	一般	较复杂	较复杂	一般	复杂	较复杂
铸件质量	尺寸精度（ZT）	7～13	6～9	4～8	6～9	6～9	4～7	7～9
	内部质量	组织较松，晶粒较粗	组织致密，晶体细小	组织致密，晶粒细，有气孔	组织致密，晶粒细小	组织致密，晶粒细小	组织较松，晶粒较粗	组织较松，晶粒较粗
技术经济指标	生产效率	低或一般	较高	很高	较高	较高	低或一般	一般
	设备费用	低或中	中	高	中	中或高	低或中	中
	生产准备周期	短	较长	长	较长	较长	较长	较长

9.3 铸造成形的工艺与结构设计

9.3.1 铸造成形的工艺设计

铸造工艺设计是根据零件结构特点、技术要求、生产批量和生产条件等，确定铸造方案和工艺参数，绘制图样和标注符号以及编制工艺等。铸造工艺设计的主要内容是绘制铸造工艺图、铸件图和铸型装配图等。单件、小批生产时只需绘制铸造工艺图。

铸造工艺图是指直接在零件图上绘出制造模样和铸型所需数据的图样，如铸件的浇注位置、分型面、加工余量、收缩率、起模斜度、反变形量、工艺补正量、浇冒系统、内外冷铁的尺寸和位置以及芯头的大小等。它是制造模样、模板、芯盒等工装，进行生产准备和验收的依据。

1. 浇注位置的选择

铸件的浇注位置是浇注时铸件在铸型内所处的空间位置。浇注位置正确与否对铸件质量有很大的影响，选择时应考虑以下原则。

1）铸件的重要加工面或主要工作面应朝下或置于侧面。因为铸件的上表面容易产生砂眼、气孔、夹渣等缺陷，组织也不如下表面致密。当铸件有数个重要的加工面时，应将较大的平面朝下。

图9-21所示为车床床身铸件的浇注位置方案。由于床身导轨面是关键表面，要求组织均匀致密和硬度高，不允许有任何缺陷，所以将导轨面朝下。

2）铸件的宽大平面应朝下。型腔的上表面除了容易产生砂眼、气孔、夹渣等缺陷外，还易产生夹砂缺陷。这主要是由于在浇注过程中高温的金属液对型腔的上表面有强烈的热辐射,易导致上表面型砂急剧膨胀和强度下降而拱起或开裂,使金属液进入表层裂缝之中形成了夹砂缺陷,所以平板类、圆盘类铸件大平面应朝下。

3)铸件上壁薄而大的平面应朝下或垂直、倾斜,以防止产生冷隔或浇不到等缺陷,图9-22所示为箱盖的浇注位置方案。

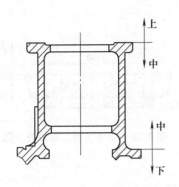

图9-21 车床床身铸件的浇注位置方案

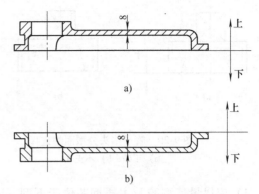

图9-22 箱盖的浇注位置方案
a)不合理 b)合理

4)对于容易产生缩孔的铸件,应使厚的部分放在分型面附近的上部或侧面,以便在铸件厚处直接安装冒口,使之实现自下而上的顺序凝固。图9-23所示为卷扬筒的浇注位置方案。

2. 铸型分型面的选择

分型面是指两半铸型相互接触的表面。分型面的选择合理与否,对铸件质量及制模、造型、造芯、合型或清理等工序复杂程度有很大影响。在选择铸型分型面时应考虑如下原则。

1)应使铸件的全部或大部置于同一砂型内。图9-24中分型面 A 是正确的,既有利于合型,又可防止错型,保证了铸件质量;分型面 B 是不正确的。

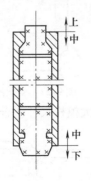

9-23 卷扬筒的浇注位置方案

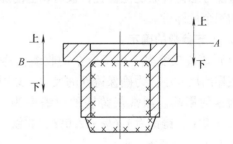

图9-24 铸件的分型面

2)应使铸件的加工面和加工基准面处于同一砂型中。图9-25所示为管子堵头分型面的选择。铸件加工是以上部四方头中心线为基准,加工外螺纹。若四方头与带螺纹的外圆不同心,就会给加工带来困难,甚至无法加工。

3)应尽量使分型面平直、数量少,避免不必要的活块和型芯等,以便于起模,使造型工艺简化。图9-26所示的绳轮铸件,采用环状型芯可将两个分型面(小批量生产时用三箱造型）减为一个，进行机器造型。图 9-27 所示为支架的分型方案。本方案是避免活块的例子。若按图 9-27 中方案 I，则凸台必须采取四个活块，而下部两活块的部位较深，取出有困难。若改用方案 II 时，活块可省略，在 A 处挖砂即可。

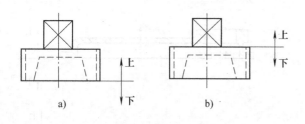

图 9-25　管子堵头分型面的选择
a）正确　b）不正确

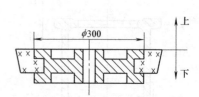

图 9-26　用环状型芯减少分型面

4）应尽量使型腔及主要型芯位于下型，以便于造型、下芯、合型和检验铸件壁厚。但下型型腔也不宜过深，并应尽量避免使用吊芯和大的吊砂。图 9-28 所示为机床支柱的分型方案。方案 I 和 II 同样便于下芯时检查铸件的壁厚，防止产生偏芯缺陷，但方案 II 的型腔及型芯大部分位于下型，这样便减少了上箱的高度，有利于起模及翻箱，故较为合理。

浇注位置和分型面的选择原则，对于某个具体铸件来说难以同时满足，有时甚至是相互矛盾的，因此必须抓住主要矛盾。对于质量要求很高的重要铸件，应以保证质量的浇注位置为主，在此前提下，再考虑简化造型工艺。对于质量要求一般的铸件，则应以简化铸造工艺，提高经济效益为主，不必过多考虑铸件的浇注位置，仅对朝上的加工表面留出较大的加工余量即可。

3. 工艺参数的确定

（1）铸造收缩率　由于合金的收缩，铸件的实际尺寸

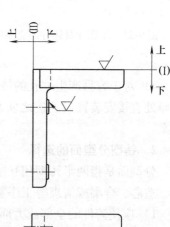

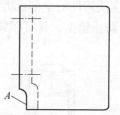

图 9-27　支架的分型方案

要比模样的尺寸小。为确保铸件的尺寸，必须按合金收缩率放大模样尺寸。合金的收缩率受多种因素的影响。通常灰铸铁的收缩率为 0.7% ~1.0%，铸钢为 1.6% ~2.0%，非铁合金为 1.0% ~1.5%。

（2）机械加工余量　在铸件加工表面上留出的、准备切去的金属层厚度，称为机械加工余量。机械加工余量过大，会浪费金属和机械加工工时，增加零件成本；过小，则不能完全去除铸件表面的缺陷，甚至露出

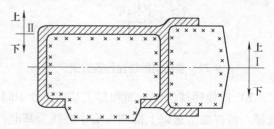

图 9-28　机床支柱的分型方案

铸件表皮，达不到设计要求。机械加工余量的具体数值取决于铸件生产批量、合金的种类、

铸件的大小、加工面与基准面的距离及加工面在浇注时的位置等。机器造型铸件精度高，余量小；手工造型误差大，余量应加大。灰铸铁件表面平整，加工余量小；铸钢件表面粗糙，加工余量应加大。铸件的尺寸越大或加工面与基准面的距离越大，加工余量也应随之加大。表9-4列出灰铸铁的机械加工余量。

表9-4 灰铸铁的机械加工余量

铸件最大尺寸 /mm	浇注时位置	加工面与基准面的距离/mm					
		<50	50~120	120~260	260~500	500~800	800~1250
<120	顶面	3.5~4.5	4.0~4.5				
	底面、侧面	2.5~3.5	3.0~3.5				
120~260	顶面	4.0~5.0	4.5~5.0	5.0~5.5			
	底面、侧面	3.0~4.0	3.5~4.0	4.0~4.5			
260~500	顶面	4.5~6.0	5.0~6.0	6.0~7.0	6.5~7.0		
	底面、侧面	3.5~4.5	4.0~4.5	4.5~5.0	5.0~6.0		
500~800	顶面	5.0~7.0	6.0~7.0	6.5~7.0	7.0~8.0	7.5~9.0	
	底面、侧面	4.0~5.0	4.5~5.0	4.5~5.5	5.0~6.0	6.5~7.0	
800~1250	顶面	6.0~7.0	6.5~7.5	7.0~8.0	7.5~8.0	8.0~9.0	8.5~10
	底面、侧面	4.0~5.5	5.0~5.5	5.0~6.0	5.5~6.0	5.5~7.0	6.5~7.5

注：加工余量数值中下限用于大批量生产，上限用于单件小批量生产。

（3）起模斜度 为方便起模，在模样、芯盒的出模方向留有一定斜度，以免损坏铸型或型芯。这个在铸造工艺设计时所规定的斜度，称为起模斜度。起模斜度应在铸件上没有结构斜度的、垂直于分型面的表面上应用。起模斜度的大小取决于立壁的高度、造型方法、模型材料等因素，通常为15′~3°。

（4）芯头 芯头是指伸出铸件以外不与金属接触的型芯部分。它主要用于定位和固定型芯，使型芯在铸型中有准确的位置。

芯头分为垂直芯头和水平芯头两大类，如图9-29所示。直型芯一般都有上、下芯头，短而粗的型芯可不留上芯头。芯头高度H主要取决于芯头直径d。为增加芯头的稳定性和可靠性，下芯头的斜度小，高度H大；为易于合型，上芯头的斜度大，高度H小。水平芯头的长度L主要取决于芯头的直径d和砂芯的长度。为便于下芯及合型，铸型上的芯座端部也应有一定的斜度。

为便于铸型的装配，芯头与芯座之间应留1~4mm的间隙s。

（5）最小铸出孔及槽 零件上的孔、槽、台阶等，究竟是铸出来好还是靠机械加工出来好？应从质量及节约方面全面考虑。一般来说，较大的孔、槽等，应铸出来，以便节

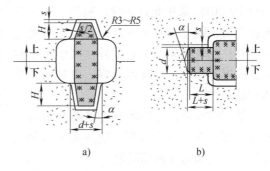

图9-29 芯头的构造

a）垂直芯头 b）水平芯头

约金属和加工工时，同时还可避免铸件的局部过厚所造成的热节，提高铸件质量。较小的孔、槽，或者铸件壁很厚，则不宜铸孔，直接依靠加工反而方便。有些特殊要求的孔，如弯

曲孔，无法实行机械加工，则一定要铸出。可用钻头加工的受制孔（有中心线位置精度要求）最好不铸，铸出后很难保证铸孔中心位置准确，再用钻头扩孔难以纠正中心位置。表9-5列出了铸件的最小铸出孔数值。

表9-5　铸件的最小铸出孔数值

生 产 批 量	最小铸出孔直径/mm	
	灰铸铁件	铸钢件
大量生产	12 ~ 15	
成批生产	15 ~ 30	30 ~ 50
单件、小批生产	30 ~ 50	50

4. 综合实例分析

以插齿机刀轴蜗轮为例，进行工艺分析。

（1）生产批量　大批生产。

（2）技术要求

1）材质为耐磨铸铁。

2）结构特点。图9-30所示为筒类铸件。最大直径 $\phi215mm$，长260mm，主要壁厚30mm，铸件重量48kg。

3）使用要求。

① 蜗轮的齿部是与材质为20Cr的蜗杆啮合，要求精度保持性好，且耐磨。

② 内径 $\phi165mm$ 和外径 $\phi205mm$ 的圆柱面为滑动摩擦面，要求表面粗糙度低（Ra $0.63 ~ 0.32\mu m$），因此铸件必须组织致密、硬度均匀、耐磨，不允许有任何铸造缺陷。

（3）铸造工艺方案的选择

1）分型面的选择。

① 分型面选在蜗轮的一侧上（见图9-30I），采用此方案时，造型、下芯均比较方便，但存在两个缺点：首先其内浇道必然开在蜗轮的轮缘上；此外，其组织不致密，硬度不均匀，耐磨性不好，也容易产生错型缺陷。

② 沿中心线水平分型（见图9-30II），此时造型、下芯更为方便。浇注系统可另行设计，以确保铸件内部质量。

2）浇注位置的选择。

① 水平浇注。用此方案时铸件上部的质量较差，易产生砂眼、气孔、夹渣等缺陷，且组织不致密，耐磨性差。

② 垂直浇注。如图9-30所示，采用反雨淋式浇口，垂直浇注。由于浇注系统的撇渣效

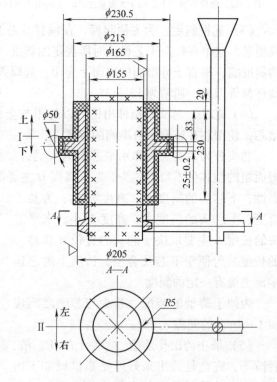

图9-30　插齿机刀轴蜗轮工艺图

果好，气体易于排除，铁液上升平稳，因而铸件不易产生夹渣、气孔等铸造缺陷，铸件的组织致密、均匀、耐磨性良好。

经分析比较，确定选用平做立浇、一型两件的工艺，采用机器造型。

（4）主要工艺参数

1）线收缩率1%。

2）加工余量。因零件的表面质量要求很高，加工工序多，所以加工余量比较大。具体数据为：顶面为20mm，其余为5mm。

9.3.2　铸造成形的结构设计

铸件结构是指铸件外形、内腔、壁厚及壁之间的连接形式、加强筋及凸台等。在进行铸件设计时，不但要保证其工作性能和力学性能要求，还必须认真考虑铸造工艺、铸造方法和合金铸造性能对铸件结构的要求。其结构是否合理，即其结构工艺性是否良好，对铸件质量、生产率及成本有很大的影响。

1. 铸造工艺对结构设计的要求

铸件结构应尽可能使制模、造型，造芯、合型和清理等铸造生产工序简化。设计时应考虑以下原则。

（1）减少和简化分型面　铸件分型面的数量应尽量少，且尽量为平面，以利于减少砂箱数量和造型工时，而且能简化造型工艺、减少错型、偏芯等缺陷，提高铸件尺寸精度。图9-31a中为不合理结构，图9-31b中取消上部法兰凸缘，使铸件仅有一个分型面，为合理结构，并可采用机器造型。

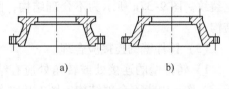

图9-31　端盖铸件

（2）铸件外形应力求简单　采用型芯和活块虽然可以制造出各种复杂的铸件，但型芯和活块的使用将使造型、造芯和合型的工作量增加，且易出现废品，故应尽量避免不必要的型芯和活块。图9-32a中采用中空结构，必须用悬臂型芯和芯撑加固，为不合理结构；图9-32b中采用开式结构，省去了型芯。图9-33a、c中需用活块，为不合理结构，而图b、d为合理结构。

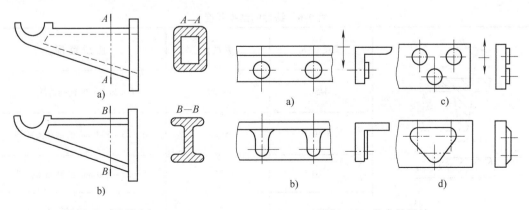

图9-32　悬臂支架　　　　　图9-33　凸台的设计

（3）应有一定的结构斜度　凡垂直于分型面的不加工面最好有一定的倾斜度。图9-34a

所示为不合理结构，图9-34b 所示为合理结构。结构斜度的大小与铸件的垂直壁高度有关，见表9-6。

（4）铸件结构要有利于节省型芯及便于型芯的定位、固定、排气和清理　在图9-35、图9-36 中，图 a 均为不合理结构，图 b 均为合理结构。

2. 合金铸造性能对结构设计的要求

铸件中很多缺陷的出现都是因为铸件结构设计时未考虑到合金的铸造性能所致，如气孔、裂纹、缩孔等。设计时应依据如下原则。

（1）铸件壁厚要合理　壁厚过小，易产生浇不到、冷隔等缺陷；壁厚过大，易产生缩孔、缩松、气孔等缺陷。表9-7给出了一般砂型铸造条件下铸件的最小壁厚；表9-8给出了铸铁件外壁、内壁和加强筋的厚度。

（2）铸件壁厚应均匀　铸件各部分壁厚若相差太大，则在厚壁处易形成金属积聚的热节，凝固收缩时在热节处易形成缩孔、缩松等缺陷。此外，因冷却速度不同，各部分不能同时凝固，易形成热应力，并有可能使厚壁与薄壁连接处产生裂纹。图9-37a 所示为不合理结构，图9-37b 所示为合理结构。

（3）铸件壁的连接应合理

1）铸件壁的连接处或转角处应有结构圆角。如图9-38所示，图 a 中为不合理结构，图 b 中的结构可减少热节，防止缩孔、缩松，减少应力，防止裂纹，为合理结构。铸件圆角的大小必须与壁厚相适应，可参见表9-9。

2）避免锐角连接。铸件壁间若为锐角连接，热节较大，易产生缩孔、缩松等缺陷，因而应尽量采用直角或钝角连接，如图9-39 所示。

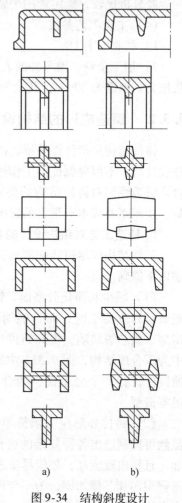

a)　　　　b)

图9-34　结构斜度设计

表9-6　铸件的结构斜度

	斜度 $a:h$	角度 β	使 用 范 围
	1:5	11°30′	$h < 25$ mm 的钢和铸铁件
	1:10	5°30′	$h = 25 \sim 500$ mm 的钢和铸铁件
	1:20	3°	$h = 25 \sim 500$ mm 的钢和铸铁件
	1:50	1°	$h > 500$ mm 的钢和铸铁件

注：当设计不同厚度的铸件时，在转折点处的斜度值增大到30°～45°（见表中图）。

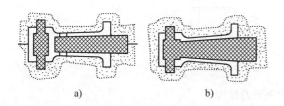

图9-35　轴承支架

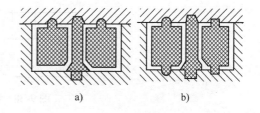

图9-36　增设工艺孔的铸件结构

表9-7　一般砂型铸造条件下铸件的最小壁厚

铸件尺寸/mm	铸钢	灰铸件	球墨铸件	可锻铸铁	铝合金	铜合金
<200×200	8	4~6	6	5	3	3~5
200×200~500×500	10~12	6~10	12	8	4	6~8
>500×500	15~20	15~20	—	—	6	—

表9-8　铸铁件外壁、内壁和加强筋的厚度

铸件重量/ kg	铸件最大尺寸/ mm	外壁厚度/ mm	内壁厚度/ mm	加强筋的厚度/ mm	零件举例
<5	300	7	6	5	盖、拨叉、轴套、端盖
6~10	500	8	7	5	挡板、支架、箱体、门盖
11~60	750	10	8	6	箱体、电动机支架、溜板箱、托架
61~100	1250	12	10	8	箱体、液压缸体、溜板箱
101~500	1700	14	12	8	油底壳、带轮、镗模架
501~800	2500	16	14	10	箱体、床身、盖、滑座
801~1200	3000	18	16	12	小立柱、床身、箱体、油底壳

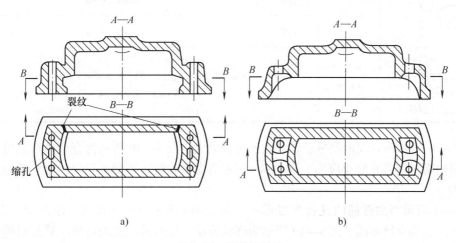

图9-37　顶盖的设计

图 9-38　铸件的转角结构

表 9-9　铸件的内圆角半径 R 值

	$(a+b)/2$	<8	8~12	12~16	16~20	20~27	27~35	35~45	45~60
R 值	铸铁	4	6	6	8	10	12	16	20
	铸钢	6	6	8	10	12	16	20	25

　　3）厚壁与薄壁间的连接要逐步过渡。为了减少应力集中，防止铸件产生裂纹，在设计时应使不同壁厚间逐步过渡，避免壁厚的突变。表 9-10 列出了几种壁厚的过渡形式尺寸。

　　4）避免收缩受阻。在铸件结构设计时，应尽可能避免其收缩受阻，以免产生过大应力，造成铸件开裂。

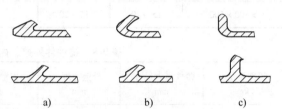

图 9-39　铸件壁间连接方式
a）不良　b）许可　c）良好

表 9-10　几种壁厚的过渡形式尺寸

图　例			尺　寸
	$b \leqslant 2a$	铸铁	$R \geqslant (1/2 \sim 1/3)(a+b)/2$
		铸钢	$R \approx (a+b)/4$
	$b > 2a$	铸铁	$L \geqslant 4(b-a)$
		铸钢	$L \geqslant 5(b-a)$
	$b > 2a$		$R \geqslant (1/2 \sim 1/3)(a+b)$; $R_1 \geqslant R + (a+b)/2$; $C \approx 3(b-a)^{1/2}$; $h \geqslant (4 \sim 5)c$

　　图 9-40a 所示为直线形偶数轮辐，收缩时应力大。图 9-40b 所示为直线形奇数轮辐，可借助轮缘的微量变形来减小应力。图 9-40c 所示为弯曲轮辐，可借助轮辐的微量变形来自行减小应力。

　　图 9-41 所示为加强筋的几种布置形式。图 9-41a 所示为交叉连接，刚性大，应力大；图 9-41b 所示为交错连接，图 9-41c 所示为环状连接，这两种形式均可借助筋的微量变形来减小应力。

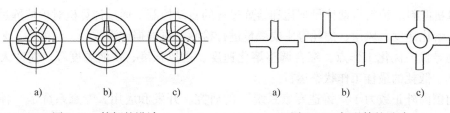

图9-40 轮辐的设计　　　　　　　　　图9-41 加强筋的设计

（4）铸件应尽量避免有过大的平面　铸件有过大的水平面，不利于金属液体的充填，易造成浇不到、冷隔等缺陷，同时还易产生夹砂、不利于气体和非金属夹杂物排除等缺点，因此应尽可能避免。

9.4　铸造技术的发展趋势

9.4.1　计算机技术的应用

数字化铸造是世界铸造发展的趋势。计算机技术在铸造中的应用大致有三个方面：计算机辅助设计（铸件设计、铸造工艺设计）；数值模拟技术；计算机辅助铸造工艺过程（熔炼、造型、清理、管理、检测等）。

1. 铸造生产中的计算机辅助设计（CAD）

通过铸造数据库软件提取设计所需的原始数据，进行铸件设计和铸造工艺设计，并在计算机中显示出铸件实体的三维造型。它可代替原来根据图样制作模样及工艺装备的试制过程，从而缩短设计和试制的时间。

2. 铸造中的计算机辅助工程（CAE）

铸造过程计算机数值模拟技术是典型的 CAE 技术。通过数值模拟，在计算机屏幕上直观地显示铸造过程中金属的充型、铸件的冷却凝固过程，可模拟铸件的结晶过程、晶粒的大小和形状、铸造缺陷的形成过程等。通过数值模拟可预测铸件热裂倾向最大的部位、产生缩孔和缩松的倾向，从而决定铸件的修改及判断冒口和冷铁设置的合理性等。

通过计算机数值模拟，可以优化零件的设计，如利用铸造模拟模型和计算机辅助工程 CAE 制造的排气歧管重量可以减少10%。

通过 CAD 软件生成的实体造型数据文件，可直接与数值模拟软件进行数据交换，数值模拟软件可以对 CAD 文件进行加工，并生成模拟数据。我国致力于数值模拟软件的开发，如目前已开发的 ESRC3D 软件等。计算机软件的更新速度非常快，随着计算机硬件技术的发展和功能的提高，铸造工艺设计模拟软件将不断完善。

3. 铸造中的计算机辅助制造（CAM）

（1）计算机在模样加工中的应用　利用数控机床加工出形状复杂的模样和金属铸型；利用快速成形技术可根据 CAD 生成的三维实体造型的数据，通过快速成形机，将一层层的材料堆积成实体模型，大大地缩短了产品开发和加工周期，试制周期可缩短70%以上。

（2）计算机在砂处理中的应用　利用计算机控制砂处理工部，先向混砂机加入砂和附料，干混后再加水湿混，计算机不断地对混合料中的水分、温度及紧实度进行控制，有的还可根据造型工部的要求及时、自动改变配比和其他参数。

（3）计算机在熔炼中的应用　主要是应用计算机对冲天炉熔炼过程进行最优化控制，

包括计算机配料、炉料自动称量配运和熔炼过程的自动控制。通过计算机对炉熔炼过程中铁液温度、熔化速度、风量、焦耗等主要变量进行检测，再根据铁液成分、温度等工艺参数的变化自动寻找最优化工作点，综合调整熔化速度、送风强度、铁液温度等，使冲天炉在优质、高产、低耗的最佳工作状态运行。

目前国内外正致力于"铸造专家系统"的研究、开发和应用。专家系统是一种计算机软件，把有关领域的专家知识表示成计算机能够识别的形式。专家系统在以下几方面得到应用：材料与工艺过程分析；工艺过程调节预报；铸造设计咨询；铸件缺陷诊断和铸造工艺的优化与选择等。

9.4.2　先进制造技术的应用

1. 精密铸造技术

随着工业生产对毛坯精度的要求不断提高，高效、高紧实度及精密铸造技术将进一步得到改进和扩大应用，如高压造型、气冲造型、自硬砂造型等高紧实度砂型铸造以及压力铸造、低压铸造、熔模铸造、消失模铸造等特种铸造技术。

常规压铸技术存在型腔内气体无法顺利排出的问题。这些气体使铸件内形成许多弥散分布的高压微气孔。为了消除这种缺陷，一些新的压铸技术，如充氧压铸、半固态压铸、铸锻双控成形、触变注射成形技术、真空压铸等被开发应用。

近净型熔模精密铸造是一种少（无）切削的铸造方法。该方法通过严格的工艺设计，使用精密制造的模具工装、优质模料和铸型材料、优质的合金材料在专用的工艺装备上进行浇注和凝固结晶以及对铸件成形过程中各工艺环节和工艺因素严格控制，获得高尺寸精度和低表面粗糙度的铸件。铸件的工作面无需机械加工或只进行局部打磨，即可达到类似抛光铸件的尺寸精度和表面粗糙度。该方法在高温合金铸件（如发动机用高温合金复杂空心叶片、细晶整体叶盘、大型复杂薄壁结构件等）的生产中得到成功应用。

将多种铸造工艺相结合的铸造技术也在研究之中，如真空低压消失模铸造技术、真空熔模低压铸造技术等。

2. 快速成形技术

即利用激光固化、激光烧结、熔化沉积或 3D 打印等多种方式，将树脂、塑料、蜡或金属等材料快速叠加获得制品的成形技术。该技术在铸造生产中已用于生产蜡模、铸型、型壳、型芯等方面。

例如：将熔模铸造技术与快速成形技术相结合形成了快速精密铸造技术，其工作原理是利用快速成形技术制得的原型代替熔模铸造中的蜡模，在其上涂挂耐火型壳，高温焙烧使树脂原型燃烧去除，形成铸型型腔并浇注熔融金属成形。

再如复合陶瓷型精密铸造工艺。它利用快速成形技术制作树脂原型，然后制作两层面层型壳，并在型壳背层灌注陶瓷浆料，再经型壳喷烧硬化、焙烧脱模即可获得高精度无缺陷的精铸型壳（铸型）。

上述两种技术直接采用快速成形技术制作可熔铸型，减少了制造压型和由压型制作可熔铸型（对复杂结构的可熔铸型往往需要焊接拼装）的两个过程，大大地缩短了生产周期（只需几小时）；同时，极大地降低了生产成本（省去了压型的制造费用），这在新产品的快速试制与修改定型、小批量和多品种精密铸件的生产等方面具有很强的现实意义；特别在进行具有自由曲面的复杂结构的中小型铸件生产方面更具有无可比拟的优势。

快速精密铸造技术曾成功用于意大利 Minardi F1 车队赛车的立柱、悬架、离合器箱、转向机构箱、传动箱、立柱等钛合金零件的制造。目前该技术得到越来越广泛的应用。

9.4.3 铸造清洁生产

所谓清洁生产是指合理使用资源，尽量使用可再生材料和能源进行清洁加工，生产现场及环境安全、清洁、舒适、宁静，产生的排放物少害无毒。

铸造生产中应推广冲天炉除尘和节能技术。例如：采用冲天炉废气收集装置，使废气中的 CO 进一步燃烧，用来预热向冲天炉吹送的空气，这样不仅使 CO 的排放量减少 90% ~ 95%，同时又可明显降低能耗。在治理冲天炉排放的粉尘污染方面，发达国家现已采用专用的喷嘴将冲天炉炉气直接自风口吹入炉内，进行炉气再循环；使用变频控制，增加除尘装置，使耗费的电力减少一半，60% 的排放热量被回收利用。

采用绿色环保型造型材料可改善生产环境。例如：酚醛树脂砂和改性水玻璃砂具有较好的环保效果，目前已用于铸钢和铸铁件的生产，特别适合于铸钢件；动物胶砂采用的是以蛋白质为基的天然高分子聚合物作粘结剂，不产生有毒气体，是一种理想的铝合金造型材料，型砂回用性好，型砂可使用上百次，减少了废砂的排放量，且以天然蛋白质为基的氨基酸物质，可直接排放农田，不但不污染环境，还有利于农作物的生长，是目前铸造中最理想的环保型粘结剂。

此外，砂型铸造中采用高频振动节能造型机，所需的能量仅为油压式造型机的 10%。消失模铸造在生产净尺寸铸件上有优势，造成的污染极少，有利于环境保护，被称为绿色铸造工艺，应得到推广使用。

本 章 小 结

1) 合金的充型能力不足，易使铸件产生浇不到、冷隔等缺陷。合金的流动性是影响合金充型能力的最主要因素。共晶成分合金的流动性最好，充型能力最强；远离共晶成分的合金流动性很差。铸铁的流动性好于铸钢。铸型的透气性差和导热性高、浇注温度过低等外部条件也会降低合金的充型能力。

2) 合金的收缩分为液态收缩、凝固收缩和固态收缩三个阶段。液态收缩和凝固收缩会使铸件产生缩孔、缩松缺陷。防止缩孔产生的有效方法是采取定向凝固原则（具体措施在铸型中设置冒口、冷铁）。固态收缩会使铸件产生铸造应力（包括热应力和机械应力）、变形和裂纹。防止热应力和变形的主要措施是采取同时凝固原则。

3) 铸造方法可分为砂型铸造和特种铸造两类，砂型铸造应用较广泛。砂型铸造最主要的工作是造型。手工造型方法主要包括整模造型、分模造型、挖砂造型、活块造型等。机器造型常用的有震压造型、射压造型等。特种铸造方法主要有熔模铸造（常称精密铸造）、金属型铸造、压力铸造、低压铸造、离心铸造和消失模铸造等。它们各有其特点和适用范围。

4) 铸造成形工艺设计包括浇注位置的选择、分型面的选择、工艺参数（包括机械加工余量、起模斜度、型芯的形状、收缩率等）的确定、铸造工艺图绘制等，其中浇注位置的选择、分型面的选择格外重要，它们对铸件质量和生产效率的影响很大。

5) 从铸造工艺的角度出发，铸件结构设计时应尽量减少和简化分型面、简化铸件外形、合理设计结构斜度，要利于节省型芯及便于型芯的定位、固定、排气和清理。从合金铸造性能的角度出发，要合理设计铸件的壁厚（不可过薄、过厚），使壁厚均匀，壁与壁之间要合理连接。

思 考 题

1. 何谓铸造？砂型铸造工艺有哪些基本工序？试用方框图表示砂型铸造的工艺过程。
2. 何谓造型材料？对型（芯）砂应具备哪些基本性能？
3. 零件、铸件、模样三者在尺寸和形状上有何区别？
4. 为何在铸型中有时需放置冒口和冷铁？
5. 试述金属型铸造的工艺特点，怎样解决金属型的排气问题？
6. 离心铸造有哪些优缺点，适用范围如何？
7. 缩孔和气孔如何区分识别？缩孔和缩松如何区别？哪些铸造合金容易产生缩松？
8. 产生砂眼的主要原因是什么？
9. 冷裂和热裂如何区别？
10. 产生冷隔与浇不到的主要原因是什么？
11. 修改图 9-42 所示零件结构图，并在图上画出分型面。

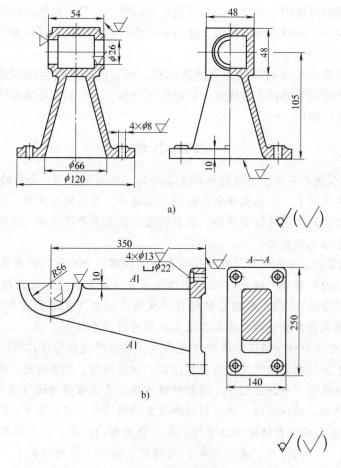

图 9-42　第 11 题图
a) 轴承架，材料：HT150　b) 托架，材料：HT200

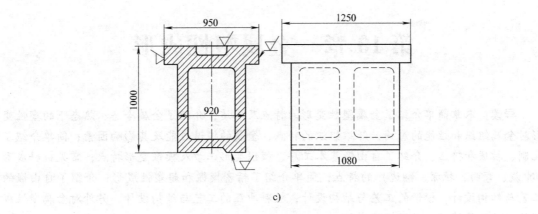

c)

图9-42　第11题图（续）

c）阀盖，材料：HT150

第 10 章　金属塑性成形

导读：本章简单介绍了金属塑性变形的特点及实质；介绍了金属冷态、热态下的塑性变形对金属组织和性能的影响，纤维组织的特点，金属的锻造性能及其影响因素；简单介绍了轧制、拉拔和挤压；介绍了自由锻基本工序、模锻变形工步及模锻变形特点；常见板料成形（冲裁、弯曲、拉深、翻边）的特点；简单介绍了精密模锻和超塑性成形；介绍了自由锻的工艺与结构设计，模锻的工艺与结构设计，板料冲压的工艺与结构设计。另外对金属塑性成形技术的发展情况也做了概略介绍。

本章重点：金属塑性变形对金属组织和性能的影响，纤维组织的特点；金属的锻造性能及其影响因素；自由锻基本工序、模锻变形工步及模锻变形特点；常见板料成形的特点；自由锻、模锻、板料冲压的工艺设计。

金属塑性成形是利用金属材料所具有的塑性，在外力作用下通过塑性变形，获得具有一定形状、尺寸和力学性能的零件或毛坯的加工方法。由于外力多数情况下是以压力的形式出现的，因此也称为金属压力加工。

金属塑性成形与其他成形方法（特别是切削加工）比较，具有以下特点。

1）消除缺陷，细化晶粒，提高金属的力学性能。

2）材料利用率高。

3）具有较高的生产率。例如：利用多工位冷镦工艺加工内六角圆柱头螺钉，比用棒料切削加工工效提高约 400 倍以上。

4）零件的精度较高，可实现少、无切削加工。

但此成形方法不能加工脆性材料和形状特别复杂或体积特别大的零件或毛坯，且一次性投资较高。

金属的塑性成形是生产金属型材、板材、线材等的主要方法。此外，承受较大或复杂负荷的机械零件，如机床主轴、内燃机曲轴和连杆以及工具、模具等通常需采用此种成形方法。如飞机上的压力加工成形零件约占 85%；汽车、拖拉机上的锻件占 60% ~80%。

10.1　金属塑性成形基础

10.1.1　金属塑性变形的实质

金属在外力作用下，使其内部产生应力。此应力首先使金属产生弹性变形，当外力增大到使内应力超过材料的屈服强度时，产生塑性变形。

金属塑性变形是金属晶体每个晶粒内部的变形（晶内变形）和晶粒间的相对移动、晶粒的转动（晶界变形）的综合结果。单晶体的塑性变形主要通过滑移的形式来实现，即在切应力的作用下晶体的一部分相对于另一部分沿一定的晶面产生滑移，如图 10-1 所示。

单晶体的滑移是通过晶体内的位错运动来实现的，而不是沿滑移面所有原子同时刚性移动的结果。位错运动引起塑性变形的示意图如图 10-2 所示。

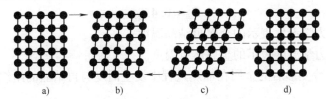

图 10-1 单晶体滑移变形示意图

a）未变形 b）弹性变形 c）弹塑性变形 d）塑性变形

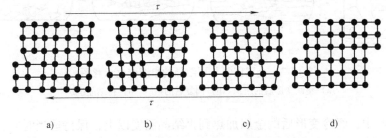

图 10-2 位错运动引起塑性变形的示意图

a）未变形 b）位错运动 c）弹塑性变形 d）塑性变形

由于每个晶粒塑性变形都要受到周围晶粒的制约和晶界的障碍，故多晶体塑性变形抗力要比单晶体高得多，且晶粒越细小越明显。

10.1.2 塑性变形对金属组织和性能的影响

1. 冷塑性变形后的组织变化

金属在常温下经塑性变形，产生晶内滑移、晶间滑移及晶粒转动，其显微组织出现晶粒伸长、破碎、晶格扭曲等特征，并伴随内应力的产生。

2. 形变强化

金属在塑性变形过程中，随变形程度的增加，强度和硬度提高而塑性和韧性下降的现象称为形变强化，也称冷作硬化或加工强化。形变强化的主要原因是碎晶及晶格扭曲增加了滑移阻力。

形变强化在生产中的实际意义是可利用它来作为强化金属的一种手段，特别是对那些不产生相变，不易通过热处理强化的金属材料，如某些非铁金属及其合金、奥氏体合金钢等。另外，形变强化现象也常常为零件短时过载时提供一定程度的安全保证。形变强化的不良影响是由于塑性、韧性降低而给进一步变形带来困难，甚至导致裂纹和脆断。冷变形产生的材料各向异性还会引起材料的不均匀变形。

3. 回复与再结晶

形变强化状态是一种不稳定的状态，具有回复到稳定状态的倾向。当金属温度提高到一定程度时，原子热运动加剧，使不规则排列的原子回复为规则排列，消除晶格扭曲，内应力大为降低；但晶粒形状、大小及金属的强度、塑性变化不大。这种过程称为回复。

当温度继续升高，金属原子获得足够热运动力时，则开始以碎晶或杂质为核心结晶出新的晶粒，从而消除了形变强化现象，这个过程称为再结晶。金属开始再结晶的温度称为再结

晶温度，一般为该金属熔点的 0.4 倍，即

$$T_{再} = 0.4T_{熔}$$

式中　　$T_{再}$——以热力学温度表示的金属再结晶温度；

　　　　$T_{熔}$——以热力学温度表示的金属熔点温度。

图 10-3 所示为冷变形后的金属在加热过程中发生回复与再结晶的组织变化示意图。

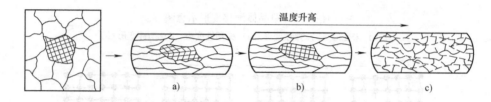

图 10-3　金属回复与再结晶的组织变化示意图

a）塑性变形后的组织　b）回复后的组织　c）再结晶组织

在实际生产中，经冷变形后的金属加热到再结晶温度以上，保持适当时间，使变形晶粒重新结晶为均匀的等轴晶粒，以消除变形强化和残余应力，这种工艺称为再结晶退火。

4. 冷变形和热变形

金属在再结晶温度以下进行的塑性变形称为冷变形，如钢在常温下进行的冲压、冷轧、冷挤压等。在冷变形过程中，有形变强化现象而无回复与再结晶现象。

冷变形的优点是制件精度好、表面粗糙度小、劳动条件好，可提高材料的硬度、强度。它的缺点是变形抗力大，对工模具要求高，且在变形过程中产生残余应力、出现塑性降低等现象，所以常常需要中间退火，才能继续变形。

热变形是金属在再结晶温度以上进行的。一般情况下再结晶速度往往大于变形强化速度，故变形产生的强化会随时因再结晶而消除，变形后金属具有再结晶组织，而无变形强化的效果。

热变形与冷变形相比，其优点是塑性良好，变形抗力小，容易加工变形。但高温条件下金属容易产生氧化皮，所以制件的尺寸精度差，表面粗糙，而且劳动条件不好，需要配备专门加热设备。

金属经热塑性变形及再结晶，可使原来存在的不均匀、晶粒粗大的组织得以改善，或将铸锭组织中的气孔、缩松等压合，得到更致密的再结晶组织，提高金属的力学性能。

5. 纤维组织

热变形使铸锭中晶界处的脆性杂质粉碎，而塑性杂质则随金属变形而发生形变，两者沿着金属主要伸长方向呈碎粒状、链状或带状分布，这种金属组织通常称为金属的纤维组织（即流线）。

纤维组织的明显程度与金属的变形程度有关，变形程度越大，纤维组织越明显。

纤维组织使金属的力学性能呈各向异性。当分别沿着纤维方向和垂直纤维方向拉伸时，前者有较高的抗拉强度。当分别沿着纤维方向和垂直纤维方向剪切时，后者有较高的抗剪强度。纤维组织形成后，不能用热处理方法消除，只能通过塑性变形改变其方向和分布。最好能使纤维组织沿零件的轮廓分布而不被切断。图 10-4 所示为几种用不同成形方法生产齿轮

时所产生的纤维组织的比较，其中图 d 所示最合理，图 a 所示最差。

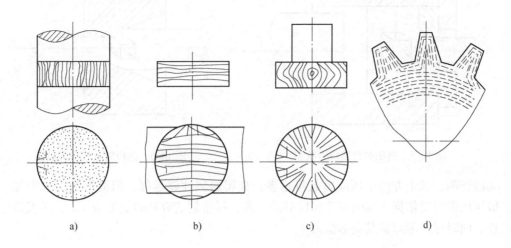

a)　　　　　　　　b)　　　　　　　　c)　　　　　　　　d)

图 10-4　用不同成形方法生产齿轮时所产生的纤维组织的比较

a）棒料切削齿轮　b）板料切削齿轮　c）镦锻切削齿轮　d）热轧齿轮

10.1.3　金属的锻造性能

金属在压力加工时获得优质产品的难易程度称为金属的锻造性能。金属的锻造性能可用金属的塑性和塑性变形抗力综合衡量。塑性越好，塑性变形抗力越小，则金属的锻造性能好，反之则差。

金属的锻造性能受金属的内在因素和外部加工条件的影响。

1. 内在因素

（1）化学成分的影响　一般来说，纯金属的锻造性能好于合金。对钢来讲，碳含量越低，锻造性能越好；合金元素含量越多，锻造性能越差；硫含量和磷含量越多、锻造性能越差。

（2）金属组织的影响　纯金属与固溶体锻造性能好，金属化合物锻造性能差，粗晶粒组织的金属比晶粒细小而又组织均匀的金属难以锻造。

2. 加工条件

（1）变形温度的影响　金属的变形温度升高，锻造性能变好。

（2）变形速度的影响　变形速度对锻造性能的影响有两个方面。一方面当变形速度较大时，由于再结晶过程来不及完成，形变强化不能及时消除而使锻造性能变差。所以一些塑性较差的金属，如某些非铁合金宜采用较小的变形速度，设备选用压力机而不选用锻锤。另一方面，当变形速度很高时，变形功转化的热来不及散失，锻件温度升高，又能改善锻造性能，但这一效应除高速锤锻造或特殊成形工艺以外难以实现。因而，利用高速锤锻造、爆炸成形等工艺可以锻造在常规设备上难以锻造成形的高强度低塑性合金。

（3）应力状态的影响　金属在挤压变形时（见图 10-5）呈三向受压状态，表现出良好的塑性变形能力；在拉拔时（见图 10-6），则呈二向受压一向受拉的状态，塑性变形能力下降。

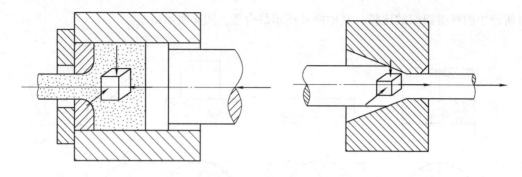

图 10-5　挤压时金属应力状态　　　　　　图 10-6　拉拔时金属应力状态

实践证明，三个方向中压应力数目越多，金属的塑性就越好，但变形抗力也增加。因此，锻压成形时要依据金属的本质和成形的要求，尽量创造有利的变形条件，充分发挥金属的塑性，同时尽可能降低其变形抗力。

10.2　常用的金属塑性成形方法

常用的金属塑性成形方法有轧制、挤压、拉拔、自由锻、模锻和板料冲压等。

10.2.1　轧制

轧制是指金属坯料在两个回转轧辊的孔隙中受压变形，以获得各种产品的加工方法（见图 10-7）。

轧制生产所用的坯料主要是金属锭。坯料在轧制过程中，靠摩擦力通过轧辊孔隙而受压变形，结果坯料的截面减小，长度增加。

合理设计轧辊上的各种不同的孔型（与产品截面轮廓相似），可以轧制出各种不同的原材料，如钢板、型材和无缝管材等（见图 10-8），也可以直接轧制出毛坯或零件。

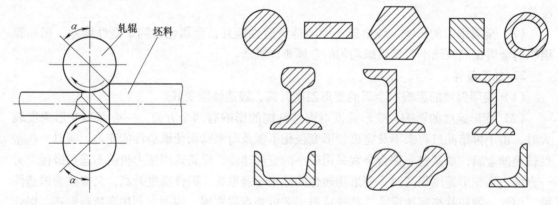

图 10-7　轧制示意图　　　　　　图 10-8　轧制产品截面形状

轧制毛坯或零件的主要工艺有横轧、斜轧等。

1. 横轧

横轧是指轧辊轴线与轧件轴线平行，且轧辊与轧件作相对转动的轧制方法。齿轮的横轧如图 10-9 所示。横轧时，坯料在图示位置被高频感应器加热，带齿形的轧辊由电动机带动旋转，并作径向进给，迫使轧轮与坯料发生对辗。在对辗过程中，坯料上受轧辊齿顶挤压的地方变成齿槽，而相邻金属受轧辊齿部反挤而上升，形成齿顶。

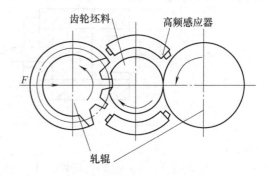

图 10-9　热轧齿轮示意图

2. 斜轧

轧辊相互倾斜配置，以相同方向旋转，轧件在轧辊的作用下反向旋转，同时还作轴向运动，即螺旋运动，这种轧制称为斜轧。图 10-10 所示为钢球轧制。轧辊每转一周，即可轧制出一个钢球，轧制过程是连续的。

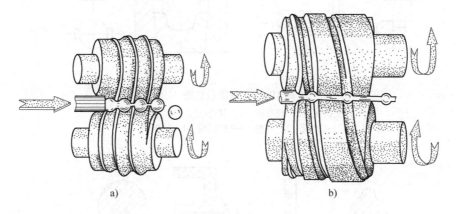

图 10-10　钢球轧制

斜轧还可以用于冷轧优质丝杠、高速钢滚刀等。

10.2.2　挤压

挤压是指金属坯料在挤压模内受压被挤出模孔而变形的加工方法（见图 10-11）。

挤压过程中，金属坯料的截面依照模孔的形状变化。挤压可以获得各种复杂截面的型材或零件（见图 10-12），适用于加工低碳钢、非铁金属及其合金。如采取适当的工艺措施，还可以对合金钢和难熔合金进行挤压生产。

按照挤压时金属流动方向和凸模运动方向的不同，可分为正挤压、反挤压、复合挤压和径向挤压 4 种，如图 10-11 所示。

按照挤压时金属坯料所处的温度，挤压可分为热挤压、温挤压和冷挤压。

（1）热挤压　挤压时坯料变形温度高于它的再结晶温度，与锻造温度相同。热挤压时，坯料变形抗力小，但产品表面粗糙。它广泛用于有色金属、型材及管材的生产。

（2）冷挤压　坯料在再结晶温度以下（通常是室温）完成的挤压。其产品的表面光洁，精度较高，但挤压时变形抗力较大。

（3）温挤压　将坯料加热到再结晶温度以下的某个合适温度（100～800℃）进行挤压。它降低了冷挤压时的变形抗力，同时产品精度比热挤压高。

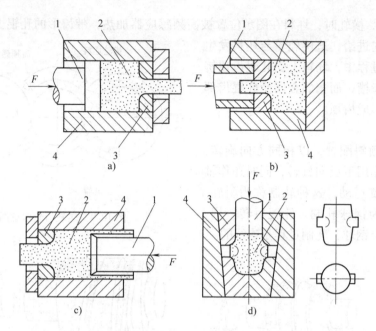

图 10-11　挤压示意图

a）正挤压　b）反挤压　c）复合挤压　d）径向挤压
1—凸模　2—坯料　3—挤压模　4—挤压筒

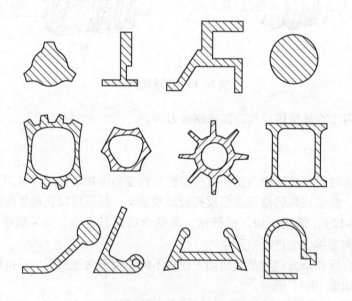

图 10-12　挤压产品截面形状

10.2.3　拉拔

拉拔是指将金属坯料拉过拉拔模的模孔而变形的加工方法（见图 10-13）。

拉拔模模孔的截面形状和使用性能的好坏对产品有决定性影响。拉拔模模孔在工作中受到强烈摩擦作用，为保持其几何形状的准确性和使用的长久性，应选用耐磨的硬质合金或其他耐磨材料来制造。

拉拔生产主要用来制造各种线材、薄壁管和各种特殊几何形状的型材（见图10-14），如电缆等。多数情况下是在冷态下进行拉拔加工，所得到的产品具有较高的尺寸精度和低的表面粗糙度。大多数钢和大多数非铁金属及其合金都可以经拉拔成形。

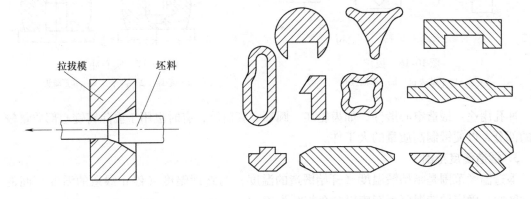

图 10-13 拉拔示意图　　　　　图 10-14 拉拔产品截面形状

10.2.4 自由锻

自由锻是在自由锻设备上采用简单通用的工具使金属坯料变形获得锻件的方法。自由锻是靠工人的操作来控制锻件的形状和尺寸的，所以锻件精度低，加工余量大，劳动强度大，生产率不高。它主要应用于单件、小批量生产。但自由锻造可以使坯料按部分逐渐变形成形，因而，自由锻是特大型锻件唯一的生产方法。

1. 自由锻设备

常用的自由锻设备有锻锤和液压机两大类。锻锤产生冲击力使金属坯料变形，常用的有空气锤和蒸汽-空气锤。空气锤吨位较小，只用来锻造小型件；蒸汽-空气锤的吨位稍大（最大吨位可达50kN），可用来锻造重量小于1500kg的锻件。液压机产生静压力使金属坯料变形，吨位较大的水压机可以锻造重量达300t的锻件。

2. 自由锻的基本工序

自由锻的工序分为基本工序、辅助工序及修整工序三类。基本工序有镦粗、拔长、冲孔、芯轴扩孔、芯轴拔长、弯曲、切割、错移、扭转等；辅助工序有压钳口、倒棱、切肩等；修整工序有校正、滚圆、平整等。

（1）镦粗　使坯料的整体或一部分高度减小、横截面面积增大的工序称为镦粗，如图10-15所示。

镦粗用途：锻造高度小、截面大的盘类锻件；冲孔前增大坯料横截面面积和平整端面；增加下一道拔长工序的锻造比，提高力学性能，减少各向异性。

（2）拔长　使坯料横截面面积减小、长度增加的工序称为拔长，如图10-16所示。

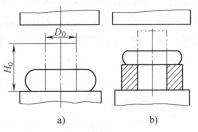

图 10-15 镦粗
a）全镦粗　b）局部镦粗

拔长用途：锻造长轴类的实心或空心锻件，如轴、拉杆、曲轴、套筒等。

（3）冲孔　将坯料锻出透孔或不透孔的工序称为冲孔。图 10-17 所示为实心冲子冲孔。

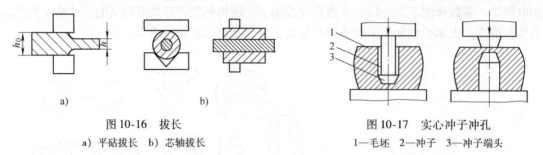

图 10-16　拔长
a）平砧拔长　b）芯轴拔长

图 10-17　实心冲子冲孔
1—毛坯　2—冲子　3—冲子端头

冲孔用途：锻造空心锻件，如齿轮坯、圆环、套筒等，有时也用于去除铸锭心部质量较差的部分，以便锻制高质量的大工件。

3. 锻造温度范围

锻造温度范围是指始锻温度（开始锻造的温度）与终锻温度（停止锻造的温度）间的温度区间。确定锻造温度范围应以合金相图为依据。碳钢的锻造温度范围如图 10-18 所示，其始锻温度比 AE 线低 150 ~ 250℃左右，终锻温度为 800℃左右。若始锻温度过高，将产生严重氧化、脱碳和过热等缺陷，甚至使锻件过烧而报废；若终锻温度过低，则金属的塑性急剧降低，变形抗力急剧增加，使变形难以进行，如果强行锻造，将导致锻件破裂报废和设备损害。

10.2.5　模锻

模锻是指金属坯料在锻模模腔内受力变形获得锻件的方法。

模锻与自由锻相比具有的优点是：生产率高；可以锻造形状较复杂的锻件；锻件尺寸较精确，加工余量小，材料利用率高；锻件内部纤维组织分布比较合理；操作简便，劳动强度较低。但模锻设备投资大；模具费用昂贵；工艺灵活性较差；生产准备周期较长。所以，模锻比较适合于中小型锻件的大批量生产。

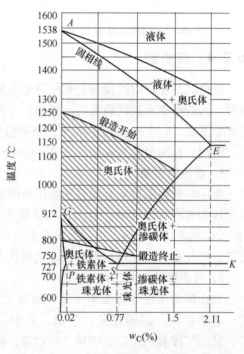

图 10-18　碳钢的锻造温度范围

按照使用设备的不同，模锻可分为锤上模锻和压力机上模锻。

1. 锤上模锻

锤上模锻用的锻模由上下两模块组成，上模和下模分别通过燕尾和楔铁紧固在锤头和模座上。通过上模对置于下模中的坯料施以打击来获取锻件，如图 10-19 所示。

锻模模腔按其作用分为模锻模腔和制坯模腔两大类。

模锻模腔包括终锻模腔和预锻模腔。终锻模腔的作用是使坯料最后变形得到锻件所要求的形状和尺寸。模腔分模面周围有飞边槽，用以增加金属从模腔中流出的阻力，促使金属充满模腔，同时容纳多余的金属，还可以起缓冲作用，减弱上下模的打击，防止模具损坏。对于具有通孔的锻件，不能直接锻出透孔，孔内须留有一层具有一定厚度的金属，称为冲孔连皮。模锻后把飞边和冲孔连皮冲掉后，才能得到有冲孔的模锻件。预锻模腔的作用是使坯料变形到接近于锻件的形状和尺寸，以便在终锻时金属充型更容易，同时减少终锻模腔的磨损，延长锻模的寿命。预锻模腔和终锻模腔的主要区别是前者圆角半径大，模锻斜度大，没有飞边槽。

制坯模腔的主要作用是按照锻件形状使初始坯料的金属合理分配，形状基本接近锻件。制坯模腔有拔长模腔（用它来减少坯料某部分的横截面面积，以增加该部分的长度）、滚挤模腔（用它来减少坯料某部分的横截面面积，以增大另一部分的横截面面积，使其按模锻件的形状来分布）、弯曲模腔（弯曲坯料）和切断模腔（在上模与下模的角上组成一对切口，用它从坯料上切下已锻好的锻件，或从锻件上切下钳口）等。

形状简单的锻件，在锻模上只需一个终锻模腔。形状复杂的锻件，根据需要可在锻模上安排多个模腔。图10-20所示为弯曲形连杆锻件的锻模（下模）及模锻工序图。锻模上有5个模腔，坯料经过拔长、滚挤、弯曲3个制坯工序，使截面变化，并使轮廓与锻件相适应，再经预锻、终锻制成带有飞边的锻件。最后在切边模上切去飞边。

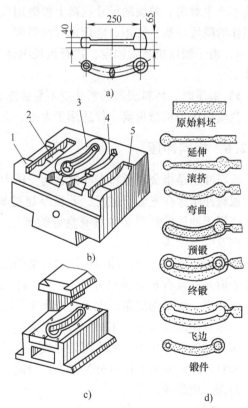

图10-20 弯曲形连杆锻件的锻模（下模）及模锻工序图

a）锻件图 b）锤锻模 c）切边模 d）模锻过程

1—拔长模腔 2—滚挤模腔 3—终锻模腔

4—预锻模腔 5—弯曲模腔

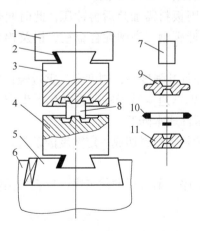

图10-19 锤上模锻成形示意图

1—锤头 2—楔铁 3—上模 4—下模 5—模座
6—砧铁 7—坯料 8—锻造中的坯料 9—带飞
边和连皮的锻件 10—飞边和连皮 11—锻件

锤上模锻具有工艺适应性广的特点，在锻压生产中得到了广泛的应用。但是由于锤上模锻在工作中存在振动和噪声大、劳动条件差、生产效率低、能源消耗多等缺点，因此用压力机进行模型锻造成为一种发展趋势。

2. 热模锻压力机上模锻

热模锻压力机是通过不同形式的曲柄滑块机构把主传动的旋转运动转变为滑块的往复运动，并借助于固定在机身工作台和滑块上的上下模具实现加热金属的变形。在实际应用中用来实现滑块往复运动的机构，主要有曲柄滑块机构和曲柄楔块机构。在模锻过程中所需的模锻力是通过压力机飞轮转速降低所释放的能量产生的。

热模锻压力机特点如下。

1）由于热模锻压力机刚度高、导向精度高，并可采用带有导向装置的组合模，所以可以锻出精度较高的锻件。锻件机械加工余量的平均值在 0.4 ~ 2mm 范围内，较模锻锤上模锻件小 30% ~ 50%，公差也相应减少，一般为 0.2 ~ 0.5mm，可有效地提高锻件的材料利用率和劳动生产率。

2）模锻时，金属变形在滑块一次行程中完成，坯料内外层同时发生变形，变形深透均匀，纤维组织分布均匀，有利于提高锻件内部质量。

3）锻模上各个工步的型槽可单独制作，并用紧固螺钉紧固在通用模架上。工作时上下模块不产生对击。模块的尺寸比锤上模锻用模小得多，从而有效地节约了模具材料。而且单独制作的模块制造、使用、修理也方便得多。

4）由于锻压机行程固定，进行拔长滚挤工步比较困难，因此不适合拔长和滚挤等制坯工步。

5）锻压时，坯料表面的氧化皮不易去除，应尽量采用电加热或少无氧化加热。

热模锻压力机造价高，仅适用于大批、大量生产。

10.2.6　板料冲压

板料冲压是指金属板料在冲模之间受压力产生分离或变形的加工方法。

板料冲压常在室温下进行。若板厚超过 8 ~ 10mm，则板料需加热后再冲压，此时叫热冲压。用于冲压的材料必须具有良好的塑性，常用的有低碳钢、高塑性合金钢、铝及铝合金、铜及铜合金等。

冲压的特点是：可以冲压出形状复杂的薄壁零件，并且其强度高，刚度大，重量轻；冲压件表面光滑且有足够的尺寸精度，互换性好；操作简单迅速，易于实现自动化，生产率高。但冲模一般结构复杂，大批量冲压生产时才能使冲压件成本降低。

冲压常用的设备有剪床和压力机两大类。剪床的用途是将板料切成一定宽度的条料，为下一步冲压备料。压力机的作用是完成冲压的各道工序。

板料冲压的基本工序可分为两类：分离工序和变形工序。前者指冲裁工序，后者包括弯曲、拉深、成形等。

1. 冲裁

冲裁是利用凹、凸模使坯料按封闭轮廓分离的工序。落料和冲孔总称为冲裁（见图 10-21）。落料和冲孔的工艺过程完全相同，当坯料被冲下的部分为成品时，该工艺过程称为落料；当坯料的周边为成品时，该工艺过程称为冲孔。

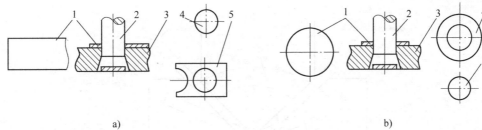

图 10-21　冲裁
a）落料　b）冲孔
1—坯料　2—凸模　3—凹模　4—成品　5—废料

2. 弯曲

弯曲是板料在弯矩作用下弯曲成具有一定圆弧和角度的制件的变形工序。

弯曲时坯料内弯处的弯曲半径小，并受压缩，外弯处的弯曲半径大，受拉伸，如图 10-22 所示。当外侧拉应力超过坯料的抗拉强度时，会造成坯料弯裂。为防止弯裂，最小弯曲半径 $r_{min} = (0.25 \sim 1)t$。若材料塑性好，则弯曲半径可小些。

为减少弯裂的可能性，弯曲时应考虑弯曲方向，尽量保证在下料后得到的弯曲工序坯料的纤维方向与弯曲造成的拉应力方向平行，即使弯曲线方向与纤维方向垂直，如图 10-23 所示。若不得已使弯曲线方向平行于纤维方向，应增大最小弯曲半径。

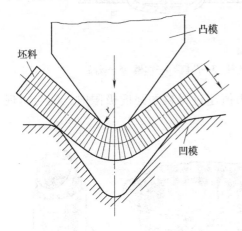

图 10-22　弯曲过程金属变形简图

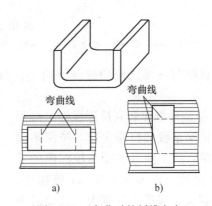

图 10-23　弯曲时的纤维方向
a）弯曲线方向与纤维方向垂直　b）弯曲线方向与纤维方向平行

弯曲结束后，弯曲角会自动略微增大，这种现象称为回弹，如图 10-24 所示。回弹的程度通常用回弹角表示。常采用以下措施来克服回弹产生的误差：在设计弯曲模具时，使模具角度比成品角度小一个回弹角。

3. 拉深

拉深是使平板坯料变成开口空心零件的变形工序，如图 10-25 所示。拉深可以制成筒形、阶梯形、盒形、锥形、半球形及其他复杂形状的薄壁零件。

拉深件的质量问题主要是拉深过程中容易出现起皱和拉穿，如图 10-26 所示。起皱是拉深时由于较大的切向应力使板料失稳造成的，生产中可采取加压边圈的方法来防止。拉穿

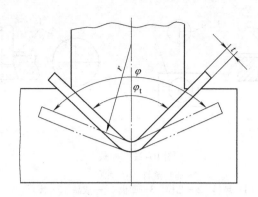

图 10-24　弯曲件的回弹

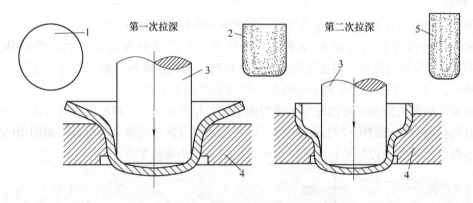

图 10-25　拉深

1—坯料　2—第一次拉深产品，即第二次拉深的坯料　3—凸模　4—凹模　5—成品

常出现在直壁与底部之间的过渡圆角处，当拉应力值超过材料的强度极限时，就会出现拉裂。

　　为了使制件能够顺利拉深成形，必须合理确定拉深系数和拉深次数。拉深系数 m 等于拉深后的工件直径 d 与拉深前的毛坯直径 D 之比，即 $m = d/D$。m 值越小，变形程度越大，成形难度越大。拉深时所能采用的最小拉深系数称为极限拉深系数 m_{min}。当工件的拉深系数 $m(d/D)$ 小于极限拉深系数 m_{min} 时，需要采用多次拉深。每次拉深所采用的拉深系数都要大于相应的极限拉深系数。必要时还应在工序间安排再结晶退火，以消除形变强化。

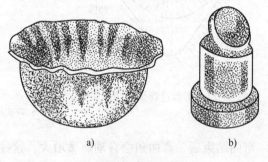

图 10-26　起皱与拉穿

a）起皱　b）拉穿

4. 成形

　　成形是指用各种局部变形的方式来改变工件或坯料形状的各种加工工艺。这些加工工艺多数是在冲裁、弯曲、拉深等之后进行的，主要包括压筋、压坑、胀形、翻边等。

　　（1）压筋与压坑　某些大型腹板类板料工件，一般在平板面上设加强筋，以提高强度和刚度，其凸起或凹进主要是通过局部材料的变薄伸长形成的。压筋可以用金属模局部拉深成形，只要凸模与凹模根据工件形状加工出相吻合的形状即可。生产中常用硬橡胶代替金属凸模或凹模，如图10-27所示。

压坑即压制圆形加强窝。

（2）胀形　胀形是将直径较小的空心工件或管状毛坯由内向外膨胀成为直径较大的曲面零件的成形方法，如图10-28所示。胀形方法中使用较多的是橡胶胀形与液压胀形。图10-29所示为橡胶胀形。

（3）翻边　翻边是使平板坯料上的孔或外缘获得内、外凸缘的变形工序，如图10-30所示。

当零件所需的凸缘高度较大时，一次直接翻边成形极易破裂，可以先拉深，在拉深件底部预冲孔，再进行翻边，如图10-31所示。

图10-27　橡胶压筋

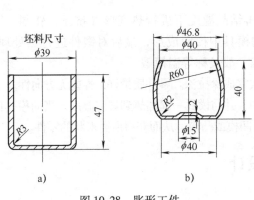

图10-28　胀形工件
a）胀形前　b）胀形后

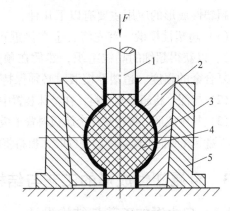

图10-29　橡胶胀形
1—凸模　2—凹模　3—工件　4—橡胶　5—外套

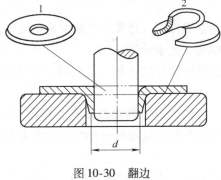

图10-30　翻边
1—翻边前　2—翻边后

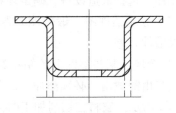

10-31　拉深件底部冲孔翻边

10.2.7　其他塑性成形方法

除了上述常用的塑性成形方法之外，还有一些其他的塑性成形方法，如精密模锻，超塑性成形等。它们的共同特点是生产率高、精度高，能实现少、无切削加工。

1. 精密模锻

精密模锻能直接锻出形状比较复杂、表面光洁、锻后不必切削加工或仅需少量切削加工的零件。

精密模锻工艺要点如下。

1）精确计算原始坯料的重量和尺寸，并严格按照此下料。

2）精细清理坯料表面。

3）采用无氧化或少氧化的保护气氛加热。

4）选用刚度大、精度高的锻造设备，如曲柄压力机、摩擦压力机或精密锻造机等。

5）采用高精度的模具。

6）模锻时要很好地进行润滑及冷却锻模。

2. 超塑性成形

超塑性是材料在特定条件下的一种特殊状态。金属在特定的组织条件、温度条件和变形速度下变形时，塑性比常态下提高几倍到几十倍（如钛合金伸长率可达到1000%），而变形抗力降低到常态的几分之一，甚至几十分之一。金属的这种性质称为超塑性。

超塑性成形的应用主要有以下几种。

（1）超塑性模锻　首先将合金在接近正常再结晶温度下进行热变形（挤压、轧制、锻造等），以获得超细的晶粒组织，然后在预热的模具中模锻成形，最后对锻件进行热处理，以恢复合金的强度。超塑性模锻时必须保持恒温，故又称等温模锻。

（2）拉深　将超塑性材料，在特殊装置中一次完成深拉深。零件质量好，性能无方向性。

（3）气压成形　将超塑性金属板料置于模具中，并与模具一起加热到规定温度。当向模具内吹入压缩空气或抽出模具内的空气时，板料将贴紧凹模或凸模，从而获得所需形状的零件。

10.3　金属塑性成形的工艺与结构设计

10.3.1　自由锻的工艺与结构设计

1. 自由锻的工艺设计

自由锻工艺设计的主要内容包括根据零件图绘制锻件图、计算坯料的重量和尺寸、确定锻造工序、选择锻造设备、确定坯料加热规范和填写工艺卡片等。

（1）绘制锻件图　锻件图是制订锻造工艺过程和检验的依据，绘制时主要考虑余块、余量及锻件公差。

1）余块。某些零件上的精细结构，如键槽、齿槽、退刀槽以及小孔、盲孔、台阶等，难以用自由锻锻出，必须添加一部分金属以简化锻件形状。这部分添加的金属称为余块，如图10-32所示。它将在切削加工时去除。

2）余量。零件若要经过切削加工，则须将零件的公称尺寸放大至锻件尺寸，其放大量即为切削加工余量，简称余量。具体数值可结合实际条件查表获取。

3）锻件公差。锻件公差是锻件名义尺寸的允许变动量。公差的数值可查有关国家标准，通常为加工余量的1/4～1/3。

（2）计算坯料重量及尺寸

1）坯料重量的计算公式。

$$m_p = (m_d + m_x + m_q)(1 + \delta)$$

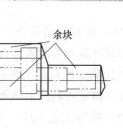

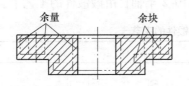

图 10-32 锻件的各种余块及余量

式中 m_p——坯料重量；

       m_d——锻件重量；

       m_x——冲孔芯料损失重量；

       m_q——端部切头损失重量；

       δ——钢料加热损失率；第一次加热取被加热金属的 2% ~3%，以后各次加热取 1.5% ~2.5%。

    2）确定坯料尺寸。首先根据材料的密度和坯料重量计算出坯料的体积，然后再根据基本工序的类型（如拔长、镦粗等）及锻造比计算坯料横截面面积、直径、边长等尺寸。

    （3）选择锻造工序   根据不同类型的锻件选择不同的锻造工序。一般锻件的分类及所用工序见表 10-1。

表 10-1   一般锻件的分类及所用工序

锻件类型	图 例	锻造工序	实 例
盘类、圆环类锻件		镦粗、冲孔、扩孔	齿轮、法兰、圆环等
筒类锻件		镦粗、冲孔、心轴拔长、滚圆	圆筒、套筒等
轴类锻件		拔长、压肩、滚圆	主轴、转动轴等
杆类锻件		拔长、压肩、修整、冲孔	连杆等
曲轴类锻件		拔长、错移、压肩、扭转、滚圆	曲轴、偏心轴等
弯曲类锻件		拔长、弯曲	吊钩、轴瓦盖、弯杆等

（4）选择锻造设备 锻造设备应根据锻件材料、尺寸（或重量）、锻造的基本工序、设备的锻造能力等因素进行选择，并应考虑工厂的现有设备条件。相关内容可查有关手册。

（5）确定坯料的加热规范 根据锻件的材料、尺寸、形状和生产批量等因素，查阅相关手册，确定坯料的加热规范。

（6）填写工艺卡片 工艺卡的填写可参见表10-2半轴自由锻锻件的工艺卡。

表10-2 半轴自由锻锻件的工艺卡

锻件名称	半 轴	锻 件 图
坯料重量	25kg	
坯料尺寸	$\phi130mm \times 240mm$	
材料	20CrMnTi	

火 次	工 序	图 例
1	锻出头部	
	拔长	
	拔长并修整台阶	
	拔长并留出台阶	
	锻出凹挡及拔长端部，并修整	

2. 自由锻锻件的结构设计

自由锻锻件结构设计的原则是：在满足使用性能的条件下，锻件形状应尽量简单，易于锻造。自由锻锻件的结构工艺性要求见表 10-3。

表 10-3　自由锻锻件的结构工艺性要求

工　艺	图　　例	
	工艺性差	工艺性好
避免锥面及斜面等		
避免非平面交接结构		
避免加强筋及工字形、椭圆形等复杂斜面		
避免各种小凸台及叉形件内部的台阶		

10.3.2 模锻的工艺与结构设计

1. 模锻的工艺设计

模锻的工艺设计的主要内容包括绘制模锻件图、计算坯料重量和尺寸、确定模锻工序、安排修整工序等。

（1）绘制模锻件图　根据零件图绘制模锻件图时，应考虑下面几个问题。

1）分模面。分模面是上下模的分界面。选择分模面应保证锻件易于从模膛中取出，如果采用图 10-33 中 *a-a* 处为分模面时，锻件就不能取出；应使金属容易充满模膛，应尽可能减少余块，如果采用图 10-33 中 *b-b* 处为分模面时，模膛太深，金属就不易充满，同时孔无法锻出，余块增加；应使分模面设在模膛上下等尺寸处，沿分模面上下模膛轮廓基本一致以便发现锻件错移等缺陷，如果采用图 10-33 中 *c-c* 处为分模面时，锻件就不易发现错移。因此，正确的分模面应在最大截面尺寸上，如图 10-33 中 *d-d* 处。

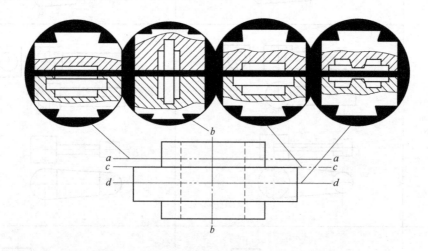

图 10-33　分模面选择比较

2）余量及锻件公差。其具体数值可查锻工手册。

3）模锻斜度。如图 10-34 所示，外斜度 α 值一般取 $5° \sim 10°$，内斜度 β 值为 $7° \sim 15°$。

4）圆角半径。如图 10-35 所示，钢的模锻件外圆角半径 r，取 $1.5 \sim 1.2$mm，内圆角半径 R 比外圆角半径 r 大 $2 \sim 3$ 倍。

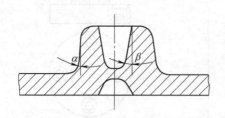

图 10-34　模锻斜度

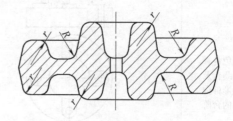

图 10-35　模锻圆角半径

5）冲孔连皮。冲孔连皮的厚度一般在 $4 \sim 8$mm 范围内。

齿轮坯的模锻件图如图 10-36 所示。

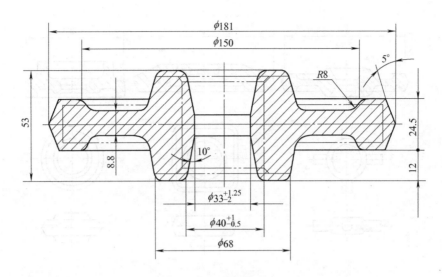

图 10-36 齿轮坯的模锻件图

（2）计算坯料重量和尺寸　其步骤与自由锻件相似。坯料重量包括锻件、飞边、连皮、钳口料头和氧化皮。一般飞边为锻件重量的 20% ~ 25%；氧化皮为锻件和飞边重量总和的 2.5% ~ 4%。

（3）确定模锻工序　模锻工序主要是根据锻件的形状和尺寸来确定的。根据已确定的工序来设计制坯模膛、预锻及终锻模膛。模锻件按形状可分为两大类：一类是长轴类模锻件，如图 10-37 所示；另一类为盘类模锻件，如图 10-38 所示。

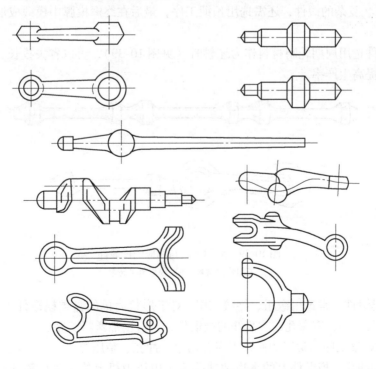

图 10-37　长轴类模锻件

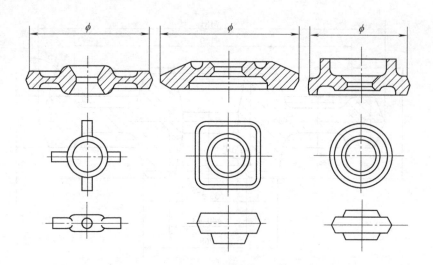

图 10-38 盘类模锻件

1）长轴类模锻件。常选用拔长、滚挤、弯曲、预锻、终锻工序

① 当坯料的横截面面积大于锻件最大横截面面积时，可只选用拔长工序。而当坯料的横截面面积小于锻件最大横截面面积时，采用拔长和滚挤工序。

② 当锻件的轴线为曲线时，应选用弯曲工序。

③ 对于小型长轴类模锻件，为了减少钳口料和提高生产率，常采用一料多件的锻造方法，利用切断工序从坯料上切除已锻好的工件。

④ 对于形状复杂的锻件，还需选用预锻工序，最后在终锻模膛中模锻成形，如图 10-20 所示。

某些模锻件选用周期轧制材料作为坯料时（见图 10-39），可以省去拔长、滚挤等工序，使锻模简化，提高生产率。

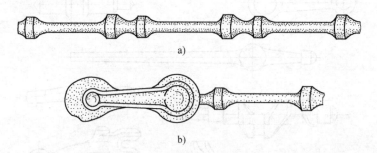

图 10-39 周期坯料与相应的模锻件
a）周期轧制材料 b）模锻件的形状

2）盘类模锻件。常选用镦粗、终锻工序。对于形状简单的盘类模锻件，可只选用终锻工序。对于形状复杂，有深孔或有高筋的模锻件，则应增加镦粗工序。

（4）安排修整工序 常用的修整工序有切边、冲孔、精压等。

1）切边和冲孔。模锻件上的飞边和冲孔连皮由压力机上的切边模和冲孔模将其切去，如图 10-40 所示。

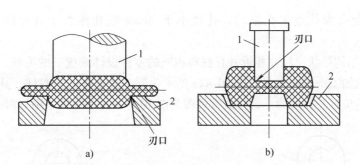

图 10-40 切边模及冲孔模

a) 切边模 b) 冲孔模
1—凸模 2—凹模

2）精压。对某些要求平行平面间尺寸精确的模锻件，可进行平面精压；对要求所有尺寸精确的模锻件，可进行体积精压。

2. 模锻件的结构设计

在设计模锻件时，应使零件的结构与模锻工艺特点相适应。为此，必须考虑下述原则。

1）为使模锻件能够从锻模中取出，必须有一个合适的分模面。

2）与其他机件配合的表面，需要机械加工，留出余量。非加工面应有圆角。零件表面与锤击方向平行时应加模锻斜度。

3）为使金属易于充满模膛，减少工序，零件的外形应力求简单、平直、对称，避免截面差别过大或具有薄壁、高筋。

图 10-41a 所示零件凸缘太薄、太高，中间下凹过深。图 10-41b 所示零件过于扁薄，金属易于冷却，不易充满模膛。图 10-41c 所示零件有一个高而薄的凸缘，不仅金属难以充填，锻模的制造和模锻件的取出也都不易，如改为图 10-41d 所示形状，就易于锻造。

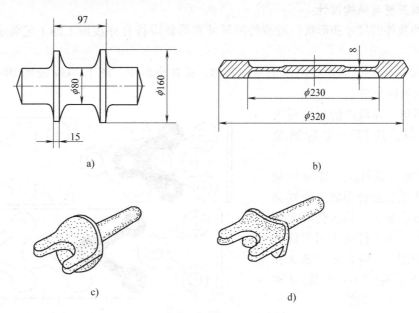

图 10-41 模锻件结构的工艺性

4）尽量避免有深孔或多孔结构。孔径小于 30mm 或孔深大于直径两倍时，均不易锻出。

5）尽可能把结构形状、尺寸相近并且材料相同的零件设计成统一的毛坯，这样可节省模锻所需的锻模和机加工所需的夹具。图 10-42a 所示为同一类零件的左右件，其规格尺寸完全一样，只是所处的位置是相对的。若将此零件改为图 10-42b 所示那样，则只需一个零件即可。

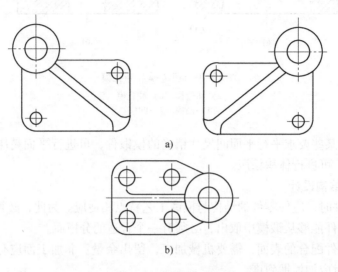

图 10-42　左右件的设计

6）对复杂模锻件，为减少余块，简化模锻工艺，在可能条件下应尽量采用锻 - 焊或锻造 - 机械连接组合工艺。

10.3.3　板料冲压的工艺与结构设计

1. 冲裁工艺与结构设计

（1）冲裁件的尺寸和形状　冲裁件的尺寸和形状应符合冲裁加工的工艺要求，主要有以下几点。

1）形状。冲裁件的形状力求简单、对称、排样废料少。图 10-43a 较图 10-43b 合理，材料利用率可达 79%。

2）圆角。冲裁件的外形或内孔的转角处，应以一定的圆角过渡。

3）长槽与悬臂。工件应尽量避免长槽和细长悬臂形状，否则会增加模具制造难度，甚至会因太薄而折断凸模。如工件确实需要这些形状时，如图 10-44 所示，那么在一般情况下就应该 $B \geq 1.5t$，$L \leq 5B$，其中 t 为材料厚度。

4）孔的尺寸。冲孔时，孔与

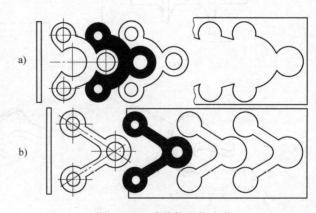

图 10-43　冲裁件形状改进

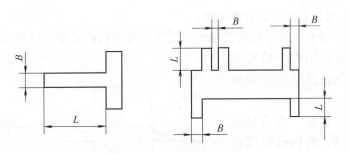

图 10-44　冲裁件的切口与切槽

孔之间的距离，孔与边缘之间的距离不得小于材料厚度；否则，凹模强度过弱，容易破裂，而且工件边缘容易产生胀形或歪扭。圆孔直径不得小于材料厚度，方孔边长不得小于材料厚度的 0.9 倍，否则凸模容易折断，如图 10-45 所示。

（2）模具尺寸

1）冲裁间隙。冲裁间隙是指凹模刃口与凸模刃口部分尺寸之差，如图 10-46 所示。即

$$Z = D_a - d_t$$

式中　Z——冲裁间隙；

　　　D_a——凹模刃口尺寸；

　　　d_t——凸模刃口尺寸。

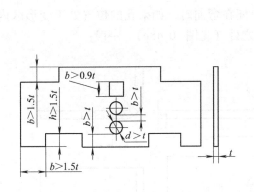

图 10-45　冲孔件尺寸与厚度的关系

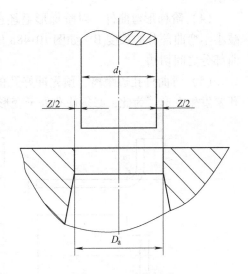

图 10-46　冲裁间隙

间隙过大，冲裁件断面粗糙，尺寸误差大；间隙过小，冲模磨损严重，卸料、落料困难。可按下列原则进行选取。

① 当工件的断面质量没有严格要求时，为了提高模具寿命和减少冲裁力，可以选择较大的间隙值。

② 当工件断面质量及尺寸精度要求较高时，应选择较小的间隙值。

③ 计算冲裁模刃口尺寸时，考虑到模具在使用过程中的磨损会使刃口间隙增大，应当按 Z_{min} 值来计算。

生产中一般采用查表法选取合理间隙。

2）刃口尺寸。冲孔工序中用的凸模刃口尺寸应等于孔的尺寸，凹模尺寸等于孔的尺寸加上间隙值；而落料用的凹模尺寸等于成品尺寸，凸模尺寸等于成品尺寸减去间隙值。

（3）冲裁件的修整　修整是以普通冲裁件为毛坯，利用修整模在工件断面上切去薄薄一层切屑，从而获得精度高、表面粗糙度值低的一道工序，如图10-47所示。

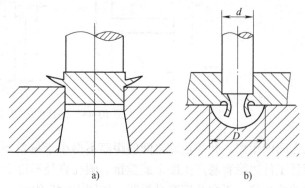

图10-47　修整工序简图

a）外缘修整　b）内孔修整

2. 弯曲工艺与结构设计

（1）弯曲件的弯曲半径　弯曲件的弯曲半径不能小于材料许可最小弯曲半径，否则会产生拉裂。

（2）弯曲件的形状　弯曲件形状应对称，弯曲半径应左右一致，否则会因摩擦阻力不均匀而产生滑动。

（3）弯曲件的直边高度　弯曲件的直边高度不宜过小，其值应为$h > R + 2t$，如图10-48a所示。

（4）阶梯形弯曲件　对阶梯形毛坯进行局部弯曲时，在弯曲根部容易撕裂。这时，应减小不弯曲部分的长度B，如图10-48a所示；或如图10-48b所示那样，在弯曲部分与不弯曲部分之间切槽。

（5）弯曲件孔边距离　预先冲好孔的毛坯在弯曲时，如果孔的位置处于变形区内，则孔要发生变形。为此，必须使孔处于变形区之外（见图10-48c）。一般：

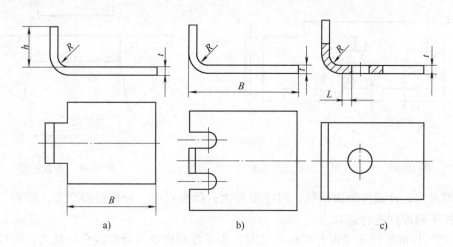

图10-48　弯曲件的结构工艺性

当$t < 2mm$时，取$L > t$；

当$t \geqslant 2mm$时，取$L \geqslant 2t$。

3. 拉深工艺与结构设计

（1）拉深工艺　为防止坯料被拉穿，应采取如下工艺措施。

1）凸凹模必须有合理的圆角。

2）合理的凸凹模间隙 Z。间隙过小，容易拉穿；间隙过大，容易起皱。

3）合理的拉深系数 m。m 越小，坯料越易拉穿。因此，一般取 $m = 0.5 \sim 0.8$。在多次拉深中，m 应一次比一次大。

4）润滑。为减少坯料进入凹模时的阻力，拉深时一般要加润滑剂。

为防止坯料起皱，可对坯料使用压边圈，如图10-49所示。

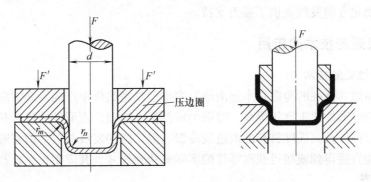

图10-49　有压边圈的拉深

（2）拉深件的结构设计

1）拉深件形状应力求简单、对称，尽量采用回转体，尤其是圆筒形，并尽量减少拉深件深度，以利于制模和减少拉深次数。

2）拉深件各转角的圆角半径不宜过小，以免增加拉深次数和整形工序。

3）拉深件上的孔应避开转角处，以防止孔变形并有利于冲孔。

10.4　金属塑性成形技术的发展

10.4.1　计算机技术的应用

1. 塑性成形过程的数值模拟

计算机技术已应用于模拟和计算工件塑性变形的应力场、应变场和温度场，可预测金属充填模膛情况、锻造纤维组织的分布和缺陷产生情况；可分析变形过程的热效应及其对组织结构和晶粒度的影响；可掌握变形区的应力分布，以便于分析缺陷产生原因和设计模具结构；可计算出各工序的变形力和能耗，为选用或设计加工设备提供依据。

塑性成形模拟技术在工业发达国家已经进入应用普及阶段，一些大企业将成形模拟作为成形工艺设计和模具设计的必须环节和模具验收的依据之一。

目前国际上较流行并已经进入中国市场的专业化的冲压成形模拟软件主要有 DYNAFORM、AotoForm、PAM－STAMP、ORTRIS 等，它们都具有与 CAD 软件的接口，以便与冲压工艺和冲模设计软件相衔接。在体积成形方面，目前国际上比较流行并进入中国市场的专业化的模拟软件主要有 DEFORM，它除了可以模拟锻造过程外，还可以模拟轧制、挤压、粉末成形等多种体积成形工艺。

我国许多大学和研究机构在塑性成形数值模拟方面也开展了长期的、系统的理论研究和软件开发，有的软件达到了一定的商品化水平，如吉林大学开发的 KMAS 软件系统已成功地应用于小型红旗轿车 488 发动机油底壳的冲压成形工艺优化。

2. 塑性成形过程的控制和检测

计算机控制和检测技术已广泛应用于自动生产线。塑性成形柔性加工系统（FMS）已应用于生产。2009 年 9 月我国自主研发的具有自主知识产权的全自动快速柔性冲压生产线通过国家组验收，标志着我国大型柔性冲压技术已进入国际先进水平，为国产汽车向高质量、高档次、高自动化方向发展提供了强力支持。

10.4.2　先进成形技术的应用

1. 精密塑性成形技术

高精度、高效、低耗的冷锻技术逐渐成为中小型精密锻件生产的发展方向，发达国家轿车生产中使用的冷锻件比重逐年提高。温锻的能耗低于热锻，而锻件的精度和力学性能接近冷锻，对于大型锻件及高强度材料的锻造较冷锻有更广阔的发展前景。精密锻造、精压、精密冲裁等工艺能直接得到或接近获得零件的实际形状和尺寸，其应用正在日益扩大。

2. 组合工艺

采用热锻 - 温整形、温锻 - 冷整形、热锻 - 冷整形等组合工艺，有利于大批量生产高强度、形状较复杂的锻件，正在得到开发和应用。

10.4.3　塑性成形设备及生产自动化

1. 塑性成形设备

传统的锻压设备正在得到改造，以提高其生产能力和锻件质量。例如：液压锤具有高效、节能、环保的优点，利用液压动力头来改造高能耗的蒸汽 - 空气自由锻锤和模锻锤，在我国已有巨大的发展，特别是 8 ~ 12t 液压自由锻锤是具有我国自主知识产权的产品。

高效、节能、锻件精度高的热模锻机械压力机有逐步取代大吨位模锻锤的趋势。发达国家大型汽车零件模锻件大部分采用以多工位热模锻压力机为主体的综合自动线，中小型模锻件采用多工位高速自动热镦机，最高速度达到 4000 ~ 12000 件/h。在高效、高精度、多工位的加工设备中，综合运用了计算机技术、光电技术等，提高了可靠性和对加工过程的监控能力。

高效、节能的新型螺旋压力机如液压螺旋压力机、离合器式螺旋压力机、电动螺旋压力机等正在取代传统的双盘摩擦压力机。生产效率高、能耗低、变形力小、使用寿命长的各类轧机近年来已在我国推广应用。

带数控液压气垫的大型多工位压力机的出现，真正将拉深与其他冲压工艺组合到一台压力机上完成，简化了压力机的结构，实现了压边力的优化控制，提高了拉深件的质量，降低了工件的废品率。

2009 年 7 月 13 日，我国自主研制建造的世界首套 3.6 万 t 垂直挤压机调试成功。它能够为核电、风电、石油、航空航天、军工等行业提供高端材料。在这套设备问世之前，美国拥有世界最大型的 3.1 万 t 垂直挤压机。近年来我国在锻压关键装备制造上也有重大突破。

2013年4月10日，由中国二重自主设计、制造、安装的目前世界上规模最大的8万t模锻压力机成功试生产，超过此前俄罗斯7.5万t级的世界最大锻造等级。该设备不仅可用于大型航空模锻件，还可用于燃气轮机、核电等大型阀体及风电高强齿轮等。

2. 塑性成形的自动化

在大量生产中，自动线的应用已日益普遍，其发展趋势：一是提高综合性，除备料、加热、制坯、模锻、切边外，还将包括热处理、检验等工序自动化；二是实现快调、可变，以适应多品种、小批量生产；三是进一步发展自动锻压车间或自动锻压工厂，采用计算机进行生产控制和企业管理。

近年来，我国自主开发的汽车前桥全自动线，由一系列新型加工设备、转送机器人、机械手等组成，代表了我国锻造生产自动化的发展新水平。目前我国锻压行业不仅能够自主提供传统配置的冲压生产线、半自动冲压线和自动冲压线，而且还具有提供柔性冲压自动线和大型多工位自动冲压线的能力。

本 章 小 结

1）金属冷变形（在再结晶温度以下的变形）会使金属发生形变强化，可以利用其提高金属承载能力，但对继续塑性变形不利；热变形时由于金属变形过程中产生再结晶而使变形容易进行；热变形还会使金属产生热纤维组织，使金属性能出现方向性。金属的锻造性能既受金属的成分、组织等内在因素的影响，还受变形温度、变形速度、应力状态等外部因素的影响。

2）金属塑性成形常用方法有轧制、拉拔、挤压、自由锻、模锻和冲压等，其中自由锻、模锻和冲压是生产机械零件的常用方法。自由锻基本工序主要有镦粗、拔长、冲孔等。模锻主要是指金属坯料在锻模上各类模膛内受力变形获得锻件的方法。锻造必须在锻造温度范围内进行。自由锻和模锻各有其特点和适用范围。通常在室温下进行的冲压主要应用于薄板材料，其基本工序包括冲裁（落料和冲孔）、弯曲（主要质量问题是弯裂和回弹）、拉深（主要质量问题是拉裂和起皱）及压筋、胀形、翻边等。

3）自由锻工艺设计包括绘制锻件图、选择锻造工序、计算坯料重量和尺寸、选择锻造设备、选择加热规范等。自由锻件结构设计的出发点是锻件形状要简单，便于自由锻件成形。模锻工艺设计包括绘制锻件图、计算坯料重量和尺寸、确定模锻工序等。模锻件结构设计的出发点是便于充满模膛及便于从模膛内取出锻件。冲压设计要根据采取的工序区别对待：冲裁件主要应防止采用细微结构，要使凸模与凹模刃口之间具有合理间隙；弯曲件要有合理的弯曲半径（$r > r_{min}$），尽量形状对称，直边高度应足够，孔与弯曲线间距合理等；选择合理的拉深系数（$m > m_{min}$），合理的凸凹模间隙对拉深件来说格外重要。

思 考 题

1. 说明金属塑性变形的实质，并指出单晶体和多晶体的塑性变形过程。

2. 何谓形变强化？产生的原因？什么叫再结晶？它对金属性能有何影响？

3. 何谓冷变形和热变形？冷变形和热变形的根本区别在哪里？冷变形和热变形各有何优缺点？举出几个冷变形和热变形的实例。

4. 将未经过塑性变形的金属加热到再结晶温度，会发生再结晶吗？为什么？

5. 用一冷拉钢丝绳吊装一大型工件入炉，并随工件一起加热到1000℃，加热完毕，再次吊装该工件时，钢丝绳发生断裂，试分析其原因。

6. 分析以下几种说法是否正确？为什么？

1）金属发生塑性变形时，实际测得的临界应力值总是小于理论计算值。

2）工件中存在残余应力时，对工件都是不利的。

3）因为再结晶不是相变过程，故它不影响金属的组织和性能。

4）冷变形金属经再结晶退火后，晶粒都可细化。

5）室温下的变形加工称为冷加工，高温下的变形加工称为热加工。

6）热变形加工都可细化晶粒和提高力学性能，而且也不会产生加工硬化。

7. 确定图10-50所示零件采用自由锻制坯时的余块、加工余量和锻造公差，并绘出自由锻件图。

8. 图10-51所示的冲压件，采用厚1.5mm低碳钢进行批量生产，试确定冲压的基本工艺，并绘出工序简图。

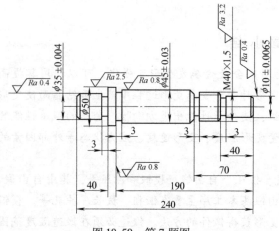

图 10-50 第 7 题图

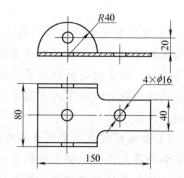

图 10-51 第 8 题图

第 11 章　焊接与粘接

导读：本章首先介绍了焊接成形基础知识，包括熔焊的冶金特点，焊接接头（焊缝、熔合区和热影响区）的组织和性能，焊接应力与变形产生的原因及减少焊接变形与应力的工艺措施和焊接裂纹及其防止；其次介绍了常用焊接成形方法，包括埋弧焊、氩弧焊、CO_2 气体保护焊、等离子弧焊、激光焊接、电渣焊、电阻焊、摩擦焊、钎焊等；第三，介绍了金属焊接性的概念及评价方法，常用金属材料（碳素钢、低合金高强度结构钢、不锈钢、铸铁、铝合金、铜合金等）的焊接特点；第四，介绍了焊接件的结构与工艺设计，包括焊接结构材料的选择，焊接方法及焊接材料的选择，焊接接头及坡口的确定，焊缝的布置，焊接结构工艺图等。另外简介了粘接技术，对焊接与粘接技术的发展趋势也做了概略介绍。

本章重点：焊接接头（焊缝、熔合区和热影响区）的组织和性能；焊接应力与变形产生的原因及减少焊接变形与应力的工艺措施；常用焊接成形方法的原理及特点；金属焊接性的概念及评价方法；常用金属材料的焊接特点。

焊接是指利用局部加热或加压，或两者并用，并且用或不用填充材料，使分离的两部分金属，通过原子的扩散与结合而形成永久性连接的一种工艺方法。被连接的两部分可以是各种同类或不同类的金属、非金属，也可以是一种金属与一种非金属。本章主要介绍金属的焊接问题。

焊接的特点是：应用特别广泛，其成形方便；适应性强；重量轻、生产成本低；生产周期短、生产效率高；连接性能好；便于实现机械化和自动化等。但其在应用中易产生焊接应力、变形和其他焊接缺陷；某些材料的焊接尚有一定困难。

粘接是用粘结剂把两个物体连接在一起，并使结合处有足够强度的连接工艺。粘接工艺简便、生产效率高、成本低，在工业生产中应用越来越广泛。

11.1　焊接成形基础

11.1.1　熔焊冶金过程及其特点

1. 熔焊冶金过程

在熔焊过程中，焊接接头金属将发生一系列的物理、化学反应，称为熔焊冶金过程，其包括焊缝区的化学冶金过程和热影响区的物理冶金过程。在化学冶金过程中由于外界有害气体和合金的进入，在焊接熔池（指熔化的填充金属与熔化的被焊金属混合而成的液态金属）中产生复杂的化学冶金反应，使焊缝的性能发生变化，且易产生气孔、夹杂物等焊接缺陷。在物理冶金过程中，由于受热不均匀，使热影响区的组织和性能发生了变化。在整个熔焊冶金过程中，化学冶金过程起主要作用，故在熔焊过程中，通常会采取一些措施来保护和改善焊缝区，以保证接头的组织和性能。

2. 熔焊冶金特点

（1）冶金反应温度高　焊接冶金反应温度高于一般的冶炼温度。高温易导致金属烧损或形成有害杂质。

（2）冶金过程短　焊接熔池体积小（一般为 2～3cm³），冷却速度快，液态停留时间短，各种冶金反应不充分，易出现成分偏析现象。

（3）冶金条件差　焊接熔池暴露，周围空气和杂质影响极大。

11.1.2　焊接接头的组织和性能

焊接过程是局部加热过程，温度分布极不均匀，在完成一个焊接过程中焊接接头的组织和性能都要发生变化。

焊接时在热源的作用下，焊缝两侧发生组织性能变化的区域称为热影响区或称近缝区。焊接接头是由焊缝、熔合区和热影响区组成，如图 11-1 所示。

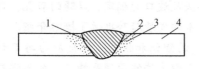
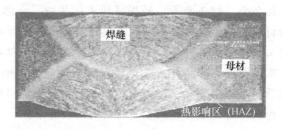

a)　　　　　　　　　　　　　　　　　　b)

图 11-1　焊接接头的组成
a）示意图　b）金相照片
1—焊缝　2—熔合区　3—热影响区　4—母材

1. 焊缝的组织和性能

随着焊接热源向前移动，后面的熔池液体金属迅速冷却结晶。焊缝金属的结晶是从熔合区上许多未熔化的单个晶粒开始，垂直于熔合区向熔池中心生长，为柱状树枝晶。焊缝结晶过程要产生偏析。

从熔池液体金属结晶为焊缝金属，称为一次结晶。有的焊缝金属在冷却过程中处于固态而发生了组织转变，称为二次结晶。焊缝金属碳含量较高时，可能产生淬硬马氏体组织。

焊缝组织是从液体金属结晶的铸态组织。由于焊接熔池小，冷却快，化学成分控制严格，碳、硫、磷含量都较低，还可通过渗入合金调整焊缝化学成分，使其含有一定的合金元素，所以一般均能达到所要求的力学性能。

2. 热影响区的组织和性能

根据焊缝横截面的温度分布曲线，并比对铁碳合金相图（见图 11-2），较容易理解热影响区的组织和性能特点。

从图 11-2 的性能变化曲线中可以看出，热影响区中过热区的塑性最低，因而产生裂纹和局部脆性破坏的倾向最大，对焊接接头性能的不利影响最为显著。热影响区越宽，焊缝金属的冷却速度越慢，晶粒越粗大，并使焊件变形增加。因此，热影响区越窄越好，其宽度主要取决于焊接方法和焊接参数。凡温度高、热量集中的焊接方法，热影响区均小。用相同焊接方法，选用过大的焊接规范和减慢焊接速度，都会使热影响区变宽。一般焊条电弧焊的热影响区宽度大约为 6mm，埋弧焊的热影响区宽度大约为 2.5mm。

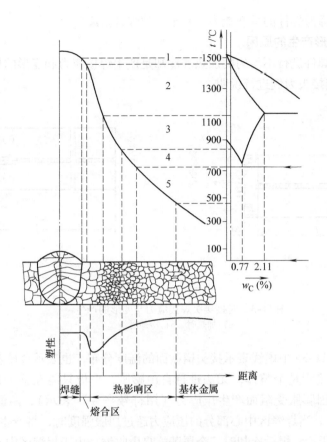

图 11-2　低碳钢焊接接头的组织和性能示意图
1—熔合区　2—过热区　3—正火区　4—部分相变区　5—再结晶区

3. 熔合区的组织与性能

该区是从焊缝向热影响区的过渡区，是焊接接头中最薄弱区域，对接头性能的影响最为敏感。

4. 改善焊接接头金属组织及性能的措施

焊接接头组织与性能的变化，直接影响到焊接结构的使用性能和寿命。根据焊接过程的特点，可以采用以下措施改善其组织及性能。

1）加强对焊缝金属的保护，防止焊接时各种杂质进入焊接区。对焊缝进行合金化及冶金处理，以获得要求的焊缝金属组织及性能。

2）合理选择焊接方法和焊接工艺，尽量使熔合区及热影响区减至最小。

3）对焊后的焊件进行整体或局部热处理，以消除焊件内应力，细化晶粒，提高焊接接头的性能。

11. 1. 3　焊接应力与变形

焊接的热过程除了引起焊接接头金属组织与性能的变化外，还会产生焊接应力与变形（又称残余应力与残余变形）。焊接应力使焊件的有效许用应力降低，甚至可能使焊件在焊接过程中或使用期间发生开裂，最后导致整个焊件的破坏；焊接变形不仅影响焊件的尺寸精度与外观，而且可能降低焊件的承载能力，甚至导致焊件报废。

1. 焊接应力与变形产生的原因

焊接过程中，对焊件进行不均匀的加热和冷却是产生焊接应力和变形的根本原因。下面以图 11-3 所示的对接接头为例进行说明。

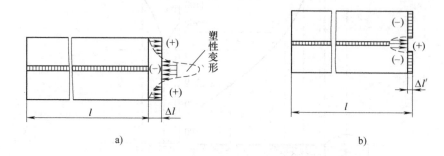

图 11-3　对接接头焊接应力与变形的产生
a）加热时　b）冷却时

焊接加热时，图 11-3a 中虚线表示接头横截面的温度分布，也表示金属若能自由膨胀的伸长量分布。实际上接头是个整体，无法进行自由膨胀，平板只能在整个长度上伸长 Δl，因此焊缝区中心部分因膨胀受阻而产生压应力（用符号"－"表示），两侧则形成拉应力（用符号"＋"表示）。当焊缝区中心部分的压应力超过屈服强度时，将产生压缩塑性变形，其变形量如图 11-3a 所示。焊后冷却时，金属若能自由收缩，由于焊缝区中心部分已经产生的压缩塑性变形不能再恢复，冷却至室温将缩至图 11-3b 中的虚线位置，两侧则缩短到焊前的原长。这种自由收缩同样是无法实现的，平板各部分收缩会互相牵制，焊缝区两侧将阻碍中心部分的收缩，因此焊缝区中心部分产生拉应力，两侧则形成压应力。在平板的整个长度上缩短 $\Delta l'$，即产生了焊接变形。

由此可见，焊件冷却后同时存在焊接应力与变形。当焊件塑性较好和结构刚度较小时，焊件能较自由地收缩，则焊接变形较大，而焊接应力较小；当焊件塑性较差和结构刚度较大时，则焊接变形较小，而焊接应力较大。

2. 减少焊接变形与应力的工艺措施

1）焊接变形的基本形式。大致可分为五类，即收缩变形、角变形、弯曲变形、扭曲变形和波浪变形，如图 11-4 所示。

2）减少焊接变形的工艺措施。

① 反变形法。焊接前预先估计好结构变形的大小和方向，在装配时给予一个相反方向的变形以抵消焊接变形，使焊后结构达到设计的要求。如图 11-5a 所示，未采用反变形，焊后变形比较大；图 11-5b 中采用了反变形，焊后基本无变形。反变形法是生产中最常用的方法。

② 刚性固定法。该方法是在没有反变形的情况下将构件加以固定来限制焊接变形。该方法对防止角变形和波浪变形比较有利。固定的方法可以采取直接将焊件点固，或紧压在平台上，或用夹具进行固定。例如：在焊接法兰盘时，用夹具将两个法兰盘背对背地固定后

（见图 11-6）再焊接，有效地减少了法兰盘的角变形，使法兰盘保持平直。

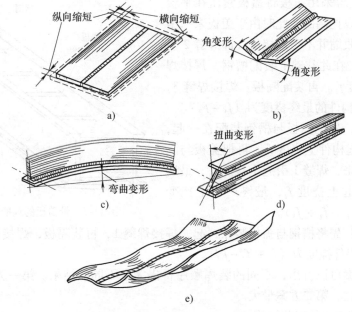

图 11-4 焊接变形的基本形式

a）收缩变形 b）角变形 c）弯曲变形
d）扭曲变形 e）波浪变形

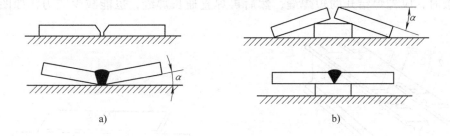

图 11-5 V 形坡口对接反变形法示意图

a）未采用反变形法 b）采用反变形法

③ 合理地选择焊接方法和参数。采用 CO_2 气体保护焊来代替气焊和焊条电弧焊，可以减少薄板结构的变形。真空电子束焊的焊缝很窄，变形极小，可以用来焊接精度要求高的机械加工件。

④ 选择合理的装配焊接顺序。图 11-7 所示的焊接梁，是由两根槽钢、若干隔板和盖板

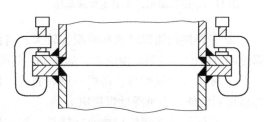

图 11-6 刚性固定法焊接法兰盘

组成。槽钢与盖板之间用角焊缝 1 连接，隔板与盖板及槽钢间分别用角焊缝 2 和 3 来连接。这个构件可用三种不同的装配焊接方案进行生产。

第一种方案：先将盖板装配起来，焊接焊缝2。盖板在自由状态下焊接，只能产生横向收缩和角度变形。若采用压板将盖板紧压在平台上，角变形是可以控制的。此时由于盖板未与槽钢连接，因此其收缩并不引起挠度，即焊缝2引起的挠度$f_2 = 0$。在此基础上装配槽钢，焊接焊缝1，引起上挠度f_1。再装配隔板，焊接焊缝3，引起下挠度f_3'。构件的最终挠度为$(f_1 - f_3')$。

第二种方案：先把隔板与槽钢装配在一起，焊接焊缝3，引起构件上挠度f_3，再把盖板与隔板加槽钢装配起来，焊缝1引起上挠度f_1，最后焊接焊缝2，引起上挠度f_2，最终产生上挠变形，其数值为$(f_1 + f_2 + f_3)$。

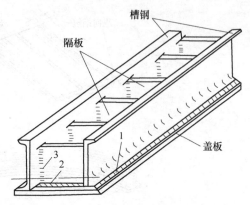

图11-7 带盖板的双槽钢焊接梁

第三种方案：先将槽钢与盖板装在一起，焊接焊缝1，再装隔板，焊接焊缝2，最后焊接焊缝3，最终焊件挠度为$(f_1 + f_2 - f_3')$。

比较以上方案可以看出，不同的装焊顺序得出完全不同的结果。第一方案挠曲变形最小，第三方案次之，第二方案最大。

3）减少焊接应力的工艺措施。

① 采用合理的焊接顺序和方向，尽量使焊缝能自由收缩，先焊收缩量比较大的焊缝。图11-8中带盖板的双工字钢构件，应先焊盖板的对接焊缝1，后焊盖板和工字钢之间角焊缝2，使对接焊缝1能自由收缩，从而减少应力。

在拼板时，应先焊错开的短焊缝，然后再焊直通长焊缝，也能减少应力，如图11-9所示。

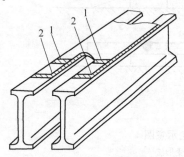

图11-8 按收缩量大小确定焊接顺序

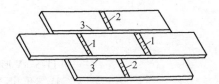

图11-9 按焊缝布置确定焊接顺序

② 在焊接封闭焊缝或其他刚性较大、自由度较小的焊缝时，可以采取反变形法来增加焊缝的自由度，以期减少应力，如图11-10所示。

③ 锤击或碾压焊缝。每焊一道焊缝后，用带小圆弧面的风枪或小手锤锤击焊缝区，使焊缝得到延伸，也可降低焊接应力。

④ 在结构适当部位加热使之伸长，加热区的伸长带动焊接部位，使它产生一个与焊缝收缩方向相反的变形；在冷却时，加热区的收缩和焊缝的收缩方向相同，使焊缝能自由地收缩，从而降低焊接应力，其过程如图11-11所示。此方法又称为加热减应法。

焊后减少或消除焊接应力和变形的方法主要有机械矫正法和热处理法。

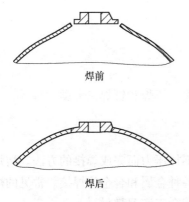

焊前

焊后

图 11-10 用反变形法降低焊接应力

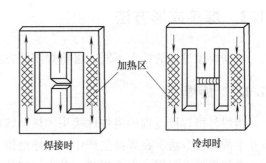

加热区

焊接时

冷却时

图 11-11 框架断口焊接

11.1.4 焊接裂纹

常见的焊接裂纹主要有两类，一类是热裂纹，一般是指在固相线附近的高温下产生的裂纹；另一类是冷裂纹，对钢来说通常是指在马氏体开始转变温度以下产生的裂纹。

1. 热裂纹

热裂纹常发生在焊缝区。在焊缝结晶过程中产生的叫结晶裂纹，也有发生在热影响区中，称为液化裂纹。其微观特征为沿晶界开裂（故又称晶间裂纹），断口表面有氧化色。一般认为存在晶间液态间层和焊接拉应力是产生热裂纹的主要原因。热裂纹的防止可采取以下措施。

1）限制母材和焊接材料的低熔点杂质，如 S、P 含量。

2）控制焊接规范，适当提高焊缝成形系数（即焊道的宽度与计算厚度之比）。因焊缝成形系数太小，易形成中心线偏析，易产生热裂纹。

3）调整焊缝化学成分，避免低熔点共晶物和细化焊缝晶粒，提高塑性，减少偏析。

4）减少焊接拉应力。

5）操作上填满弧坑。

2. 冷裂纹

焊缝区和热影响区都可能产生冷裂纹。常见冷裂纹形态有焊道下裂纹、焊趾裂纹和焊根裂纹三种。冷裂纹具有无分支、穿晶开裂、断口表面无氧化色等特征。

最主要、最常见的冷裂纹为延迟裂纹，即在焊后延迟一段时间才发生的裂纹（因为氢在金属中扩散、聚集和诱发裂纹需要一定的时间）。氢是诱发延迟裂纹的最活跃因素，故有人将延迟裂纹又称氢致裂纹。一般认为，形成延迟裂纹的主要原因有：焊接接头存在淬硬组织，性能脆化；扩散氢含量较高和存在较大的焊接拉应力等。可采取下列措施来防止延迟裂纹。

1）减少氢来源，如选用碱性焊条，焊材要烘干，接头要清洁，保证无油、无锈、无水等。

2）避免产生淬硬组织，如采用焊前预热、焊后缓冷的方法。

3）降低焊接应力，如采用合理的焊接工艺规范和焊后热处理等措施。

4）焊后立即进行消氢处理（即加热到 250℃，保温 2～6h 左右，使焊缝金属中的扩散氢逸出金属表面），以减少氢的危害。

11.2 焊接成形方法

根据焊接过程的特点不同，可将焊接的方法分为熔焊、压焊和钎焊三大类。

11.2.1 熔焊

熔焊是指焊接过程中将焊件接头加热至熔化状态，不加压力而完成焊接的方法。熔焊是最基本的焊接方法，在焊接生产中占主导地位，适用于各种金属和合金的焊接。常见的熔焊方法有气焊、电弧焊、电渣焊等，其中气焊的内容可参阅金工实习教材。

1. 电弧焊

电弧焊是利用电弧作为热源的熔焊方法，简称弧焊。电弧焊热量集中、温度高、设备较简单、操作方便，是目前应用最广泛的焊接方法。常用的电弧焊方法有焊条电弧焊、埋弧焊和气体保护焊等，其中焊条电弧焊内容可参阅金工实习教材。

（1）埋弧焊　埋弧焊是当今生产效率较高的机械化焊接方法之一，是指利用连续送进的焊丝在焊剂层下产生电弧而自动进行焊接的方法，其焊接过程如图11-12所示。

焊接时，焊接机头上的送丝机构将焊丝送入焊接区并保持选定的弧长。在焊丝与焊件之间燃烧的电弧埋在颗粒状焊剂下面（见图11-13）。电弧热将焊丝端部及局部的母材熔化形成熔池，部分颗粒状焊剂熔化形成熔渣与熔池金属产生物理化学作用。部分焊剂被蒸发，生成的气体将电弧周围的熔渣排开，形成一个封闭的熔渣泡，使熔化的金属与空气隔离，并能防止金属熔滴向外飞溅。焊机带着焊丝均匀地移动，在焊丝前方，焊剂从漏斗中不断流出撒在被焊部位。焊接时大部分焊剂不熔化，可重新回收使用。

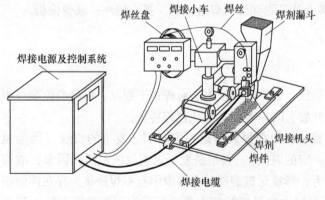

图11-12　埋弧焊焊接过程示意图

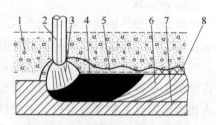

图11-13　埋弧焊焊缝形成过程
1—焊剂　2—焊丝　3—电弧　4—熔池
5—熔渣　6—焊缝　7—焊件　8—渣壳

1）焊接设备。埋弧焊的设备有焊接电源、焊接小车和控制箱。常用埋弧焊机型号有MZ-1000和MZ1-1000两种。MZ表示埋弧焊机；1000表示额定焊接电流为1000A。焊接电源为匹配相应的弧焊整流器或弧焊变压器BX2-1000。

2）焊接材料。埋弧焊使用的焊接材料包括焊丝和焊剂。

焊丝的作用有两个,一是作为电极和焊缝的填充金属;二是进行渗合金、脱氧、去硫等冶金处理。焊丝直径为1.6~6mm,不同牌号焊丝不能混用。焊丝在焊前应仔细清理,去除铁锈和油污等杂质,以防产生气孔等缺陷。

焊剂作用为:受焊接热作用熔化后产生气体和熔渣,保护电弧和熔池;脱氧和渗合金。焊剂按制造方法不同分为熔炼焊剂和非熔炼焊剂(又称烧结焊剂)两种,其中熔炼焊剂主要起保护作用,而非熔炼焊剂除了起保护作用外,还有渗合金、脱氧、去硫等冶金处理作用。国内目前使用的绝大多数焊剂为熔炼焊剂。按化学成分不同分为无锰焊剂、低锰焊剂、中锰焊剂和高锰焊剂等。一般焊剂在使用前必须在250℃下烘干,并保温1~2h,保温、烘干后立即使用。

进行埋弧焊时,应合理匹配焊丝与焊剂,以保证焊缝金属的化学成分和性能。低碳钢埋弧焊可选用高锰高硅型焊剂配用H08MnA焊丝,或选用低锰、无锰型焊剂配用H08MnA、H08Mn2焊丝,也可选用硅锰烧结焊剂配用H08A焊丝。低合金高强度钢埋弧焊可选用中锰中硅或低锰中硅焊剂配用适当强度的低合金高强度钢焊丝,也可选用硅锰型烧结焊剂配用H08A焊丝。

3)埋弧焊的特点与应用。埋弧焊可采取大电流焊接,并且焊剂和熔渣具有隔热作用,热能利用率高,焊接速度快,效率高,比焊条电弧焊提高生产率5~10倍;焊接质量高、表面光滑美观;无弧光,无飞溅,劳动强度低,劳动条件好;焊丝利用率高,焊剂用量少且便宜,并且可以不开或少开坡口,省工省料。但其设备投资较高;只适用于平焊位置;不适合焊接厚度小于1mm的薄板;焊接时检查焊缝质量不方便,且对焊前准备工作要求较严格。

埋弧焊主要用于焊接各种钢结构,还可用于在基体金属表面堆焊耐磨、耐蚀合金。它特别适用于大批量生产的中、厚板结构的长直焊缝与较大直径的环形焊缝。

(2)气体保护电弧焊 气体保护电弧焊是指利用外加气体作电弧介质并保护电弧和焊接区的电弧焊方法,简称气体保护焊。目前气体保护焊中应用较多的是氩弧焊和CO_2气体保护焊。

1)氩弧焊。氩弧焊是以惰性气体——氩气作为保护气体的电弧焊方法。氩弧焊按照所用电极材料不同分为熔化极氩弧焊和钨极氩弧焊两种,如图11-14所示。

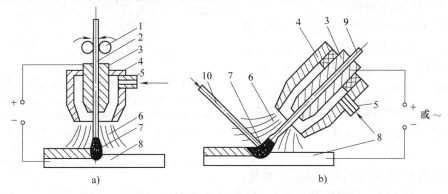

图11-14　氩弧焊示意图
a)熔化极氩弧焊　b)钨极氩弧焊
1—送丝滚轮　2—焊丝　3—导电嘴　4—喷嘴　5—进气管
6—氩气流　7—电弧　8—焊件　9—钨极　10—填充金属丝

① 熔化极氩弧焊。指用连续送进的金属焊丝作电极并兼作填充金属的惰性气体保护焊，简称 MIG 焊。焊接过程中，焊丝在送丝滚轮的输送下，穿过导电嘴，与焊件之间产生电弧，并不断熔化，形成很细小的熔滴进入熔池，与熔化的母材一起形成焊缝，如图 11-14a 所示。

熔化极氩弧焊的特点是：焊接电流比较大（因不存在电极烧损问题），母材熔深大，生产率高，适宜焊接厚度在 25mm 以下的中厚板；焊接铝及铝合金时常采取直流反接，以提高电弧的稳定性，同时利用质量较大的氩离子撞击熔池表面，使熔池表面极易形成的高熔点氧化膜破碎，有利于焊接熔合和保证质量，此作用称为"阴极破碎"（也叫阴极雾化）；结构较复杂，因其以焊丝作为电极，故还需要有专门的送丝机构。

② 钨极氩弧焊。指采用高熔点的纯钨或钨的合金棒作电极的惰性气体保护焊，又称不熔化极氩弧焊、TIG 焊。由于钨的熔点高达 3410℃，焊接时钨棒基本不熔化，只是作为电极起导电作用，填充金属需另外添加。在焊接过程中，氩气通过喷嘴进入电弧区将电极、焊件、焊丝端部与空气隔绝，焊丝从侧面不断送入，如图 11-14b 所示。

钨极氩弧焊的特点是：电弧燃烧稳定，几乎无飞溅，焊接质量好；为了减少钨极烧损，焊接电流不宜过大，焊缝熔深浅，故适用于焊接厚度为 6mm 以下的薄板；焊接钢件时，多采用直流正接，以减少钨极烧损；焊接铝、镁及其合金时，应采用交流电源或直流反接，因为反接或焊件处于负极半周时，有利于发挥"阴极破碎"作用。钨极氩弧焊需加填充金属，填充金属可为焊丝，也可为填充金属条或者采用卷边接头等。

氩弧焊适用于焊接易氧化的有色金属和合金钢（目前主要用于 Al、Mg、Ti 及其合金和不锈钢的焊接），也适用于单面焊双面成形，如打底焊和管子焊接。钨极氩弧焊还适用于薄板焊接。由于氩气只起保护作用，所以对焊前清理要求非常严格，否则杂质与氧化物会留在焊缝内，从而使焊接质量显著下降。氩弧焊抗风能力差，只适合于室内焊接。

2）CO_2 气体保护焊。CO_2 气体保护焊是指利用 CO_2 作为保护气体的一种熔化极气体保护焊，简称 CO_2 焊。这种焊接方法采用连续送进的焊丝作为电极，靠焊丝和焊件之间产生的电弧熔化焊件金属和焊丝，形成熔池，凝固后成为焊缝。

CO_2 气体保护焊的原理与装置类似于熔化极氩弧焊，如图 11-15 所示，只是通入的保护气体不同。CO_2 气体保护焊分为自动和半自动两种，其常用的焊丝为 H08Mn2SiA。

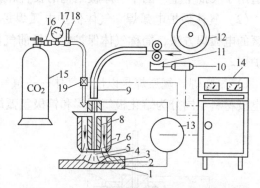

图 11-15　CO_2 气体保护焊焊接过程示意图
1—焊件　2—焊缝　3—熔池　4—电弧　5—焊丝
6—CO_2 保护气体　7—喷嘴　8—导电嘴　9—软管
10—送丝电动机　11—送丝机构　12—焊丝盘
13—电源　14—控制箱　15—CO_2 气瓶
16—干燥预热器　17—减压表　18—流量计　19—电磁气阀

CO_2 气体保护焊焊接成本低，只有焊条电弧焊和埋弧焊的 40%～50%（因 CO_2 气体来源广泛，价格便宜）；生产率高，比焊条电弧焊提高 1～4 倍（因焊丝送进自动化，焊接电流大、焊速快，且焊后无渣壳）；热影响区和焊接变形小，焊接质量好；明弧焊接，易于控制，适于全位置焊接。但 CO_2 气体保护焊飞溅大，焊缝成形差；易产生气孔；且金属和合金元素易氧化、烧损，不宜焊接有色金属和高合金钢。

CO_2 气体保护焊适用于低碳钢和强度级别不高的普通低合金钢的焊接，主要用于薄板焊接。焊接低碳钢常采用 H08MnSiA 焊丝，焊接低合金结构钢常采用 H08Mn2SiA 焊丝。

（3）等离子弧焊

1）等离子弧的产生。等离子弧是利用外部拘束条件使弧柱受到压缩的电弧。电弧的温度很高，可高达 24000 ~ 50000K，其能量密度很大，可达 $10^5 ~ 10^6 W \cdot cm^{-2}$，等离子流速显著增大。因此，它能迅速熔化金属材料，可以用来焊接和切割。

等离子弧的产生如图 11-16 所示，在钨极与喷嘴之间或钨极与焊件之间形成的自由电弧，通过水冷喷嘴的细长孔道时，受到机械压缩、热压缩和电磁压缩效应作用，能量高度集中在直径很小的弧柱中，弧柱中的气体被充分电离成等离子体，形成等离子弧。当采用小直径喷嘴、大的气体流量和大电流时，等离子焰自喷嘴喷出的速度很高，具有很大的冲击力，这种等离子弧称为"刚性弧"，主要用于切割金属。反之，若将等离子弧调节成温度较低、速度较小时，称为"柔性弧"，主要用于焊接。

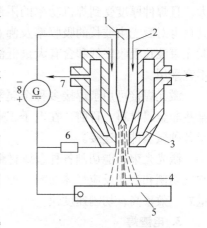

图 11-16 等离子弧发生装置原理图
1—钨极 2—离子气 3—喷嘴
4—等离子弧 5—焊件 6—电阻
7—冷却水 8—直流电源

2）等离子弧焊。等离子弧焊是利用等离子弧作为热源进行焊接的一种熔焊方法。焊接时离子气（形成等离子弧）和保护气（保护熔池和焊缝不受空气的有害作用）均为氩气。等离子弧焊所用电极一般为钨极（与钨极氩弧焊相似），有时还需填充金属（焊丝）。一般均采用直流正接法（钨棒接负极）。等离子弧焊实质上是一种具有压缩效应的钨极气体保护焊。

等离子弧焊可以焊接箔材和薄板；能量密度大，穿透能力强，可实现单面焊双面成形；焊接速度快，生产率高，应力、变形小；但设备比较复杂，气体耗量大，只宜于室内焊接，灵活性不及钨极氩弧焊。

等离子弧焊目前在工业生产上主要应用于国防工业和尖端工业技术中，焊接一些难熔、易氧化、热敏感性强的材料，如铜、钨、镍、钼、铝、钛及其合金以及不锈钢、高强度钢等，也用于焊接质量要求较高的一般钢材和非铁合金。

利用等离子弧的热能还可以实现切割。它是利用能量密度高的高温高速的等离子流，将切割金属局部熔化并随即吹除，从而形成整齐切口。

等离子弧切割的切割厚度大，可达 150 ~ 200mm；切割边缘质量高；切口较窄；生产效率高，比氧气切割高 1 ~ 3 倍；可切割各种材料。等离子弧切割常用于切割不锈钢、铝、铜、钛、铸铁及钨、锆等难熔金属。在板厚 20mm 以下的碳钢和低合金钢切割上，其综合效益超过氧乙炔气割。

2. 激光焊接

激光是利用原子受激辐射的原理，使工作物质受激辐射，由光学系统聚集而形成一种单色性好、方向性强和亮度极高的光束。激光焊接就是利用激光作为热源来熔化金属进行焊接的一种现代焊接方法。

图 11-17 所示为激光焊接示意图。当把激光束调焦到焊件接缝处时，光能被焊件材料吸收后转换成热能，在焦点附近产生 5 千至数万摄氏度的高温，使金属瞬间熔化，冷凝后形成

焊接接头。

激光焊接主要特点是：激光束能量密度很高（最高可达 $10^{13}W \cdot cm^{-2}$），焊接速度快，热影响区和焊接变形极小，焊接时不需要外加保护；可通过薄壁透明材料对封闭结构内部进行无接触焊接；设备一次投资较大，且焊件厚度受到焊机功率的限制；材料焊接性受到其自身对激光束波长的吸收率及沸点等因素的影响，对激光束波长吸收率低和含有大量低沸点元素的材料一般不宜采用。

激光焊接可用于焊接多种金属与合金、异种金属及某些非金属材料。目前，在电子工业中，激光焊接多用于各种微型件的连接。

激光光束还能切割各种金属材料和非金属材料，其切割机理有激光蒸发切割、激光熔化吹气切割和激光反应气体切割三种。它的切割特点是：割缝细小，可进行精密切割，切割质量好、效率高；切割速度快。

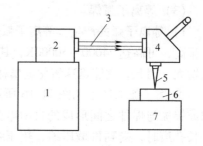

图 11-17　激光焊接示意图
1—电源　2—激光器　3—激光束
4—聚集监控系统　5—聚焦光束
6—焊件　7—工作台

3. 电渣焊

电渣焊是利用电流通过液态熔渣产生的电阻热进行焊接的一种方法。其焊接过程示意图如图 11-18 所示。电渣焊采用埋弧焊引弧方法，于引弧板处的焊剂层下引燃电弧，并熔化焊剂形成渣池。渣池达到一定深度时电弧熄灭，电流通过渣池产生电阻热，进入电渣焊过程，渣池的温度可达 $1700 \sim 2000℃$，可将焊丝和焊件边缘熔化，形成熔池。焊丝不断地送进并被熔化，熔池液面升高，渣池随之逐渐上升，两侧防止熔渣和金属液体外流的水冷式滑块跟随提升，渣池则始终浮在熔池上面作为加热的前导，熔池下部相继凝固成固体，形成焊缝。

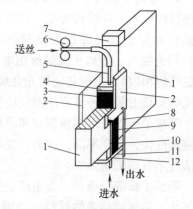

图 11-18　电渣焊示意图
1—焊件　2—滑块　3—熔池　4—渣池
5—焊丝　6—送丝滚轮　7—引出板
8—冷却水出管　9—焊缝
10—冷却水送管　11—引弧板　12—引入板

在电渣焊的焊接材料中，焊丝常采用含合金元素较高的焊丝，如 H08MnA、H08Mn2SiA、H10Mn2 等。焊剂要求熔化后形成的熔渣具有一定的导电性，有专用的电渣焊焊剂，如焊剂 360（主要用于焊低碳钢和某些低合金钢），也可选用某些埋弧焊焊剂，如 HJ431。

电渣焊在焊接厚件时，生产效率高、成本低，任何厚度的焊件都不需开坡口，即可一次焊成，省工省料；不易产生气孔、夹渣等缺陷，且脱硫、脱磷较充分，焊缝质量高。但其熔池高温停留时间长，晶粒粗大，热影响区较宽，焊后需进行正火处理；而且焊接适应性较差，总是以立焊方式进行，不能平焊，同时不适于焊接厚度在 30mm 以下的工件，焊缝也不宜过长。

电渣焊适用于焊接厚度在 30mm 以上的厚板或大截面结构，可焊接碳钢、合金钢、铝等金属材料，在重型机械、船舶、压力容器等制造业中应用普遍。

11.2.2 压焊

压焊指焊接过程中对焊件施加压力（加热或不加热）而完成焊接的方法。压焊只适用于塑性较好的金属材料的焊接。常用的压焊方法有电阻焊、摩擦焊等。

1. 电阻焊

电阻焊是指焊件组合后通过电极施加压力，利用电流通过接头的接触面及邻近区域产生的电阻热进行焊接的方法。它的特点为：接头质量高，焊接变形小；生产率高，易实现机械化和自动化；不需另加焊接材料；劳动条件好；设备复杂，设备投资大，耗电量大；焊接接头质量的无损检验较困难。电阻焊通常分为点焊、缝焊和对焊三种。

（1）点焊 点焊是利用电流通过圆柱形电极和搭接的两焊件产生电阻热，将焊件加热并局部熔化，然后在压力作用下形成焊点。其焊接过程示意图如图11-19所示。

焊接时焊件放在上下两电极之间，先以不大的初压力将焊件压紧，继之通以强大的电流，在电阻热的作用下两焊件接触处被加热到熔化状态，这时断电并同时施以压力，使其凝固成焊核，而将金属连接起来。

点焊主要适用于薄板冲压件和钢筋的焊接，板厚一般为0.05~6mm，棒料直径可达25mm。它广泛用于汽车、飞机、电子、仪表和日常生活用品的生产，适用材料为低碳钢、不锈钢、铜合金、钛合金和铝镁合金等。

（2）缝焊 缝焊的焊接过程与点焊相似，但其所用电极是两只旋转的导电滚轮。焊件在滚轮带动下前进。通常是滚轮连续地旋转，电流是间歇地接通，因此在两焊件间形成一个个彼此重叠的焊核，而形成一连续的焊缝，如图11-20所示。

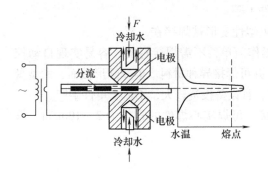

图11-19 点焊焊接过程示意图

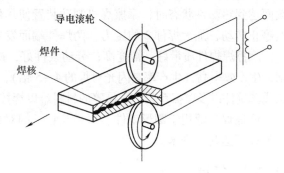

图11-20 缝焊焊接过程示意图

缝焊主要适用于3mm以下的薄板、且焊缝较规则的结构。适用材料与点焊相同，常用于焊接各类有密封要求的薄板容器和管道等，如油箱、罐体、连接管等。

（3）对焊 对焊是指把两焊件端部相对放置，利用焊接电流加热，然后加压完成焊接的电阻焊方法。根据加压和通电方式的不同，对焊分为电阻对焊和闪光对焊两种。

1）电阻对焊。电阻对焊的过程是：先加预压，使两焊件端面压紧，再通电加热，使焊件端面达到塑性状态，然后断电加压顶锻，从而使焊件接触处产生一定的塑性变形而焊合，如图11-21a所示。电阻对焊操作简便，生产率高，但对焊件端面加工和清理要求较高，否则容易产生氧化物夹杂，降低焊接质量。电阻对焊主要用于焊接直径小于20mm的棒料和管材。

2) 闪光对焊。闪光对焊的过程是：在两焊件接触前先接通电源，再使焊件缓慢地靠拢接触，由于此时焊件端面仅有个别点接触、电流密度很大而被加热到熔化状态，甚至汽化，再加上电磁力作用，液体金属即发生爆破，以火花形式向外散开，形成闪光现象；继续送进焊件，保持一定闪光时间后，焊件端面全部被熔化并得到足够深的塑性层，这时迅速压紧焊件并切断电源，熔化的金属被挤出结合面，两焊件发生塑性变形而焊合，如图 11-21b 所示。

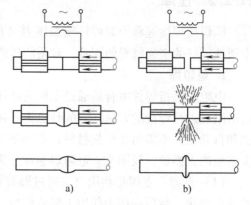

图 11-21　对焊焊接过程示意图
a) 电阻对焊　b) 闪光对焊

与电阻对焊相比，闪光对焊的焊接接头夹渣少、质量高、力学性能好；待焊端面不需清理；适应性强，既可焊同种金属材料，又可焊异种金属材料（如钢－铜、铝－铜等）；既可焊接小到直径 0.01mm 的金属丝，又可焊接大到截面积为 0.1m² 的钢坯及直径 500mm 的管子。但其设备和操作较复杂，且接头有毛刺，金属消耗较多，劳动条件差，焊后需清理。闪光对焊常用于焊接重要的受力构件或截面较大的零件，如钢筋、钢轨、链条等。

2. 摩擦焊

摩擦焊是指利用焊件接触端面相互摩擦所产生的热能，同时加压完成焊接的一种压焊方法。焊接过程如图 11-22 所示。焊件 1 与焊件 2 的端面紧密接触，焊件 1 作高速旋转运动，两焊件接触面相互摩擦产生热量使端面达到热塑性状态时，摩擦焊机制动装置使焊件 1 骤

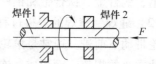

图 11-22　摩擦焊焊接过程示意图

然停止转动，加大焊件 2 的压力，两焊件端面发生塑性变形被焊接在一起。

摩擦焊焊件质量好，精度高；劳动条件好，操作简单，不需焊接材料，容易实现自动控制，生产效率高（生产率是闪光对焊的 4~5 倍），并可焊接异种材料。但非圆形截面、大型盘状或薄壁件以及摩擦系数小或易碎的材料难以焊接，且设备投资较大，不适于单件生产。

摩擦焊广泛用于圆形工件、棒料及管子的对接。可焊实心焊件的直径为 2~100mm，管子外径可达几百毫米。

11.2.3　钎焊

钎焊是通过对熔点低于母材的填充金属（钎料）的加热熔化，利用液态钎料对母材接头间隙表面的润湿、填充及相互扩散而实现连接的焊接方法。与熔焊不同之处是，钎焊时母材不熔化，仅钎料熔化。

1. 钎焊过程

一般钎焊的过程是先将表面清洗干净的焊件以搭接形式装配在一起，把钎料放在接头的间隙附近或接头间隙中，然后对焊件进行加热，加热温度高于钎料的熔点而低于母材的熔点。当钎料被加热到稍高于钎料熔点温度后，熔化的钎料借助毛细管作用被吸入和充满未熔化的焊件间隙之间，液态钎料与焊件金属相互扩散溶解，冷凝后即形成钎焊接头，如图 11-23 所示。

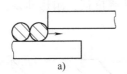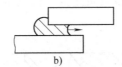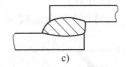

图 11-23　钎焊焊接过程示意图
a）在焊件接头处安置钎料并进行加热　b）熔化的钎料开始流入焊件接头间隙内
c）钎料填满间隙后，与母材相互扩散，凝固形成钎焊接头

钎焊常用的加热方式有烙铁加热、火焰加热、电阻加热、感应加热、浸渍加热和炉中加热等。

2. 焊接材料

钎焊的焊接材料包括钎料和钎剂。

（1）钎料　即钎焊时用做填充金属的材料。根据熔点不同，钎料分为软钎料和硬钎料。软钎料即熔点低于450℃的钎料。常用的软钎料有锡铅钎料、镉银钎料、铅银钎料和锌银钎料等，以锡铅合金作为钎料的锡焊最为常用。使用软钎料进行的钎焊称为软钎焊，其接头强度低（小于70MPa），主要适用于焊接受力不大和工作温度较低的工件，如各种电器导线的连接及仪器、仪表元件的钎焊。

硬钎料，即熔点高于450℃的钎料，使用硬钎料进行的钎焊称为硬钎焊，其钎焊接头强度较高（大于200MPa）。常用的硬钎料有铝基钎料、铜基钎料、银基钎料和镍基钎料等。铝基钎料常用于铝制品钎焊。银基、铜基钎料常用于铜、铁零件的钎焊。镍基钎料多用来焊接在高温下工作的不锈钢、耐热钢和高温合金等零件。硬钎焊主要用于焊接受力较大、工作温度较高的工件，如自行车架、硬质合金刀具、钻探钻头等。

（2）钎剂　即钎焊时使用的熔剂。它的作用是清除钎料和母材表面的氧化物及其他杂质，并以液态薄膜的形式覆盖在焊件和钎料的表面，隔离空气起保护作用，以保护液态钎料及焊件不被氧化，且可改善液态钎料对焊件的浸润性，增大钎料的填充能力。

钎剂通常分为软钎剂、硬钎剂和铝、镁、钛用钎剂三大类。电子工业中多用松香酒精溶液软钎剂。这种钎剂焊后的残渣对焊件无腐蚀作用，称为无腐蚀性钎剂。焊接铜、铁等材料时用的钎剂，由氯化锌、氯化铵和凡士林等组成。焊铝时需要用氟化物和氟硼酸盐作为钎剂，还有用盐酸加氯化锌等作为钎剂的。这些钎剂焊后的残渣有腐蚀作用，称为腐蚀性钎剂，焊后必须清洗干净。

3. 钎焊的接头形式

采用钎焊连接时，一般钎料及钎缝的强度低于母材，若采用对接钎焊接头，则接头强度比母材差，因此，为了保证接头具有足够的承载能力，钎焊接头很少采用对接接头，大多采用搭接接头或套接接头，如图 11-24 所示。通过改变搭接长度达到钎焊接头与母材等强度。在生产实践中，对采用银基、铜基、镍基等强度较高钎料钎焊的接头，搭接长度通常取为薄件厚度的2～3倍；对用锡铅等软钎料钎焊的接头，可取为薄件厚度的4～5倍，但不希望搭接长度大于15mm，因为此时钎料很难填满间隙，往往形成大量缺陷。

4. 钎焊的特点及应用

钎焊加热温度较低，母材组织和力学性能变化小，接头光滑平整，焊件变形小，且可焊接异种材料，对焊件厚度差无严格限制；有些钎焊方法可同时焊若干焊件、几十条或成百条钎缝，生产率高；钎焊设备简单，生产投资费用少。但其接头强度低，耐热性差，且焊前清理和装配要求严格，钎料价格也较贵。

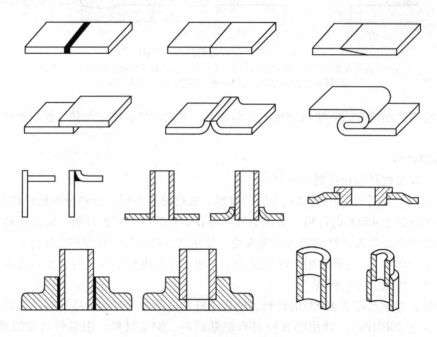

图 11-24 钎焊接头形式

钎焊不适于一般重载、动载机件的焊接。它主要用于精密、微型、形状复杂或多钎缝的焊件及异种材料间的焊接，如夹层构件、电真空器件和蜂窝结构等，也常用于各类导线与硬质合金刀具的焊接。

11.2.4 其他焊接方法

1. 电子束焊接

电子束焊接是一种高效率的熔焊方法。它是利用加速和聚焦的电子束轰击置于真空或非真空中的焊件所产生的热能而进行焊接的一种方法。电子束焊接可分为真空电子束焊接、低真空电子束焊接和非真空电子束焊接，其中真空电子束焊接是目前应用最广的一种电子束焊接。

真空电子束焊接（见图 11-25）的基本原理是：在高真空室内，把电子枪的阴极通电加热到高温，使其发射出大量电子，通过强电场加速和电磁聚焦线圈聚集后形成高能量密度的电子束，以极高的速度轰击焊件表面，在轰击点上电子束

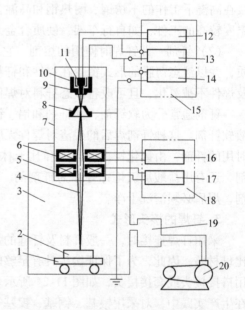

图 11-25 真空电子束焊接过程示意图
1—焊接台 2—焊件 3—真空室 4—电子束
5—偏转线圈 6—聚焦线圈 7—电子枪 8—阳极
9—聚束极 10—阴极 11—灯丝 12—灯丝电源
13—轰击电源 14—高压电源 15—高压电源系统
16—聚焦电源 17—偏转电源 18—控制系统
19—扩散泵 20—机械泵

的动能转变为热能，使焊件金属迅速熔化而进行焊接。

真空电子束焊接的优点是：能量密度大（束斑直径 < 1mm，最大能量密度达 5×10^8 W·cm^{-2}），电子束冲击力大，焊速快，焊缝熔深大，300mm 厚的焊件不开坡口可一次焊透；焊缝金属组织致密，热影响区和焊接变形小；由于是真空室内焊接，焊缝质量很好且稳定可靠；焊接范围宽（可以焊厚度小于 0.1mm 的箔材，也可焊大于 300mm 的厚板），焊接过程自动化程度高，控制灵活方便。

真空电子束焊接的不足是：设备复杂，一次投资大；焊前对焊件的清理和装配质量要求很高；焊件尺寸受到真空室的限制。

真空电子束焊接适用于焊接各种活性金属（除含锌、锡等低沸点元素的合金外）、难熔金属和各种合金钢材料。它既可以焊接薄壁、微型结构，又可焊接厚板结构。

使真空电子枪内产生的电子束通过隔离阀及气阻孔道，经加速后引入低真空室或大气中进行焊接的方法，称为低真空电子束焊接或非真空电子束焊接。这两种焊接方法克服了应用高真空电子束焊接时工作室成本高、抽高真空辅助时间长等不利因素，扩大了电子束焊接的应用范围。非真空电子束焊接可在不同的保护气体下进行焊接，是一种很有发展前途的先进焊接工艺方法。

2. 超声波焊接

超声波焊接是利用超声波的高频振荡能，对焊件接头进行局部加热和表面清理，同时施加压力实现焊接的一种压焊方法。超声波是频率超过 20kHz 的弹性波，其波长短而频率高，故能量高度集中。

超声波焊接过程如图 11-26 所示。在焊接过程中，由超声波发生器产生的超声波通过一系列的能量转换及传递环节到达上声极，通过上声极向焊件输入超声波频率的弹性振动能量，同时向焊件施加静压力。两焊件的接触界面在静压力和弹性振动能量的共同作用下，通过摩擦、温升和变形，使氧化膜或其他表面附着物被破坏和分散，并使纯净金属之间的金属原子实现接合，形成焊缝。

超声波焊接的焊接质量好，且稳定；焊件不通电，不外加热源，无金属飞溅，无弧光；适应性强，可焊接各类材料，可焊接厚薄悬殊以及多层箔片等特殊结构；表面氧化膜或涂层对焊接质量影响小，故焊前表面准备工作简便；能耗少，变形小，所需电能仅为电阻焊的 5%。但焊件厚度受超声波设备的功率的限制，且只限于搭接接头的焊接。

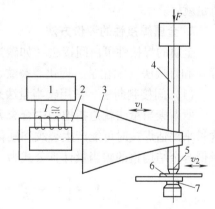

图 11-26 超声波焊接过程示意图
1—超声波发生器 2—换能器 3—聚能器
4—耦合杆 5—上声极 6—焊件
7—下声极 F—静压力 v—振动方向

超声波焊接主要用于小型薄件的焊接，广泛用于电子工业和航空航天等领域。目前在铝、金、铜等较软的金属材料和非金属材料（如塑料）焊接领域应用较广泛。

3. 扩散焊

扩散焊是将两被焊工件紧压在一起，置于真空或保护气氛中加热，使两焊件表面微观凸凹不平处产生塑性变形达到紧密接触，再经保温、原子相互扩散而形成牢固的冶金连接的一种焊接方法。

扩散焊是在热压焊的基础上，吸收了钎焊的某些优点而发展起来的一种新工艺方法。它的主要特点有：一般不需填充材料和焊剂，无环境污染，劳动条件很好；加热温度低，应力和变形小，焊接质量好，焊后无需加工和清理；适应性强，可焊各类金属、非金属和异种材料，可焊接很厚和很薄的材料，且可同时焊接多个接头。但焊件尺寸受限制，焊接成本高。因焊件表面制备要求较高，焊接和辅助装配时间较长，焊接生产效率低，且设备投资大。

扩散焊主要适用于精密零件和异种材料的焊接，如发动机喷管，飞机蒙皮，复合金属板，钻头与钻杆的焊接等。

11.3 常用金属材料的焊接

11.3.1 金属材料的焊接性

1. 金属焊接性的概念

金属焊接性是指金属对焊接加工的适应性，主要指在一定焊接工艺条件下获得优质焊接接头的特性。它包括两个方面：一是金属在经受焊接加工时对缺陷的敏感性，即结合性能；二是焊成的接头在一定的使用条件下可靠运行的能力。也就是说，焊接性不仅要考虑到金属的结合性能，而且还要考虑到结合后的使用性能。

金属焊接性好坏是相对的，同一种材料，采用不同的焊接方法或焊接材料，其焊接性可能有很大的差异。例如：铸铁用低碳钢焊条焊接，其质量就差，而改用镍合金焊条焊接，其质量就好。

2. 金属焊接性的评价方法

金属的焊接性可由间接法（如碳当量法、冷裂敏感指数法、焊接热影响区最高硬度法等）和直接法（如化学、理化、裂纹、断裂实验等）来估算和验证。

（1）间接判断法　常用碳当量法来评价钢的焊接性，因该法使用较方便。

所谓碳当量法就是指把钢中合金元素（包括碳）的含量按其作用大小换算成碳的相当含量来评估焊接时可能产生裂纹和硬化倾向的计算方法。国际焊接学会（IIW）推荐的碳钢及低合金结构钢的碳当量计算公式为

$$C_E = \left[w_C + \frac{w_{Mn}}{6} + \frac{w_{Cr} + w_{Mo} + w_V}{5} + \frac{w_{Ni} + w_{Cu}}{15} \right] \times 100\%$$

式中　　　　　　　　　　　　　C_E——碳当量；

w_C、w_{Mn}、w_{Cr}、w_{Mo}、w_V、w_{Ni}、w_{Cu}——碳、锰、铬、钼、钒、镍、铜的质量分数，并取其成分范围的上限。

根据经验，当 $C_E < 0.4\%$ 时，钢的淬硬倾向较小，焊接性良好，一般不必采取预热等特殊工艺措施；当 $C_E = 0.4\% \sim 0.6\%$ 时，钢有一定的淬硬倾向，焊接性较差，需采用适当预热等一定的工艺措施；当 $C_E > 0.6\%$ 时，钢的淬硬倾向大，焊接性更差，需采取较高的预热温度等严格的工艺措施。

（2）直接实验法　即将被焊金属材料做成一定形状和尺寸的试样，在规定的工艺条件下施焊，然后鉴定产生缺陷（如裂纹）倾向的程度，或鉴定接头是否满足使用性能（如力学性能）的要求。

11.3.2　碳素钢和低合金结构钢的焊接

1. 低碳钢的焊接

低碳钢中碳的质量分数小于 0.25%，焊接时一般无淬硬倾向，也不易产生焊接裂纹，采用各种焊接方法都能获得优质焊接接头，焊接性优良。焊接时一般不预热，除重要结构焊后需进行去应力退火处理、电渣焊结构焊后要进行正火处理外，一般焊件焊后均不进行热处理。对于较厚的钢板焊接结构，低温（<-10℃）下进行焊接或钢中含硫磷杂质较多时，焊接时对焊件应适当预热，其预热温度一般不超过 150℃。

焊接低碳钢常用的焊接材料有焊条 E4303、E4301、E4315；焊丝采用 H08A、H08MnA 和焊剂 431。

2. 中、高碳钢的焊接

中碳钢中碳的质量分数为 0.25%~0.6%，其焊接性较差。焊接时存在的主要问题有：热影响区易产生淬硬组织马氏体，碳的质量分数越大，钢板越厚，出现的马氏体组织就越多；焊缝及近缝区易产生热裂纹，当焊件刚性较大和焊条选用不当时，也可产生冷裂纹；焊接经过淬火处理的中碳钢时，易在其热影响区出现回火软化区，影响接头的使用性能。

中碳钢在进行焊接时，要选用抗裂性好的低氢型焊条，采用 U 形坡口；小电流多层焊；焊前要预热，焊后缓冷，一般预热温度为 150~250℃；为了消除应力，改善接头组织性能，焊后一般采用 600~650℃回火热处理。

高碳钢（碳的质量分数大于 0.6%）焊接性更差，对焊接工艺的要求更加严格。除提高预热温度外，应选用塑性好的碳钢焊条或不锈钢焊条，以防止产生裂纹。

3. 低合金结构钢的焊接

低合金结构钢被广泛用于制造压力容器、锅炉、桥梁、船舶、车辆、起重机等。按其屈服强度可分为若干个级别。强度等级较低的低合金结构钢（<400MPa）焊接性良好，比低碳钢稍差，通常情况下焊前不需预热，焊接时不必采取特殊的工艺措施；强度等级较高的低合金结构钢（≥400MPa），特别是焊件厚度较大时，其焊接性与中碳钢相当，焊前需预热（≥150℃），焊接时应调整焊接规范来严格控制热影响区的冷却速度，焊后进行去应力退火。

11.3.3　不锈钢的焊接

不锈钢具有良好的耐酸、耐热、耐大气腐蚀等性能，在生产中被广泛应用。

奥氏体不锈钢具有较好的焊接性，但是如果焊接材料选择不合适或焊接工艺安排不合理，奥氏体不锈钢焊接时易出现焊缝的热裂倾向和焊接接头的晶间腐蚀倾向。晶间腐蚀是奥氏体不锈钢的一种危险的破坏形式，其发生在晶粒边界，腐蚀沿晶间深入到金属的内部，具有穿透性。它的产生原因是焊接时热影响区晶粒内部过饱和碳原子扩散到晶界，与晶界附近的 Cr 形成铬化物（$Cr_{23}C_6$）使晶界附近"贫铬"而失去抗腐蚀性能所致。为防止和减少焊接接头处的晶间腐蚀，应严格控制焊缝金属的碳含量，采用超低碳的焊接材料和母材，或采用含有能优先与碳形成稳定化合物的元素（如 Ti、Nb 等）的焊接材料和母材，都可防止贫铬现象的产生。

一般熔焊方法均能用于奥氏体不锈钢的焊接，目前生产上常用的方法有焊条电弧焊、氩弧焊和埋弧焊，其中氩弧焊最好；焊接材料采用与母材金属类型相配套的含 C、Si、S、P 很低的不锈钢焊条或焊丝；焊接时采用小电流、短弧快速焊和焊条不摆动等工艺，尽量避免金属过热；进行多层焊时，应等前面一层冷至 60℃ 以下，再焊后一层。双面焊时先焊非工作面，后焊与腐蚀介质接触的工作面；对于耐蚀性要求较高的重要结构，焊后要进行高温固溶处理，以消除贫铬现象。

马氏体不锈钢和铁素体不锈钢的焊接性均较差，在焊接时易出现裂纹和脆化现象。焊接时，应采取一些特殊的焊接工艺，焊接材料尽量选择与母材同质。常用的焊接方法为焊条电弧焊和氩弧焊。

11.3.4 铸铁的焊接

铸铁的焊接性较差，焊接时存在的主要问题有两方面：一方面是焊接接头易出现白口及淬硬组织；另一方面是焊接接头易出现裂纹。有时焊缝中还有气孔和夹渣产生。

由于铸铁的焊接性较差，故铸铁不宜作为焊接结构材料，但对于铸铁零件的局部损坏和铸造缺陷，可进行焊补修复，其焊补工艺分为热焊和冷焊两种。

1. 热焊

焊前将焊件整体或局部加热到 600~700℃，用气焊或焊条电弧焊进行焊补。焊补过程中焊件保持预热温度，焊后缓冷或进行去应力退火，这样能有效地防止白口组织和裂纹的产生，使焊补质量稳定；但需加热设备，劳动条件差，生产率低。热焊一般用于小型、中等厚度（>10mm）的铸铁件和焊后需要加工的复杂、重要的铸铁件，如机床导轨和汽车的气缸。

焊条电弧焊热焊铸铁，常用的焊条有 Z248 和 Z208。

2. 冷焊

焊前不预热或只预热到 400℃ 以下，用焊条电弧焊进行焊补。这种焊法简便，劳动条件好，但焊补质量不如热焊法。

冷焊法主要依靠选择合适的焊条来调整焊缝的化学成分，以防止白口组织和裂纹的产生。常用的冷焊铸铁焊条有镍基铸铁焊条，Z308、Z408 和 Z508；铜基铸铁焊条，如 Z607 和 Z612等。焊接时宜用小电流、短弧、窄焊缝、分段焊等工艺措施，以减小熔深，缩小焊缝区和其他部分的偏差。此外，焊后应立即用小锤轻击焊缝，有助于松弛焊接应力，防止开裂。

11.3.5 非铁金属的焊接

1. 铝及铝合金的焊接

工业生产中用于焊接的主要是工业纯铝和防锈铝合金，其焊接比较困难，主要原因是：铝极易氧化生成高熔点的氧化铝薄膜，厚度虽然仅 0.1~0.2μm，却非常致密，在 700℃ 左右仍覆盖于金属表面，妨碍母材的熔化与熔合；铝的热导率比较大（是钢的 4 倍），焊接时热量散失快，需要能量大或密集的热源；高温时铝的强度、塑性低，热膨胀系数大，从而造成较大的焊接应力、变形和裂纹倾向；液态铝能大量溶解氢，凝固时氢又不能及时全部析出，故焊缝中极易形成气孔；氧化铝膜密度约为铝的 1.4 倍，易沉入熔池形成焊缝夹杂物；铝由固态加热到液态时无颜色变化，使操作困难，易焊穿。

国内目前焊接铝及铝合金的常用方法有氩弧焊、气焊、点焊、缝焊和钎焊。氩弧焊电弧集中，操作容易，氩气保护效果好，且阴极破碎作用能自动去除氧化膜，所以焊缝质量高，成形美观，焊件变形小，主要用于焊接质量要求高的焊件；但氩气纯度要求大于99.9%。要求不高的焊件可采用气焊，但必须用铝焊剂去除被焊部位的氧化膜和杂质。无论采用何种方法，焊前必须彻底清理焊件的焊接部位和焊丝表面的氧化膜和油污。对使用溶剂清除氧化膜的，焊后必须把溶剂清理干净，以免对焊件造成新的腐蚀。

2. 铜及铜合金的焊接

铜及铜合金的焊接性较差，这主要表现在：铜的热导率比铁大很多，以致焊接时热量散失快，故要求焊接热源强大或集中，并且在焊前或焊接过程中采取预热措施，否则易产生未焊透与未熔合缺陷；铜在液态时大量溶解氢，固态时氢的溶解度又大大降低，同时氢还能和氧化亚铜（CuO）反应生成水汽，因此易产生气孔；铜在高温液态时易氧化，生成的氧化亚铜不溶于固态铜而与铜形成低熔点共晶体，这种共晶体分布于晶界使接头脆化，故易引起焊接裂纹；铜的线膨胀系数比铁大15%，收缩率比铁大一倍以上，加上因导热性强而热影响区宽，使得焊接应力与变形都比较大。此外，焊接黄铜的主要问题还有锌的蒸发。

铜及铜合金可用氩弧焊、气焊、焊条电弧焊、埋弧焊、等离子弧焊等方法进行焊接。

气焊是焊接黄铜最常用的方法。气焊时，用含硅的焊丝配以含硼砂的熔剂，能够很好地阻止锌的蒸发，同时还能有效地防止氢溶入熔池，从而减少了焊缝产生氢气孔的可能性。气焊纯铜、青铜要用特制的含硅、锰等脱氧元素的焊丝，且火焰用严格的中性焰，焊接时焊缝和热影响区易产生晶粒粗大和其他缺陷，焊接质量差，效率低，应尽量少用。

采用氩弧焊焊接纯铜和青铜质量最好。氩弧焊时，焊丝可用特制的含硅、锰等脱氧元素的焊丝，以保证焊接质量。

纯铜和青铜焊条电弧焊时质量不稳定，焊缝中容易产生缺陷。埋弧焊适用于厚度较大的纯铜板。

11.4 焊接件的结构与工艺设计

焊接件的结构与工艺设计主要包括：选择焊接结构材料（母材）；确定焊接方法及焊接材料；确定焊接接头及坡口形式；合理布置焊缝位置；制定合理的焊接规范和绘制焊接结构工艺图等。

11.4.1 焊接结构材料的选择

焊接结构材料的选择要考虑焊件结构、焊件的工作条件、材料的工艺性能及经济性等方面的因素。就焊接工艺方面，应遵循下述基本原则。

在满足使用性能要求的前提下，应尽量选用焊接性较好的材料。低碳钢和碳当量小于0.4%的低合金钢都具有良好的焊接性，设计时应尽量选用；而碳的质量分数大于0.4%和碳当量大于0.4%的合金钢，焊接性不好，一般不宜选用。

尽量选用同一种材料焊接，以避免因材料不同而导致的焊接性差异。若必须采用异种钢材或异种金属焊接，须特别注意它们的焊接性能，要尽量选择化学成分、物理性能相近的材料。

尽量采用廉价材料，仅在有特殊要求的部位采用特种材料，以降低成本。例如：麻花钻的工作部分用高速钢制作，柄部则用碳钢制作；耐蚀件采用复合钢板或在普通结构钢表面堆焊耐蚀合金等。

尽量选用轧制型材（如工字钢、角钢、槽钢等），以减少备料工作量和焊缝数量，简化工艺，降低成本，且可减少焊接应力、变形和焊接缺陷。形状复杂部位可采用冲压件、铸钢件等以减少焊缝数量，增加结构件的刚度和强度，如图 11-27 所示。

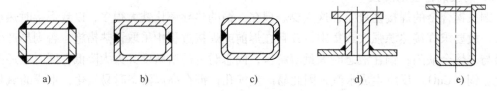

图 11-27　选用型材与减少焊缝
a）用四块钢板焊成　b）用两根槽钢焊成　c）用两块钢板弯曲后焊成
d）容器上的铸钢件法兰　e）冲压后焊接的小型容器

11.4.2　焊接方法及焊接材料的选择

1. 焊接方法的选择

各种焊接方法都有各自的特点及应用范围，只有选择了正确的焊接方法才能既保证焊接质量，又降低生产的成本。焊接方法的选择要依据材料的焊接性、焊接结构特点、生产批量、结构工艺性和经济性等因素，在进行质量、经济性和工艺性分析之后，最终确定适宜的焊接方法。总体原则是在保证获得优质焊接接头的前提下，优先选择常用的焊接方法，若生产批量较大，还需考虑有高的生产率和低廉的成本。

2. 焊接材料的选择

焊接材料是指焊接时为了提高焊接质量而附加的保护物质，包括焊条、焊丝、焊剂、保护气体、钎剂和钎料等。焊接材料的选用正确与否直接关系到焊接过程的稳定和能否获得满足使用要求的焊缝金属等，因此焊接材料的选择至关重要。在此重点介绍焊丝和保护气体的选用。

（1）焊丝的选用　焊接专用钢丝称为焊丝。焊丝的牌号为"H××元素符号×符号"，其中 H 表示焊丝，××表示钢丝中平均碳的质量分数的万倍，元素符号表示钢丝中的合金元素，×表示合金元素质量分数的百倍，小于 1% 不标出，最后符号表示其质量，A 表示优质，E 表示高级优质。例如：H08Mn2SiA 表示 $w_C = 0.08\%$，$w_{Mn} = 2\%$，$w_{Si} = 1\%$ 的优质焊丝。焊丝的选用与焊接方法、焊剂和母材的成分等有关。几种常见焊丝的牌号、化学成分及其应用见表 11-1。

表 11-1　常见焊丝的牌号、化学成分及其应用

牌　号	化学成分 w_i（%）							应　用
	C	Mn	Si	Cr	Ni	S	P	
H08	≤0.1	0.35～0.55	≤0.03	≤0.2	≤0.3	≤0.04	≤0.04	一般焊接结构
H08A	≤0.1	0.35～0.55	≤0.03	≤0.2	≤0.3	≤0.03	≤0.03	重要焊接结构及埋弧焊焊丝
H08E	≤0.1	0.35～0.55	≤0.03	≤0.2	≤0.3	≤0.025	≤0.025	
H08Mn2Si	≤0.11	1.7～2.1	0.65～0.95	≤0.2	≤0.3	≤0.04	≤0.04	二氧化碳气体保护焊焊丝
H08Mn2SiA	≤0.11	1.7～2.1	0.65～0.95	≤0.2	≤0.3	≤0.03	≤0.03	

（2）保护气体的选择　保护气体必须根据被焊金属性质、接头质量要求及焊接工艺方法等因素选用。对于低碳钢可选用 CO_2 气体；低合金高强度钢可选用混合气体，如 $Ar + CO_2$ 或 $Ar + O_2$，以 80% Ar + 20% CO_2 最常用；不锈钢 TIG 焊宜采用纯氩气；不锈钢 MIG 焊则可用 $Ar + 1\% \sim 2\% O_2$、$Ar + 2\% \sim 5\% CO_2$、$Ar + 5\% CO_2 + 2\% O_2$ 或 $Ar + He + CO_2$ 等混合气体。对于铝合金、钛合金、铜合金、镍合金、高温合金等容易氧化或难熔的金属，焊接时应选用惰性气体（如 Ar 或 $Ar + He$ 混合气体）作为保护气体，以获得优质的焊接接头。

保护气体必须与焊丝相匹配。对氧化性强的保护气体，须匹配高锰高硅焊丝，而对于惰性气体，则应匹配低硅焊丝。

11.4.3　焊接接头及坡口的确定

1. 焊接接头形式的选择

焊接接头是组成焊接结构的一个关键部分，它的选择正确与否直接关系到焊接结构的可靠性。常用的焊接接头形式有对接接头、搭接接头、角接接头和 T 形接头等，如图 11-28 所示。

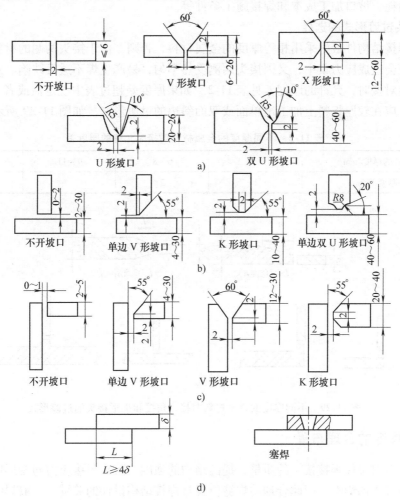

图 11-28　焊接接头及坡口形式举例

a）对接接头　b）T 形接头　c）角接接头　d）搭接接头

　　对接接头承载能力较强，焊接质量易保证，且节省材料，应用最广，但对焊前备料和装配要求较高。一般应尽量选用对接接头。

　　搭接接头焊前备料和装配简易，但承载能力不高，浪费材料，常用于受力不大、板厚较小或现场安装的结构中。

　　角接接头和T形接头受力较复杂，易产生应力集中，承载能力不高，常用于桁架、底座、立柱等焊接结构中。

　　焊接接头形式主要依据焊接方法、焊件结构特点、使用要求等因素进行选择。

2. 坡口形式的选择

　　坡口是根据设计和工艺需要，在焊件的待焊部位加工并装配成的呈一定几何形状的沟槽。其目的是保证焊缝根部焊透，便于清渣和获得较好的焊缝形状以及调节母材金属与填充金属在焊接接头中的比例。常用热割或冷加工的方式来加工坡口。为防止烧穿坡口的根部，常留有 $2\sim3mm$ 的直边，该直边称为"钝边"。常用的坡口形式如图11-28所示。

　　坡口形式的选择主要根据板厚和采用的焊接方法确定，同时还要兼顾焊接工作量大小、焊接材料消耗、坡口加工成本和焊接施工条件等。

3. 接头过渡形式的选择

　　设计焊接结构件最好采用相等厚度的金属材料，否则，由于接头两侧的材料厚度相差较大，接头处会造成应力集中，又因接头两侧受热不匀，易产生焊不透等缺陷。对于不同厚度的金属材料对接时，允许的厚度差见表11-2。如果厚度差超过表中规定值或者双面超过2倍厚度差时，应在较厚板料上加工出单面或双面斜边的过渡形式，如图11-29所示。

表11-2　不同厚度的金属材料对接时允许的厚度差

较薄板的厚度/mm	2~5	6~8	9~11	≥12
允许厚度差/mm	1	2	3	4

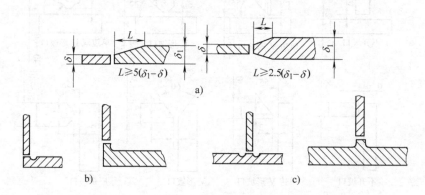

图11-29　不同厚度的金属材料对接、角接和T形接头的过渡形式

11.4.4　焊缝的合理布置

　　焊缝位置对确保焊接接头的质量、提高结构的强度、防止焊接应力和变形以及提高焊接生产率均有较大的影响，因此合理的焊缝位置是焊接结构设计的关键。一般焊缝的布置应注意以下几个问题。

　　1）焊缝位置应便于施焊和检验，有利于保证焊缝质量。施焊操作最方便、焊接质量最易保证的是平焊缝，故在焊缝布置时应尽量使焊缝能在水平位置进行焊接。

除焊缝空间位置外，还应有足够的施焊操作空间，以便于施焊和检验，如图11-30所示。焊条电弧焊时，焊条应能接近待焊部位；电阻点焊和缝焊时，电极应能达到待焊部位；气体保护焊时，应考虑气体的保护作用；埋弧焊时，应考虑施焊时接头处有利于熔渣形成封闭空间等。需进行射线探伤的焊件，焊缝位置应便于探伤操作，以免漏检或误判。

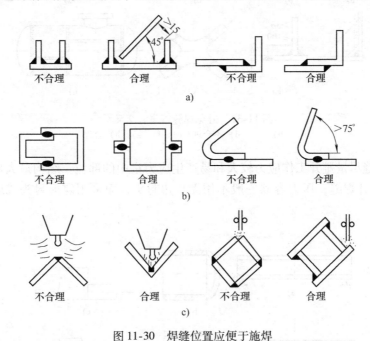

图11-30　焊缝位置应便于施焊

a）焊条电弧焊的焊缝位置　b）点焊或缝焊的焊缝位置　c）气体保护焊和埋弧焊的焊缝位置

设计封闭容器时，要留工艺孔，如人孔、检验孔和通气孔等。

2）焊缝布置应有利于减少焊接应力与变形。主要途径有：尽量减少焊缝数量；尽量对称布置焊缝，以减少变形，如图11-31所示；焊缝布置应避免密集、交叉，以防止接头组织

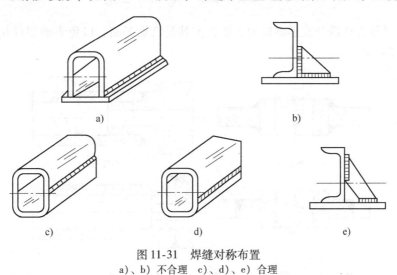

图11-31　焊缝对称布置

a）、b）不合理　c）、d）、e）合理

和性能恶化，如图 11-32 所示。

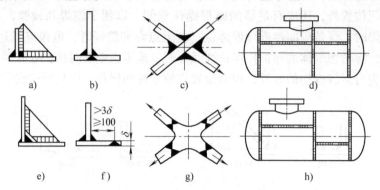

图 11-32 避免焊缝密集、交叉
a)、b)、c)、d) 不合理 e)、f)、g)、h) 合理

3）应使焊缝尽量避开工作应力较大和易产生应力集中的部位。结构最大应力处、结构拐角处应避开设计焊缝；压力容器一般不用无折边封头，而采用碟形封头或球形封头，如图 11-33 所示。

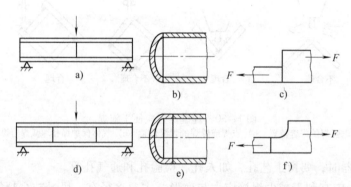

图 11-33 焊缝避开应力集中和最大应力位置示例
a)、b)、c) 不合理 d)、e)、f) 合理

4）应尽量使焊缝避开或远离机加工面，尤其是已加工面，以免影响焊件精度和表面质量，如图 11-34 所示。

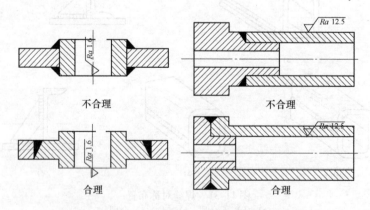

图 11-34 焊缝避开或远离机加工面

11.4.5　焊接规范的选择

　　焊接规范是指在焊接时，能影响焊接质量和生产率的各种工艺参数。焊条电弧焊的焊接工艺参数主要有焊条直径、焊接电流、焊接速度和电弧电压等，可以参考相应的规范选择。

11.4.6　焊接结构工艺图

　　焊接结构工艺图是使用国家标准中规定的有关焊缝的图形符号、画法、标注等表达设计人员关于焊缝的设计思想，并能被他人正确理解的焊接结构图样。

1. 焊缝的图示法和符号表示

（1）焊缝的图示法表示　如图 11-35 所示，焊缝正面用细实线短画表示（见图 11-35a、c），或用比轮廓粗 2~3 倍的粗实线表示（见图 11-35b、d）。在同一图样中，上述两种方法只能用一种。剖视图上焊缝区应涂黑（见图 11-35e）。

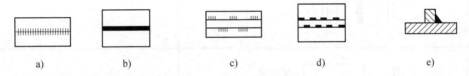

图 11-35　用图示法表示焊缝

a）用细实线短画表示的对接焊缝　b）用粗实线表示的对接焊缝　c）用细实线短画表示的角接焊缝
d）用粗实线表示的角接焊缝　e）剖视图上角接焊缝的表示

　　（2）焊缝的符号表示　为了使焊接结构图样清晰，并减轻绘图工作量，一般不按图示法画出焊缝，而是采用一些符号对焊缝进行标注，GB/T 324—2008 对焊缝符号和标注方法作了明确规定，此处不再说明。在此只对常用焊缝的标注方法作简单介绍，见表 11-3。

表 11-3　常用焊缝的标注方法

序　号	标注方法	说　　明
1		11 为无气体保护的电弧焊；焊缝截面形状为Ⅰ形；焊缝填满，整个工件长度连续施焊，外表面凸起，内表面为圆面
2		111 为焊条电弧焊、角焊缝；沿工件圆周施焊，焊脚尺寸为2mm 注：虚线基准线可以省略

（续）

序 号	标 注 方 法	说 明
3		双面角焊缝，对称交错，焊脚尺寸为5mm，焊缝段数为35，焊缝长度为50mm，焊缝间隔为30mm
4		135为熔化极非惰性气体保护焊（MAG焊）。焊缝截面形状为V形，焊缝厚度为3mm，外表面为凸形，沿工件圆周施焊
5		111为焊条电弧焊，焊缝截面形状为V形，整个工件长度连续施焊 注：焊缝在非箭头侧
6		21为点焊（在不至于引起误解时，可省略尾部标注）；焊点中心在两工件的接触面上；焊点直径为5mm，共4点，沿ϕd圆周均布
7		24为闪光对焊，焊缝截面形状为I形，对称焊缝，外表面为圆柱面，共2处
8		42为摩擦缝，焊缝截面形状为I形，对称焊缝，外表面为圆柱面

2. 焊接结构工艺图

焊接结构工艺图实际上是装配图，但对于简单的焊接构件，一般不单画各构成件的零件图，而是在结构图上标出各构成件的全部尺寸。对于复杂的焊接构件，应单独画出主要构成件的零件图，个别小构成件仍附于结构总图上。由板料弯曲成形者，可附有展开图。总之，在焊接结构工艺图上，应表达出以下内容：构成件的形状及各有关构成件之间的相互关系；各构成件的装配尺寸及有关板厚、型材规格等；焊缝的图形符号和尺寸；焊接工艺的要求。

11.5　粘接简介

粘接是用粘结剂把两个零件连接在一起，并使接合处有足够强度的连接工艺。

11.5.1　粘接的基本原理

粘接的基本原理是粘结剂与被粘物表面之间发生了机械、物理或化学的作用，而使它们牢固地结合在一起。任何固体材料的表面，都不可能是绝对地平滑和无缺陷的。当粘接时，由于粘结剂在固化前具有流动性，它能流入被粘物表面的微小凹穴和孔隙中，当粘结剂固化以后，它就"镶嵌"在孔隙中，犹如无数微小的"销钉"把接头连接在一起，这是粘接过程中的机械作用。当用有机高分子粘结剂粘接塑料、橡胶等高分子材料时，由于分子的热运动，高分子链链节的揉曲性，粘结剂分子与被粘物表面分子间的链段运动等，引起分子间的扩散，从而在两者之间形成相互"交织"结合，这是粘接过程中的扩散作用。任何物质的分子紧密地接近时（间距小于 5×10^{-10} m），分子间力便能使接触的物体间相互吸附在一起，这是粘接过程中的吸附作用。在某些粘接连接中，粘结剂分子能与被粘物表面形成牢固的化学键，从而把它们强有力地结合在一起，这是粘接过程中的化学作用。通过上述四种作用，把两个物体牢固地粘接在一起。

11.5.2　粘接工艺

在粘接技术中，根据使用要求选择了粘结剂之后，还必须严格遵守粘接工艺规范，才能得到性能良好的粘接接头。粘接工艺包括粘接件的表面处理、粘结剂的准备、涂剂、合拢和粘结剂层的固化。

粘接强度不仅取决于粘结剂本身的强度，而且取决于粘结剂与被粘接件表面之间所发生的相互作用，因此粘接件表面及化学性质也是决定粘接质量的重要环节。为了保证粘接强度，粘接件表面必须清洁、无油污和具有一定的粗糙度，以便增加界面作用力。常用的表面处理方法有表面清洗、机械处理和表面改性等。

在制备粘结剂的过程中，除按各组分准确称量外，还应按下列顺序加料配制：粘料、稀释剂、增韧剂、填料、固化剂、固体促剂。在混合配料搅拌时应避免混入空气造成气泡。

接头经表面处理后应立即涂上粘结剂，粘结剂底层厚度一般为 0.002 ~ 0.1mm。粘结剂层厚度：有机粘结剂为 0.08 ~ 0.1mm，无机粘结剂为 0.1 ~ 0.2mm。

用无溶剂粘结剂粘接时，在涂粘结剂后可立即合拢；用含溶剂的粘结剂粘接时，在涂上粘结剂后必须在室温条件下、清洁的环境中使溶剂挥发干净，然后再进行合拢。

被粘接件在合拢后，必须在一定的压力、温度下经过相当时间的固化，才能形成良好的粘接接头。

11.5.3 粘接接头的设计

粘接接头的强度除与所用粘结剂的性质和粘接工艺有关之外，还与粘接接头形式有关。其接头设计原则有：

1）尽可能使接头承受切应力。

2）采取有效措施避免接头产生剥离或劈裂力。

3）增加粘接面积，提高接头的承载能力。

4）对承受较大作用力的粘接接头，常采用复合连接的形式。

5）粘接接头的结构形式还应考虑便于加工制造，外形美观，表面平整。

常见的平板接头形式、平板与型材接头形式和管材与棒材接头形式如图 11-36、图 11-37和图 11-38 所示。

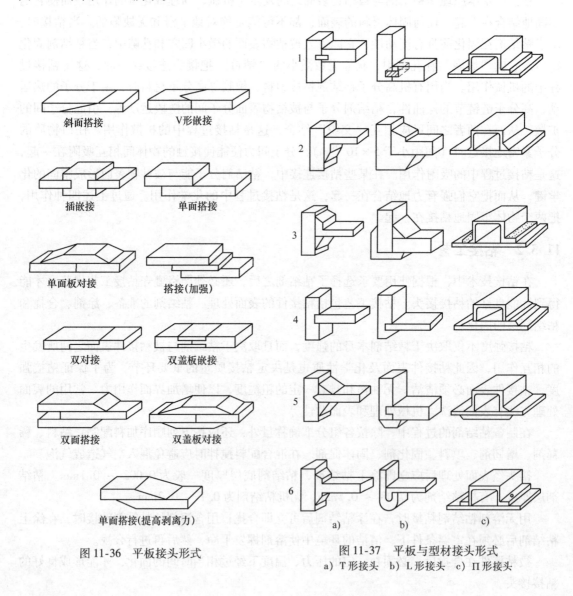

图 11-36　平板接头形式

斜面搭接　　V形嵌接

插嵌接　　单面搭接

单面板对接　　搭接(加强)

双对接　　双盖板嵌接

双面搭接　　双盖板对接

单面搭接(提高剥离力)

图 11-37　平板与型材接头形式
a) T形接头　b) L形接头　c) Π形接头

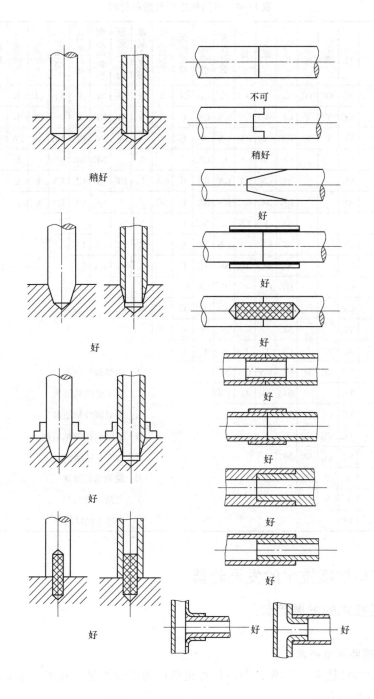

图 11-38　管材与棒材的接头形式

11.5.4　粘接技术的应用

随着粘接技术的不断发展，它成为工程技术上不可缺少的一种工艺方法，被广泛应用于飞机制造业、机械制造业、电子制造业及建筑业等各个领域。常用粘结剂及适用材料见表 11-4。

表 11-4　常用粘结剂及适用材料

被粘接材料	木材	织物	毛毡	皮革	纸	布	橡胶海绵	合成橡胶	天然橡胶	人造革	聚氯乙烯膜	硬聚氯乙烯	丙烯酸树脂	聚苯乙烯	赛璐珞	聚酯	酚醛树脂	瓷砖	混凝土	玻璃	金属
金属	E	VC	VC	C	V	C	C	CU	CU	N	N	NE	NE	E	VE	EC	E	E	E	E	E
玻璃	VE	V	V	CV	V	CV	CN	CN	C	C	N	NE	NE	E		EC	E	E	E	E	
混凝土	VE	V	V	CV	V	CV	CN	N	C	C	N	N	N	EC	NE	NE	EN	EV	EV		
瓷砖	VE			CV	V	CV	C	CN	C			N			NE	NC	E	E			
酚醛树脂	VC			NC	CV	NV	CN	CN	C	CN	C	CE	CE	CE	EN	E	E				
聚酯	NE			NC	NC	NC	C	C	NC	C		CE	CE		EN	E					
赛璐珞	EU		NV	V	VN			NC	C		N		N		V						
聚苯乙烯	VE			NC	CN	CN	CN	C				C	CE	ES							
丙烯酸树脂	CN			NC	NC	NC	NC	NC			N	NC	EA								
硬聚氯乙烯	CV			CV	CV	C	C	CN	CN		N	C									
聚氯乙烯膜	CV			CV	CV	CV	C	C	C		VC										
人造革	VC			NC				N	N	N											
天然橡胶	C	C	C	CV	C	C	C	C	C												
合成橡胶	NC	NC	NC	CU	CN	CN	NC	CN													
橡胶海绵	NC		NC	CV	C	CN															
布	VC	VC	VC	VN	V	VC															
纸	VC	VC	VC	V	V																
皮革	VC	VC	NC	NC																	
毛毡	V	V	VN																		
织物	V	V																			
木材	VP																				

A：丙烯酸粘结剂

C：氯丁橡胶粘结剂

E：环氧胶粒粘结剂

N：丙烯腈橡胶胶粘结剂

P：酚醛胶粘结剂

U：聚氨酯粘结剂

V：乙烯系粘结剂

S：聚苯乙烯粘结剂

11.6　焊接与粘接技术的发展趋势

11.6.1　焊接技术的发展趋势

1. 计算机辅助焊接技术

计算机辅助焊接技术（CAW）是以计算机软件为主的焊接新技术的重要组成部分，其主要应用在以下几个方面。

（1）计算机模拟技术　包括模拟焊接热过程、焊接冶金过程、焊接应力和变形等。计算机模拟只要通过少量验证实验，证明数值方法在处理某一问题上的适用性，大量筛选工作即可由计算机完成，省去了大量的实验工作，从而大大节约了人力、物力和时间，在新的工程结构及新材料的焊接方面具有很重要的意义。计算机模拟技术的水平还决定了自动化焊接的范围。此外，计算机模拟还广泛用于分析焊接结构和接头的强度和性能等问题。

（2）数据库技术与专家系统　数据库技术目前已经渗透到焊接领域的各个方面，从原材料、焊接实验、焊接工艺到焊接生产。典型的数据库系统有焊接工艺评定、焊接工艺规程、焊工档案管理、焊接材料、材料成分和性能、焊接性、焊接 CTT 图管理和焊接标准咨询系统等。这些数据库为焊接领域内各种数据和信息管理提供了有利条件。

焊接专家系统的开发研究始于 20 世纪 80 年代中期，主要集中在工艺制订、缺陷预测和诊断、计算机辅助设计等方面。现有的焊接专家系统中，工艺选择和工艺制订是最主要的应用领域，约占 70%，焊接过程的实时控制是重要的发展方向。比如欧共体开发的 EUROW-ELD 包括焊接方法选择、焊接材料选择、坡口设计及加工、弧焊工艺制订、焊工资格认定管理、质量保证与控制、焊接工程信息集成系统等若干软件。国内也开发了不少焊接应用软件，如清华大学的通用型弧焊工艺专家系统、哈工大和哈锅开发的焊接工程数据库及专家系统，太原重机厂研制的焊接工艺规程设计 CAPP 系统等。

（3）人工神经网络和模糊控制　在焊接质量控制中，采用神经网络建立焊接过程模型，可以解决线性控制方法所不能解决的问题。这样建立的模型不同于以往固定结构的数学模型，不对焊接过程做任何假设，因此所建模型能较真实地反映焊接动态特性。

模糊控制可以被认为是在总结采用人类自然语言概念、操作经验的基础上升华而发展起来的，模仿人类智能行为的一类控制方法。例如：基于模糊控制的点焊工艺参数优化，就是通过不断地调整和组合诸如电极压力、焊接电流、焊接时间等参数，以最终高效率地获得期望的焊接接头。

2. 焊接自动化

（1）焊接机器人　焊接机器人是机器人与焊接技术的结合，是焊接过程高度自动化的重要标志。实际上，工业机器人中约 50% 为焊接机器人。

焊接机器人大多为固定位置的手臂式机械，有示教型和智能型两种。示教型机器人应用较为广泛，适宜于大批量生产，用于流水线的固定工位上，其功能主要是示教再现，对环境变化的应变能力较差。智能型机器人是最先进的焊接机器，具有轻巧、轻便、容易移动等特点，能适应不同结构、不同地点的焊接任务，目前实际应用很少，尚处在研究开发阶段。焊接机器人不仅可以模仿人操作，而且比人更能适应各种复杂的焊接工作环境。

（2）焊接自动生产线——焊接柔性制造系统（WFMS）　大批量生产焊接结构，可采用焊接自动生产线以提高质量与效率，降低成本。焊接自动生产线在汽车制造工业中被大量采用。

焊接自动生产线由工件的上料装置、传送装置、卸料装置以及焊接中心、质量检验中心等加工中心组成。工件的上料、卸料装置，目前多采用机器人或机械手。工件的传送采用间歇传送方式或连续传送方式。焊接中心由焊接电源、专用焊机、变动工件位置以利于焊接的变位机、焊缝自动跟踪装置、电弧长度自动调节装置组成；或者直接采用焊接机器人作为焊接中心。

3. 焊接新工艺、新方法和新材料的开发与应用

优质、高效的焊接技术正不断完善和迅速推广，如高效焊条电弧焊、药芯焊丝 CO_2 焊、混合气体保护焊、高效堆焊等。新型焊接方法也将进一步开发和应用，以适应新材料、新结构和特殊工作环境的需要，如等离子弧焊、激光焊、扩散焊、线性摩擦焊、搅拌摩擦焊和真空钎焊等。

与优质、高效的焊接技术相匹配的焊接材料也得到相应发展，如高效焊条、埋弧焊高速焊剂、药芯焊丝等已发展为多品种、多规格，以扩大其应用范围。

11.6.2 粘接技术的发展趋势

（1）计算机技术的应用 在先进的粘接生产线上，计算机技术得到广泛应用，采用机器人的涂胶设备避免了操作者经常接触有害挥发物，且胶液用量少、涂布均匀，产品质量更高。计算机辅助工艺设计和柔性制造系统也正在得到开发和应用。

（2）粘结剂的开发及应用 节省资源、无公害、低成本、施用方便的高性能粘结剂已得到优先发展，如热溶胶、乳液型粘结剂、压敏胶、厌氧胶等。性能更为优越的粘结剂正在大力研制中，如耐高温、导电、耐水、对油有亲和力等类型的粘结剂。有损环境的粘结剂，有的已不再使用，有的进行了改性处理，以减少其危害性。

（3）先进粘接工艺的应用 一些先进的粘接工艺的应用日益扩大，如粘接 - 点焊、粘接 - 铆接等复合工艺，紫外线、电子束等辐射固化新工艺。紫外线固化设备简单、投资少；电子束固化能量大、穿透性强、且不要求被粘物有透光性，可用于固化较厚的胶层。这两种固化新工艺均节能、高效且无公害。

感应固化新工艺采用含磁性氧化铁、铁屑或碳的粘结剂或将钢网、钢箔埋入产品中，通过电磁场在产品中产生感应电流进行加热。该工艺无需加热用的支架和夹具，且加热时间大大缩短，已应用在粘接生产线上。

本 章 小 结

1）焊接接头（焊缝、熔合区和热影响区）及焊件的许多质量问题与焊接冶金特点（反应温度高、过程短、条件差）有很大关系；在正常焊接工艺条件下，焊缝性能一般不低于母材，焊接接头中性能最差的是熔合区和过热区。

2）焊接过程中焊件的不均匀受热会使焊件产生焊接应力和焊接变形（收缩变形、角变形、弯曲变形、扭曲变形和波浪变形）。可以通过反变形法、刚性固定法、选择合理的焊接方法和参数、选择合理的装配焊接顺序等措施来减少焊接变形；可以通过采取合理的焊接顺序、锤击和碾压焊缝、加热等措施来防止和减少焊接应力。

3）焊接方法可分为熔焊、压焊和钎焊三大类。焊条电弧焊是应用较多的焊接方法。埋弧焊采用焊丝和焊剂作为焊接材料，焊接效率明显高于焊条电弧焊，但它不适用于所有焊位的焊接；采用氩气作为保护气体的氩弧焊（有熔化极与不熔化极两种）以保护效果优越而在焊接容易氧化的金属方面具有独特的优势；气体价格低廉的 CO_2 保护焊更适合于焊接普通结构材料（如低碳钢、低合金结构钢等）；利用电流通过液态熔渣产生的电阻热进行焊接的电渣焊主要适合于焊接厚件；能量密度很高的等离子弧可以用来焊接，但其更常用于切割；激光焊接一般不用添加填充金属，其在切割上也显示出强大的威力；电阻焊中的点焊常用于焊接薄板冲压件非密封结构（如小汽车的车身），缝焊常用来焊接薄板冲压件需要密封的结构（如汽车的油箱），对焊（电阻对焊、闪光对焊）则用来焊接棒材、管材等对接接头；以摩擦热作为热源的摩擦焊是一种很有发展潜力的环保型焊接方法；通过钎料熔化进行焊接的钎焊（硬钎焊、软钎焊）在工业生产中应用也很广泛。电子束焊、超声波焊、扩散焊等也在不断扩大其应用范围。

4）常用来评价金属焊接性方法是碳当量法。根据碳当量计算公式计算出的碳当量值可初步判断材料焊接性的优劣。碳素钢中的低碳钢焊接性很好，中碳钢由于热影响区容易产生马氏体和焊接裂纹使其焊接性变差，高碳钢更甚。低合金结构钢中强度级别低的焊接性良好，级别越高焊接性越差。不锈钢的焊接性与其种类有关，其中奥氏体不锈钢焊接性较好。铸铁由于其焊接时容易产生白口和裂纹故焊接性非常差，不要用其制造焊接结构。铝合金和铜合金焊接性都与其容易氧化有关，大多数情况下采用氩弧焊是较明智的选择。

5）焊接件结构与工艺设计的内容包括焊接结构材料选择、焊接方法选择、焊接材料（焊条、焊丝、焊剂、气体等）选择、接头形式（对接接头、搭接接头、角接接头、T形接头）及坡口选择、焊缝布置等。可以通过焊接结构工艺图来表示设计者对焊缝的要求。

6）用粘结剂将两个物体结合的粘接技术的基本原理是粘结剂与被粘物表面之间发生机械、物理和化学作用。粘接工艺过程主要包括粘接件的表面处理、粘结剂的准备、涂剂、合拢和固化。

思 考 题

1. 低碳非合金钢焊接接头各部分的组织和性能有何不同？

2. 焊接应力和变形有哪些不利影响？它们是怎样产生的？如何防止？

3. 材料的焊接性取决于哪些因素？如何评价材料的焊接性？

4. 简述焊条的组成及其作用。

5. 有一大型设备机座在使用过程中发现裂纹，焊后不需要加工，采用什么焊接工艺较好？

6. 下列工件宜采用何种焊接方法？为什么？

1）低压容器，采用厚度为3mm的Q235钢板焊成，小批生产。

2）工字梁，采用厚度为30mm的Q345钢板焊成，中批生产。

3）车刀，采用硬质合金刀片与45钢刀杆焊成，小批生产。

4）钢管，采用壁厚5mm，直径45mm的不锈钢管对接，小批生产。

5）机床床身导轨，使用中出现裂纹。

7. 制造下列工件，应分别采用哪种焊接方法和焊接材料？应采取哪些工艺措施？

1）壁厚50mm，材料为Q345（A～E）的压力容器。

2）壁厚20mm，材料为ZG270-500的大型柴油机缸体。

3）壁厚10mm，材料为1Cr18Ni9Ti的管道。

4）壁厚1mm，材料为20钢的容器。

8. 分析图11-39中焊接接头是否满足工艺要求，为什么？

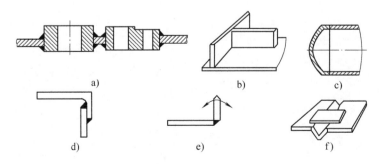

图 11-39 第 8 题图

9. 中压容器如图11-40所示，采用Q345钢板（长5000mm，宽1200mm，厚22mm）焊接，一批生产10台。

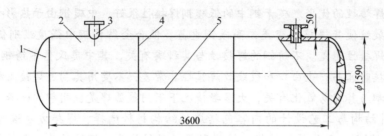

图 11-40　第 9 题图
1—封头　2—筒身　3—管接头　4—环焊缝　5—纵焊缝

1）容器的焊缝布置是否合理？为什么？如不合理，应如何修改？

2）试选择焊接方法、接头形式和坡口形式并说明原因。

10. 什么叫粘接？它有何特点？

11. 粘接工艺过程包括哪些内容？应如何进行？

第 12 章　非金属材料的成型

导读：本章首先介绍了工程塑料的常用成型方法，即挤出成型、注射成型、模压成型、浇注成型、吹塑成型等；其次，介绍了工程塑料制品的结构要素与设计原则；另外。对橡胶制品、陶瓷制品和复合材料的常用成型方法也作了简要介绍。读者在学习本章内容时，与金属的铸造、压力加工等方法的工艺要点及结构设计原则相对照是有好处的。

本章重点：工程塑料的常用成型方法及工程塑料制品的结构要素与设计原则。

在材料科学技术发展的过程中，金属材料及其成形工艺的研究与应用对其他各类材料具有相当大的启发和推动作用。例如：塑料的注塑、挤塑、压塑、铸塑、焊接等成形方法，其工艺实质与金属的铸造、压力加工、焊接等是相同或相近的。

本章所涉及的非金属材料的成形方法多是通过"模"、"型"等工具得到型材或制品，人们习惯称其为成型。

12.1　工程塑料成型

塑料制品的生产主要由成型、机械加工、修配和装配等过程组成，其中成型是塑料制品或成型材料生产最重要的基本工序。

12.1.1　挤出成型

挤出成型也称挤塑，是利用挤出机把热塑性塑料连续加工成各种断面形状制品的方法。这种方法主要用于生产塑料板材、片材、棒材、异型材、电缆护层等。目前，挤塑制品约占热塑性塑料制品的 40% ~ 50%。此外，挤塑方法还可用于某些热固性塑料和塑料与其他材料的复合材料。挤塑方法具有生产效率高、用途广、适应性强等特点。

挤出成型的设备——挤出机，可按加压方式不同分为螺杆式（连续式）和柱塞式（间歇式）两种。螺杆式挤出机是借助于螺杆旋转产生的压力和剪切力与加热机筒共同作用，使物料充分熔融、塑化并均匀混合，并使其通过机头处口模具有一定截面形状的间隙并经冷却定型而成型。最常用的单螺杆式挤出机如图 12-1 所示。柱塞式挤出机主要借助柱塞压力，将事先塑化好的物料挤出口模成型。

挤出成型工艺过程包括物料的干燥、成型工艺调整、制品的定型与冷却、制品的牵引与卷取（或切割），有时还包括制品的后处理等。

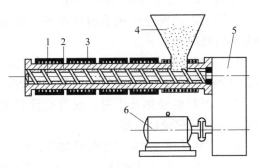

图 12-1　单螺杆式挤出机示意图
1—螺杆　2—机筒　3—加热套　4—料斗
5—传动装置　6—电动机

1）原料干燥。原料中的水分会使制品出现气泡、表面晦暗等缺陷，还会降低制品的物理和力学性能等，因此使用前应对原料进行干燥。通常水分含量 $w_水$ 应控制在 0.5% 以下。

2）成型工艺调整。当挤出机加热达到预定温度后即可加料。初期挤出的制品外观和质量均较差，应及时调整工艺条件。当制品质量达到要求后即可进入正常生产。

3）制品的定型与冷却。定型与冷却往往是同时进行的，在挤出管材和各种异型材时需有定型工艺；挤出薄膜、单丝、线缆包覆物等时，则不需定型。

4）牵引（拉伸）和后处理。常用的牵引挤出管材的设备有滚轮式和履带式两种。牵引时，要求牵引速度均匀，同时牵引速度与挤出速度应很好地配合。一般应使牵引速度稍大于挤出速度，以消除离模膨胀引起的尺寸变化，并对制品进行适当拉伸。

有些制品在挤出成型后还需要进行后处理。

12.1.2 注射成型

注射成型也称注塑，是利用注塑机将熔化的塑料快速注入闭合的模具型腔内并固化而得到各种塑料制品的方法。注塑制品品种繁多，如日用塑料制品、机械设备和电器的塑料配件等。除氟塑料外，几乎所有的热塑性塑料都可采用注塑加工，另外还可用于某些热固性塑料。注塑加工具有生产周期短、生产率高、易于实现自动化生产和适应性强的特点。目前，注塑制品约占热塑性塑料制品的 20% ~ 30%。

注塑机是注塑加工的主要设备，按外形可分为立式、卧式、直角式、旋转式；按用途分为通用型、热固塑料专用型、结构泡沫塑料专用型等；按注射方式可分为往复螺杆式、柱塞式，其中前者用得最多。注塑机除了液压传动系统和自动控制系统外，主要部分为注射装置、模具和合模装置。注射装置使塑料在机筒内均匀受热熔化并以足够的压力和速度注射到模具型腔内，经冷却定型后通过开启动作和顶出系统即可得到制品。现代化注塑设备在控制系统设定压力、速度、温度、时间等参数后，即可实现全自动生产过程。

注塑生产示意图如图 12-2 所示。

注塑工艺过程包括成型前的准备、注射过程、制品的后处理等。

1）成型前的准备。成型前准备工作包括原料的检验（测定粒料的某些工艺性能等），原料的染色和造粒，原料的预热及干燥，嵌件的预热和安放，试模、清洗机筒及试车等。

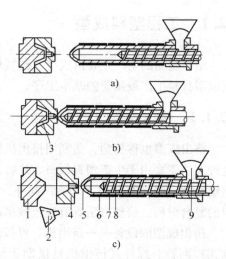

图 12-2 注塑生产示意图
a）螺杆后退，物料自料斗进入机筒被熔融塑化，同时模具闭合 b）螺杆前进，把熔料注入型腔中
c）螺杆后退，模具打开，制件脱出
1—模具 2—制件 3—型腔 4—模具 5—喷嘴
6—加热套 7—机筒 8—螺杆 9—料斗

2）注射过程。注射过程包括加料、塑化、注射、冷却和脱模等工序。塑料在机筒中加热，由固态粒子转变成熔体，经过混合和塑化后，熔体被柱塞或螺杆推挤全机筒前端；经过喷嘴、模具浇注系统进入并填满型腔，这一阶段称为"充模"。熔体在模具中冷却收缩时柱塞或螺杆继续保持加压状态，迫使喷嘴附近的熔体不断补充进入模具中（补塑），使型腔中

的塑料能形成形状完整而致密的制品，这一阶段称为"保压"。卸除机筒内塑料的压力，同时通入水、油或空气等冷却介质，进一步冷却模具，这一阶段称为"冷却"。制品冷却到一定温度后，即可用人工或机械的方式脱模。

3）制品的后处理。注射制品经脱模或机械加工后常需要进行适当的后处理，以改善制品的性能，提高尺寸稳定性。制品的后处理主要指退火和调湿处理。退火处理就是把制品放在恒温的液体介质或热空气循环箱中静置一段时间。一般退火温度应控制在高于制品使用温度 10～20℃ 和低于塑料热变形温度 10～20℃ 之间。退火时间视制品厚度而定。退火后使制品缓冷至室温。调湿处理是在一定的温度环境中让制品预先吸收一定的水分，使其尺寸稳定下来，以免制品在使用过程中因吸水而发生变形。

12.1.3 模压成型

模压成型也称压塑，是将称量好的原料置于已加热的模具型腔内，通过模压机压紧模具加压，塑料在型腔内受热塑化（熔化）流动并在压力下充满型腔，同时发生化学反应而固化得到塑料制品的过程。图 12-3 所示为模压机结构示意图。

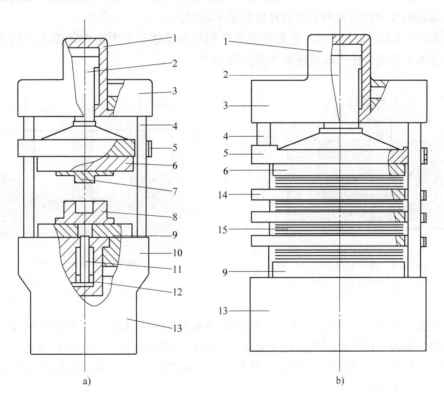

图 12-3 模压机结构示意图

a）油压机 b）多层压机

1—主液压缸 2—主液压缸柱塞 3—上梁 4—支柱 5—活动板 6—上模板 7—阳模 8—阴模
9—下模板 10—机台 11—顶出缸柱塞 12—顶出液压缸 13—机座 14—分层活动板 15—层压塑料

模压主要用于热固性塑料，如酚醛、脲醛、环氧、有机硅等热固性树脂的模具塑料成型。与挤塑和注塑相比，压塑设备、模具和生产过程控制较为简单，并易于生产大型制品；

但生产周期长、效率低，较难实现自动化，工人劳动强度大，难于进行厚壁制品及形状复杂制品的成型。

模压通常在油压机或水压机上进行。模压过程包括加料、闭模、排气、固化、脱模和吹洗模具等步骤。

12.1.4 浇注成型

浇注成型又称铸塑，是将处于流动状态的高分子材料或能生成高分子成型物的液态单体材料注入特定的模具中，在一定的条件下使之反应固化，从而得到与模具型腔相一致的制品的工艺方法。浇注成型既可用于塑料制品的生产，也可用于橡胶制品的生产。在静态浇注的基础上发展的离心浇注、嵌铸等高分子材料的成型方法也得到日益广泛的应用。

1. 静态浇注成型

按照模具结构不同可分为敞开式浇注、水平式浇注（正浇注）、侧立式浇注、倾斜式浇注等。

敞开式浇注如图 12-4 所示。该浇注成型装置结构简单，一般只有阴模，排气容易，所得制品内部缺陷较少，通常用于制造外形较简单的制品。

水平式浇注如图 12-5 所示。它是将所生产制品的基体事先固定在阴模上，用密封板密封，再由基体上的浇口注入环氧树脂等热固性塑料。

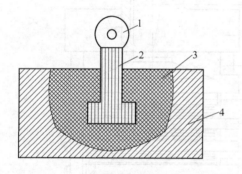

图 12-4 敞开式浇注
1—固定嵌件及拔出制品圆环 2—嵌件
3—制品 4—阴模

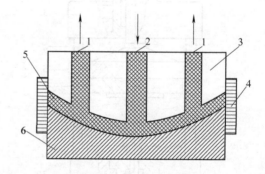

图 12-5 水平式浇注
1—排气口 2—浇口 3—基体
4—密封板 5—环氧塑料 6—阴模

侧立式浇注如图 12-6 所示。它是将两半模具对合并侧立放置，两半模具对合时中间所余的缝隙即为型腔。模具外部用固定夹夹紧，环氧树脂等热固性塑料由浇口注入。

真空浇注如图 12-7 所示。为更好地排气，浇注前用抽真空的方法将模具型腔内的空气抽出，在真空下进行浇注。

2. 嵌铸成型工艺

嵌铸又称封入成型，它是将各种非塑料物件包封在塑料中的一种成型方法。通过这种方法可以把电气元件或零件与外界环境隔绝，起到绝缘、防腐蚀、防振动破坏等作用。

嵌铸工艺过程包括嵌件的处理、嵌件的固定、浇注和固化。

3. 离心浇注成型

离心浇注是将液态塑料浇入旋转的模具中，在离心力作用下使其充满回转体形模具，经固化定型后得到制品的一种工艺。制品多为圆柱形或近似圆柱形，如轴套、齿轮、滑轮、转子、垫圈等。

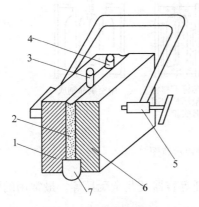

图 12-6 侧立式浇注

—模具 2—制品 3—排气口 4—浇口
5—G 形夹 6—模具或基体 7—密封物

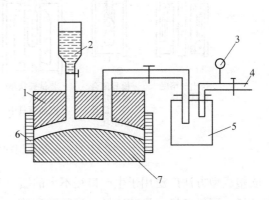

图 12-7 真空浇注

—阴模或基体 2—浇铸用环氧塑料容器 3—真空表
4—连接真空装置 5—过滤罐 6—密封板 7—阳模

根据制品的形状和尺寸可以采用水平式（卧式）或立式的离心浇注工艺。

图 12-8 所示为立式离心浇注示意图，图 12-9 所示为水平式离心浇注示意图。

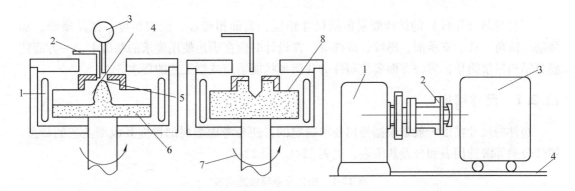

图 12-8 立式离心浇注示意图

1—红外线灯或电阻丝 2—惰性气体送入管
3—挤出机 4—储备塑料部分 5—绝热层
6—塑料 7—转动轴 8—模具

图 12-9 水平式离心浇注示意图

1—传动减速机构 2—旋转模具
3—可移动的烘箱 4—轨道

12.1.5 吹塑成型

吹塑成型也称中空成型，属于塑料的二次加工，是制造空心塑料制品的方法。吹塑生产过程是先用挤塑、注塑等方法制成管状型坯，然后把保持适当温度的型坯置于对开的阴模型腔中，将压缩空气通入其中将其吹胀，紧紧贴于阴模内壁，两半阴模构成的空间形状即制品形状。吹塑成型的吹胀原理及生产过程示意图如图 12-10 和图 12-11 所示。

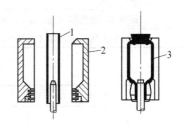

图 12-10 吹胀原理示意图

1—管状型坯 2—模腔 3—制品

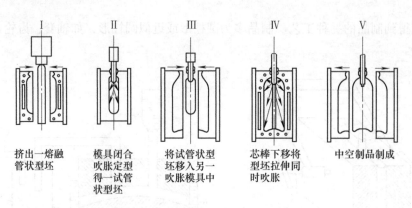

图 12-11 吹塑成型的生产过程示意图

吹塑成型方法广泛用于生产口径不大的瓶、壶、桶等容器及儿童玩具等。最常用的塑料是聚乙烯、聚氯乙烯、聚苯乙烯、聚碳酸酯等。

影响吹塑工艺和产品质量的因素主要有型坯的温度、壁厚、空气压力、吹胀比、模具温度和冷却时间等。

12.2   工程塑料制品的结构要素与设计原则

塑料制品（塑件）的结构要素包括尺寸精度、表面粗糙度、脱模斜度、制品壁厚、加强筋、圆角、孔、支承面、螺纹、嵌件等。在设计时应在满足使用要求的基础上，一方面使模具结构尽量简单，另一方面要使塑件的几何形状能适应成型工艺的要求。

12.2.1   尺寸精度

塑件的尺寸精度一般是根据使用要求确定的，还要考虑塑料的性能及成型工艺的特点。塑件公差等级选用表和公差数值表，见表 12-1、表 12-2。

表 12-1   塑件公差等级选用表

类 别	塑料品种	建议采用的公差等级		
		高精度	一般精度	低精度
1	聚苯乙烯、ABS、聚碳酸酯、聚砜、聚苯醚、酚醛塑料、氨基塑料、玻璃纤维增强塑料	3	4	5
2	聚酰胺 6、聚酰胺 66、聚酰胺 610、聚酰胺 1010、氯化聚醚、硬聚氯乙烯	4	5	6
3	聚甲醛、聚乙烯（高密度）、聚丙烯	5	6	7
4	软聚氯乙烯、聚乙烯（低密度）	6	7	8

表 12-2   塑件公差数值表

公称尺寸/mm	公差 等级							
	1	2	3	4	5	6	7	8
	公差数值/mm							
3 以下	0.04	0.06	0.08	0.12	0.16	0.24	0.32	0.48

(续)

公称尺寸/mm	精 度 等 级							
	1	2	3	4	5	6	7	8
	公差数值/mm							
3 ~ 6	0.05	0.07	0.08	0.14	0.18	0.28	0.36	0.56
6 ~ 10	0.06	0.08	0.10	0.16	0.20	0.32	0.40	0.61
10 ~ 14	0.07	0.09	0.12	0.18	0.22	0.36	0.44	0.72
14 ~ 18	0.08	0.10	0.12	0.20	0.24	0.40	0.48	0.80
18 ~ 24	0.09	0.11	0.14	0.22	0.28	0.44	0.56	0.88
24 ~ 30	0.10	0.12	0.16	0.24	0.32	0.48	0.64	0.96
30 ~ 40	0.11	0.13	0.18	0.26	0.36	0.52	0.72	1.04
40 ~ 50	0.12	0.14	0.20	0.28	0.40	0.56	0.80	1.20
50 ~ 65	0.13	0.16	0.22	0.32	0.46	0.64	0.92	1.40
65 ~ 80	0.14	0.19	0.26	0.38	0.52	0.76	1.04	1.60
80 ~ 100	0.16	0.22	0.30	0.44	0.60	0.88	1.20	1.80
100 ~ 120	0.18	0.25	0.34	0.50	0.68	1.00	1.36	2.00
120 ~ 140		0.28	0.38	0.56	0.76	1.12	1.52	2.20
140 ~ 160		0.31	0.42	0.62	0.84	1.24	1.68	2.40
160 ~ 180		0.34	0.46	0.68	0.92	1.36	1.84	2.70
180 ~ 200		0.37	0.50	0.74	1.00	1.50	2.00	3.00
200 ~ 225		0.41	0.56	0.82	1.10	1.64	2.20	3.30
225 ~ 250		0.45	0.62	0.90	1.20	1.80	2.40	3.60
250 ~ 280		0.50	0.68	1.00	1.30	2.00	2.60	4.00
280 ~ 315		0.55	0.74	1.10	1.40	2.20	2.80	4.40
315 ~ 355		0.60	0.82	1.20	1.60	2.40	3.20	4.80
355 ~ 400		0.65	0.90	1.30	1.80	2.60	3.60	5.20
400 ~ 450		0.70	1.00	1.40	2.00	2.80	4.00	5.60
450 ~ 500		0.80	1.10	1.60	2.20	3.20	4.40	6.40

12.2.2 表面粗糙度

塑件的表面粗糙度，除了在成型时从工艺上尽可能避免冷疤、波纹等疵点外，主要由模具的表面粗糙度决定。一般模具的表面粗糙度比塑件的表面粗糙度要低一级，透明的塑件要求型腔和型芯的表面粗糙度相同。对于不透明的塑件，模具型芯的成型表面并不影响塑件的外观，仅仅影响塑件的脱模性能，因此在不影响使用要求的前提下，型芯的表面粗糙度的级别可比型腔的表面粗糙度高1~2级。

应该指出的是，光洁如镜的塑件表面很易划伤，塑件与模具表面还易形成真空吸附面使脱模困难，并且在成型过程中产生的疵点、丝痕和波纹会在制品的光洁表面上暴露无遗。因此，可利用化学腐蚀的方法在模具型腔表面形成诸如凹槽纹、皮革纹、桔皮纹、木纹等装饰花纹，对塑件进行表面装饰。

12.2.3 脱模斜度

为了使塑件易于从模具内脱出，在设计时必须保证塑件在出模方向上的内外壁具有足够的脱模斜度，其经验数据见表12-3。

表 12-3 各种塑料的脱模斜度

塑料种类	脱模斜度	塑料种类	脱模斜度
聚乙烯、聚丙烯、软聚氯乙烯	30′~1°	硬聚氯乙烯、聚碳酸酯、聚砜、聚苯乙烯、有机玻璃	50′~2°
ABS、尼龙、聚甲醛、氯化聚醚、聚苯醚	40′~1°30′	热固性塑料	20′~1°

脱模斜度的选取原则如下。
1）在满足塑件尺寸公差要求的前提下，脱模斜度可取得大一些。
2）塑料收缩率大时，应选用较大的脱模斜度。
3）当塑件壁较厚时，应选用较大的脱模斜度。
4）塑件较高、较大时，应选用较小的脱模斜度。
5）高精度的塑件，应选用较小的脱模斜度。

12.2.4 塑件壁厚

根据成型工艺的要求，塑件各部分壁厚应均匀，避免因收缩不均匀而造成塑件变形、缩孔、凹陷等缺陷。如果在结构上要求具有不同的壁厚时，不同壁厚的比例不应超过1∶3，且应采用缓慢过渡。

热塑性塑件的壁厚，一般在1~4mm之间。壁厚过大，易产生气

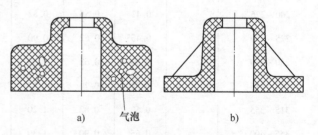

a)　气泡　b)

图 12-12 采用加强筋改善壁厚

泡（见图12-12a）和凹陷，同时也不易冷却。若塑件的强度不够时，可设置加强筋（见图12-12b）。表12-4列出了热塑性塑件的最小壁厚及常用壁厚的推荐值。

表 12-4 热塑性塑件的最小壁厚及常用壁厚的推荐值　　　（单位：mm）

塑料名称	最小壁厚	常用壁厚		
		小型制品	中型制品	大型制品
尼龙	0.45	0.76	1.50	2.4~3.2
聚乙烯	0.60	1.25	1.60	2.4~3.2
聚苯乙烯	0.75	1.25	1.60	3.2~5.4

（续）

塑料名称	最小壁厚	常用壁厚		
		小型制品	中型制品	大型制品
改性聚苯乙烯	0.75	1.25	1.60	3.2 ~ 5.4
有机玻璃	0.80	1.50	1.20	4.0 ~ 6.5
硬聚氯乙烯	1.20	1.60	1.80	3.2 ~ 5.8
聚丙烯	0.85	1.45	1.75	2.4 ~ 3.2
聚碳酸酯	0.95	1.80	2.30	3.0 ~ 4.5
醋酸纤维素	0.70	1.25	1.90	3.2 ~ 4.8
聚甲醛	0.80	1.40	1.60	3.2 ~ 5.4

热固性塑件的厚度一般在 1 ~ 6mm 之间。壁厚过大，既要增加塑压时间，塑件内部又不易压实；壁厚过小，则刚度差、易变形。表 12-5 列出了热固性塑件最小壁厚的推荐值。

表 12-5　热固性塑件最小壁厚的推荐值　　　　（单位：mm）

制品高度	最小壁厚		
	酚醛塑料	氨基塑料	纤维素塑料
40 以下	0.7 ~ 1.5	0.9 ~ 1.0	1.5 ~ 1.7
40 ~ 60	2.0 ~ 15	1.3 ~ 1.5	2.5 ~ 3.5
>60	5.0 ~ 6.5	3.0 ~ 3.5	6.0 ~ 8.0

12.2.5　加强筋

为了提高塑件的强度和刚性及防止塑件翘曲变形，又不致过度增加塑件壁厚，可以在塑件的适当部位设置加强筋（见图 12-12b）。在某些情况下，加强筋还可以改善塑件成型过程中塑料流动的情况。

在布置加强筋时应避免或减少塑料局部集中，否则会产生缩孔、气泡。图 12-13a 所示容器底部上加强筋布置易造成筋与筋交汇处局部材料堆积，图 12-13b 所示将加强筋交叉部位设计成空心结构，较为合理。

加强筋的厚度最好小于壁厚的 1/2，最大比值不超过 0.6，以免厚筋底冷却收缩时产生表面缩痕；同时从成形流动性考虑，最小不宜低于 0.8mm。除特殊要求外，加强筋应尽可能矮，加强筋的高度小于 3T（T 为塑件厚度）。可以用高度较低、数量稍多的筋代替高度较高的单一加强筋。在必须采用较大的加强筋时，在容易形成缩痕的部位可以设计成纹理，来遮盖缩痕。加强筋应加脱模斜度。图 12-14 所示为典型加强筋的正确形状和比例。加强筋之间中心距应大于 2T。

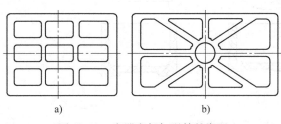

a)　　　　　　　　b)

图 12-13　容器底部加强筋的布置

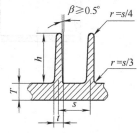

图 12-14　加强筋的典型尺寸

12.2.6 圆角

为了避免应力集中导致塑件开裂，提高塑件的强度，改善塑料熔体的流动性，便于充满与脱模，在塑件各表面的连接处，均应采用圆弧过渡。另外，塑件上的圆角对于模具的热处理、机械加工及提高模具寿命，也是不可少的。塑件结构上无特殊要求时，塑件的各转角处均应有半径不小于 0.5~1mm 的圆角。允许的情况下，圆角应尽量大。

12.2.7 孔

塑件上各种孔的位置应尽可能开设在不减弱塑件强度的部位。孔与孔、孔与边壁之间应保持足够的距离，孔与孔的最小距离应不小于壁厚的 2 倍，孔与边壁之间最小距离应不小于 1.5~3mm（大孔取大值）。固定用孔因承受较大负荷，可设计周边增厚来加强，如图 12-15 所示。否则，在装配时孔的周围易破裂。

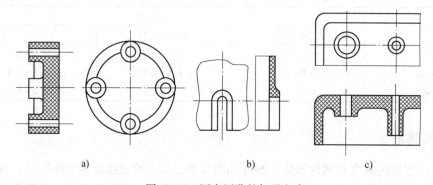

图 12-15 固定用孔的加强方式

12.2.8 支承面

当塑件上某一表面被作为支承面来使用时，将该表面设计为平板状型面是不合理的，如图 12-16a 所示。因为这种型面在成型收缩后很容易产生翘曲变形，稍许不平就会使塑件丧失良好的支承作用，故应以边框式或凸台式（三点或四点）结构设计塑件的支承面，如图 12-16b、c 所示。

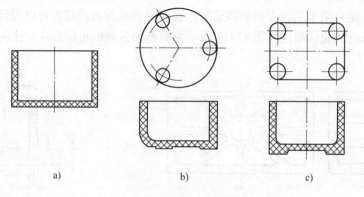

图 12-16 支承面设计

12.2.9 螺纹

在塑件上直接成型的螺纹不能达到高精度要求。在经常装卸和受力较大的地方不宜采用塑料螺纹，而应采用金属质螺纹嵌件。塑料螺纹应选用较大的螺牙尺寸，直径较小时不要选用细牙螺纹，否则会影响使用强度。表12-6列出了塑料螺纹的选用范围。

表 12-6　塑料螺纹的选用范围

螺纹公称直径/mm	普通标准螺纹	1 级细牙螺纹	2 级细牙螺纹	3 级细牙螺纹	4 级细牙螺纹
<3	+	–	–	–	–
3~6	+	–	–	–	–
6~10	+	+	–	–	–
10~18	+	+	+	–	–
18~30	+	+	+	+	–
30~50	+	+	+	+	+

注：表中，+ 为建议采用的范围，– 为建议不采用的范围。

塑料螺纹的直径不宜过小，螺纹的大径不应小于 4mm，小径不应小于 2mm。如果模具上螺纹的螺距未考虑收缩值，那么塑料螺纹与金属螺纹的配合长度不能太长，一般不大于螺纹公称直径的 1.5~2 倍。

12.2.10　嵌件

塑件中镶入嵌件的目的是提高塑件局部的强度、硬度、耐磨性、导电性、导磁性，或是增加塑件尺寸及形状的稳定性，或者是为降低塑料的消耗等。嵌件的材料多种多样，其中金属嵌件用得最为普遍。

1. 金属嵌件的形式

图 12-17 所示为几种常见的金属嵌件。其中，图 12-17a 所示为圆筒形嵌件，以带螺纹孔的嵌件最为常见，它主要用于经常拆卸或受力较大的场合或导电部位的螺纹连接；图 12-17b 所示为圆柱形嵌件，如光杠、丝杠等；图 12-17c 所示为片状嵌件，它常用作塑料制品内的导体和焊片；图 12-17d 所示为细杆状贯穿嵌件，它常用于汽车转向盘塑料制品中，加入金属细杆可以提高转向盘的强度和硬度。

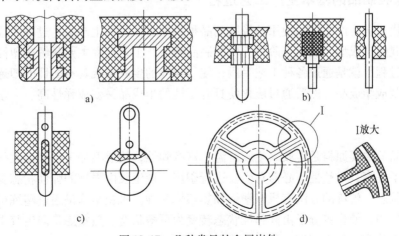

图 12-17　几种常见的金属嵌件

为了使嵌件牢固地固定在塑件中，防止嵌件受力时在塑件内转动或脱出，嵌件表面必须设计有适当的凸凹部分。图 12-18a 所示为最常见的菱形滚花；图 12-18b 所示为台肩式嵌件；图 12-18c 所示为六角形嵌件；图 12-18d 所示为用孔眼、切口或局部折弯来固定片状嵌件。薄壁管状嵌件也可用边缘折弯法固定，如图 12-18e所示；针状嵌件可采用砸扁其中一段或折弯的办法来固定，如图 12-18f 所示。

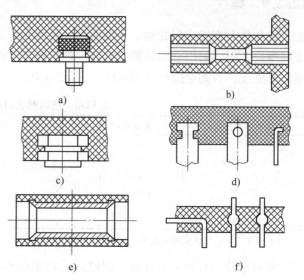

图 12-18　金属嵌件在制品内的固定方式

2. 金属嵌件设计的基本原则

1）嵌件应尽可能采用圆形或对称形状。

2）嵌件周围的壁厚应足够大。由于金属嵌件与塑件的收缩量不同，壁厚过小会使嵌件四周产生内应力而造成塑件开裂。

3）金属嵌件嵌入部分的周边应有倒角，以减少周围塑料冷却时产生的应力集中。

4）嵌件必须可靠定位。

5）嵌件自由伸出长度不宜超过其定位部分直径的 2 倍。

12.3　橡胶制品的成型

橡胶制品应用广泛，品种也很多，按照用途通常分为工业用和民用两大类。工业用橡胶制品主要有轮胎、胶带、胶管、胶版、胶布及胶布制品、密封件、减振件、胶乳制品、硬质橡胶制品、橡胶绝缘制品、胶辊以及橡胶衬里等。

12.3.1　橡胶制品的基本生产工艺过程

虽然现代工业生产中实际使用的橡胶制品种类繁多，但其生产工艺过程大致相同，主要包括塑炼、混炼、成型、硫化等阶段。橡胶制品的生产工艺过程主要是解决塑性和弹性性能这个矛盾的过程，就是通过各种工艺手段，使得弹性的生胶变成具有塑性的塑炼胶，再加入各种配合剂制成半成品，然后通过硫化使具有塑性的半成品又变成弹性高、力学性能良好的橡胶制品。

1. 塑炼

橡胶制品的主要原料是生胶。生胶常温下富有弹性，给成型加工带来极大的困难，不便于加工。为了提高其可塑性，必需对生胶进行塑炼，使生胶由强韧的弹性状态变成柔软而具有可塑性的状态。塑炼的方法有机械塑炼和热塑炼两种。机械塑炼是通过塑炼机的机械挤压和摩擦力的作用，使橡胶分子由高弹性状态转变为可塑状态。热塑炼是向生胶中通入灼热的压缩空气，在热和氧的作用下，使橡胶获得可塑性。

2. 混炼

混炼是通过炼胶机将各种配合剂完全均匀地分散于塑炼胶（塑炼后的生胶）中，制成混炼胶的过程。加入配合剂的目的是使橡胶制品获得各种不同的性能、适应各种不同的使用条件和降低成本。混炼胶是制造各种橡胶制品的半成品材料，俗称胶料，通常均作为商品出售，购买者可利用胶料直接加工成型、硫化制成所需要的橡胶制品。根据配方的不同，混炼胶有一系列性能各异的不同牌号和品种供选择。

3. 成型

成型是利用压延机、挤压机、压铸机、注射机等机械设备制成形状各式各样、尺寸各不相同的橡胶半成品或成品的工艺过程。最常见的成型方法有压延成型、压出成型、模压成型、注模成型、注射成型等几种。

4. 硫化

把塑性橡胶转化为弹性橡胶的过程叫做硫化，它是将一定量的硫化剂（如硫黄、硫化促进剂等）加入到由混炼胶制成的半成品中（可在硫化罐中进行），在规定的温度下加热、保温，使混炼胶的线性分子间通过生成"硫桥"而相互交联成立体的网状结构，从而使塑性的胶料变成具有高弹性的硫化胶。由于交联键主要是由硫黄组成，所以称为"硫化"。随着合成橡胶的迅速发展，现在硫化剂的品种很多，除硫黄外，还有有机多硫化物、过氧化物、金属氧化物等。因此，凡是能使线状结构的塑性橡胶转化为立体网状结构的弹性橡胶的工艺过程都叫硫化，凡能在橡胶材料中起"搭桥"作用的物质都称为"硫化剂"。

12.3.2 橡胶制品的常用成型方法

1. 压延成型

压延成型是将混炼胶通过压延机压制成一定形状、一定尺寸的胶片的方法。压延机上装有数对相对旋转的加热辊筒，采用双辊混炼机或其他混炼装置把加热、塑化的物料加入到压延机中，使物料顺次通过辊隙，被逐渐压薄而形成一定厚度和宽度的薄型材料。最后一对辊的辊间距决定制品厚度。压延方法所得物仅是半成品，其后均要经硫化才定型为制品。

压延成型适用于制造简单的片状、板状制品。有些橡胶制品（如轮胎、胶布、胶管等）所用的纺织纤维材料，必须涂上一层薄胶（在纤维上涂胶也叫贴胶或擦胶），涂胶工序一般也在压延机上完成。

2. 压出成型（挤出成型）

它是把具有一定塑性的混炼胶，加入到挤压机的料斗内，在挤压机中进行加热和塑化，并通过螺杆的旋转不断地向前输送，在一定的压力作用下通过机头的成型模具（口模）制成各种断面形状的橡胶型材半成品，然后经过冷却定型输送到硫化罐内进行硫化或用作模压法所需的预成型半成品胶料。

压出成型的特点是：生产效率高，有利于自动化生产；胶料通过挤压机螺杆的旋转得到进一步的混炼和塑化，压出的半成品胶料质量更致密、均匀；应用面广，通过变换口模，可以挤出各种断面形状的橡胶型材和供压制模具使用的预成型半成品；挤出成型不受长度限制，可以满足由于设备的限制而不能采用模压制造的超长制品。它用于较为复杂的橡胶制品，如轮胎胎面、胶管、电线、电缆外套以及各种异形断面的制品等。

3. 模压成型

模压成型是将混炼过的、经加工成一定形状和称量过的半成品胶料直接放入金属模具的型腔中，而后送入平板硫化机中加压、加热。胶料在加压、加热作用下硫化成型。

模压成型的特点是：模具结构简单，通用性强、使用面广、操作方便，制件外形准确、表面光滑、质地致密、商业性强，故在橡胶制品中占有较大比例；用模压方法可以制造某些形状复杂的橡胶制品，如皮碗、密封圈、密封垫、减振缓冲类制品等。图 12-19 所示为橡胶密封圈模压成型示意图。

4. 压铸成型

它是将混炼过的、形状简单的、限量一定的胶料或胶块半成品放入压铸模料室中，通过压铸塞的压力将料室中的胶料通过浇注系统压入模具型腔中，经硫化定型而得到制品的方法（见图 12-20）。

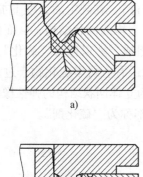
a)

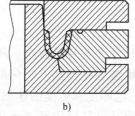
b)

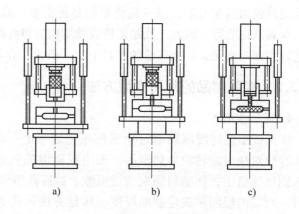
a)　　　b)　　　c)

图 12-19　橡胶密封圈模压成型示意图
a）V 形橡胶密封圈模压成型
b）U 形橡胶密封圈模压成型

图 12-20　橡胶制品压铸成型示意图
a）胶料在料室中　b）合模，准备压铸
c）胶料压入模具中

压铸成型的特点是：比普通压模复杂，适用于制作普通模压不能压制或勉强压制的薄壁、细长易弯曲的制品，以及形状复杂、难以加料的橡胶制品；采用这种模具生产的制品致密性好、质量优越。

12.4　陶瓷制品的成型

12.4.1　陶瓷制品的基本生产工艺过程

陶瓷制品的基本生产工艺过程主要包括配料、坯料制备、成型、烧结及后续加工等阶段。

（1）配料　就是按瓷料的组成，将所需各种原料进行称量匹配。由于配料中某些组分加入量的微小误差就会对陶瓷材料的结构和性能产生显著影响，故称量必须精确。

（2）坯料制备　就是根据不同的成型方法，将称量后原料混合制成不同形式的坯料，如用于注浆成型的水悬浮液；用于干压或等静压成型的粉料；用于热压注成型的热塑性料浆；用于挤压、注射、轧膜和流延成型的含有机塑化剂的塑性浆料。混合方法一般为球磨或搅拌等机械混合法。

（3）成型 是根据陶瓷制品的性能要求、形状规格、大小厚薄、产量等要求，采用相应的成型方法，将坯料制成具有一定形状和规格的坯体。

（4）烧结 是对成型坯体进行高温加热，使其粉体间产生颗粒粘结，得到致密和高强度制件的过程。烧结对陶瓷制品的显微组织结构及性能有着重大影响，成形坯体经过烧结后才成为坚硬的具有某种显微结构的陶瓷制品（多晶烧结体）。

（5）后续加工 陶瓷经成型、烧结后，可根据表面粗糙度、形状、尺寸等精度要求的需要进行后续精密加工，如磨削加工、研磨与抛光、激光加工、超声波加工甚至切削加工等。切削加工是在超高精度机床上采用金刚石刀具进行的，目前仅少量应用于陶瓷加工。

12.4.2 陶瓷制品的成型方法

1. 浇注成型

将陶瓷原料粉体悬浮于水中制成料浆，然后注入模具内成型。坯体的形成主要有注浆成型（由模型吸水成坯）、凝胶注模成型（由凝胶原位固化）等方式。

（1）注浆成型 注浆成型是将陶瓷悬浮料浆注入多孔质模具内，借助模具的吸水能力将料浆中的水吸出，从而在模具内形成坯体。它的工艺过程包括悬浮料浆制备、模具制备、料浆浇注、脱模取件、干燥等阶段。

注浆方法有实心注浆和空心注浆两种。另外，为了强化注浆过程，铸造生产的压力铸造、真空铸造、离心铸造等工艺方法也被用于注浆成型，并形成了压力注浆、真空注浆与离心注浆等强化注浆方法。注浆成型适于制造大型厚胎、薄壁、形状复杂不规则的制品。但注浆成型坯体烧结后的密度较小，强度较差，收缩、变形较大，所得制品的外观尺寸精度较低，因此性能要求较高的陶瓷一般不采用此法生产。

（2）凝胶注模成型 首先将陶瓷原料细粉加入含有分散剂、有机高分子化学单体（如丙烯酰胺与双甲基丙烯酰胺）的水溶液中，搅拌后成为高固相（陶瓷粉体积分数 > 50%）含量、低黏度的浓悬浮料浆，再将聚合固化引发剂（如过硫酸铵）加入此料浆混合均匀，然后在料浆固化前将其浇入模具内，此后料浆中的有机单体在引发剂的作用下交联聚合成三维网状结构，使料浆在模具内原位固化成型。

2. 压制成型

将经过造粒的粒状陶瓷粉料，装入模具内直接受压力而成型的方法。压制方法主要有干压成型、等静压成型和热压烧结成型等。

（1）干压成型 干压成型是将造粒制备的陶瓷干粉装入模具内，通过模冲对粉末施加压力，压制成具有一定形状和尺寸的较致密的压坯，然后卸模脱出坯体。

干压成型有单向加压与双向加压两种方式。由于成型压力是通过松散粉粒的接触来传递的，在此过程中产生的压力损失会造成坯体内压力分布的不均匀。单向加压时，这种压力的不均匀分布更明显，而且坯体高度与直径之比愈大，压力分布愈不均匀。压力分布的不均匀造成压坯内密度分布的不均匀，压坯上方及近模壁处密度大，而下方及中心部位的密度小，如图 12-21 所示。

干压成型一般适用于形状简单、尺寸较小的制品。

（2）等静压成型　等静压成型是利用液体或气体介质均匀传递压力的性能，把陶瓷粒状粉料置于有弹性的软模中，使其受到液体或气体介质传递的均衡压力而被压实成型的一种新型压制成型方法。等静压成型可分为湿式冷等静压成型、干式冷等静压成型与热等静压成型几种。

湿式冷等静压成型如图 12-22a 所示，将粉料装入塑料或橡胶做成的弹性模具内并密封，将其置于高压容器内后，注入高压液体介质（压力 ≥ 100MPa），此时与高压液体直接接触的模具将压力传递至坯料使其成型为坯体，然后释放压力取出模具，并从

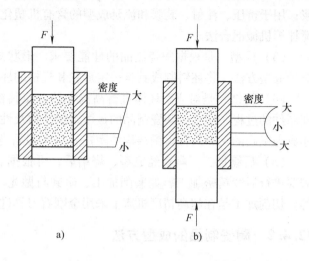

图 12-21　干压成型示意图
a）单向压制　b）双向压制

模具中取出成型好的坯体。该法生产效率不高，主要适用于形状较复杂、产量小和大型制品。

干式冷等静压成型是在高压容器内封紧一个加压橡皮袋，加料密封后的模具送入橡皮袋中加压，压成后又从橡皮袋中退出脱模。此法的坯料添加和坯件取出都在干态下进行，模具也不与高压液体直接接触，如图 12-22b 所示。该法生产效率较高，适于压制长型、薄壁、管状制品。

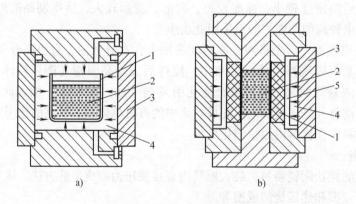

图 12-22　冷等静压成型示意图
a）湿式冷等静压成型　b）干式冷等静压成型
1—橡胶膜　2—粉料　3—高压容器　4—压力传递介质　5—加压橡皮

热等静压成型是采用惰性气体代替液体作压力传递介质的高温等静压成型，又称热等静压烧结。它以金属箔代替橡胶膜，用惰性气体向密封模具内的粉末同时施加各向均匀的高压高温，使成型与烧结同时完成。该法烧结制品致密均匀，但所用设备复杂，生产效率低、成本高。

3. 热压注成型

热压注成型是将配料混合后的陶瓷细粉与熔化的蜡料加热搅拌成具有流动性与热塑性的料浆,在热压铸机中用压缩空气将料浆注入金属模具型腔,料浆在型腔内冷凝形成坯体后脱模取件。

热压注成型操作简单,模具磨损小,生产效率高;可成型复杂制品,但坯体密度较低,烧结收缩较大,易变形;生产周期长。该方法适于批量生产外形复杂、表面质量好、尺寸精度高的中小型制品,不宜制造壁薄、大而长的制品。

4. 注射成型

将粉料与有机粘结剂混合后加热混炼,制成粒状粉料,用注射成型机在 130~300℃ 温度下注射入金属模具中,冷却后粘结剂固化,取出坯体,经脱脂后就可按常规工艺烧结。这种工艺成型简单,成本低,压坯密度均匀,适用于复杂零件的自动化大规模生产。

12.5 复合材料的成型

12.5.1 树脂基复合材料的成型方法

1. 手糊成型

手糊成型是以手工作业在常温常压下成型复合材料制件的方法,是最早应用于树脂基复合材料制造中的方法。它的工艺过程是:先将含有固化剂的树脂胶液(如聚酯树脂胶液、环氧树脂胶液等)涂刷在涂好脱模剂的模具成型面上,再将按要求剪裁好的纤维织物(如玻璃布、无捻粗纱方格布、玻璃毡等)铺贴其上,用压辊、刷子或刮刀压挤织物,使其浸透树脂并排除气泡;然后再涂刷树脂胶液和铺贴第二层纤维织物,反复上述过程直至达到制品设计厚度为止;随后加热固化成型(热压成型),或者利用树脂体系固化时放出的热量固化成型(冷压成型);最后脱模得到制品(见图12-23)。

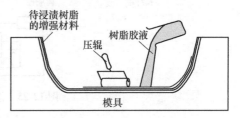

图 12-23 手糊成型示意图

手糊成型的优点是设备投资少、工艺简单、成本低;不受产品尺寸和形状限制,适宜尺寸大、批量小、形状复杂的产品的生产;易于满足产品设计需要,可在产品不同部位任意增补增强材料。

缺点是生产效率低、速度慢、生产周期长、不宜大批量生产;产品质量不易控制,性能稳定性不高;产品力学性能较低;生产环境差、气味大、加工时粉尘多,易对施工人员造成伤害。

典型产品有船艇壳体、风力发电机叶片、游乐设备、冷却塔壳体、建筑模板等。

2. 喷射成型

喷射成型是利用喷枪将树脂体系与短

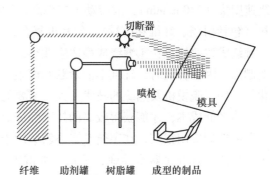

图 12-24 喷射成型示意图

纤维（或晶须、颗粒）同时喷到模具上而制得复合材料制件的工艺方法。

常用的工艺是将混有引发剂和促进剂的不饱和聚酯树脂从喷射机喷枪的喷嘴喷出，同时将被喷射机切断的玻璃短纤维（25～30mm）由喷枪中心喷嘴喷出，使其与树脂在均匀混合后沉积到模具表面。当沉积到一定厚度时，用压辊滚压使纤维浸透树脂，排除气泡，再经常温固化后成型为制品。

与手糊成型工艺相比，喷射成型工艺的效率提高了2～4倍甚至更高。它的优点是：由于使用无捻粗纱代替了手糊工艺的玻璃纤维织物，因而材料成本更低；成型过程中无接缝，这使得制品的整体性和层间剪切强度更好；可自由调节产品的壁厚、纤维与树脂的比例以及纤维的长度，因而满足了零部件的不同机械强度要求。但其厚度和纤维含量难以精确控制，树脂含量较高，孔隙率较高，制品强度较低。

典型产品有浴盆、货车整流罩、小艇等。

3. 缠绕成型

缠绕成型是一种将浸过树脂胶液的连续纤维或带按照一定规律缠绕到芯模上，然后在室温或较高温度下经固化、脱模，获得制品的一种制造工艺，是一种生产各种尺寸（直径6mm～6m）回转体的简单有效的方法。缠绕成型主要分为干法缠绕、湿法缠绕和半干法缠绕三种。最普通的缠绕方法是湿法缠绕，其工艺原理如图12-25所示。

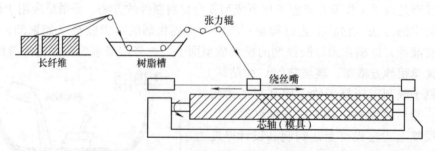

长纤维　　树脂槽　　张力辊　　绕丝嘴　　芯轴（模具）

图12-25　湿法缠绕成型工艺原理

缠绕成型的优点：①能够按产品的受力状况设计缠绕规律，充分发挥纤维的强度。②比强度高。一般来讲，纤维缠绕压力容器与同体积、同压力的钢质容器相比，重量可减轻40%～60%。③可靠性高。纤维缠绕制品易实现机械化和自动化生产，工艺条件确定后，缠出来的产品质量稳定，精确。④生产效率高。采用机械化或自动化生产，需要操作工人少，缠绕速度快（240m/min），故劳动生产率高。⑤成本低。在同一产品上，可合理配选若干种材料（包括树脂、纤维和内衬），使其再复合，达到最佳的技术经济效果。

缠绕成型的缺点：①缠绕成型适应性小，不能生产任意结构形式的制品，特别是表面有凹的制品，因为缠绕时，纤维不能紧贴芯模表面而架空；②缠绕成型需要有缠绕机、芯模、固化加热炉、脱模机及熟练的技术工人，需要的投资大、技术要求高，因此，只有大批量生产时才能降低成本，才能获得较高的技术经济效益。

缠绕成型应用很广，在宇航及军事领域用于制造火箭发动机壳体、级间连接件，以及雷达罩、气瓶、各种兵器型导弹、鱼雷、水雷等，直升机部件（如螺旋桨、起落架、尾部构件、稳定器）。商业领域用于各种储罐（如石油或天然气储罐）、防腐管道、压力容器、烟囱管或衬里、车载升降台悬臂、避雷针、化学储存或加工容器、汽车板簧及驱动轴、汽轮机叶片等。

4. 拉挤成型

拉挤成型是一种以连续纤维及其织物或毡类材料增强型材的工艺方法。增强材料（玻璃纤维无捻粗纱、玻璃纤维连续毡及玻璃纤维表面毡等）在拉挤设备牵引力的作用下，在浸胶槽里得到充分浸渍后，经过一系列预成型模板的合理导向，得到初步定型，最后进入被加热的金属模具，在一定温度作用下反应固化，从而得到连续的、表面平滑、尺寸稳定且高强度的复合材料型材。

5. 袋压成型

袋压成型是将手糊成型的未固化制品，通过橡胶袋或其他弹性材料向其施加气体或液体压力，使制品在压力下密实，固化。

袋压成型法的优点是：①产品两面光滑；②能适应聚酯、环氧和酚醛树脂；③产品质量比手糊法高。

袋压成型分压力袋法和真空袋法两种。

（1）压力袋法　压力袋法是将手糊成型未固化的制品放入一橡胶袋，固定好盖板，然后通入压缩空气或蒸汽（0.25～0.5MPa），使制品在热压条件下固化。

（2）真空袋法　此法如图12-26所示，是将手糊成型未固化的制品，加盖一层柔性薄膜，制品处于柔性薄膜和模具之间，密封周边，抽真空（0.05～0.07MPa），使制品中的气泡和挥发物排除。真空袋成型法由于真空压力较小，故此法仅用于聚酯和环氧复合材料制品的湿法成型。实际真空成型时多与热压釜联用以提高材料的性能。

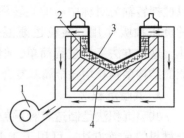

图12-26　真空袋法成型示意图
1—真空泵　2—增强材料
3—柔性薄膜　4—模具

12.5.2　金属基复合材料的成型方法

1. 真空压力浸渍法

如图12-27所示，首先将增强物（短纤维、晶须、颗粒料）制成的预制件放入模具中。将基体金属放于下部坩埚内，紧固和密封炉体，通过真空系统将预制件模具及炉腔抽真空到预定真空度，通电加热预制件和基体金属。当预制件及金属液达到预定温度并保温一定时间后，将模具升液管插入金属液，随后往下炉腔内通入惰性气体，金属液迅速吸入型腔内。随着压力的升高，金属液渗入预制件中增强物间隙，完成浸渍，形成复合材料。由于真空压力浸渍法中复合材料是在压力下凝固的，因此材料组织致密，无缩孔、疏松等铸造缺陷。

真空压力浸渍法适用面很广，可用于铝、镁、铜、锌、镍、铁基，以及碳、硼、氧化铝、碳化硅等短纤维、晶须、颗粒为增强体的金属基复合材料的制备，并能一次成型制作形状复杂的零件，基本上无需后续加工。

2. 液态金属搅拌铸造法

液态金属搅拌铸造法工艺简单，成本低廉，是一种工业上规模生产颗粒增强金属基复合材料的主要方法。这种方法的基本原理是：将颗粒增强物直接加入到熔融的基体金属液中，通过一定方式的搅拌使颗粒均匀地分散在金属熔体中，然后将复合金属基熔体浇注成锭坯、铸件等。这种工艺是制造颗粒增强铝基复合材料的主要方法。

液态金属搅拌铸造法生产的关键问题在于解决增强颗粒与金属液之间的浸润，并使之弥散化问题。陶瓷颗粒尺寸细小，一般在 10 ~ 30μm，与金属液体间的浸润性差，不易加进金属或在金属液中团聚。因而增强颗粒使用前往往进行加热处理，使有机污染物或吸附水分去除。另外，在一些陶瓷颗粒（如 SiC）表面形成极薄的氧化层，也能改善与铝熔体间的浸润性。为了降低铝熔体的表面张力，在铝熔体中可加入适量的钙、镁、锂等元素，增强其与陶瓷颗粒间的浸润性，使之均匀复合。

在液态金属搅拌铸造法中，有效地搅拌是使颗粒与金属液均匀混合和复合的重要措施。当采用高速旋转的叶桨搅动金属液时，会形成以搅拌转轴为对称中心的旋转涡旋，依靠涡旋的负压抽吸作用，颗粒逐渐混合进入金属熔体。这种方法工艺过程简单，但不适用于高性能的结构型颗粒增强金属基复合材料。

3. 共喷沉积法

共喷沉积法是制造各种颗粒增强金属基复合材料的有效方法，可用于工业规模生产铝、镍、铜、铁、金属间化合物基复合材料，并可直接制成锭坯、板坯、管子等。

共喷沉积法的基本原理如图 12-28 所示，液态金属通过特殊的喷嘴，在惰性气体气流的作用下分散成细小的液态金属雾（微料）流；在金属液喷射雾化的同时，将增强颗粒加入到雾化的金属流中，与金属液滴混合，并一起沉积在衬底上，凝固形成金属基复合材料。

共喷沉积法适用面广，不仅适用于铝、铜等有色金属基体，也适用于铁、镍、钴、金属间化合物基体材料。共喷沉积时，不可避免地在制品内存在少量气体孔隙，最低可达 2%，有时高达 5%，但经进一步挤压变形后，可消除气孔，获得致密的材料。

4. 挤压铸造法

挤压铸造法是一种高效率批量生产以短纤维（或晶须或颗粒）为增强体的金属基复合材料零件的加工方法。制造时，首先将短纤维（或晶须或颗粒）放入水中，加入少量粘结剂，

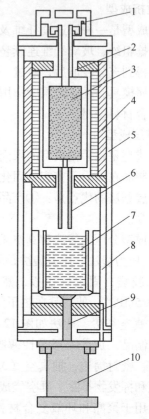

图 12-27 真空压力浸渍法示意图
1—上真空腔 2—上炉腔 3—预制件
4—上炉腔发热体 5—水冷炉套
6—模具升液管 7—坩埚
8—下炉腔发热体 9—顶杆 10—气缸

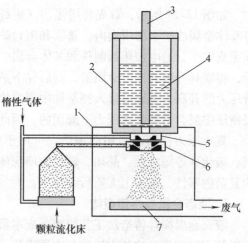

图 12-28 共喷沉积法的基本原理
1—分解室 2—感应加热炉 3—挡杆
4—液态金属 5—雾化器 6—颗粒喷射器 7—衬底

搅拌均匀，加压或离心脱水、干燥，制成具有一定体积分数及要求形状的预制件。然后，将预制件预热放入模具，将熔融金属注入模具中，在压力机下用压头加压，压力为 70 ~ 100MPa，液态金属在压力下浸渗入预制件中，并保压凝固，脱膜制成金属基复合材料零件。

挤压铸造工艺主要用于制造以陶瓷短纤维、晶须为增强体的铝、镁基复合材料零部件，其形状、尺寸均可接近零部件的最终尺寸，二次加工量小，成本低。另外，此方法也可用于制备金属基复合材料锭坯，通过挤压、锻造等二次加工方法制成金属基复合材料的型材和零部件。

12.5.3　陶瓷基复合材料的成型方法

1. 粉末冶金法

粉末冶金法也称压制烧结法或混合压制法，是广泛用于制备特种陶瓷及某些玻璃陶瓷的简便方法。它是将陶瓷粉末、增强材料（颗粒或纤维）和加入的粘结剂混合均匀后，冷压制成所需形状，然后进行烧结或直接热压烧结或等静压烧结制成陶瓷基复合材料。前者称为冷压烧结法，后者称为热压烧结法。粉末冶金法所遇到的困难是基体与增强材料的混合不均匀，以及晶须和纤维在混合过程中或压制过程中，尤其是在冷压情况下易发生折断。在烧结过程中，由于基体发生体积收缩，因而会导致复合材料产生裂纹。

2. 浆体法

为了克服粉末冶金法中各材料组元，尤其是增强材料为晶须时混合不均匀的问题，多采用浆体法（也称湿态法）制造复合材料。在混合浆体中各材料组元应保持散凝状，即在浆体中呈弥散分布，这可通过调整水溶液的 pH 值来实现，对浆体进行超声波振动搅拌则可进一步改善弥散性。弥散的浆体可直接浇注成型或通过热压或冷压后烧结成型。对于连续长纤维可采用浆体浸渍法制造连续纤维增强陶瓷基复合材料。

浆体浸渍 – 热压法的优点是加热温度较晶体陶瓷低，层板的堆垛次序可任意排列，纤维分布均匀，气孔率低，获得的强度较高。缺点是所制零件的形状不宜太复杂，基体材料必须是低熔点或低软化点陶瓷。

3. 化学气相浸渍法

此方法是一种化学气相浸渍法（简称 CVI 法）。CVI 法是把反应物气体浸渍到多孔预制件的内部，发生化学反应并进行沉积，从而形成陶瓷基复合材料。CVI 的工艺方法主要有六种，其中最具代表性的是等温 CVI 法（ICVI）。

ICVI 法又称静态法，是将被浸渍的部件放在等温的空间，反应物气体通过扩散渗入到多孔预制件内，发生化学反应并沉积，而副产物气体再通过扩散向外散逸。图 12-29 所示为ICVI 法示意图。

用 CVI 法的优点是可制备硅化物、碳化物、氮化物、硼化物和氧化物等多种陶瓷基复合材料，并可获得优良的高温力学性能。在制

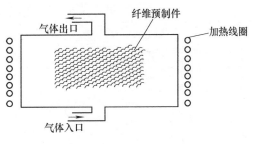

图 12-29　ICVI 法示意图

备复合材料方面最显著的优点是能在较低温度下制备材料，如在 800 ~ 1200℃制备 SiC 陶瓷，而传统的粉末冶金法其烧结温度在 2000℃以上。由于 CVI 法制备温度较低及不需外加压力，

因此，材料内部残余应力小，纤维几乎不受损伤。CVI 的主要缺点是生长周期长，效率低，成本高，材料的致密度也低，一般都存在 10% ~15% 的孔隙率。

本 章 小 结

1. 塑料的成型方法主要有：常用于热塑性塑料棒材、管材（特别是异形管材）的挤出成型；应用广泛的注射成型；主要用于热固性塑料的模压成型；利用流体流动性成型的浇注成型；主要用于中空塑料制品的吹塑成型。

2. 塑料制品设计应特别注意的方面有尺寸精度、表面粗糙度、脱模斜度、壁厚、加强筋、圆角、支承面、螺纹、嵌件等。

3. 橡胶制品的生产工艺过程大致包括塑炼、混炼、成型、硫化等阶段。橡胶制品的成型方法主要有压延成型、压出成型、模压成型、压铸成型等。

4. 陶瓷制品的生产过程主要包括配料、坯料制备、成型、烧结及后续加工等阶段。陶瓷制品的成型方法主要有注浆成型、凝胶注模成型、干压成型、等静压成型、热压注成型、注射成型等。

5. 树脂基复合材料的成型方法有手糊成型、喷射成型、缠绕成型、拉挤成型、袋压成型等；金属基复合材料的成型方法有真空压力浸渍法、液态金属搅拌铸造法、共喷沉积法、挤压铸造法等；陶瓷基复合材料的成型方法有粉末冶金法、浆体法、化学气相浸渍法等。

思 考 题

1. 塑料成型方法有哪几种？各适合成型哪种塑料？
2. 简述注射成型的成型原理、工艺过程及其成型特点。
3. 简述橡胶压延成型的成型原理。
4. 说明下列各制品常采用何种成型方法。
建筑用的壁板；汽车保险杠；给排水管；塑料轴承；电线电缆护层。

第13章 机械零件用材料及成形工艺的选择

导读：本章首先介绍了失效的概念、失效分析的目的及作用、零件失效的原因、失效的类型及其预防；其次较详细介绍了材料及成形工艺选择的步骤和方法；最后，介绍了轴类、齿轮类、箱体类典型零件的材料及成形工艺选择。

本章重点：机械零件材料及成形工艺选择的步骤和方法。

大量事实说明，某些机械零件的质量差、寿命低等问题与材料选择不当、加工工艺不合理有关。因此，工程技术人员和管理人员必须掌握零件材料的正确选用和加工，合理制订加工工艺，特别是热处理工艺。

13.1 零件的失效分析

机械产品的主要质量标志是：功能、寿命、经济、安全和外观，其中功能是首要的。一般说来，发生下列情况之一时，被定义为失效：①完全失去原定的功能；②仍然可用，但是不再能够良好地实现其原定的功能；③严重损伤，使其在继续使用的过程中失去可靠性和安全性。总之，零件在使用过程中如失去原设计的功能和可靠性，我们就称其为失效。

机械零件发生失效，往往造成不同程度的经济损失，甚至可能危及设备和人身安全，因此，对机械零件的失效分析及预防应当给予高度重视。

13.1.1 失效分析的目的及作用

一般来说，整机的失效通常是由某个零部件首先失效而引发，而零件的失效都是从最薄弱的部位开始的，并且必然在其残骸上留下失效过程的信息，此为失效分析提供了基础。失效分析的目的就是找出失效的原因，提出防止或推迟失效的措施，然后反馈到有关部门给予实施，防止同类失效再度发生，从而提高产品质量或获得改型的新产品。

对机械产品来说，失效分析的结果反馈给设计人员，可以促进产品结构设计的改进或新的安全设计规范和技术标准的制定；反馈到材料研究与制造机构，可以促进老材料的改进和新材料的开发以及正确合理地选用材料；反馈给制造工艺制订人员，可以促进生产工艺的改进及新工艺的应用；反馈到使用、维修方面，可以从使用、维修、保养等方面制订预防失效的措施。很显然，失效分析是机械产品由不尽完善走向更加完善的必经之路，是提高产品质量的重要手段。所以，对机械设计、制造人员来说，掌握失效分析的有关知识是十分重要的。

13.1.2 零件失效的原因

零件失效的原因主要来自于设计、材料选择、加工工艺和安装使用四个方面。

1. 设计因素

最常见的情况是零件尺寸和几何结构的不正确，如过渡圆角太小、存在尖角和尖锐切口等，由此，造成了较大的应力集中。另外，设计中对零件工作条件估计错误，例如：对工作中可能的过载估计不足，因而设计的零件承载能力不够；或者对环境的恶劣程度估计不足，忽略或低估了温度、介质因素的影响，造成零件实际工作能力的降低。

2. 加工工艺因素

实际上，相当数量的零件，尽管其原始设计是正确的，但如果工艺制造条件不满足设计要求，仍会发生各式各样的故障而导致失效。例如：冷加工中常出现的表面粗糙度值偏高、较深的刀痕、磨削裂纹等缺陷；热成形中容易产生的过热、过烧和带状组织等缺陷；热处理中工序的遗漏、淬火冷却速度不够、表面脱碳、淬火变形和开裂等，都是造成零件失效的重要原因。

3. 材料因素

相当多机器的主要失效原因与其关键零部件的材料因素密切相关。材料造成的失效，可能是由于选材不当，也可能是由于冷热加工工艺过程产生的缺陷，还可能是由于材料未经"磨合"以及检验不严而残留下的缺陷。

4. 安装使用因素

安装时配合过紧、过松，对中不好，固定不紧等，都可能使零件不能正常地工作或工作不安全。使用维护不良，不按工艺规程操作，也可使零件在不正常的条件下运转。

除了上述四个主要方面外，导致零件失效还存在其他方面的原因。失效的实际情况是很复杂的，往往不只是单一原因造成的，而可能是多种原因共同作用的结果。在这种情况下，必须逐一考查设计、材料、加工和安装使用等方面的问题，排除各种可能性，找到真正的原因，特别是起决定作用的主要原因。

13.1.3 失效的类型及其预防

机械零件最常见的失效形式有变形失效、断裂失效及磨损失效。

1. 变形失效

（1）弹性变形失效 零件由于发生过大的弹性变形而失效，称为弹性变形失效。材料在一定载荷作用下，产生的弹性变形量与失效件的强度无关，主要是刚度问题。

对于拉压变形的杆柱类零件，其变形量过大会导致支承件过载，或机构因尺寸精度丧失而造成动作失误。对于弯、扭变形的轴类零件，其过大变形量（过大挠度、偏向或扭角）会造成轴上啮合零件的严重偏载，甚至啮合失常；也会造成轴承的严重偏载，甚至咬死，进而导致传动失效。对于某些控制元件，要求其具有预定的弹性变形（如挠度）才能保证元件所控装置的精度，如温控元件。对于复合变形的框架及箱体类零件，要求其具有合适、足够的刚度以保证系统的刚度，以防止刚度不足而造成系统振动。

从选材的角度出发，为了防止弹性变形失效，应考虑用弹性模量高的材料。在工程材料中，弹性模量由高到低的排序为金刚石、陶瓷材料、难熔金属、钢铁材料、非铁合金、高分子材料。

（2）塑性变形失效 零件发生过大的塑性变形时可能产生塑性变形失效，如键扭曲、螺栓受载后伸长等。塑性变形失效是零件的工作应力超过材料的屈服强度的结果。为了增加零件工作的可靠性，设计中进行强度计算时，许用应力 $[\sigma]$ 一般应小于材料的屈服强度值，即 $[\sigma] \leqslant R_{eL}/n_k$，式中 n_k 为安全系数，数值大于1。

在不同的工作条件下，各种零件允许的最大塑性变形量是不相同的。对于要求特别严格的零件或构件，应根据 σ_e 来设计；对于要求不十分严格的零件或构件，则可以 R_{eL}（$R_{p0.2}$）来设计。对一般工程问题，R_{eL} 被认为是材料的重要力学性能指标。某些零件在切应力作用下工作，如铆钉、键、传动轴等，其受力特点是作用在零件两侧面上外力的合力相等，方向相反，或者所受外力为一对力矩。在这种力的作用下，产生剪切变形和扭转变形，设计时可通过 $\tau_{max} < [\tau]$ 进行强度计算。$[\tau]$ 为许用切应力，与许用拉应力的关系为：$[\tau] = (0.5 \sim 0.6)[\sigma]$（塑性材料）或 $[\tau] = (0.8 \sim 1)[\sigma]$（脆性材料）。为防止过量的扭转变形，扭转角应小于单位轴长度的许用扭转角 $[\theta]$ 值。一般情况下规定为：精密机械的轴 $[\theta] = (0.15° \sim 0.5°)/m$；一般传动轴 $[\theta] = (0.5° \sim 1.0°)/m$；精度较低的轴 $[\theta] = (1.0° \sim 2.5°)/m$。

需要注意的是，强度是对组织敏感的性能指标，材料热处理的质量将直接影响 R_{eL} 的高低。因此，必须合理地选择热处理工艺以获得合适的组织状态。由于各种组织的比体积有所不同，所以，零件在服役过程中如有组织的变化，将导致零件的尺寸发生变化，也会导致塑性变形失效。

例 13-1：某液压系统中柱塞副发生卡死失效，试进行失效分析，并提出对策。

分析的目标——找出柱塞运动受阻（卡死）的原因，并提出对策，以保证系统正常工作。

失效状态分析——中间阀柱与阀体孔的正常配合状态应是间隙配合，但失效阀已丧失相对滑动的可能。卸开后测得阀体孔为负公差，阀柱正常，但阀柱外圆面与阀体孔表面都有轻微擦痕。据查，该阀体为低合金钢并经气体渗碳淬火。失效阀体孔比正常阀体孔表面硬度约低15%，因而进行组织分析。

组织对比分析——取失效阀体内孔处组织与正常工作阀体内孔处组织作金相试样对比分析。正常阀体渗碳层的显微组织是马氏体，其间有少量分散的残留奥氏体，而失效阀体的渗碳层组织中有相当多的残留奥氏体。

结论——失效件表层相当多不稳定的残留奥氏体，在阀柱高压接触和卸压过程中，转变为马氏体，使其体积增大，造成圆柱孔尺寸变小，引起柱塞被挤紧而不能正常工作。

对策——改变渗碳气氛的成分，控制渗碳零件的表面碳含量，避免产生过量的残留奥氏体。

2. 断裂失效

金属断裂的基本类型，可依据不同断裂特性和研究需要进行分类，按金属断裂处宏观塑变量分为：①延性断裂——断裂前发生明显的宏观塑性变形，如低碳钢在拉伸试验时，常温下产生"缩颈"，显著塑性变形后断裂；②脆性断裂——断裂前几乎不发生宏观的塑性变形。通常金属材料断裂时的塑性变形量为2%～5%，均视为脆性断裂。

（1）延性断裂失效 当零件所受应力大于屈服强度，产生明显的塑性变形并逐渐增大直至断裂的现象即属于延性断裂，如起重吊链链环的断裂，板料拉深的断裂等。延性断裂大多发生于具有良好塑性的金属材料，主要由受力过载所造成。只要零件承受的应力控制在许用应力范围内，便可有效地防止这种失效。

（2）低应力脆性断裂失效 从强度设计的角度出发，材料发生断裂是由于承受的应力超过了其强度极限所致。但是许多零件在应力低于材料的屈服强度，或低于零件的许用应力时发生断裂，这种现象称为低应力脆性断裂。

脆性断裂时，裂纹一旦产生就迅速扩展，直至断裂。断裂前总的宏观变形量极小，以至人们看不到断裂的征兆，不能在断裂之前察觉出来，因而具有很大的危险性。

低应力脆断中最重要的有两种。一种是低、中强度钢由于存在韧脆转变温度 t，因而其低应力脆断常发生在韧脆转变温度附近以下的低温区域内。为了防止脆断，其最低工作温度 t_w 应为：$t_w \geqslant t + K$，$K = 20 \sim 30℃$。另一种是对高强度钢或大型中、低强度钢的构件，由于内部常有裂纹，故必须进行防断安全设计与选材，必须考虑材料的断裂韧度 K_{Ic}。材料断裂的条件为：$K_I = Y\sigma a^{1/2} \geqslant K_{Ic}$。由此，确定构件不发生断裂所能承受的工作应力为

$$\sigma \leqslant K_{Ic} / (Ya^{1/2})$$

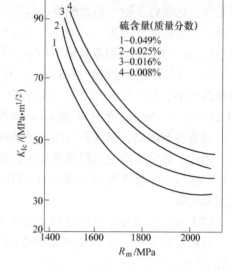

图 13-1　45NiCrMo 钢 K_{Ic} 与 R_m 的关系

例 13-2：一厚板零件，用 45NiCrMo 钢制造，此钢的 K_{Ic} 与 R_m 的关系如图 13-1 所示。制造厂无损检测能检验的裂纹长度在 4mm 以上，设计工作应力 $\sigma_d = R_m/2$。

1）工作应力 $\sigma_d = 750$MPa 时，检测手段能否保证防止脆断？

2）企图通过提高强度以减轻零件重量，若 R_m 提高到 1900MPa 是否合适？

3）如果 R_m 提高到 1900MPa，则零件的允许工作应力是多少？

提示：厚板内部有与 R_m 垂直的半径为 C 的圆形裂纹，$K_I = \dfrac{2}{\pi}\sigma_d(\pi C)^{1/2}$。

解：

1）选用钢材 1（$w_S = 0.049\%$）时，$R_m = 2\sigma_d = 1500$MPa，由图 13-1 得到 $K_{Ic} \approx 66$ MPa $\cdot$ m$^{1/2}$ $= \dfrac{2}{\pi}\sigma_d(\pi C)^{1/2}$，则可计算出裂纹临界长度 $2C \approx 12.1 \times 10^{-3}$m $= 12.1$mm > 4mm。

裂纹在达到临界尺寸前就可检测出来，因此现有手段可以防止脆断。

2）仍选用钢材 1，通过热处理提高强度，$R_m = 1900$MPa，由相应 $K_{Ic} \approx 34.5$MPa $\cdot$ m$^{1/2}$，$\sigma_d = R_m/2 = 950$MPa，则裂纹临界长度 $2C \approx 2.1$mm < 4mm。

临界裂纹长度小于检测范围，因而不能保证避免脆断的产生。当选用最优钢材 4（$w_s = 0.008\%$）时，对应于 $R_m = 1900$MPa，$K_{Ic} \approx 50$MPa $\cdot$ m$^{1/2}$，则裂纹临界长度 $2C \approx 4.35$mm > 4mm，因此选用钢材 4 可避免脆断。

3）在 $R_m = 1900$MPa 时：

钢材 1，在临界裂纹 $2C = 4$mm 时，其工作应力 $\sigma_d < 685$MPa；

钢材 4，在临界裂纹 $2C = 4$mm 时，其工作应力 $\sigma_d < 990$MPa。

由上例分析可见，不考虑韧性而片面提高材料强度是不行的，有时还适得其反，降低了构件的断裂抗力。同时可以看到，裂纹检测手段对防止脆断的发生是很关键的。设计、选材时必须考虑临界裂纹尺寸一定要大于检测设备的探伤极限尺寸，否则不能避免脆断的产生，使零件在工作过程中的安全性与可靠性不够。

（3）疲劳断裂失效　在交变循环应力多次作用下发生的断裂，称为疲劳断裂。疲劳断裂失效是机器零件中最常见的失效方式。各种机器中，因疲劳失效的零件达到失效零件总数的 60% ~ 70%。

高周疲劳时，材料疲劳抗力的指标主要为疲劳极限 σ_{-1}。陶瓷材料和高分子材料的疲劳极限都很低，金属材料的疲劳强度较高，因此，抗疲劳构件都是用金属材料制造。对于低周疲劳，材料的疲劳抗力不单与强度有关，而且与塑性有关。

疲劳断裂失效有如下特点。

疲劳断裂与静载荷下的断裂不同，不管材料在静载荷下呈现脆性状态还是延性状态，疲劳断裂均表现为脆性断裂，因而具有突发性。

造成疲劳破坏时，其交变应力的振幅一般远低于静载材料的 R_m，有时甚至低于 σ_e，因而在静载荷下安全工作的零件，在交变载荷下可能不安全。

在一般情况下，材料对静载荷的抗力主要取决于材料本身；而在交变载荷下，其疲劳抗力对构件的形状、尺寸、表面状态等敏感，材料内缺陷对疲劳抗力影响较大。

因此，为防止产生疲劳断裂失效，如零件是无限寿命设计，交变工作应力应低于 σ_{-1}，而有限寿命设计时，工作应力低于规定次数下的 σ_N，同时尽可能使构件获得高的疲劳极限。

3. 磨损失效

磨损是机械零件又一种普遍的失效形式。几乎每一个零件相对于另一零件或材料摩擦时，都遭受磨损。磨损失效的基本类型主要有粘合磨损、磨粒磨损以及表面疲劳磨损。

（1）粘合磨损

1）咬合磨损。咬合磨损是指零件表面某些摩擦点处氧化膜被破坏，形成了金属结合点并逐渐被磨损的现象。结合点处的强度分两种情况：一种是比基体金属强度高（即结合点处金属被强化了），则在随后的相对滑动时基体金属屡遭破坏；二是比基体金属强度低，则结合点遭破坏，使局部粗糙化。

咬合磨损只发生在滑动摩擦条件下。当零件表面缺乏润滑，相对滑动速度很小，而比压很大，超过表面实际接触点处屈服强度的时候，便发生咬合磨损。磨损量与载荷、滑动距离成正比，与材料的硬度成反比。此外，还与配对材料的抗粘合能力的大小 K（即粘合磨损系数）有关。例如：室温下，清洁表面铜/铜，$K = 10^{-2}$；铜/低碳钢，$K = 10^{-3}$；铜/表面淬火钢，$K = 10^{-4}$；在室温下真空中，不锈钢/不锈钢清洁表面，$K = 10^{-3}$；若表面覆以 Sn 薄膜，则 $K = 10^{-7}$，覆以 MoS_2，则 $K = 10^{-9} ~ 10^{-10}$。

根据上述，防止咬合磨损的途径有：①合理配对和对表面加覆盖层以减小 K 值（如硫化、磷化、硅化等）②加载时不要超过材料硬度值的 1/3；③尽可能提高材料的硬度，以减小磨损量。

2）热咬合磨损。热咬合磨损通常发生在滑动摩擦时（不论有无润滑）。当滑动速度很大，比压也很大的时候，将产生大量摩擦热，使润滑油变质，并使表层金属加热到软化温度，在接触点处发生局部金属粘着，从而出现较大金属质点的撕裂脱离甚至熔化，这种形式的磨损称为热咬合磨损。热咬合磨损在重载和高速零件中表现最多，也最为明显。它是发展这类机械中遇到的重大阻碍之一。

因为引起热咬合磨损的根本原因是摩擦区形成的热，因此防止热咬合磨损应遵循两个原则：一是设法减小摩擦区的形成热，使摩擦区的温度低于金属热稳定性的临界温度和润滑油热稳定性的临界温度；二是设法提高金属稳定性和润滑油的热稳定性。

针对第一个原则，设计上可采取在摩擦区增加水冷或气冷的结构措施，以及改变工件摩擦区的形状和尺寸，使形成的摩擦热尽快地传到周围介质中去，由冷却介质带走。针对第二个原则，在材料选择上应选用热稳定性高的合金钢并进行正确的热处理，或采用热稳定性高的硬质合金堆焊。

（2）磨粒磨损　磨粒磨损是由于硬质点摩擦零件表面引起的。当硬质点（硬磨粒）在压力下滑过或滚过一个表面，或者当一个硬表面（包含有硬质点）擦过另一个表面时就产生磨粒磨损。一些在含有泥沙或磨粒的介质中工作的零部件，如水轮机叶片、搅拌机叶片以及工程机械的各种开式齿轮等，均承受磨粒磨损。

磨粒磨损量取决于磨粒硬度和金属硬度之间的相互关系。为了减小磨粒磨损量，金属的硬度应比磨粒的硬度约高出 30%。

（3）表面疲劳磨损　在交变接触压应力作用下，使材料表面疲劳而产生材料损失的现象称为表面疲劳磨损。表面疲劳磨损有如下三种形态。

1）疲劳点蚀。裂纹开始于表面，此裂纹源向前、向下扩展，然后很快又折回到表面，形成小而边缘尖锐的点蚀坑，常呈 V 形。

2）疲劳剥落。裂纹在亚表面内开始（经常是在夹杂物处即高应力集中源处），然后与表面平行扩展而造成大面积剥落。

3）表层压碎。对硬化表面零件，当其硬表层不良，或深度不够或心部过软时，裂纹往往在硬表层与软心部的分界处萌生并扩展，以至硬表层成片剥落。这种表层剥落称为表层压碎。

抵抗表面疲劳磨损的方法有：①适当提高硬度，并注意摩擦体之间硬度的配合，如齿轮副，小齿轮的硬度要高于大齿轮 30 ~ 50HBW；②适当进行表面硬化处理，并注意硬表层深度、心部硬度以及硬、软过渡区的硬度梯度等；③提高表面加工质量。一般情况下，随着表层硬度的提高，表面粗糙度值减小，疲劳寿命提高，但硬度高达某一极限值后寿命提高甚微。

13.2　材料及成形工艺选择的步骤和方法

13.2.1　材料及成形工艺选择的步骤

通常机械零件用材料及成形工艺的选择应按如下步骤进行。

1）分析零件的服役条件、形状、尺寸和应力状态后，确定零件的技术条件。

2）通过分析或试验，结合同类零件失效分析的结果，找出零件在实际使用过程中的主要和次要的失效抗力指标，以此作为选择的依据。

3）根据力学计算，确定零件应具有的主要力学性能指标，正确选择材料。所选材料应满足失效抗力指标的要求并综合考虑其工艺性。

4）根据零件的结构特征及力学性能要求和生产因素，选择成形方法及强化方法，制订出合理的制造工艺路线。

5）审核所选材料及成形方法的安全性、可靠性以及经济性。

6）试验投产。

13.2.2　材料及成形工艺选择的具体方法

机械零件的材料及成形工艺选择的具体方法及依据是多种多样的，下面主要介绍三种。

1. 按零件类别及结构特征进行选择

常用的机械零件按类别和结构特征可分为三大类，它们的材料及成形工艺选择大致如下。

（1）轴杆类零件　轴杆类零件的结构特点是其轴向（纵向）尺寸远大于径向（横向）尺寸。这类零件包括各种传动轴、机床主轴、丝杠、光杠、曲轴、偏心轴、凸轮轴、连杆、拨叉等。轴杆类零件多数是各种机械中重要的受力和传动零件，要求材料具有较高的强度、疲劳极限、塑性与韧性，即要求具有良好的综合力学性能。因此，这些重要零件几乎都采用锻造成形方法，材料常用30~50中碳钢，其中45钢使用最多，经调质处理后具有较好的综合力学性能。合金钢具有比碳钢更高的力学性能和淬透性，可以在承受重载并要求减轻零件重量和提高轴颈耐磨性等情况下采用。常用的合金钢材料有40Cr、40CrNi、20CrMnTi、18Cr2Ni4W等。在满足使用要求的前提下，某些具有异形截面的轴，如凸轮轴、曲轴等，常采用QT450-10、QT500-7、QT600-3等球墨铸铁毛坯，以降低制造成本。对某些不重要的简单轴杆类零件，甚至可用普通灰铸铁作为毛坯，经简单切削加工而成。在有些情况下，也采用铸 – 焊或锻 – 焊结合的方式制造轴杆类零件毛坯。图13-2所示为焊接的汽车排气阀，用合金耐热钢的阀帽与普通碳素钢的阀杆接成一体，节约了合

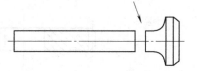

图13-2　焊接的汽车排气阀

金耐热钢。图13-3所示为我国20世纪60年代初期制造的120000kN水压机立柱，用铸 – 焊结构。该立柱每根净重80t，当时的生产技术条件下，用整体铸造或整体锻造都是不可能的，故采用ZG270-500钢分段铸造，加工后拼焊（电渣焊）成整体毛坯。

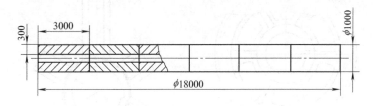

图13-3　铸 – 焊结构的水压机立柱毛坯

（2）盘套、饼块类零件　这类零件的轴向（纵向）尺寸一般小于径向（横向）尺寸，或者两个方向的尺寸相差不大。属于这类零件的有各种齿轮、带轮、飞轮、模具、联轴器、套环、轴承环以及螺母、垫圈等。

由于这类零件在各种机械中的工作条件和使用要求差异很大，因此，它们所用的材料和毛坯也各不相同。以齿轮为例，它是各类机械中的重要传动零件，要求轮齿表面有足够的强度和硬度，同时齿轮的本体也要有一定的强度和韧性。根据以上分析，齿轮一般应选用具有良好综合力学性能的中碳结构钢（如40、45钢）制造，采用正火或调质处理。重要机械上的齿轮，可选用40Cr、40CrNi、40MnB、35CrMo等合金结构钢，采用调质处理加表面淬火；承受较大冲击载荷的齿轮，可选用20Cr、20CrMnTi等合金渗碳钢，轮齿部分进行渗碳或渗

氮处理。齿轮一般应选用锻造毛坯（见图 13-4a），其中以大批量生产条件下采用的热轧齿轮性能最好。在单件或小批量生产的条件下，直径 100mm 以下的小齿轮也可用圆钢为原料（见图 13-4b）；直径 500mm 以上的大型齿轮锻造比较困难，可用铸钢或球墨铸铁件为毛坯。铸造齿轮一般以辐条结构代替锻钢齿轮的辐板结构（见图 13-4c）。在单件生产的条件下，也可以焊接方式制造大型齿轮的毛坯（见图 13-4d）。在低速运转且受力不大或者在多粉尘的环境下开式运转的齿轮，也可用灰铸铁为毛坯。仪器仪表中的齿轮则可采用冲压件，受力不大时可用铜合金，甚至用尼龙注塑成型。

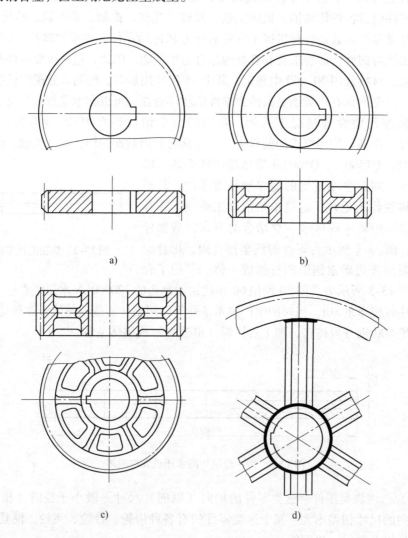

图 13-4　不同类型的齿轮

a）锻造毛坯齿轮　b）圆钢毛坯齿轮　c）铸造毛坯齿轮　d）焊接毛坯齿轮

带轮、飞轮、手轮、垫块等受力不大或承压的零件，通常均采用灰铸铁（HT150 或 HT200 等）件；单件生产时，也可采用低碳钢焊接件。

法兰、套环、垫圈等零件，根据受力情况及形状、尺寸等不同，可分别采用铸铁件、锻钢件或冲压件为毛坯；厚度较小、单件或小批量生产时，也可直接用圆钢或钢板下料。

各种模具毛坯，均采用合金钢锻造。热锻模常用 5CrNiMo、5CrMnMo 等热作模具钢，并经淬火和中温回火；冲模常用 Cr12、Cr12MoV 等冷作模具钢，并经淬火和低温回火处理。

（3）机架、箱体类零件 这类零件包括各种机械的机身、底座、支架、横梁、工作台以及齿轮箱、轴承座、阀体、导轨等。机架箱体类零件的特点是：形状不规则，结构比较复杂并带有内腔，重量从几千克至数十吨，工作条件也相差很大。其中一般的基础零件，如机身、底座等，主要起支承和连接机床各部件的作用，是非运动零件，以承受压应力和弯曲应力为主，为保证工作的稳定性，应有较好的刚度和减振性；工作台和导轨等零件，则要求有较好的耐磨性。这类零件一般受力不大，但要求有良好的刚度和密封性，在多数情况选用灰铸铁进行铸造成形。少数重型机械，如轧钢机、大型锻压机械的机身，可选用中碳铸钢件或合金铸钢件，个别特大型的还可采用铸钢－焊接联合结构。

按零件类别及结构特征进行选择时，还应注意到整机是由零件组装而成，特别是整机外表零件对整机的包装、搬运以及外观等都产生重要影响，因此，应结合这些方面进行综合考虑。

例如：图 13-5 所示为一台单级齿轮减速器，外形尺寸为 430mm × 320mm，传递功率 5kW，传动比为 3.95。作为减速器部分零件的材料和成形方法选择方案列于表 13-1。

2. 按力学性能要求进行选择

零件在实际服役过程中可能会产生不同类型的失效，因此对性能指标的要求也有所不同，这必将影响材料及工艺的选择。所有的材料性能包括工艺性能是相互关联的。为了改变某个特定性能，不论是用一种材料代替另一种材料，还是改变材料成形时的某些方面，一般都会同时影响到其他性能。例如：Pb 的加入提高了材料的可加工性，但往往会降低材料的疲劳强度，并使焊接和冷成形困难；为了获得高淬透性和高强度，可使用高碳高合金钢，但这些钢的焊接性和可加工性又较差。这种相互矛盾的现象在我们工程设计中会经常碰到，因而必须确定主次，找出零件的主要失效抗力指标，以此作为选择的主要依据，再兼顾其他方面进行综合考虑。

（1）以综合力学性能为主进行选择 当零件在工作中承受循环载荷或冲击载荷时，其失效形式主要是过量变形和疲劳断裂，因此要求材料具较高的强度、疲劳强度、塑性与韧性，即要求有良好的综合力学性能。例如：截面上受均匀循环拉应力（或压应力）及多次冲击的零件（气缸螺栓、锻锤杆、锻模、连杆等），要求整个截面淬透，故应在满足力学性能要求的基础上综合考虑材料的淬透性和尺寸效应。一般可选用调质或正火状态的碳钢、调质钢或渗碳合金钢，也可选用正火或等温淬火状态的球墨铸铁来制造。

除上述的材料外，在工艺上还可采用使材料强度、韧性同时提高的强韧化处理。例如：低碳钢淬火成低碳马氏体；高碳钢等温淬火成下贝氏体；选用复合组织（在淬火钢中与马氏体组织共存一定数量的铁素体）以及形变热处理和超细化处理等。

（2）以疲劳强度为主进行选择 对传动轴及齿轮等零件，其整个截面上受力是不均匀的，因此疲劳裂纹开始于受力最大的表层。对管类零件同样有综合力学性能要求，但主要是对强度特别是对疲劳强度的要求。为了提高疲劳强度，应适当提高抗拉强度。在抗拉强度相同时，调质后的组织比退火、正火组织的塑性、韧性较好，并对应力集中敏感性较小，因而具有较高的疲劳强度。

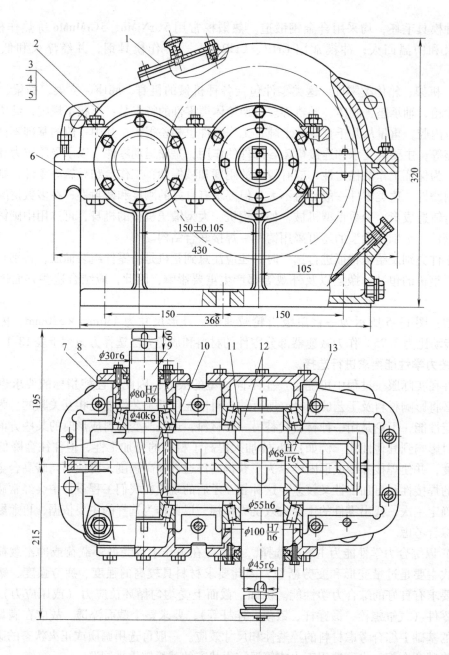

图 13-5　单级齿轮减速器

表 13-1　单级齿轮减速器部分零件的材料和毛坯选择

零件序号	零件名称	受力状况和使用要求	毛坯类别和制造方法		材料及热处理
			单件，小批	大批	
1	窥视孔盖	观察箱内情况及加油	钢板下料或铸铁件	冲压件或铸铁件	钢板：Q235A；铸铁件：HT150；冲压件：08

（续）

零件序号	零件名称	受力状况和使用要求	毛坯类别和制造方法		材料及热处理
			单件，小批	大批	
2	箱盖	是传动零件的支承件和包容件，结构复杂。箱体承受压力，要求有良好的刚性、减振性和密封性	铸铁件（手工造型）或焊接件（焊条电弧焊）	铸铁件（机器造型）	铸铁件：HT150 或 HT200，退火消除应力；焊接件：Q235A
6	箱体				
3	螺栓	固定箱体和箱盖，受纵向（轴向）拉应力和横向剪应力	镦、挤件（标准件）		Q235A
4	螺母				
5	弹簧垫圈	防止螺栓松动	冲压件（标准件）		60Mn，淬火＋中温回火
7	调整环	调整轴和齿轮轴的轴向位置	圆钢车制	冲压件	圆钢：Q235A；冲压件：08
8	端盖	防止轴承窜动	铸铁件（手工造型）或圆钢车制	铸铁件（机器造型）	铸铁件：HT150；圆钢：Q235A
9	齿轮轴	是重要的传动零件，轴杆部分受弯矩和转矩的联合作用，应有较好的综合力学性能；齿轮部分的接触应力和弯曲应力较大，应有良好的耐磨性和较高的强度	锻件（自由锻或胎模锻）或圆钢车制	模锻件	45，调质处理
12	轴	是重要的传动零件，受弯矩和转矩联合作用，应有较好的综合力学性能			
13	齿轮	是重要的传动零件，轮齿部分有较大的弯曲应力和接触应力			
10	挡油盘	防止箱内机油进入轴承	圆钢车制	冲压件	圆钢：Q235A；冲压件：08
11	滚动轴承	受径向和轴向压应力，要求有较高的强度和耐磨性	标准件，内外环用扩孔锻造，滚珠用螺旋斜轧，保持器为冲压件		内外环及滚珠：GCr15，淬火＋低温回火；保持器：08

提高疲劳强度最有效的方法是进行表面处理。例如：选调质钢进行表面淬火；选渗碳钢进行渗碳淬火；选渗氮钢进行渗氮并对零件表面应力集中易产生疲劳裂纹的地方进行喷丸或滚压强化。图13-6所示为零件表面滚压示意图。这些方法除了提高表面硬度外，还可在零件表面造成残余压应力，以部分抵消工作时产生的拉应力，从而提高疲劳强度。

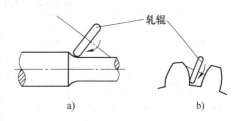

图13-6 零件表面滚压示意图

（3）以磨损为主进行选择 两零件摩擦时，磨损量与其接触应力、相对速度、润滑条件及摩擦副的材料有关。而材料的耐磨性主要与材料硬度、显微组织有关。根据零件工作条件不同，其选择也有所不同。

1）在受力较小、摩擦较大的情况下，其主要失效形式是磨损，故要求材料具有高的耐磨性，如各种量具、钻套、顶尖、刀具、冲模等。在应力较低的情况下，材料硬度越高，耐磨性越好；硬度相同时，弥散分布的碳化物相越多，其耐磨性越好。因此，在受力较小、摩擦较大时，应选过共析钢进行淬火及低温回火，以获得高硬度的回火马氏体和碳化物，满足耐磨性的要求。

2）同时受磨损与循环载荷、冲击载荷的零件，其失效形式主要是磨损、过量的变形与疲劳断裂，如传动齿轮、凸轮等。为了使心部获得一定的综合力学性能，且表面有高的耐磨性，应选适于表面热处理的钢材。其中对传递功率大、耐磨性及精度要求高，但冲击小、接触应力也小的齿轮，可选用中碳合金钢渗氮处理。而对传递功率较大，接触应力、摩擦磨损大，又在冲击载荷情况下工作的齿轮，应选用低碳合金钢渗碳处理。

另外，采用复合热处理同样也能取得令人满意的效果。例如：中碳钢经氮碳共渗＋高频感应加热淬火，因高频感应加热淬火加热时共渗层的氮化物完全分解，使复合热处理后工件表层获得含氮的细马氏体，它不仅高于单一处理的表面硬度和疲劳强度，而且增加了硬化层的深度；为了提高渗碳件的耐磨性，可以采用渗碳淬火再加低温渗硫，使渗碳层表面形成一层 FeS 层，降低摩擦系数，提高耐磨性。

对于在高应力和大冲击载荷作用下的零件（如铁路道岔、坦克履带等），不但要求材料具有高的耐磨性，还要求有很好的韧性，此时可选用高锰耐磨钢经水韧处理来满足要求。

在按力学性能要求选择时，还必须注意以下几点。

① 必须考虑零件服役的实际情况。制造零件的材料，存在着不同类型的宏观或微观缺陷，这直接影响到材料的力学性能；而材料的力学性能是通过试样进行测定的，数值可能有较大的出入。因此，材料的性能指标不管是从试样上测定的还是从手册中获得的，对重要零件在选用时还得通过模拟试验后才能最终确定。

② 充分考虑钢材的尺寸效应。随着钢材截面尺寸的增大，其力学性能下降的现象，称为尺寸效应。对需要淬火的零件，由于尺寸效应，零件截面上不能获得与试样处理状态相同的均一组织，从而造成性能上的差异。尺寸效应对于正火零件也同样存在。

尺寸效应与钢材的淬透性有着密切的关系。由表13-2可见，淬透性低的钢（如碳钢），尺寸效应特别明显。因此在设计时，应注意实际效果，不能仅凭手册上的数据。

表 13-2　淬火硬度（HRC）与尺寸效应

材 料	热 处 理	截面尺寸/mm²						
		≤3	4~10	11~20	21~30	31~50	51~80	81~120
15	渗碳水淬	58~65	58~65	58~65	58~65	58~62	50~60	—
15	渗碳油淬	58~62	40~60	—	—	—	—	—
35	水淬	45~50	45~50	45~50	35~45	30~40	—	—
45	水淬	54~59	50~58	50~55	48~52	45~50	40~45	25~35
45	油淬	40~45	30~35	—	—	—	—	—
T8	水淬	60~65	60~65	60~65	60~65	56~62	50~55	40~45
T8	油淬	55~62	—	—	—	—	—	—

（续）

材料	热处理	截面尺寸/mm²						
		≤3	4~10	11~20	21~30	31~50	51~80	81~120
T10	碱浴	61~64	61~64	61~64	60~62	—	—	—
20Cr	渗碳油淬	60~65	60~65	60~65	60~65	56~62	45~55	—
40Cr	油淬	50~60	50~55	50~55	45~50	40~45	35~40	—
35SiMn	油淬	48~53	48~53	48~53	40~45	40~45	35~40	—
65SiMn	油淬	58~64	58~64	50~60	48~53	40~45	40~45	35~40
GCr15	油淬	60~64	60~64	60~64	58~63	52~62	48~50	—
CrWMn	油淬	60~65	60~65	60~65	60~65	60~64	58~62	56~60

另外，尺寸效应也影响钢材淬火后可获得的表面硬度。在其他条件一定时，随着零件尺寸的增大，淬火后的表面硬度将有所下降。据此，可以对尺寸已初步拟定的具体零件在淬火后能否达到预定的硬度要求进行初步估计，如达不到，则应考虑另选淬硬性更好的材料。

③ 综合考虑零件各性能指标间的合理配合。通常机械零件都是在弹性范围内工作的，所以零件的强度设计总是以屈服强度为原始判据（脆性材料用抗拉强度 R_m），然后再结合实际工作条件用安全系数 n_k 加以修正，以保证零件安全使用。但即使如此，仍经常发生零件的失效及损坏事故。原因之一就是零件在工作时不仅处于复杂应力状态下，而且还经常发生短期的过载。这时若片面地提高 $R_{p0.2}$，不一定就是安全的。因为一般情况下，钢材 $R_{p0.2}$ 提高以后，其塑性指标 A、Z 必然下降。当塑性很低时，就可能造成零件的脆性断裂。所以，在提高材料的 $R_{p0.2}$ 的同时，还应注意钢材的塑性指标。另外，在零件上不可避免地存在形状突变处（如键槽、台阶、螺纹、油孔等），工作时，此处易产生应力集中。如果材料有足够的塑性，则在静载荷作用下通过局部塑性变形，使应力峰值得以削减并产生形变强化，从而提高了零件的强度及使用中的安全性。

对于以脆断为主要危险的零件，如汽轮机、电动机转子这类大锻件以及在低温下工作的石油化工容器等，断裂韧度 K_{Ic} 是最重要的力学性能指标。

3. 按制造中的经济性进行选择

经济性首先表现为材料的相对价格。如以满足强度要求为主要条件时，可以选用强度较高而价格较贵的材料，也可以用强度较低的材料而加大零件的尺寸。当机器重量或尺寸不允许加大时，就只能选用前者。但当零件重量不大而加工量很大时，加工费用在零件总成本中占很大比例，这时，选择材料及其成形工艺时所考虑的重要因素将不是材料的价格而是其加工方法和加工性能，如大批量制造标准螺钉，选用冷镦钢，使用冷镦、搓螺纹方法制造。

在很多情况下，零件在其不同的部位有不同的性能要求时，我们可在不同部位采用不同材料，以获得良好的经济效益。例如：蜗轮的轮齿需要具有优良的耐磨性和较高的抗胶合能力，其他部分只需具有一般强度即可，故可在铸铁轮芯上套上青铜齿圈，以满足要求。滑动轴承只有在它与轴颈接触的表面要求减摩性，所以只需用减摩材料制成轴瓦，而不必把整个轴承都用减摩材料制造，以降低成本。另一方面，我们可以采用较差的材料，仅对某些局部进行强化处理，以提高这部分的承载能力。但对于准备局部强化的零件，在选择材料时，必须考虑该材料能否满足局部强化的要求。例如：需要表面渗碳、渗氮或表面淬火的零件，就该选择相应钢种。

为获得最大的经济性，对零件的材料选择与成形方法应具体分析。例如：简单形状的螺钉、螺栓等零件，最经济的原料和加工方法的选择如上所述，效果是明显的；但对于形状较复杂的零件，具有两种或两种以上的成形和加工方法的可能性，增加了选择的复杂性。如生产一个小齿轮，可以从棒料切削而成，也可以采用小余量锻造齿坯，还可用粉末冶金制造。在上述各种方案中，最终选择应该在比较全部成本的基础上得到。成本研究总是用于分析所有的制造形式和方法，从管材或棒材、铸件、热锻、粉末冶金、冲压或焊接等方案中，比较相对的经济效益。表 13-3 给出了常用毛坯类型及其制品的比较。

表 13-3　常用毛坯类型及其制品的比较

比较内容	毛坯类型				
	铸　件	锻　件	冲压件	焊接件	轧　材
成形特点	液态下成形	固态下塑性变形	同锻件	永久性连接	同锻件
对原材料工艺性能要求	流动性好，收缩率低	塑性好，变形抗力小	同锻件	强度高，塑性好，液态下化学稳定性好	同锻件
常用材料	灰铸铁、球墨铸铁、中碳钢及铝合金、铜合金等	中碳钢及合金结构钢	低碳钢及非铁金属薄板	低碳钢、低合金钢、不锈钢及铝合金等	低碳钢、中碳钢、合金结构钢及铝合金、铜合金等
金属组织特征	晶粒粗大、疏松、杂质排列无方向性	晶粒细小、致密、晶粒呈方向性排列	拉深加工后沿拉深方向形成新的纤维组织，其他工序加工后原组织基本不变	焊缝区为铸造组织，熔合区和过热区有粗大晶粒	同锻件
力学性能	灰铸铁件力学性能差，球墨铸铁、可锻铸铁及铸钢件较好	比相同成分的铸钢件好	变形部分的强度、硬度提高，结构刚度好	接头的力学性能可达到或接近母材	同锻件
结构特征	形状一般不受限制，可以相当复杂	形状一般较铸件简单	结构轻巧，形状可以较复杂	尺寸、形状一般不受限制，结构较轻	形状简单，横向尺寸变化小
零件材料利用率	高	低	较高	较高	较低
生产周期	长	自由锻短，模锻长	长	较短	短
生产成本	较低	较高	批量越大，成本越低	较高	—

（续）

比较内容	毛坯类型				
	铸 件	锻 件	冲 压 件	焊 接 件	轧 材
主要适用范围	灰铸铁件用于受力不大或承压为主的零件，或要求有减振、耐磨性能的零件；其他铁碳合金铸件用于承受重载或复杂载荷的零件；机架、箱体等形状复杂的零件	用于对力学性能，尤其是强度和韧性要求较高的传动零件和工具、模具	用于以薄板成形的各种零件	主要用于制造各种金属结构，部分用于制造零件毛坯	形状简单的零件
应用举例	机架、床身、底座、工作台、导轨、变速箱、泵体、阀体、带轮、轴承座、曲轴、齿轮等	机床主轴、传动轴、曲轴、连杆、齿轮、凸轮、螺栓、弹簧、锻模、冲模等	汽车车身覆盖件、仪表、电器及仪器、机壳及零件、油箱、水箱各种薄金属件	锅炉、压力容器、化工容器管道、厂房构架、起重机构架、桥梁、车身、船体、飞机构件、重型机械的机架、立柱、工作台等	光轴、丝杠、螺栓、螺母、销子等

　　生产批量对于材料及其成形工艺的选择极为重要，特别是对于后者。一般的规律是，单件、小批量生产时铸件选用手工砂型铸造成形方法；锻件采用自由锻或胎模锻成形方法；焊接件则以手工或半自动的焊接方法为主；薄板零件则采用钣金、钳工成形的方法。在大批量生产的条件下，则分别采用机器造型、模锻、埋弧焊及板料冲压等成形方法。

　　在一定的条件下，生产批量也可影响到成形工艺。如机床床身，一般情况下都采用铸造成形，但在单件生产的条件下经济上往往并不合算。若采用焊接件，则可大大降低生产成本，缩短生产周期，只是焊接件的减振、耐磨性不如铸件。又如齿轮，从棒材切削制造100个的总成本可能是有利的，当数量增加至10000个以上时，使用锻造齿坯能获得显著经济效益。对大齿轮，仅需生产500个，则使用盘状毛坯和钻孔就是比较经济的，如数量增至5000个，利用毂筒状锻件可能最经济有利。随着数量的增加，逐渐减轻了最初锻模的成本，并可节约金属和切削成本。

　　对零件用材料及成形方法的合理选择，常可有效降低成本，如汽车发动机曲轴。多年来，曲轴采用锻件切削而成，以满足强度和韧性的要求。然而高韧性并非必需的要求，因为弯曲的曲轴和断裂的曲轴一样，都不能再使用，何况作用在曲轴上的冲击载荷并不严重，这些事实使得其向铸造曲轴变化。铸造曲轴虽没有显著抗塑性弯曲的能力，但有一定的刚度和耐磨性，铸造和切削的曲轴成本要比锻造和切削的曲轴的成本低得多。

　　总之，不论任何时候，只要可能就应选用那些不需特别措施，容易加工、成本低廉的材料及其成形方法。

　　在按经济性选择时还应注意生产条件；只有与具体生产条件相结合，才能兼顾适用性和经济性的原则，才是合理和切实可行的。生产条件是指一个特定的企业部门（如一个工厂）

的设备条件、工程技术人员与工人的数量、技术水平以及管理水平等。在一般的情况下，应充分利用本企业的现有条件完成生产任务。当生产条件不能满足产品生产的要求时，可供选择的途径有三：第一，在本厂现有的条件下，适当改变毛坯的生产方式或对设备进行适当的技术改造，以采用合理的生产方式；第二，扩建厂房，更新设备，这样做有利于提高企业的生产能力和技术水平，但往往需要较多的投资；第三，与厂外进行协作。究竟采取何种方式，需要结合生产任务的要求、产品的市场需求状况及远景、本企业的发展规划和与其他企业的协作条件等，进行综合的技术经济分析，从中选定经济合理的方案。

这里需要特别强调指出，以上讨论的三种对材料及其成形工艺的选择方法，是站在不同的角度，根据其主次不同，找出的具体选择的切入点。按此办法，还可选出其他的切入点。显然，在按结构进行选择时，需考虑其力学性能和经济性；按力学性能进行选择时，需兼顾结构和经济性；按经济性选择时，也离不了结构和力学性能。所以，无论我们按哪种方法进行选择，都必须要分清主次，进行综合分析考虑。

另外，随着计算机的日趋普及，在设计和制造中所涉及的材料选择也可通过计算机化的材料性能数据库，按性能要求选择材料。材料的性能数据和结构分析相结合乃是现代化设计工作的基础。设计人员必须能迅速而准确地获得所需材料的性能数据。过去，这一工作主要依据手册等书籍出版物。但是，现有的材料已超过 10 万种，它们的性能价格比也各不相同，因而，利用计算机进行材料的选择具有明显的优势，读者在这一方面应给予足够的重视。

13.3 典型零件的材料及成形工艺选择

13.3.1 轴类零件

1. 轴的工作条件

轴是机械工业中重要的基础零件之一。一切作回转运动的零件都装在轴上。大多数轴的工作条件如下。

1）传递转矩，同时还承受一定的交变、弯曲应力。

2）轴颈承受较大的摩擦。

3）大多承受一定的过载或冲击载荷。

2. 轴的失效形式

根据工作特点，轴失效的主要形式有以下几种。

1）疲劳。由交变载荷长期作用造成疲劳断裂，主要是扭转疲劳，也有弯曲疲劳。这是轴最主要的失效形式。

2）断裂。由于大载荷或冲击载荷的作用，发生折断或扭断。

3）磨损。由于润滑中的杂质微粒、轴瓦材料选择不当、轴承装配不良、间隙不均等，均造成轴的磨损失效。

4）变形。对于在规定弹性变形范围内工作的轴，往往由于刚度不足引起弹性变形失效，由于强度不足而发生塑性变形失效。

3. 轴的性能要求

根据工作条件的失效形式，可以对轴用材料提出如下性能要求。

1）应具有优良的综合力学性能，即要求有高的强度和韧性，以防变形和断裂。

2）应具有高的疲劳强度，防止疲劳断裂。

3）应具有良好的耐磨性。

在特殊条件下工作的轴，还应有特殊的性能要求。例如：在高温下工作的轴，则要求有高的蠕变变形抗力；在腐蚀性介质环境中工作的轴，则要求由耐该介质腐蚀的材料制成。

4. 轴类零件的选材和热处理

轴类零件一般按强度、刚度计算和结构要求两方面进行零件设计、选材及热处理。通过强度、刚度计算保证轴的承载能力，防止过量变形和断裂失效。结构要求是保证轴上零件的可靠固定与拆装，并使轴具有合理的结构工艺性及运转的稳定性。

轴类零件的形状、尺寸及受力情况差别很大，汽轮机转子轴的直径可达 1m 以上，受力很大；普通机床主轴的直径大多在 100mm 以下；而钟表轴的直径在 0.5mm 以下，受力很小。因此，轴的选材及热处理也是多种多样的。

制造轴类零件的材料主要是碳素结构钢和合金结构钢。轻载、低速、不重要的轴，可选用 Q235、Q275 等普通碳素结构钢，这类钢通常不进行热处理。受中等载荷而且精度要求不高的轴类零件，常用优质碳素结构钢，如 35、45、50 钢等，其中 45 钢应用最多。为改善其力学性能，一般需进行正火、调质处理。为提高轴表面的耐磨性，还可进行表面淬火及低温回火。对于受较大载荷或要求精度高的轴，以及处于高、低温等恶劣条件下工作的轴，应选用合金钢。常用的有 20Cr、40MnB、40Cr、40CrNi、20CrMnTi、12CrNi3、38CrMoAl、9Mn2V、GCr15 等。依据合金钢的种类及轴的性能要求，应采用适当的热处理，如调质、表面淬火、渗碳、氮化等，以充分发挥合金钢的性能潜力。

近年来，球墨铸铁和高强度铸铁已越来越多地作为制造轴的材料，如汽车发动机的曲轴、普通机床的主轴等都可以用铸铁材料制造。热处理方法主要是退火、正火及表面淬火等。

例 13-3：以 C6140 车床主轴为例进行分析。

C6140 车床为广泛使用的普通机床，其主轴转速中等，运动平稳，冲击载荷不大，承受中等循环载荷，故主轴具有一般综合力学性能即可。主轴在滚动轴承中转动，主轴上大端的内锥孔和外锥体与顶尖、卡盘经常有相对摩擦。为防止磨损保证精度，轴颈和大端内、外锥部分要求有较高的耐磨性。综上分析，该主轴的选材、热处理及加工工艺路线如下。

主轴材料：45 钢。

主轴热处理技术条件：整体调质，硬度 220~250HBW；内锥孔与外锥体局部淬火，硬度 45~50HRC；轴颈部位高频感应淬火，硬度 45~50HRC。

主轴的加工工艺路线：

下料→锻造→正火→粗车加工→调质→半精车加工→内锥孔、外锥体的局部淬火、回火→轴颈高频感应淬火、回火→磨削。

例 13-4：内燃机曲轴的选材和加工工艺分析。

该轴是内燃机中形状复杂的轴件之一。它的作用是输出内燃机功率，驱动机械做功，并通过曲柄连杆机构带动活塞上下往复运动，使内燃机连续工作。曲轴是内燃机的关键性零件之一。曲轴工作时，受到连杆传来的周期性燃气压力、曲柄连杆机构的惯性力、扭转和弯曲应力及冲击力等复杂应力的共同作用，曲轴轴颈除担负很大载荷外，还受到严重的滑动摩擦。曲轴的主要失效形式是磨损和疲劳断裂。表面磨损尤以连杆轴颈最为严重。疲劳断裂多数是弯曲疲劳造成的。由于弯曲应力的作用,在轴颈与曲柄过渡的圆角处及油孔等应力集中处形成疲劳裂纹,然后向曲轴深处扩展造成断裂,此外,还可能由于曲轴刚度不足,而引起扭转振动,影响活塞连杆的正常工作,甚至扭断。

综上分析,曲轴的主要性能要求是:要有优良的综合力学性能,高的疲劳强度和足够的刚度,轴颈表面要有良好的耐磨性。

曲轴用材及热处理:根据内燃机类型、功率、转速和轴承材料等条件进行综合考虑,以便确定曲轴材料及热处理工艺。曲轴根据制造工艺分为锻钢曲轴和铸铁曲轴。

锻钢曲轴的常用材料为中碳钢和合金调质钢,应用最多的是45钢和35CrMo。轻、小型载重汽车、轿车和拖拉机的内燃机曲轴,多采用45钢制造;中速大功率的柴油机曲轴多采用35CrMo制造;高速大功率柴油机曲轴可采用42CrMo、50CrMo、40CrNiMo等制造。

锻钢曲轴多采用全纤维模锻件毛坯,保证内部纤维组织连续,受力状态分布合理,以提高曲轴承载能力和使用寿命。中碳钢曲轴通常先正火,硬度163~229HBW。粗加工后调质处理(207~269HBW),然后在轴颈处进行中频淬火、低温回火。合金钢曲轴一般先退火,粗加工后调质处理,再对轴颈中频淬火及低温回火。如需更高的耐磨性,可对轴颈进行渗氮处理。

铸造曲轴常用的材料有球墨铸铁,珠光体可锻铸铁,合金铸铁等。球墨铸铁曲轴的静强度、过载特性、耐磨性和缺口敏感性比45钢锻钢曲轴好,且制造成本低,可以代替部分锻钢曲轴。

13.3.2 齿轮类零件

齿轮是各类机器、仪表中应用最广泛的传动零件,其作用主要是传递动力、改变运动速度和方向。部分齿轮受力不大,仅起分度定位作用。

1. 齿轮的工作条件

一对齿轮副在运转工作中,因传递动力而使齿根部受到弯曲应力,而齿面的啮合运动使齿面存在相互滚动和滑动摩擦的摩擦力,同时在齿面接触处承受很大交变接触压应力。此外,由于换挡、起动或啮合不均,齿轮常受到一定的冲击载荷、瞬间过载作用。若是开式齿轮,还会受到外来磨粒的摩擦作用。

2. 主要失效形式

齿轮在上述工作条件下,主要的失效形式有以下几种。

1)轮齿断裂,其中多数为疲劳断裂。主要是由于轮齿根部所受的弯曲应力超过了材料的抗弯强度而引起。而过载断裂是由于短时过载或冲击过载而引起,多发生在硬齿面齿轮或韧性不足的材料制造的齿轮中。

2)表面疲劳磨损(点蚀)。在交变接触应力作用下,齿面产生微裂纹,微裂纹的扩展,引起齿面点状剥落。

3)齿面磨损。因齿面接触区的摩擦作用,使齿厚变小。

4)齿面塑性变形。主要因齿轮强度不足和齿面硬度较低,在低速重载和起动、过载频繁的传动齿轮中容易产生。

3. 主要性能要求

为保证齿轮的正常运转，防止早期失效，有如下主要性能要求。

1) 具有高的接触疲劳强度，高的表面硬度和耐磨性，防止齿面损伤。

2) 具有高的抗弯强度，适当的心部强度和韧性，防止疲劳、过载及冲击断裂。

3) 齿轮材料应具有良好的可加工性能，热处理工艺性能，以获得高的加工精度，提高齿轮抗疲劳能力。

此外，在齿轮副中，因小齿轮的齿根薄，轮齿受载次数多，其硬度应比大齿轮高。一般两齿轮齿面硬度差：软齿面为 30 ~ 50HBW，硬齿面为 5HRC 左右。

4. 齿轮的选材及热处理

确定齿轮用材及热处理方法，主要根据齿轮的传动方式（开式或闭式）、载荷性质与大小、传动速度和精度要求等工作条件而定。同时还要考虑：依据齿轮模数和截面尺寸提出的淬透性及齿面硬化要求，齿轮副的材料及硬度值的匹配等问题。

齿轮用材绝大多数是钢（锻钢与铸钢），某些开式传动的低速轻载齿轮可用铸铁，特殊情况下还可采用有色金属及工程塑料等。

（1）钢制齿轮 齿轮毛坯主要通过型材的切削加工和锻造（自由锻或模锻）两种方法获得。由于锻造齿轮毛坯的纤维组织分布合理，力学性能好，故重要用途的齿轮都采用锻造毛坯。

钢质齿轮按齿面硬度分为硬齿面齿轮和软齿面齿轮。齿面硬度低于 350HBW 为软齿面，高于 350HBW 为硬齿面。

1) 轻载、低速或中速、冲击载荷小、精度要求较低的一般齿轮，通常选用中碳钢（如 Q275、40、45、50、50Mn 等）制造，常用正火或调质等热处理制成软齿面齿轮，正火硬度为 160 ~ 200HBW，调质硬度一般为 200 ~ 280HBW，一般不超过 350HBW。因其硬度适中，精切齿廓可在热处理后进行，工艺简单、成本较低，但承载能力不高。主要应用于标准系列减速器齿轮，冶金机械、机床和重型机械中的一些次要齿轮。

2) 中载、中速、受一定冲击载荷、运动较为平稳的齿轮，选用中碳钢或合金调质钢，如 45、50Mn、40Cr、42SiMn 等。其最终热处理采用高频感应淬火及低温回火，齿面硬度可达 50 ~ 55HRC，齿心部保持原正火或调质状态，具有较好的韧性。由于感应加热表面淬火的轮齿变形较小，若精度要求不高（如 7 级以下）时，可不必再磨齿。机床中大多数齿轮就是这种类型的齿轮。应当指出，对表面硬化的齿轮，应注意控制硬化层深度及其沿齿廓的合理分布。

3) 重载、高速或中速，且承受较大冲击载荷的齿轮，选用低碳合金渗碳钢或碳氮共渗钢，如 20CrMnTi、20MnVB、20CrMo、18Cr2Ni4WA 等。其热处理是渗碳、淬火、低温回火，齿轮表面硬度为 58 ~ 63HRC。因淬透性较高，齿轮心部可获得较高的强度和韧性。这种齿轮表面耐磨性、抗接触疲劳强度、抗弯强度及心部抗冲击能力都比表面淬火的齿轮高，但热处理变形较大。精度要求较高时，最后要安排磨削。主要适用于汽车、拖拉机变速器和后桥中的齿轮。

碳氮共渗工艺与渗碳相比，具有热处理变形小、生产周期短、力学性能好等优点，许多齿轮可用碳氮共渗来代替渗碳工艺。

4) 精密传动齿轮或磨齿有困难的硬齿面齿轮（如内齿轮），主要要求精度高，热处理变形小，宜采用氮化钢，如 35CrMo、38CrMoAl 等。热处理为调质及氮化处理。氮化后齿面硬度高，通常可达 850～1200HV，热处理变形小，热稳定好，并具有一定的耐蚀性。其缺点是硬化层较薄，不耐冲击，故不适于载荷频繁变换的重载齿轮，而多用于载荷平稳、润滑良好的精密传动齿轮或磨齿困难的内齿轮。

近年来，由于软氮化和离子氮化工艺的发展，使工艺周期缩短，可选用钢种增加，氮化齿轮的应用不断增加。

（2）铸钢齿轮　某些尺寸较大（如 400～600mm）、形状复杂并承受一定冲击的齿轮，其毛坯用锻造难以成形时，需要采用铸造。常用碳素铸钢有 ZG230-450，ZG270-500、ZG310-570 等。载荷较大的齿轮采用合金铸钢，如 ZG40Cr1、ZG35Cr1Mo 等。

铸钢齿轮的热处理，通常是在加工前进行正火或退火处理，以消除铸件内应力，改善组织和性能以提高切削性能。一般要求不高，转速较低的铸钢齿轮可以在退火或正火状态下使用。耐磨性要求高的，可进行表面淬火。

（3）铸铁齿轮　一般开式传动齿轮多用灰铸铁制造。灰铸铁组织中的石墨可起润滑作用，故其减摩性较好，不易胶合，且可加工性好，成本低。缺点是抗弯强度低、较脆，不能承受冲击。它只适于制造轻载、低速、不受冲击且精度要求不高的齿轮。

常用的灰铸铁牌号有 HT200、HT250、HT300 等。在闭式齿轮传动中，可用球墨铸铁（如 QT600-3、QT450-10、QT400-15 等）代替铸钢。

（4）非铁金属材料齿轮　在仪器、仪表及有腐蚀性介质中工作的轻载齿轮，常选用耐磨、耐蚀的非铁金属来制造，如黄铜、铝青铜、锡青铜、硅青铜等。

（5）工程塑料齿轮　随着工程塑料力学性能的不断提高，采用尼龙、ABS、聚甲醛等塑料制造的齿轮得到了越来越广泛的应用。塑料齿轮具有摩擦系数小、减振性好、噪声小、重量轻、耐腐蚀等一系列性能优点，但其弹性模量低，强度、硬度不高，使用温度受到一定限制。所以，塑料主要用于制造轻载、低速、耐蚀、无润滑和少润滑条件下工作的齿轮，如仪表齿轮、无声齿轮等。

13.3.3　箱体类零件

主轴箱、进给箱、溜板箱、内燃机的缸体等，都可视为箱体类零件。显然，箱体类零件是机器中很重要的一类零件。

由于箱体大都结构复杂，一般多用铸造的方法生产，故几乎所有的箱体材料都是铸造合金。

一些受力较大，要求高强度、高韧度，甚至在高温下工作的零件，如汽轮机机壳，应选用铸钢。

一些受力不大，而且主要是承受静力、不受冲击的箱体类零件，可选用灰铸铁。如该零件在服役时与其他件发生相对运动，其间有摩擦、磨损发生，则应选用珠光体基体的灰铸铁。

受力不大，要求自重轻，或要求导热好的零件，可选用铸造铝合金。

受力很小，要求自重轻等的零件，可考虑选用工程塑料。

受力较大，但形状简单且批量小的零件，可选用型钢焊接而成。

如选用铸钢，为了消除粗晶组织、偏析及铸造应力，对铸钢应进行完全退火或正火；对铸铁件一般要进行去应力退火；对铝合金应根据成分不同，进行退火或淬火时效等处理。

本 章 小 结

1）失效分析在改进设计、制定标准规范、改良材料或使用新型材料、改进工艺或应用新工艺及使用、维修、保养等方面均有重要作用。零件失效的原因主要来自于设计、材料选择、加工工艺、安装使用四个方面。最常见的失效类型有：变形失效（弹性变形或塑性变形失效）；断裂失效（延性断裂失效、低应力脆性断裂失效、疲劳断裂失效）；磨损失效（粘合磨损、磨粒磨损、表面疲劳磨损）。

2）材料及成形工艺选择的方法主要有三种。首先可以按零件类别（轴杆类零件，盘套、饼块类零件，箱体类零件）及结构特征进行选择；其次可以按力学性能要求进行选择，如以综合力学性能为主进行选择，以疲劳强度为主进行选择，以磨损为主进行选择等；第三，按制造中的经济性进行选择。三种方法之间是密切相关的。

3）以轴、齿轮、箱体类零件为例说明材料及成形工艺选择。

思 考 题

1. 试分析下列要求能否达到，为什么？

1）要求截面为500mm的40Cr钢轴类零件获得与截面为12.5mm试样相同的性能指标。

2）要求低碳钢不经过化学热处理，只经过淬火获得高硬度58~60HRC。

3）要求T12A钢制刀具淬硬到67~71HRC。

2. 已知直径为60mm的轴，要求心部硬度为30~40HRC，轴颈表面硬度为50~55HRC。现库存45、20CrMnTi、40CrNi、40Cr四种钢，问选用哪一种钢制造为宜？其工艺路线如何安排？说明热处理的主要目的及工艺方法。

3. 齿轮在下列情况下，宜选用何种材料制造？

1）当齿轮尺寸较大（$d_{分} > 400 \sim 600mm$），而轮坯形状复杂，不宜锻造时。

2）能够在缺乏润滑条件下工作的低速无冲击齿轮。

3）在缺少磨齿机或内齿轮难以磨齿的情况下。

4）当齿轮承受较大的载荷，要求坚硬的齿面和强韧的心部时。

4. 高精度磨床主轴用38CrMoAl制造，其加工工艺路线为

锻造——热处理——粗加工——精加工——粗磨——热处理——精磨。

试分析：

1）热处理的目的，并说明其工艺方法。

2）给出零件最终的热处理技术要求。

3）说明该零件材料和成形工艺选择的基本依据。

5. 为下列零件选择材料。

汽车板弹簧；机床床身；低速重载齿轮；高速切削刀具；发动机气阀；桥梁构件；中载内燃机曲轴；精密丝杠；发动机活塞。

6. 某工厂用T10钢制造的钻头对一批铸件钻10mm的深孔，在正常切削条件下，钻几个孔后钻头很快就磨损。经检验，钻头的材料、热处理工艺、金相组织和硬度均合格。试分析零件失效原因，并提出解决办法。

7. 切削工具中铣刀、钻头，由于需重磨刃口并保证高硬度，要求淬透层深。而板牙、丝锥一般不需重磨刃口，但要防止零件淬火时由于变形而加大螺距误差，所以要求淬透层薄。试分析在选材和热处理上如

何保证。

8. 指出表 13-4 中零件在选材与制订热处理技术条件中的错误，并说明其理由及改正意见。

表 13-4 零件的选材及热处理技术条件示例

零件及要求	材料	热处理技术条件
表面耐磨的凸轮	45 钢	淬火、回火 60～63HRC
直径 30mm，要求良好综合力学性能的传动轴	40Cr	调质 40～45 HRC
弹簧（丝径 15mm）	45 钢	淬火、回火 55～60 HRC
板牙 M12mm	9SiCr	淬火、回火 50～55 HRC
转速低，表面耐磨性及心部强度要求不高的齿轮	45	渗碳淬火 58～62 HRC
钳工錾子	T12A	淬火、回火 60～62 HRC
传动轴（直径 100mm，心部 $R_m > 500MPa$）	45 钢	调质 220～250HBW
直径 70mm 的拉杆，要求截面上性能均匀，心部 $R_m > 900MPa$	400	调质 200～230 HBW
直径 5mm 的塞规，用于大批量生产，检验零件内孔	T7 或 T8	淬火、回火 62～64 HRC

附　录

附录A　布氏硬度换算表

硬质合金球直径 D/mm				试验力－球直径平方的比率 $0.102 \times F/D^2$ /（N/mm²）					
				30	15	10	5	2.5	1
				试验力 F					
10				29.42kN	14.71kN	9.807kN	4.903kN	2.452kN	980.7N
	5			7.355kN	—	2.452kN	1.226kN	612.9N	245.2N
		2.5		1.839kN	—	612.9N	306.5N	153.2N	61.29N
			1	294.2N	—	98.07N	49.03N	24.52N	9.807N
压痕的平均直径 d/mm				布氏硬度 HBW					
2.40	1.200	0.6000	0.240	653	327	218	109	54.5	21.8
2.41	1.205	0.6024	0.241	648	324	216	108	54.0	21.6
2.42	1.210	0.6050	0.242	643	321	214	107	53.5	21.4
2.43	1.215	0.6075	0.243	637	319	212	106	53.1	21.2
2.44	1.220	0.6100	0.244	632	316	211	105	52.7	21.1
2.45	1.225	0.6125	0.245	627	313	209	104	52.2	20.9
2.46	1.230	0.6150	0.246	621	311	207	104	51.8	20.7
2.47	1.235	0.6175	0.247	616	308	205	103	51.4	20.5
2.48	1.240	0.6200	0.248	611	306	204	102	50.9	20.4
2.49	1.245	0.6225	0.249	606	303	202	101	50.5	20.2
2.50	1.250	0.6250	0.250	601	301	200	100	50.1	20.0
2.51	1.255	0.6275	0.251	597	298	199	99.4	49.7	19.9
2.52	1.260	0.6300	0.252	592	296	197	98.6	49.3	19.7
2.53	1.265	0.6325	0.253	587	294	196	97.8	48.9	19.6
2.54	1.270	0.6350	0.254	582	291	194	97.1	48.5	19.4
2.55	1.275	0.6375	0.255	578	289	193	96.3	48.1	19.3
2.56	1.280	0.6400	0.256	573	287	191	95.5	47.8	19.1
2.57	1.285	0.6425	0.257	569	284	190	94.8	47.4	19.0
2.58	1.290	0.6450	0.258	564	282	188	94.0	47.0	18.8
2.59	1.295	0.6475	0.259	560	280	187	93.3	46.6	18.7
2.60	1.300	0.6500	0.260	555	278	185	92.6	46.3	18.5
2.61	1.305	0.6525	0.261	551	276	184	91.8	45.9	18.4
2.62	1.310	0.6550	0.262	547	273	182	91.1	45.6	18.2
2.63	1.315	0.6575	0.263	543	271	181	90.4	45.2	18.1

（续）

硬质合金球直径 D/mm				试验力 – 球直径平方的比率 0.102 × F/D² / （N/mm²）					
				30	15	10	5	2.5	1
				试验力 F					
10				29.42kN	14.71kN	9.807kN	4.903kN	2.452kN	980.7N
	5			7.355kN	—	2.452kN	1.226kN	612.9N	245.2N
		2.5		1.839kN	—	612.9N	306.5N	153.2N	61.29N
			1	294.2N	—	98.07N	49.03N	24.52N	9.807N
压痕的平均直径 d/mm				布氏硬度 HBW					
2.64	1.320	0.6600	0.264	538	269	179	89.7	44.9	17.9
2.65	1.325	0.6625	0.265	534	267	178	89.0	44.5	17.8
2.66	1.330	0.6650	0.266	530	265	177	88.4	44.2	17.7
2.67	1.335	0.6675	0.267	526	263	175	87.7	43.8	17.5
2.68	1.340	0.6700	0.268	522	261	174	87.0	43.5	17.4
2.69	1.345	0.6725	0.269	518	259	173	86.4	43.2	17.3
2.70	1.350	0.6750	0.270	514	257	171	85.7	42.9	17.1
2.71	1.355	0.6775	0.271	510	255	170	85.1	42.5	17.0
2.72	1.360	0.6800	0.272	507	253	169	84.4	42.2	16.9
2.73	1.365	0.6825	0.273	503	251	168	83.8	41.9	16.8
2.74	1.370	0.6850	0.274	499	250	166	83.2	41.6	16.6
2.75	1.375	0.6875	0.275	495	248	165	82.6	41.3	16.5
2.76	1.380	0.6900	0.276	492	246	164	81.9	41.0	16.4
2.77	1.385	0.6925	0.277	488	244	163	81.3	40.7	16.3
2.78	1.390	0.6950	0.278	485	242	162	80.8	40.4	16.2
2.79	1.395	0.6975	0.279	481	240	160	80.2	40.1	16.0
2.80	1.400	0.7000	0.280	477	239	159	79.6	39.8	15.9
2.81	1.405	0.7025	0.281	474	237	158	79.0	39.5	15.8
2.82	1.410	0.7050	0.282	471	235	157	78.4	39.2	15.7
2.83	1.415	0.7075	0.283	467	234	156	77.9	38.9	15.6
2.84	1.420	0.7100	0.284	464	232	155	77.3	38.7	15.5
2.85	1.425	0.7125	0.285	461	230	154	76.8	38.4	15.4
2.86	1.430	0.7150	0.286	457	229	152	76.2	38.1	15.2
2.87	1.435	0.7175	0.287	454	227	151	75.7	37.8	15.1
2.88	1.440	0.7200	0.288	451	225	150	75.1	37.6	15.0
2.89	1.445	0.7225	0.289	448	224	149	74.6	37.3	14.9
2.90	1.450	0.7250	0.290	444	222	148	74.1	37.0	14.8
2.91	1.455	0.7275	0.291	441	221	147	73.6	36.8	14.7
2.92	1.460	0.7300	0.292	438	219	146	73.0	36.5	14.6

（续）

硬质合金球直径 D/mm				试验力 - 球直径平方的比率 0.102 × F/D^2 /（N/mm²）					
				30	15	10	5	2.5	1
				试验力 F					
10				29.42kN	14.71kN	9.807kN	4.903kN	2.452kN	980.7N
	5			7.355kN	—	2.452kN	1.226kN	612.9N	245.2N
		2.5		1.839kN	—	612.9N	306.5N	153.2N	61.29N
			1	294.2N	—	98.07N	49.03N	24.52N	9.807N
压痕的平均直径 d/mm				布氏硬度 HBW					
2.93	1.465	0.7325	0.293	435	218	145	72.5	36.3	14.5
2.94	1.470	0.7350	0.294	432	216	144	72.0	36.0	14.4
2.95	1.475	0.7375	0.295	429	215	143	71.5	35.8	14.3
2.96	1.480	0.7400	0.296	426	213	142	71.0	35.5	14.2
2.97	1.485	0.7425	0.297	423	212	141	70.5	35.3	14.1
2.98	1.490	0.7450	0.298	420	210	140	70.1	35.0	14.0
2.99	1.495	0.7475	0.299	417	209	139	69.6	34.8	13.9
3.00	1.500	0.7500	0.300	415	207	138	69.1	34.6	13.8
3.01	1.505	0.7525	0.301	412	206	137	68.6	34.3	13.7
3.02	1.510	0.7550	0.302	409	205	136	68.2	34.1	13.6
3.03	1.515	0.7575	0.303	406	203	135	67.7	33.9	13.5
3.04	1.520	0.7600	0.304	404	202	135	67.3	33.6	13.5
3.05	1.525	0.7625	0.305	401	200	134	66.8	33.4	13.4
3.06	1.530	0.7650	0.306	398	199	133	66.4	33.2	13.3
3.07	1.535	0.7675	0.307	395	198	132	65.9	33.0	13.2
3.08	1.540	0.7700	0.308	393	196	131	65.5	32.7	13.1
3.09	1.545	0.7725	0.309	390	195	130	65.0	32.5	13.0
3.10	1.550	0.7750	0.310	388	194	129	64.6	32.3	12.9
3.11	1.555	0.7775	0.311	385	193	128	64.2	32.1	12.8
3.12	1.560	0.7800	0.312	383	191	128	63.8	31.9	12.8
3.13	1.565	0.7825	0.313	380	190	127	63.3	31.7	12.7
3.14	1.570	0.7870	0.314	378	189	126	62.9	31.5	12.6
3.15	1.575	0.7875	0.315	375	188	125	62.5	31.3	12.5
3.16	1.580	0.7900	0.316	373	186	124	62.1	31.1	12.4
3.17	1.585	0.7925	0.317	370	185	123	61.7	30.9	12.3
3.18	1.590	0.7950	0.318	368	184	123	61.3	30.7	12.3
3.19	1.595	0.7975	0.319	366	183	122	60.9	30.5	12.2
3.20	1.600	0.8000	0.320	363	182	121	60.5	30.3	12.1
3.21	1.605	0.8025	0.321	361	180	120	60.1	30.1	12.0

（续）

硬质合金球直径 D/mm				试验力 – 球直径平方的比率 $0.102 \times F/D^2$ /（N/mm²）					
				30	15	10	5	2.5	1
				试验力 F					
10				29.42kN	14.71kN	9.807kN	4.903kN	2.452kN	980.7N
	5			7.355kN	—	2.452kN	1.226kN	612.9N	245.2N
		2.5		1.839kN	—	612.9N	306.5N	153.2N	61.29N
			1	294.2N	—	98.07N	49.03N	24.52N	9.807N
压痕的平均直径 d/mm				布氏硬度 HBW					
3.22	1.610	0.8050	0.322	359	179	120	59.8	29.9	12.0
3.23	1.615	0.8075	0.323	356	178	119	59.4	29.7	11.9
3.24	1.620	0.8100	0.324	354	177	118	59.0	29.5	11.8
3.25	1.625	0.8125	0.325	352	176	117	58.6	29.3	11.7
3.26	1.630	0.8150	0.326	350	175	117	58.3	29.1	11.7
3.27	1.635	0.8175	0.327	347	174	116	57.9	29.0	11.6
3.28	1.640	0.8200	0.328	345	173	115	57.5	28.8	11.5
3.29	1.645	0.8225	0.329	343	172	114	57.2	28.6	11.4
3.30	1.650	0.8250	0.330	341	170	114	56.8	28.4	11.4
3.31	1.655	0.8275	0.331	339	169	113	56.5	28.2	11.3
3.32	1.660	0.8300	0.332	337	168	112	56.1	28.1	11.2
3.33	1.665	0.8325	0.333	335	167	112	55.8	27.9	11.2
3.34	1.670	0.8350	0.334	333	166	111	55.4	27.7	11.1
3.35	1.675	0.8375	0.335	331	165	110	55.1	27.5	11.0
3.36	1.680	0.8400	0.336	329	164	110	54.8	27.4	11.0
3.37	1.685	0.8425	0.337	326	163	109	54.4	27.2	10.9
3.38	1.690	0.8450	0.338	325	162	108	54.1	27.0	10.8
3.39	1.695	0.8475	0.339	323	161	108	53.8	26.9	10.8
3.40	1.700	0.8500	0.340	321	160	107	53.4	26.7	10.7
3.41	1.705	0.8525	0.341	319	159	106	53.1	26.6	10.6
3.42	1.710	0.8550	0.342	317	158	106	52.8	26.4	10.6
3.43	1.715	0.8575	0.343	315	157	105	52.5	26.2	10.5
3.44	1.720	0.8600	0.344	313	156	104	52.2	26.1	10.4
3.45	1.725	0.8625	0.345	311	156	104	51.8	25.9	10.4
3.46	1.730	0.8650	0.346	309	155	103	51.5	25.8	10.3
3.47	1.735	0.8675	0.347	307	154	102	51.2	25.6	10.2
3.48	1.740	0.8700	0.348	306	153	102	50.9	25.5	10.2
3.49	1.745	0.8725	0.349	304	152	101	50.6	25.3	10.1
3.50	1.750	0.8750	0.350	302	151	101	50.3	25.2	10.1

（续）

硬质合金球直径 D/mm				试验力－球直径平方的比率 $0.102 \times F/D^2$ /（N/mm^2）					
				30	15	10	5	2.5	1
				试验力 F					
10				29.42kN	14.71kN	9.807kN	4.903kN	2.452kN	980.7N
	5			7.355kN	—	2.452kN	1.226kN	612.9N	245.2N
		2.5		1.839kN	—	612.9N	306.5N	153.2N	61.29N
			1	294.2N	—	98.07N	49.03N	24.52N	9.807N
压痕的平均直径 d/mm				布氏硬度 HBW					
3.51	1.755	0.8775	0.351	300	150	100	50.0	25.0	10.0
3.52	1.760	0.8800	0.352	298	149	99.5	49.7	24.9	9.95
3.53	1.765	0.8825	0.353	297	148	98.9	49.4	24.7	9.89
3.54	1.770	0.8850	0.354	295	147	98.3	49.2	24.6	9.83
3.55	1.775	0.8875	0.355	293	147	97.7	48.9	24.4	9.77
3.56	1.780	0.8900	0.356	292	146	97.2	48.6	24.3	9.72
3.57	1.785	0.8925	0.357	290	145	96.6	48.3	24.2	9.66
3.58	1.790	0.8950	0.358	288	144	96.1	48.0	24.0	9.61
3.59	1.795	0.8975	0.359	286	143	95.5	47.7	23.9	9.55
3.60	1.800	0.9000	0.360	285	142	95.0	47.5	23.7	9.50
3.61	1.805	0.9025	0.361	283	142	94.4	47.2	23.6	9.44
3.62	1.810	0.9050	0.362	282	141	93.9	46.9	23.5	9.39
3.63	1.815	0.9075	0.363	280	140	93.3	46.7	23.3	9.33
3.64	1.820	0.9100	0.364	278	139	92.8	46.4	23.2	9.28
3.65	1.825	0.9125	0.365	277	138	92.3	46.1	23.1	9.23
3.66	1.830	0.9150	0.366	275	138	91.8	45.9	22.9	9.18
3.67	1.835	0.9175	0.367	274	137	91.2	45.6	22.8	9.12
3.68	1.840	0.9200	0.368	272	136	90.7	45.4	22.7	9.07
3.69	1.845	0.9225	0.369	271	135	90.2	45.1	22.6	9.02
3.70	1.850	0.9250	0.370	269	135	89.7	44.9	22.4	8.97
3.71	1.855	0.9275	0.371	268	134	89.2	44.6	22.3	8.92
3.72	1.860	0.9300	0.372	266	133	88.7	44.4	22.2	8.87
3.73	1.865	0.9325	0.373	265	132	88.2	44.1	22.1	8.82
3.74	1.870	0.9350	0.374	263	132	87.7	43.9	21.9	8.77
3.75	1.875	0.9375	0.375	262	131	87.2	43.6	21.8	8.72
3.76	1.880	0.9400	0.376	260	130	86.8	43.4	21.7	8.68
3.77	1.885	0.9425	0.377	259	129	86.3	43.1	21.6	8.63
3.78	1.890	0.9450	0.378	257	129	85.8	42.9	21.5	8.58
3.79	1.895	0.9475	0.379	256	128	85.3	42.7	21.3	8.53

（续）

硬质合金球直径 D/mm				试验力 - 球直径平方的比率 0.102 × F/D² /（N/mm²）					
				30	15	10	5	2.5	1
				试验力 F					
10				29.42kN	14.71kN	9.807kN	4.903kN	2.452kN	980.7N
	5			7.355kN	—	2.452kN	1.226kN	612.9N	245.2N
		2.5		1.839kN	—	612.9N	306.5N	153.2N	61.29N
			1	294.2N	—	98.07N	49.03N	24.52N	9.807N
压痕的平均直径 d/mm				布氏硬度 HBW					
3.80	1.900	0.9500	0.380	255	127	84.9	42.4	21.2	8.49
3.81	1.905	0.9525	0.381	253	127	84.4	42.2	21.1	8.44
3.82	1.910	0.9550	0.382	252	126	83.9	42.0	21.0	8.39
3.83	1.915	0.9575	0.383	250	125	83.5	41.7	20.9	8.35
3.84	1.920	0.9600	0.384	249	125	83.0	41.5	20.8	8.30
3.85	1.925	0.9625	0.385	248	124	82.6	41.3	20.6	8.26
3.86	1.930	0.9650	0.386	246	123	82.1	41.1	20.5	8.21
3.87	1.935	0.9675	0.387	245	123	81.7	40.9	20.4	8.17
3.88	1.940	0.9700	0.388	244	122	81.3	40.6	20.3	8.13
3.89	1.945	0.9725	0.389	242	121	80.8	40.4	20.2	8.08
3.90	1.950	0.9750	0.390	241	121	80.4	40.2	20.1	8.04
3.91	1.955	0.9775	0.391	240	120	80.0	40.0	20.0	8.00
3.92	1.960	0.9800	0.392	239	119	79.5	39.8	19.9	7.95
3.93	1.965	0.9825	0.393	237	119	79.1	39.6	19.8	7.91
3.94	1.970	0.9850	0.394	236	118	78.7	39.4	19.7	7.87
3.95	1.975	0.9875	0.395	235	117	78.3	39.1	19.6	7.83
3.96	1.980	0.9900	0.396	234	117	77.9	38.9	19.5	7.79
3.97	1.985	0.9925	0.397	232	116	77.5	38.7	19.4	7.75
3.98	1.990	0.9950	0.398	231	116	77.1	38.5	19.3	7.71
3.99	1.995	0.9975	0.399	230	115	76.7	38.3	19.2	7.67
4.00	2.000	1.0000	0.400	229	114	76.3	38.1	19.1	7.63
4.01	2.005	1.0025	0.401	228	114	75.9	37.9	19.0	7.59
4.02	2.010	1.0050	0.402	226	113	75.5	37.7	18.9	7.55
4.03	2.015	1.0075	0.403	225	113	75.1	37.5	18.8	7.51
4.04	2.020	1.0100	0.404	224	112	74.7	37.3	18.7	7.47
4.05	2.025	1.0125	0.405	223	111	74.3	37.1	18.6	7.43
4.06	2.030	1.0150	0.406	222	111	73.9	37.0	18.5	7.39
4.07	2.035	1.0175	0.407	221	110	73.5	36.8	18.4	7.35
4.08	2.040	1.0200	0.408	219	110	73.2	36.6	18.3	7.32

（续）

硬质合金球直径 D/mm				试验力－球直径平方的比率 0.102 × F/D² /（N/mm²）					
				30	15	10	5	2.5	1
				试验力 F					
10				29.42kN	14.71kN	9.807kN	4.903kN	2.452kN	980.7N
	5			7.355kN	—	2.452kN	1.226kN	612.9N	245.2N
		2.5		1.839kN	—	612.9N	306.5N	153.2N	61.29N
			1	294.2N	—	98.07N	49.03N	24.52N	9.807N
压痕的平均直径 d/mm				布氏硬度 HBW					
4.09	2.045	1.0225	0.409	218	109	72.8	36.4	18.2	7.28
4.10	2.050	1.0250	0.410	217	109	72.4	36.2	18.1	7.24
4.11	2.055	1.0275	0.411	216	108	72.0	36.0	18.0	7.20
4.12	2.060	1.0300	0.412	215	108	71.7	35.8	17.9	7.17
4.13	2.065	1.0325	0.413	214	107	71.3	35.7	17.8	7.13
4.14	2.070	1.0350	0.414	213	106	71.0	35.5	17.7	7.10
4.15	2.075	1.0375	0.415	212	106	70.6	35.3	17.6	7.06
4.16	2.080	1.0400	0.416	211	105	70.2	35.1	17.6	7.02
4.17	2.085	1.0425	0.417	210	105	69.9	34.9	17.5	6.99
4.18	2.090	1.0450	0.418	209	104	69.5	34.8	17.4	6.95
4.19	2.095	1.0475	0.419	208	104	69.2	34.6	17.3	6.92
4.20	2.100	1.0500	0.420	207	103	68.8	34.4	17.2	6.88
4.21	2.105	1.0525	0.421	205	103	68.5	34.2	17.1	6.85
4.22	2.110	1.0550	0.422	204	102	68.2	34.1	17.0	6.82
4.23	2.115	1.0575	0.423	203	102	67.8	33.9	17.0	6.78
4.24	2.120	1.0600	0.424	202	101	67.5	33.7	16.9	6.75
4.25	2.125	1.0625	0.425	201	101	67.1	33.6	16.8	6.71
4.26	2.130	1.0650	0.426	200	100	66.8	33.4	16.7	6.68
4.27	2.135	1.0675	0.427	199	99.7	66.5	33.2	16.6	6.65
4.28	2.140	1.0700	0.428	198	99.2	66.2	33.1	16.5	6.62
4.29	2.145	1.0725	0.429	198	98.8	65.8	32.9	16.5	6.58
4.30	2.150	1.0750	0.430	197	98.3	65.5	32.8	16.4	6.55
4.31	2.155	1.0775	0.431	196	97.8	65.2	32.6	16.3	6.52
4.32	2.160	1.0800	0.432	195	97.3	64.9	32.4	16.2	6.49
4.33	2.165	1.0825	0.433	194	96.8	64.6	32.3	16.1	6.46
4.34	2.170	1.0850	0.434	193	96.4	64.2	32.1	16.1	6.42
4.35	2.175	1.0875	0.435	192	95.9	63.9	32.0	16.0	6.39
4.36	2.180	1.0900	0.436	191	95.4	63.6	31.8	15.9	6.36
4.37	2.185	1.0925	0.437	190	95.0	63.3	31.7	15.8	6.33

（续）

硬质合金球直径 D/mm				试验力 – 球直径平方的比率 $0.102 \times F/D^2$（N/mm²）					
				30	15	10	5	2.5	1
				试验力 F					
10				29.42kN	14.71kN	9.807kN	4.903kN	2.452kN	980.7N
	5			7.355kN	—	2.452kN	1.226kN	612.9N	245.2N
		2.5		1.839kN	—	612.9N	306.5N	153.2N	61.29N
			1	294.2N	—	98.07N	49.03N	24.52N	9.807N
压痕的平均直径 d/mm				布氏硬度 HBW					
4.38	2.190	1.0950	0.438	189	94.5	63.0	31.5	15.8	6.30
4.39	2.195	1.0975	0.439	188	94.1	62.7	34.4	15.7	6.27
4.40	2.200	1.1000	0.440	187	93.6	62.4	31.2	15.6	6.24
4.41	2.205	1.1025	0.441	186	93.2	62.1	31.1	15.5	6.21
4.42	2.210	1.1050	0.442	185	92.7	61.8	30.9	15.5	6.18
4.43	2.215	1.1075	0.443	185	92.3	61.5	30.8	15.4	6.15
4.44	2.220	1.1100	0.444	184	91.8	61.2	30.6	15.3	6.12
4.45	2.225	1.1125	0.445	183	91.4	60.9	30.5	15.2	6.09
4.46	2.230	1.1150	0.446	182	91.0	60.6	30.3	15.2	6.06
4.47	2.235	1.1175	0.447	181	90.5	60.4	30.2	15.1	6.04
4.48	2.240	1.1200	0.448	180	90.1	60.1	30.0	15.0	6.01
4.49	2.245	1.1225	0.449	179	89.7	59.8	29.9	14.9	5.98
4.50	2.250	1.1250	0.450	179	89.3	59.5	29.8	14.9	5.95
4.51	2.255	1.1275	0.451	178	88.9	59.2	29.6	14.8	5.92
4.52	2.260	1.1300	0.452	177	88.4	59.0	29.5	14.7	5.90
4.53	2.265	1.1325	0.453	176	88.0	58.7	29.3	14.7	5.87
4.54	2.270	1.1350	0.454	175	87.6	58.4	29.2	14.6	5.84
4.55	2.275	1.1375	0.455	174	87.2	58.1	29.1	14.5	5.81
4.56	2.280	1.1400	0.456	174	86.8	57.9	28.9	14.5	5.79
4.57	2.285	1.1425	0.457	173	86.4	57.6	28.8	14.4	5.76
4.58	2.290	1.1450	0.458	172	86.0	57.3	28.7	14.3	5.73
4.59	2.295	1.1475	0.459	171	85.6	57.1	28.5	14.3	5.71
4.60	2.300	1.1500	0.460	170	85.2	56.8	28.4	14.2	5.68
4.61	2.305	1.1525	0.461	170	84.8	56.5	28.3	14.1	5.65
4.62	2.310	1.1550	0.462	169	84.4	56.3	28.1	14.1	5.63
4.63	2.315	1.1575	0.463	168	84.0	56.0	28.0	14.0	5.60
4.64	2.320	1.1600	0.464	167	83.6	55.8	27.9	13.9	5.58
4.65	2.325	1.1625	0.465	167	83.3	55.5	27.8	13.9	5.55
4.66	2.330	1.1650	0.466	166	82.9	55.3	27.6	13.8	5.53

（续）

硬质合金球直径 D/mm				试验力 - 球直径平方的比率 $0.102 \times F/D^2/$（N/mm²）					
				30	15	10	5	2.5	1
				试验力 F					
10				29.42kN	14.71kN	9.807kN	4.903kN	2.452kN	980.7N
	5			7.355kN	—	2.452kN	1.226kN	612.9N	245.2N
		2.5		1.839kN	—	612.9N	306.5N	153.2N	61.29N
			1	294.2N	—	98.07N	49.03N	24.52N	9.807N
压痕的平均直径 d/mm				布氏硬度 HBW					
4.67	2.335	1.1675	0.467	165	82.5	55.0	27.5	13.8	5.50
4.68	2.340	1.1700	0.468	164	82.1	54.8	27.4	13.7	5.48
4.69	2.345	1.1725	0.469	164	81.8	54.5	27.3	13.6	5.45
4.70	2.350	1.1750	0.470	163	81.4	54.3	27.1	13.6	5.43
4.71	2.355	1.1775	0.471	162	81.0	54.0	27.0	13.5	5.40
4.72	2.360	1.1800	0.472	161	80.7	53.8	26.9	13.4	5.38
4.73	2.365	1.1825	0.473	161	80.3	53.5	26.8	13.4	5.35
4.74	2.370	1.1850	0.474	160	79.9	53.3	26.6	13.3	5.33
4.75	2.375	1.1875	0.475	159	79.6	53.0	26.5	13.3	5.30
4.76	2.380	1.1900	0.476	158	79.2	52.8	26.4	13.2	5.28
4.77	2.385	1.1925	0.477	158	78.9	52.6	26.3	13.1	5.26
4.78	2.390	1.1950	0.478	157	78.5	52.3	26.2	13.1	5.23
4.79	2.395	1.1975	0.479	156	78.2	52.1	26.1	13.0	5.21
4.80	2.400	1.2000	0.480	156	77.8	51.9	25.9	13.0	5.19
4.81	2.405	1.2025	0.481	155	77.5	51.6	25.8	12.9	5.16
4.82	2.410	1.2050	0.482	154	77.1	51.4	25.7	12.9	5.14
4.83	2.415	1.2075	0.483	154	76.8	51.2	25.6	12.8	5.12
4.84	2.420	1.2100	0.484	153	76.4	51.0	25.5	12.7	5.10
4.85	2.425	1.2125	0.485	152	76.1	50.7	25.4	12.7	5.07
4.86	2.430	1.2150	0.486	152	75.8	50.5	25.3	12.6	5.05
4.87	2.435	1.2175	0.487	151	75.4	50.3	25.1	12.6	5.03
4.88	2.440	1.2200	0.488	150	75.1	50.1	25.0	12.5	5.01
4.89	2.445	1.2225	0.489	150	74.8	49.8	24.9	12.5	4.98
4.90	2.450	1.2250	0.490	149	74.4	49.6	24.8	12.4	4.96
4.91	2.455	1.2275	0.491	148	74.1	49.4	24.7	12.4	4.94
4.92	2.460	1.2300	0.492	148	73.8	49.2	24.6	12.3	4.92
4.93	2.465	1.2325	0.493	147	73.5	49.0	24.5	12.2	4.90
4.94	2.470	1.2350	0.494	146	73.2	48.8	24.4	12.2	4.88
4.95	2.475	1.2375	0.495	146	72.8	48.6	24.3	12.1	4.86

（续）

硬质合金球直径 D/mm				试验力 - 球直径平方的比率 $0.102 \times F/D^2$ /（N/mm²）					
				30	15	10	5	2.5	1
				试验力 F					
10				29.42kN	14.71kN	9.807kN	4.903kN	2.452kN	980.7N
	5			7.355kN	—	2.452kN	1.226kN	612.9N	245.2N
		2.5		1.839kN	—	612.9N	306.5N	153.2N	61.29N
			1	294.2N	—	98.07N	49.03N	24.52N	9.807N
压痕的平均直径 d/mm				布氏硬度 HBW					
4.96	2.480	1.2400	0.496	145	72.5	48.3	24.2	12.1	4.83
4.97	2.485	1.2425	0.497	144	72.2	48.1	24.1	12.0	4.81
4.98	2.490	1.2450	0.498	144	71.9	47.9	24.0	12.0	4.79
4.99	2.495	1.2475	0.499	143	71.6	47.7	23.9	11.9	4.77
5.00	2.500	1.2500	0.500	143	71.3	47.5	23.8	11.9	4.75
5.01	2.505	1.2525	0.501	142	71.0	47.3	23.7	11.8	4.73
5.02	2.510	1.2550	0.502	141	70.7	47.1	23.6	11.8	4.71
5.03	2.515	1.2575	0.503	141	70.4	46.9	23.5	11.7	4.69
5.04	2.520	1.2600	0.504	140	70.1	46.7	23.4	11.7	4.67
5.05	2.525	1.2625	0.505	140	69.8	46.5	23.3	11.6	4.65
5.06	2.530	1.2650	0.506	139	69.5	46.3	23.2	11.6	4.63
5.07	2.535	1.2675	0.507	138	69.2	46.1	23.1	11.5	4.61
5.08	2.540	1.2700	0.508	138	68.9	45.9	23.0	11.5	4.59
5.09	2.545	1.2725	0.509	137	68.6	45.7	22.9	11.4	4.57
5.10	2.550	1.2750	0.510	137	68.3	45.5	22.8	11.4	4.55
5.11	2.555	1.2775	0.511	136	68.0	45.3	22.7	11.3	4.51
5.12	2.560	1.2800	0.512	135	67.7	45.1	22.6	11.3	4.51
5.13	2.565	1.2825	0.513	135	67.4	45.0	22.5	11.2	4.50
5.14	2.570	1.2850	0.514	134	67.1	44.8	22.4	11.2	4.48
5.15	2.575	1.2875	0.515	134	66.9	44.6	22.3	11.1	4.46
5.16	2.580	1.2900	0.516	133	66.6	44.4	22.2	11.1	4.44
5.17	2.585	1.2925	0.517	133	66.3	44.2	22.1	11.1	4.42
5.18	2.590	1.2950	0.518	132	66.0	44.0	22.0	11.0	4.40
5.19	2.595	1.2975	0.519	132	65.8	43.8	21.9	11.0	4.38
5.20	2.600	1.3000	0.520	131	65.5	43.7	21.8	10.9	4.37
5.21	2.605	1.3025	0.521	130	65.2	43.5	21.7	10.9	4.35
5.22	2.610	1.3050	0.522	130	64.9	43.3	21.6	10.8	4.33
5.23	2.615	1.3075	0.523	129	64.7	43.1	21.6	10.8	4.31
5.24	2.620	1.3100	0.524	129	64.4	42.9	21.5	10.7	4.29

(续)

硬质合金球直径 D/mm				试验力 - 球直径平方的比率 0.102 × F/D² (N/mm²)					
				30	15	10	5	2.5	1
				试验力 F					
10				29.42kN	14.71kN	9.807kN	4.903kN	2.452kN	980.7N
	5			7.355kN	—	2.452kN	1.226kN	612.9N	245.2N
		2.5		1.839kN	—	612.9N	306.5N	153.2N	61.29N
			1	294.2N	—	98.07N	49.03N	24.52N	9.807N
压痕的平均直径 d/mm				布氏硬度 HBW					
5.25	2.625	1.3125	0.525	128	64.1	42.8	21.4	10.7	4.28
5.26	2.630	1.3150	0.526	128	63.9	42.6	21.3	10.6	4.26
5.27	2.635	1.3175	0.527	127	63.6	42.4	21.2	10.6	4.24
5.28	2.640	1.3200	0.528	127	63.3	42.2	21.1	10.6	4.22
5.29	2.645	1.3225	0.529	126	63.1	42.1	21.0	10.5	4.21
5.30	2.650	1.3250	0.530	126	62.8	41.9	20.9	10.5	4.19
5.31	2.655	1.3275	0.531	125	62.6	41.7	20.9	10.4	4.17
5.32	2.660	1.3300	0.532	125	62.3	41.5	20.8	10.4	4.15
5.33	2.665	1.3325	0.533	124	62.1	41.4	20.7	10.3	4.14
5.34	2.670	1.3350	0.534	124	61.8	41.2	20.6	10.3	4.12
5.35	2.675	1.3375	0.535	123	61.5	41.0	20.5	10.3	4.10
5.36	2.680	1.3400	0.536	123	61.3	40.9	20.4	10.2	4.09
5.37	2.685	1.3425	0.537	122	61.0	40.7	20.3	10.2	4.07
5.38	2.690	1.3450	0.538	122	60.8	40.5	20.3	10.1	4.05
5.39	2.695	1.3475	0.539	121	60.6	40.4	20.2	10.1	4.04
5.40	2.700	1.3500	0.540	121	60.3	40.2	20.1	10.1	4.02
5.41	2.705	1.3525	0.541	120	60.1	40.0	20.0	10.0	4.00
5.42	2.710	1.3550	0.542	120	59.8	39.9	19.9	9.97	3.99
5.43	2.715	1.3575	0.543	119	59.6	39.7	19.9	9.93	3.97
5.44	2.720	1.3600	0.544	118	59.3	39.6	19.8	9.89	3.96
5.45	2.725	1.3625	0.545	118	59.1	39.4	19.7	9.85	3.94
5.46	2.730	1.3650	0.546	118	58.9	39.2	19.6	9.81	3.92
5.47	2.735	1.3675	0.547	117	58.6	39.1	19.5	9.77	3.91
5.48	2.740	1.3700	0.548	117	58.4	38.9	19.5	9.73	3.89
5.49	2.745	1.3725	0.549	116	58.2	38.8	19.4	9.69	3.88
5.50	2.750	1.3750	0.550	116	57.9	38.6	19.3	9.66	3.86
5.51	2.755	1.3775	0.551	115	57.7	38.5	19.2	9.62	3.85
5.52	2.760	1.3800	0.552	115	57.5	38.3	19.2	9.58	3.83
5.53	2.765	1.3825	0.553	114	57.2	38.2	19.1	9.54	3.82

（续）

硬质合金球直径 D/mm				试验力－球直径平方的比率 $0.102 \times F/D^2$ /（N/mm²）					
				30	15	10	5	2.5	1
				试验力 F					
10				29.42kN	14.71kN	9.807kN	4.903kN	2.452kN	980.7N
	5			7.355kN	—	2.452kN	1.226kN	612.9N	245.2N
		2.5		1.839kN	—	612.9N	306.5N	153.2N	61.29N
			1	294.2N	—	98.07N	49.03N	24.52N	9.807N
压痕的平均直径 d/mm				布氏硬度 HBW					
5.54	2.770	1.3850	0.554	114	57.0	38.0	19.0	9.50	3.80
5.55	2.775	1.3875	0.555	114	56.8	37.9	18.9	9.47	3.79
5.56	2.780	1.3900	0.556	113	56.6	37.7	18.9	9.43	3.77
5.57	2.785	1.3925	0.557	113	56.3	37.6	18.8	9.39	3.76
5.58	2.790	1.3950	0.558	112	56.1	37.4	18.7	9.35	3.74
5.59	2.795	1.3975	0.559	112	55.9	37.3	18.6	9.32	3.73
5.60	2.800	1.4000	0.560	111	55.7	37.1	18.6	9.28	3.71
5.61	2.805	1.4025	0.561	111	55.5	37.0	18.5	9.24	3.70
5.62	2.810	1.4050	0.562	110	55.2	36.8	18.4	9.21	3.68
5.63	2.815	1.4075	0.563	110	55.0	36.7	18.3	9.17	3.67
5.64	2.820	1.4100	0.564	110	54.8	36.5	18.3	9.14	3.65
5.65	2.825	1.4125	0.565	109	54.6	36.4	18.2	9.10	3.64
5.66	2.830	1.4150	0.566	109	54.4	36.3	18.1	9.06	3.63
5.67	2.835	1.4175	0.567	108	54.2	36.1	18.1	9.03	3.61
5.68	2.840	1.4200	0.568	108	54.0	36.0	18.0	8.99	3.60
5.69	2.845	1.4225	0.569	107	53.7	35.8	17.9	8.96	3.58
5.70	2.850	1.4250	0.570	107	53.5	35.7	17.8	8.92	3.57
5.71	2.855	1.4275	0.571	107	53.3	35.6	17.8	8.89	3.56
5.72	2.860	1.4300	0.572	106	53.1	35.4	17.7	8.85	3.54
5.73	2.865	1.4325	0.573	106	52.9	35.3	17.6	8.82	3.53
5.74	2.870	1.4350	0.574	105	52.7	35.1	17.6	8.79	3.51
5.75	2.875	1.4375	0.575	105	52.5	35.0	17.5	8.75	3.50
5.76	2.880	1.4400	0.576	105	52.3	34.9	17.4	8.72	3.49
5.77	2.885	1.4425	0.577	104	52.1	34.7	17.4	8.68	3.47
5.78	2.890	1.4450	0.578	104	51.9	34.6	17.3	8.65	3.46
5.79	2.895	1.4475	0.579	103	51.7	34.5	17.2	8.62	3.45
5.80	2.900	1.4500	0.580	103	51.5	34.3	17.2	8.59	3.43
5.81	2.905	1.4525	0.581	103	51.3	34.2	17.1	8.55	3.42
5.82	2.910	1.4550	0.582	102	51.1	34.1	17.0	8.52	3.41

（续）

硬质合金球直径 D/mm				试验力 – 球直径平方的比率 0.102 × F/D² / (N/mm²)					
				30	15	10	5	2.5	1
				试验力 F					
10				29.42kN	14.71kN	9.807kN	4.903kN	2.452kN	980.7N
	5			7.355kN	—	2.452kN	1.226kN	612.9N	245.2N
		2.5		1.839kN	—	612.9N	306.5N	153.2N	61.29N
			1	294.2N	—	98.07N	49.03N	24.52N	9.807N
压痕的平均直径 d/mm				布氏硬度 HBW					
5.83	2.915	1.4575	0.583	102	50.9	33.9	17.0	8.49	3.39
5.84	2.920	1.4600	0.584	101	50.7	33.8	16.9	8.45	3.38
5.85	2.925	1.4625	0.585	101	50.5	33.7	16.8	8.42	3.37
5.86	2.930	1.4650	0.586	101	50.3	33.6	16.8	8.39	3.36
5.87	2.935	1.4675	0.587	100	50.2	33.4	16.7	8.36	3.34
5.88	2.940	1.4700	0.588	99.9	50.0	33.3	16.7	8.33	3.33
5.89	2.945	1.4725	0.589	99.5	49.8	33.2	16.6	8.30	3.32
5.90	2.950	1.4750	0.590	99.2	49.6	33.1	16.5	8.26	3.31
5.91	2.955	1.4775	0.591	98.8	49.4	32.9	16.5	8.23	3.29
5.92	2.960	1.4800	0.592	98.4	49.2	32.8	16.4	8.20	3.28
5.93	2.965	1.4825	0.593	98.0	49.0	32.7	16.3	8.17	3.27
5.94	2.970	1.4850	0.594	97.7	48.8	32.6	16.3	8.14	3.26
5.95	2.975	1.4875	0.595	97.3	48.7	32.4	16.2	8.11	3.24
5.96	2.980	1.4900	0.596	96.9	48.5	32.3	16.2	8.08	3.23
5.97	2.985	1.4925	0.597	96.6	48.3	32.2	16.1	8.05	3.22
5.98	2.990	1.4950	0.598	96.2	48.1	32.1	16.0	8.02	3.21
5.99	2.995	1.4975	0.599	95.9	47.9	32.0	16.0	7.99	3.20
6.00	3.000	1.5000	0.600	95.5	47.7	31.8	15.9	7.96	3.18

附录 B 碳钢硬度及强度换算表

硬 度							抗拉强度/MPa
洛氏		表面洛氏			维氏	布氏（$F/D^2=30$）	
HRC	HRA	HR15N	HR30N	HR45N	HV	HBW	
20	60.2	68.8	40.7	19.2	226	225	774
20.5	60.4	69	41.2	19.8	228	227	784
21	60.7	69.3	41.7	20.4	230	229	793
21.5	61	69.5	42.2	21.0	233	232	803
22	61.2	69.8	42.6	21.5	235	234	813
22.5	61.5	70	43.1	22.1	238	237	823
23	61.7	70.3	43.6	22.7	241	240	833
23.5	62	70.6	44	23.3	244	242	843
24	62.2	70.8	44.5	23.9	247	245	854
24.5	62.5	71.1	45	24.5	250	248	864
25	62.8	71.4	45.5	25.1	253	251	875
25.5	63	71.6	45.9	25.7	256	254	886
26	63.3	71.9	46.4	26.3	259	257	897
26.5	63.5	72.2	46.9	26.9	262	260	908
27	63.8	72.4	47.3	27.5	266	263	919
27.5	64	72.7	47.8	28.1	269	266	930
28	64.3	73	48.3	28.7	273	269	942
28.5	64.6	73.3	48.7	29.3	276	273	954
29	64.8	73.5	49.2	29.9	280	276	965
29.5	65.1	73.8	49.7	30.5	284	280	977
30	65.3	74.1	50.2	31.1	288	283	989
30.5	65.6	74.4	50.6	31.7	292	287	1002
31	65.8	74.7	51.1	32.3	296	291	1014
31.5	66.1	74.9	51.6	32.9	300	294	1027
32	66.4	75.2	52	33.5	304	298	1039
32.5	66.6	75.5	52.5	34.1	308	302	1052
33	66.9	75.8	53	34.7	313	306	1065
33.5	67.1	76.1	53.4	35.3	317	310	1078
34	67.4	76.4	53.9	35.9	321	314	1092
34.5	67.7	76.7	54.4	36.5	326	318	1105
35	67.9	77	54.8	37	331	323	1119
35.5	68.2	77.2	55.3	37.6	335	327	1133
36	68.4	77.5	55.8	38.2	340	332	1147
36.5	68.7	77.8	56.2	38.8	345	336	1162

（续）

硬　度							抗拉强度/MPa
洛氏		表面洛氏			维氏	布氏（$F/D^2=30$）	
HRC	HRA	HR15N	HR30N	HR45N	HV	HBW	
37	69	78.1	56.7	39.4	350	341	1177
37.5	69.2	78.4	57.2	40	355	345	1192
38	69.5	78.7	57.6	40.6	360	350	1207
38.5	69.7	79	58.1	41.2	365	355	1222
39	70	79.3	58.6	41.8	371	360	1238
39.5	70.3	79.6	59	42.4	376	365	1254
40	70.5	79.9	59.5	43	381	370	1271
40.5	70.8	80.2	60	43.6	387	375	1288
41	71.1	80.5	60.4	44.2	393	381	1305
41.5	71.3	80.8	60.9	44.8	398	386	1322
42	71.6	81.1	61.3	45.4	404	392	1340
42.5	71.8	81.4	61.8	45.9	410	397	1359
43	72.1	81.7	62.3	46.5	416	403	1378
43.5	72.4	82	62.7	47.1	422	409	1397
44	72.6	82.3	63.2	47.7	428	415	1417
44.5	72.9	82.6	63.6	48.3	435	422	1438
45	73.2	82.9	64.1	48.9	441	428	1459
45.5	73.4	83.2	64.6	49.5	448	435	1481
46	73.7	83.5	65	50.1	454	441	1503
46.5	73.9	83.7	65.5	50.7	461	448	1526
47	74.2	84	65.9	51.2	468	455	1550
47.5	74.5	84.3	66.4	51.8	475	463	1575
48	74.7	84.6	66.8	52.4	482	470	1600
48.5	75	84.9	67.3	53	489	478	1626
49	75.3	85.2	67.7	53.6	497	486	1653
49.5	75.5	85.5	68.2	54.2	504	494	1681
50	75.8	85.7	68.6	54.7	512	502	1710
50.5	76.1	86	69.1	55.3	520	510	
51	76.3	86.3	69.5	55.9	527	518	
51.5	76.6	86.6	70	56.5	535	527	
52	76.9	86.8	70.4	57.1	544	535	
52.5	77.1	87.1	70.9	57.6	552	544	
53	77.4	87.4	71.3	58.2	561	552	
53.5	77.7	87.6	71.8	58.8	569	561	

（续）

硬　　度							抗拉强度/MPa
洛氏		表面洛氏			维氏	布氏（$F/D^2=30$）	
HRC	HRA	HR15N	HR30N	HR45N	HV	HBW	
54	77.9	87.9	72.2	59.4	578	569	
54.5	78.2	88.1	72.6	59.9	587	577	
55	78.5	88.4	73.1	60.5	596	585	
55.5	78.7	88.6	73.5	61.1	606	593	
56	79	88.9	73.9	61.7	615	601	
56.5	79.3	89.1	74.4	62.2	625	608	
57	79.5	89.4	74.8	62.8	635	616	
57.5	79.8	89.6	75.2	63.4	645	622	
58	80.1	89.8	75.6	63.9	655	628	
58.5	80.3	90	76.1	64.5	666	634	
59	80.6	90.2	76.5	65.1	676	639	
59.5	80.9	90.4	76.9	65.6	687	64.3	
60	81.2	90.6	77.3	66.2	698	647	
60.5	81.4	90.8	77.7	66.8	710	650	
61	81.7	91	78.1	67.3	721		
61.5	82	91.2	78.6	67.9	733		
62	82.2	91.4	79	68.4	74.5		
62.5	82.5	91.5	79.4	69	757		
63	82.8	91.7	79.8	69.5	770		
63.5	83.1	91.8	80.2	70.1	782		
64	83.3	91.9	80.6	70.6	795		
64.5	83.6	92.1	81	71.2	809		
65	83.9	92.2	81.3	71.7	822		
65.5	84.1				836		
66	84.4				850		
66.5	84.7				865		
67	85				879		
67.5	85.2				894		
68	85.5				909		

附录 C　国内外常用钢牌号对照表

钢类	中国	俄罗斯	美国	德国、英国、法国	日本	ISO
	GB	ГОСТ	ASTM	EN	JIS	
优质碳素结构钢	08F	08КП	1008	DC01	SPHD/SPHE	C10
	08	08	1008	DC01/DC03	SPHE/S10C	C10
	10F	10КП	1010	DC01	SPHD/SPHE	C10
	10	10	1010	DC01/C10E	S10C	C10
	15	15	1015	C15E	S15C	C15E4/C15M2
	20	20	1020	C22E/C20C	S20C	C20E4
	25	25	1025		S25C	C25E4
	30	30	1030		S30C	C30E4
	35	35	1035	C35	S35C	C35E4
	40	40	1040	C40	S40C	C40E4
	45	45	1045	C45	S45C	C45E4
	50	50	1050	C50E	S50C	C50E4
	55	55	1055	C55	S55C	C55E4
	60	60	1060	C60	S58C	C60E4
	15Mn	15Г	1016	C16E	SWRCH16K	CC15K
	20Mn	20Г	1022	C22E	SWRCH22K	C20E4
	30Mn	30Г	1030	C30E4	SWRCH30K	C30E4
	40Mn	40Г	1039	C40	SWRCH40K	C40E4
	45Mn	45Г	1046	C45	SWRCH45K	C45E4
	50Mn	50Г	1053	C50E	SWRCH50K	C50E4
合金结构钢	20Mn2		1524	P355GH	SMn420	22Mn6
	30Mn2	30Г2	1330	28Mn6	SMn433	28Mn6
	35Mn2	35Г2	1335	38MnB5	SMn438	36Mn6
	40Mn2	40Г2	1340	38MnB5	SMn438	42Mn6
	45Mn2	45Г2	1345		SMnC443	
	50Mn2	50Г2	1345			
	20MnV		50〔345〕Type2			
	35SiMn	35ГС				
	42SiMn					
	40B		50B44	38B2		
	45B		50B46			
	40MnB		1541	37MnB5		
	45MnB		1547			
	15Cr	15X	5115	17Cr3	SCr415	
	20Cr	20X	5120	17Cr3	SCr420	20Cr4

（续）

钢类	中国	俄罗斯	美国	德国、英国、法国	日本	ISO
	GB	ГOCT	ASTM	EN	JIS	
合金结构钢	30Cr	30X	5130	28Cr4	SCr430	34Cr4
	35Cr	35X	5135	34Cr4	SCr435	34Cr4
	40Cr	40X	5140	41Cr4	SCr440	41Cr4
	45Cr	45X	5145		SCr445	41Cr4
	38CrSi	38XC				
	12CrMo			13CrMo		
	15CrMo	15XM		18CrMo4	SCM415	
	20CrMo	20XM	4118	18CrMo4	SCM420	18CrMo4
	30CrMo	30XM	4130	25CrMo4	SCM430	25CrMo4
	35CrMo	35XM	4135	34CrMo4	SCM435	34CrMo4
	42CrMo	38XM	4142	42CrMo4	SCM440	42CrMo4
	12CrMoV	12X1MΦ				
	12Cr1MoV	12X1MΦ				
	25Cr2Mo1VA	25X2M1Φ				
	40CrV	40XΦA	6140			
	50CrVA	50XΦA	6150	51CrV4	SUP10	51CrV4
	15CrMn	18XΓ	5115	16MnCr5	SMnC420	16MnCr5
	20CrMn		5140	41Cr4		41Cr4
	30CrMnSiA	30XΓCA				
	40CrNi	40XH	3140		SNC236	
	20CrNi3	20XH3A	3415	15NiCr13		
	30CrNi3	30XH3A	3435		SNC631	
	20MnMoB		94B17			
	38CrMoAlA	38X2MЮA		41CrAlMo7-10	SACM645	41CrAlMo74
	40CrNiMoA	40XH2MA	4340/E4340	41NiCrMo7-3-2	SNCM439	36NiCrMo4
弹簧钢	60	60	1060	C60	S58C	C60E4
	85	85	1084	C86D	SWRH82A/SWRH82B	SH/DH/DM
	65Mn	65Γ	1566		SWRH67B	FDC
	60Si2MnA	60C2A	9260	61SiCr7	SUP6/SUP7	60Si8
	50CrVA	50XΓΦA	6150	51CrV4	SUP10	51CrV4
滚动轴承钢	GCr4	ШX4	5090M		SK4-CSP	
	GCr15	ШX15	52100	（B1）100Cr6	SUJ2	100Cr6
	GCr15SiMn	ШX15СΓ	100CrMnSi6-4（B3）	（B3）100CrMnSi6-4	SUJ3	100CrMnSi6-4

（续）

钢类	中国	俄罗斯	美国	德国、英国、法国	日本	ISO
	GB	ГОСТ	ASTM	EN	JIS	
易切削钢	Y12	A12	1212	10S20	SUM22	10S20
	Y15	A12	1213	11SMn30	SUM22	11SMn28
	Y20	A20	1120	15SMn13	SUM32	
	Y30	A30	1030	35S20		35S20
	Y40Mn	A40Г	1139	38SMn28	SUM42	35SMn20
耐磨钢	ZGMn13-1	Г13Л	B4（J91149）		SCMnH11	
碳素工具钢	T7	У7-1		C70U	SK70	C70U
	T8	У8-1	W1A-8	C80U	SK8	C80U
	T8Mn	У8Г-1	W1C-8		SK85	C80U
	T9	У9-1	W1A-81/2	C90U	SK90	C90U
	T10	У10-1	W1A-91/2	C105U	SK105	C105U
	T11	У11-1	W1A-101/2	C105U	SK105	C105U
	T12	У12-1	W1A-111/2	C120U	SK120	C120U
	T13	У13-1	W2C-13	C120U	SK120	C120U
合金工具钢	8MnSi				SKS95	
	9SiCr	9XC				
	Cr2	X	L3	102Cr6	SUJ2	102Cr6
	Cr06	13X			SKS8	
	9Cr2	9X1	L3			
	W		F1		SKS21	
	Cr12	X12	D3	X210Cr12	SKD1	X210Cr12
	Cr12MoV	X12МФ			SKD11	
	9Mn2V		O2	9MnCrV8		
	9CrWMn	9XВГ	O1	95MnWCr5	SKS3	95MnWCr5
	CrWMn	XВГ			SKS31	95MnWCr5
	3Cr2W8V	3X2B8Ф	H21	X30WCrV9-3	SKD5	X30WCrV9-3
	5CrNiMo	5XHM	L6	55NiCrMoV7	SKT4	55NiCrMoV7
	4Cr5MoSiV	4X5МФС	H11	X37CrMoV5-1	SKD6	32CrMoV12-28
	4CrW2Si	4XB2C			SKS41	
	5CrW2Si	5XB2C	S1	50WCrV8		50WCrV8
高速工具钢	W18Cr4V	P18	T1	SH18-0-1	SKH2	SH18-0-1
	W6Mo5Cr4V2	P6M5	M2	HS6-5-2	SKH51	HS6-5-2
	W2Mo9Cr4VCo8		M42	HS2-9-1-8	SKH59	HS2-9-1-8

（续）

钢类	中国	俄罗斯	美国	德国、英国、法国	日本	ISO
	GB	ГОСТ	ASTM	EN	JIS	
	12Cr18Ni9（旧牌号 1Cr18Ni9）	12X18H9	302 S30200	X10CrNi18-8	SUS302	X10CrNi18-8
	Y12Cr18Ni9（旧牌号 Y1Cr18Ni9）		303 S30300	X10CrNiS18-9	SUS303	X10CrNiS18-9
	06Cr19Ni10（旧牌号 0Cr18Ni9）	08X18H10	304 S30400	X5CrNi18-10	SUS304	X5CrNi18-9
	022Cr19Ni10（旧牌号 00Cr19Ni10）	03X18H11	304L S30403	X2CrNi19-11	SUS304L	X2CrNi19-11
	06Cr18Ni11Ti（旧牌号 0Cr18Ni10Ti）	08X18H10T	321 S32100	X6CrNiTi18-10	SUS321	X6CrNiTi18-10
不锈钢	06Cr13Al（旧牌号 0Cr13Al）		405 S40500	X6CrAl13	SUS405	X6CrAl13
	10Cr17（旧牌号 1Cr17）	12X17	S43000	X6Cr17	SUS430	X6Cr17
	12Cr13（旧牌号 1Cr13）	12X13	410 S41000	X12Cr13	SUS410	X12Cr13
	20Cr13（旧牌号 2Cr13）	20X13	420 S42000	X20Cr13	SUS420J1	X20Cr13
	30Cr13（旧牌号 3Cr13）	30X13	420 S42000	X30Cr13	SUS420J2	X30Cr13
	68Cr17（旧牌号 7Cr17）		440A S44002		SUS440A	
	07Cr17Ni7Al（旧牌号 0Cr17Ni7Al）	09X17H7Ю	631 S17700	X7CrNiAl17-7	SUS631	X7CrNiAl17-7
耐热钢	16Cr23Ni13（旧牌号 2Cr23Ni13）	20X23H13	309 S30900	X12CrNi23-13	SUH309	X12CrNi23-13
	20Cr25Ni20（旧牌号 2Cr25Ni20）	20X25H20C2	310 S31000	X15CrNiSi25-21	SUH310	X8CrNi25-21
	06Cr25Ni20（旧牌号 0Cr25Ni20）	10X23H18	310S S31008	X8CrNi25-21	SUS310S	X8CrNi25-21
	06Cr17Ni12Mo2（旧牌号 0Cr17Ni12Mo2）		316 S31600	X5CrNiMo17-12-2	SUS316	X5CrNiMo 17-12-2
	06Cr18Ni11Nb（旧牌号 0Cr18Ni11Nb）	08X18H12Б	347	X6CrNiNb18-10	SUS347	X6CrNiNb18-10
	13Cr13Mo（旧牌号 1Cr13Mo）				SUS410J1	
	14Cr17Ni2（旧牌号 1Cr17Ni2）	14X17H2				X17CrNi16-2
	07Cr17Ni7Al（旧牌号 0Cr17Ni7Al）	09X17H7Ю	631 S17700	X7CrNiAl17-7	SUS631	X7CrNiAl17-7

参 考 文 献

[1] 朱张校,姚可夫. 工程材料[M]. 5 版. 北京:清华大学出版社,2011.

[2] 杨瑞成,等. 工程材料[M]. 北京:科学出版社,2012.

[3] 崔占全,孙振国. 工程材料[M]. 3 版. 北京:机械工业出版社,2013.

[4] 刘新佳,姜世航,姜银方. 工程材料[M]. 2 版. 北京:化学工业出版社,2013.

[5] 王正品,李炳. 工程材料[M]. 北京:机械工业出版社,2012.

[6] 李涛,杨慧. 工程材料[M]. 北京:化学工业出版社,2013.

[7] 范悦. 工程材料[M]. 北京:北京航空航天大学出版社,2003.

[8] 伍强,徐兰英,王晓军. 工程材料[M]. 北京:化学工业出版社,2011.

[9] 梁戈,时惠英. 机械工程材料与热加工工艺[M]. 北京:机械工业出版社,2006.

[10] 束德林. 工程材料力学性能[M]. 2 版. 北京:机械工业出版社,2011.

[11] 沈莲. 机械工程材料[M]. 3 版. 北京:机械工业出版社,2007.

[12] 张铁军. 机械工程材料[M]. 北京:北京大学出版社,2011.

[13] 王晓敏. 工程材料学[M]. 哈尔滨:哈尔滨工业大学出版社,2005.

[14] 王章忠. 机械工程材料[M]. 北京:机械工业出版社,2011.

[15] 詹姆斯·谢弗. 工程材料科学与设计[M]. 余永宁,等译. 北京:机械工业出版社,2003.

[16] 刘云. 工程材料应用基础[M]. 2 版. 北京:国防工业出版社,2011.

[17] 崔明铎. 工程材料及其热处理[M]. 北京:机械工业出版社,2009.

[18] 雷世明. 焊接方法与设备[M]. 北京:机械工业出版社,2011.

[19] 诺里斯. 先进焊接方法与技术[M]. 史清宇,陈志翔,王学东,译. 北京:机械工业出版社,2010.

[20] 王洪光. 实用焊接工艺手册[M]. 2 版. 北京:化学工业出版社,2014.

[21] 陈剑鹤,于云程. 冷冲压工艺与模具设计[M]. 北京:机械工业出版社,2011.

[22] 谢水生,李强,周六如. 锻压工艺及应用[M]. 北京:国防工业出版社,2011.

[23] 柳百成,黄天佑. 中国材料工程大典:第18 卷[M]. 北京:化学工业出版社,2006.

[24] 柳百成,黄天佑. 中国材料工程大典:第19 卷[M]. 北京:化学工业出版社,2006.

[25] 史耀武. 中国材料工程大典:第22 卷[M]. 北京:化学工业出版社,2006.

[26] 史耀武. 中国材料工程大典:第23 卷[M]. 北京:化学工业出版社,2006.

[27] 胡正寰,夏巨谌. 中国材料工程大典:第20 卷[M]. 北京:化学工业出版社,2006.

[28] 樊东黎. 中国材料工程大典:第15 卷[M]. 北京:化学工业出版社,2006.

[29] 林江. 机械制造基础[M]. 北京:机械工业出版社,2011.

[30] 邢忠文,张学仁. 金属工艺学[M]. 3 版. 哈尔滨:哈尔滨工业大学出版社,2008.

[31] 孙康宁,李爱菊. 工程材料及其成形技术基础[M]. 北京:高等教育出版社,2009.

[32] 徐灏. 机械设计手册第1 卷[M]. 3 版. 北京:机械工业出版社,2004.